普通高等教育电气工程/自动化系列教材

电力电子电机控制系统仿真技术

洪乃刚　编著

机 械 工 业 出 版 社

本书以电机控制系统为主线介绍 MATLAB 仿真，介绍了 MATLAB/Simulink 仿真平台和模型库，以及按电路和系统结构图建立仿真模型的方法。内容包括控制系统的计算机辅助分析，电力电子电路和交直流调速系统的建模和仿真。书中模型覆盖了自动控制原理、电机和拖动，以及电力电子技术和电力拖动控制系统等课程内容。本书可作为电气工程、自动化等专业和其他电类专业教材，也可供研究生和工程技术人员学习参考。

本书提供电子课件、全部电路和系统模型，请到 http://www.cmpedu.com 本书相关页面上下载。

图书在版编目（CIP）数据

电力电子电机控制系统仿真技术/洪乃刚编著.
—北京：机械工业出版社，2013.8（2025.8 重印）
普通高等教育 电气工程 自动化 系列教材
ISBN 978-7-111-42876-3

Ⅰ.①电… Ⅱ.①洪… Ⅲ.①电机-控制系统-系统仿真-高等学校-教材 Ⅳ.①TM301.2

中国版本图书馆 CIP 数据核字（2013）第 127699 号

机械工业出版社（北京市百万庄大街 22 号 邮政编码 100037）
策划编辑：于苏华 责任编辑：于苏华
版式设计：常天培 责任校对：程俊巧
封面设计：张 静 责任印制：常天培
河北虎彩印刷有限公司印刷
2025 年 8 月第 1 版 · 第 10 次印刷
184mm×260mm · 15.25 印张 · 374 千字
标准书号：ISBN 978-7-111-42876-3
定价：38.00 元

电话服务 网络服务
客服电话：010-88361066 机 工 官 网：www.cmpbook.com
010-88379833 机 工 官 博：weibo.com/cmp1952
010-68326294 金 书 网：www.golden-book.com

机工教育服务网：www.cmpedu.com

前　言

电力电子和电机拖动控制是电类专业的主要课程，现代电机控制是集电力电子、电机和微处理器控制于一体的复杂系统，电力电子电路和电机的种类多，控制要求不同，为学习、研究、设计和应用都增加了难度。建立在计算机辅助设计基础上的现代仿真技术不需要真实的仪器和设备，在计算机上设计系统并演示系统的运行，不仅对课程学习很有帮助，而且是研究设计的重要手段，掌握仿真技术，将仿真引入教学，对教学改革和创新能力培养有很大意义。

自从《电力电子和电力拖动控制系统的 MATLAB 仿真》和《电力电子、电机控制系统的建模和仿真》两本书出版以来，受到了教师、学生和科技人员的关注，但是这两本科技图书主要是反映电力电子和电力拖动控制系统仿真方面做的一些工作，而且缺少习题和 PPT 课件，不适宜作为教材使用。因此笔者编写了这本教材，希望能为仿真技术在教学中的推广应用发挥更好的作用。

现代自动化的内涵极其丰富，数字控制、网络信息技术改变了自动化的面貌，MATLAB 模型库也在不断更新，现在有关 MATLAB 的论著已经很多。本书从电气工程、自动化专业的教学要求出发，结合教学中的一条主线——电机和拖动控制介绍仿真技术，精选了仿真模型，内容覆盖自动控制原理、电机和拖动，以及电力电子技术和电力拖动控制等课程的仿真应用。

本书第 1 章 MATLAB 及其在自动控制理论中的应用，在 MATLAB 的基础上结合自动控制原理课程介绍了用 MATLAB 命令以传递函数描述系统，画系统根轨迹、伯德图等方法，使学生通过实例学习 MATLAB 命令，也为控制系统提供了计算机辅助分析方法。第 2 章 Simulink 环境和结构图仿真，重点介绍了 MATLAB/Simulink 仿真平台和模型库，以及在 Simulink 仿真平台上根据系统结构图调用模块建立系统仿真模型的方法。结构图是表达控制系统最简洁的方式，使用 Simulink 模块仿真是很实用的技术。第 3 章电力电子模块及其应用介绍了 Simulink 模型库的电力电子模块和变流电路仿真，主要介绍了晶闸管整流电路和直流斩波电路的建模和仿真，关于电力电子逆变器将在第 6 章中结合交流电动机调速介绍。第 4 章变压器和电机模块及其应用中的实例结合了电机和拖动课程内容。第 5 章直流调速、第 6 章交流调速和第 7 章矢量控制是电力拖动控制系统课程的主要内容，涵盖了该课程主要系统的建模。用模型分析和设计系统，将现代仿真技术引入教学是教学创新的一项举措。仿真使复杂的原理变得直观，可以直接反映系统组成部分的功能和控制的效果，是教和学的有益助手，掌握这项技术也可为研究和设计创造良好的条件。

本书提供电子课件和书中全部电路和系统模型，模型在 MATLAB7.1 版基础上设计制作，与新版 MATLAB 基本兼容，模型名与书中图号对应，如 Fig2x31.mdl 即是第 2 章图 2.31 的模型，在 MATLAB 上打开模型，设置模块参数后就可以运行，书中还提供了模型参考参数，方便读者使用。为了避免重复，减少篇幅，本书对涉及的电路和系统原理仅作扼要说明，重点在仿真上，对电路和系统的详细分析可参考有关教材。关于何时开设该课程，笔者建议可与自动控制原理和电机拖动等课并行开设，根据教学计划选讲一定章节，使学生尽早掌握仿真方法，之后其他系统的仿真可以布置学生自学进行。章晋武、董德智、谢达伟、丁文鹏、徐杰、汤代斌、蔡公华及郝隆等同志为本书模型做过许多工作，在此深表感谢。

洪乃刚　于安徽工业大学

目　录

第 1 章　MATLAB 及其在控制理论中的应用

1.1　计算机仿真与 MATLAB

仿真是用物理的或数学的模型来描述或模仿实际的物体、环境、装置或系统，例如用沙盘推演战场，用水槽模仿水文环境，早年的模拟计算机用电阻、电感、电容和运算放大器等组成的电路来求解数学方程，研究声、光、电，动力学等各种问题。仿真以简单的模型代替实际，成本低、效率高，用模型不仅可以研究现实存在，而且可以推演和预测发展，所以历来受到重视。仿真可分物理模型仿真和数学模型仿真两类，物理模型仿真需要实体装置，相比之下数学模型仿真更省时、省力、节省经费，受到人们青睐，现代仿真主要是指在数学模型基础上的仿真。

以数学模型仿真实际物体或系统，是依据它们有内在的相似的数学规律，但是简单的数学方程可以求解析结果，复杂的、高阶的数学方程就需要用数值解法，现代计算机技术的发展和普及推动了仿真技术的迅速发展，并形成了一个新兴的学科。20 世纪 60 年代出现的控制系统的计算机辅助设计（Computer-Aided Control System Design，CACSD）标志着仿真技术进入了一个新的时期，出现了大量通用的数字仿真软件和语言，MATLAB 就是其中之一。

MATLAB 是“矩阵实验室”（Matrix Laboratory）的缩写，这是一种以矩阵为基础的交互式程序计算语言。早期的 MATLAB 主要用于解决科学和工程的复杂数学计算问题。由于它使用方便，输入便捷，运算高效，适应科技人员的思维方式，并且有绘图功能，有用户自行扩展的空间，特别受用户的欢迎，所以它成为在科技界广为使用的软件，也是国内外高校教学和科学研究的常用软件。

MATLAB 由美国 Mathworks 公司于 1984 年开始推出，历经升级，到 2001 年已经有了 6.0 版，现在 MATLAB 6.1、6.5、7.0 版本都已相继面世。早期的 MATLAB 在 DOS 环境下运行，1990 年推出了 Windows 版本。1993 年 Mathworks 公司又推出了 MATLAB 的微机版，充分支持在 Microsoft Windows 界面下的编程，使它的功能越来越强大，在科技和工程界广为应用，是各种科学计算软件中使用频度最高的软件之一。

MATLAB 比较易学，它只有一种数据类型（64 位双精度二进制），一种标准的输入输出语句，它用解释方式工作，不需要编译，一般入门后经过自学就可以掌握。如果有不清楚的地方可以通过它的帮助（help）和演示（demo）功能得到启示。MATLAB 学习的难点在于它有大量函数，这些 MATLAB 函数仅基本部分就有 700 多个，其中常用的就有二三百个，掌握和记忆比较困难。

1993 年 MATLAB 中出现了 Simulink，这是基于框图的仿真平台，Simulink 挂接在 MATLAB 首页面上，它以 MATLAB 的强大计算功能为基础，以直观的模块框图进行仿真和计算。Simulink 原本是为控制系统仿真而建立的工具箱（Toolbox），在使用中由于它易编程，易拓展，并且可以解决一般难以解决的非线性、变系数等问题；支持线性和非线性系统的仿真，连续系统和离散系统的仿真，以及连续和离散混合系统的仿真，并且系统中可以有多种采样频率（Multirate），也就是不同采样频率的系统可以组合，因此可以仿真规模较大、较复杂的系统。Simulink 提供了不断扩展的、内容丰富的模型库（Simulink Library Browser），为复杂系统的仿真提供了极大方便。Simulink 的直译是仿真链接，在 Simulink 平台上通过拖拉和连接模块就可以绘制仿真对象的模型框图，并对模型进行仿真。在 Simulink 平台上的仿真模型可读性很强，这避免了早期 MATLAB 要使用命令和函数编写仿真程序的麻烦，也不再需要记忆大量 M 函数，受到广大工程技术人员的欢迎。现在 MATLAB/Simulink 的版本在不断地升级，1993 年为 MATLAB 4. 0/Simulink 1. 0 版本，2001 年为 MATLAB 6. 1/Simulink 4. 1 版本，2002 年推出 MATLAB 6. 5/Simulink 5. 0 版本，2005 年推出 MATLAB 7. 1/Simulink 6. 3 版。各学科领域根据自己的仿真需要以 MATLAB 为基础，开发了大量的专用程序，并把这些程序以模块的形式放入到 Simulink 中，形成了模块库。模块库实际上就是用 MATLAB 基本语句编写的子程序集。本书仿真是在 MATLAB 7. 1/Simulik 6. 3 版本基础上进行的，MATLAB 已经不是单纯的“矩阵实验室”，它已经是一个内容丰富的高级计算和仿真平台。模块库有三级树状目录，在一级目录 Simulink 下包含了最早开发的数学计算工具箱和控制系统工具箱的内容，以及之后开发的信号处理工具箱（DSP Blockset）、通信系统工具箱（Communication Blockset）等等，逐级打开模块库浏览器的目录，就可以检索到这些模块库中包含的模块。

从 Simulink 4. 1 版开始有了电力系统模块库（Power System Blockset），该模块库主要是由加拿大 HydroQuebec 和 TECSIM International 公司共同开发的。在 Simulink 平台上用电力系统模块库的模块可以方便地进行 RLC 电路、电力电子电路、电机控制系统和电力系统的仿真。本书电力电子和电力拖动控制系统的仿真就是在 MATLAB/Simulink 环境下，主要使用电力系统模块库 SimPower System Blockset 和 Simulink 两个模块库进行的。通过电力电子电路和电机控制系统的仿真不仅展示了 MATLAB/Simulink 的强大功能，并且可以学习控制系统仿真的方法和技巧，研究电路和系统的原理和性能。本书的仿真基本上在 MATLAB 7. 1/Simulink 6. 3 版本的基础上进行，但也适用于其他 MATLAB 新版本，在 MATLAB 版本升级中，电力系统模块库 SimPower System Blockset 不断有新模块增加，但是仿真的方法没有大的变化，因此在原版本上开发的系统在新版本上可以通用。由于 Simulink 和 MATLAB 的密切依存关系，在介绍 Simulink 之前需首先介绍 MATLAB。MATLAB 的一些基本命令和函数，尤其 MATLAB 的绘图功能是电力电子和电力拖动控制系统仿真时经常要使用的，但是本书主要是介绍电力电子和电力拖动控制系统的仿真，因此对于 MATLAB，只介绍与本书有关的内容和在自动控制理论中的应用。

1.2 MATLAB 环境

图 1.1 所示为 MATLAB 启动界面，图 1.2 所示为 MATLAB 安装对话框。安装 MATLAB 后，在桌面上双击 MATLAB 快捷键图标即可进入 MATLAB 环境。进入 MATLAB 环境，即打开了的 MATLAB 窗口（见图 1.3）。窗口包括 MATLAB 标题栏、主菜单栏和常用工具栏。在默认显示状态时，工具栏下有三个子窗口，右边上方窗口显示 MATLAB 联机说明书

目录或工作间（Workspace）的内容，两者可以通过子窗口下方的 Launch Pad 和 Workspace 键切换。右边下方窗口显示已被执行过的命令（Command History）。左方窗口是 MATLAB 的命令窗口（Command Window），这是 MATLAB 的主要工作窗口，在该窗口中提示符“>>”后逐行输入 MATLAB 命令，回车后命令就立即被执行。

图 1.1　MATLAB 启动界面

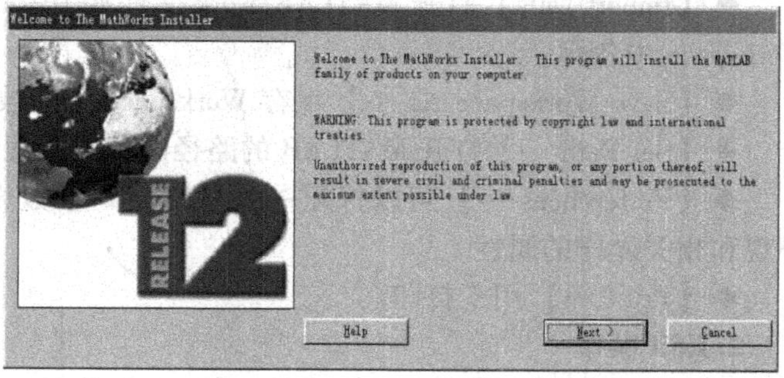

图 1.2　MATLAB 安装对话框

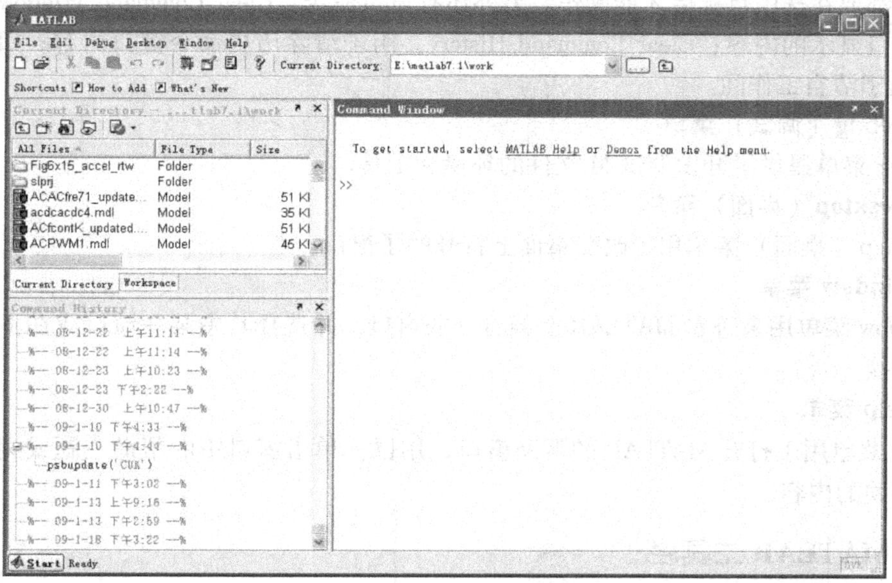

图 1.3　MATLAB 工作环境

1.2.1　MATLAB 主菜单

MATLAB 的主菜单有 File（文件）、Edit（编辑）、Debug（调试）、Desktop（桌面）、Window（视窗）和 Help（帮助）五项。点击菜单命令，就会显示下拉子菜单的内容。这些菜单的内容与其他应用程序的菜单区别不大，因此只选一些主要的进行说明。

1. File 菜单

◆【New】创建一个新文件，有多种文件（M-file、Figure、Model 等）可选。选择【Model】即可进入 Simulink 环境，以绘制仿真模型方式对电路和系统进行仿真，这是本书的主要仿真方式。

◆【Open】打开一个名为“work”的文件夹，这是 MATLAB 默认的保存文件的地方。只要文件保存时没有另外指定文件保存的路径，MATLAB 系统就将文件保存在“work”文件夹中。

◆【Close Command Window】可以切换窗口显示。

◆【Import Data】打开 MATLAB/work 文件夹中带 . mat 后缀的数据文件，并将数据放到 Workspace 中备用。

◆【Save Workspace As …】保存 Workspace 中的数据。

◆【Set Path …】打开 MATLAB 的路径浏览器，搜索 MATLAB 所有文件的路径。

◆【Preferences …】可以打开一个 MATLAB 参数设置对话框，供用户改变工作环境的外观和相关操作的属性。

◆【Print …】用于打印。

2. Edit 菜单

Edit 菜单中包括了【Undo】撤销、【Redo】恢复、【Cut】剪切、【Copy】复制、【Paste】粘贴、【Paste to Workspace…】粘贴到工作间、【Select All】全选、【Delete】清除等命令，这些命令都要在选中目标后才能操作。另外还有窗口命令：Clear Command Window，用于清除命令窗口显示的内容；Clear Command History，用于清除历史命令窗口内容；Clear Workspace，用于清空工作间。

3. Debug（调试）菜单

Debug 菜单提供了开发调试 M 文件的环境和工具。

4. Desktop（桌面）菜单

Desktop（桌面）菜单用于改变桌面上打开的子窗口。

5. Window 菜单

Window 菜单用来查看 MATLAB 已经打开的窗口，并选择其中某一窗口或在不同窗口之间进行切换。

6. Help 菜单

Help 菜单用于打开 MATLAB 的帮助窗口，用鼠标单击窗口中的帮助主题或浏览器，可以得到帮助的内容。

1.2.2 MATLAB 工具栏

在 MATLAB 的工具栏上有 9 个按钮，为用户提供了常用命令的快捷方式，其功能如下：

◆ 用于打开 MATLAB 的 M 文件（M-file）编辑器，用编辑器编辑一个新的 M-file 文件。

◆ 打开一个已经存在的文件，它的默认方式是打开 MATLAB 文件夹 work 中的模型文件。

◆ 将选中的文档剪切下来，并放到粘贴板上。

◆ 复制选定的文档，放到粘贴板上备用。

◆ 将保存在粘贴板上的文档粘贴到指定的位置。

◆ 撤消最近的一次操作。

◆ 恢复最近的一次操作。

◆ 打开 Simulink 模块库浏览器，进入 Simulink 仿真环境。

◆ 打开 MATLAB 帮助文件。

1.2.3　MATLAB 命令窗口

MATLAB 命令窗口中有一行提示，单击“MATLAB Help”可以打开 MATLAB 手册，单击“Demos”可以打开 MATLAB 的仿真范例，从中获得帮助。

MATLAB 命令窗口是 MATLAB 的主要工作区，是人机对话的主要环境。在命令窗口键入各种命令，可以得到相应的结果。如图 1.4 所示，在命令窗口中键入一个简单的代数算式：10.5 +3 ∗4 ∗ （2.1 +3.4）/2，回车后得到计算结果 43.5。关于 MATLAB 的命令和基本运算将在后面介绍。

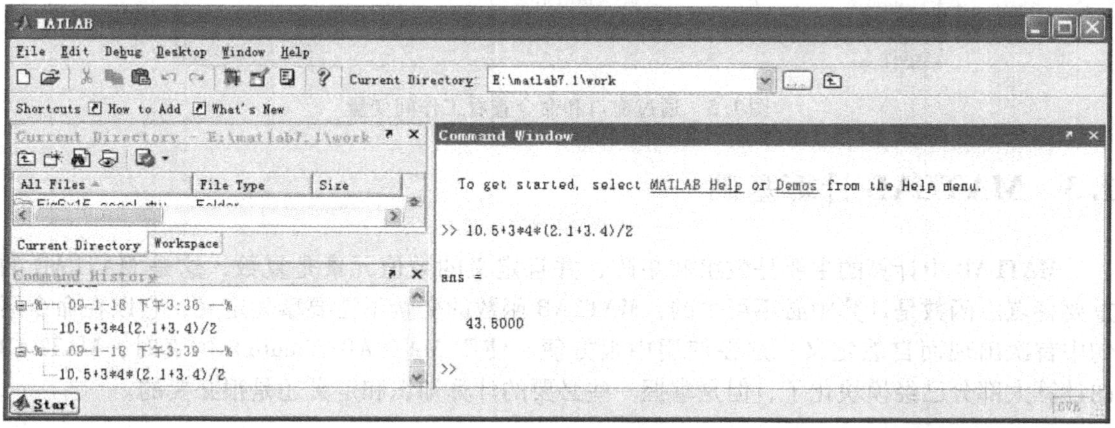

图 1.4　MATLAB 命令窗口

1.2.4　MATLAB 工作间

MATLAB 工作间是用于暂时存放 MATLAB 命令，程序（或命令）中出现的常数和变量以及程序运算结果的一个空间。在进入 MATLAB 环境时，MATLAB 工作间自动同时打开。在运行 MATLAB 程序时，程序中的变量会存放到工作间中，程序运行的结果也以变量的形式保存在工作间中。

工作间的变量可以在窗口中看到，也可以用命令 who 或 whos 查看当前工作间中的所有变量。其中 who 命令只给出变量名，whos 命令不仅给出变量名，还同时给出变量的大小和数据类型。用 clear 命令可以清空工作间中的变量和数据。如图 1.5 所示，右边窗口给 A、A1、A2 三个变量赋值，最后用 who 命令查看工作间的变量。将左上窗口切换到“Workspace”，通过此窗口同样可以显示工作间的变量及变量大小和类型。在左下窗口则给出了在命令窗口已经执行过的历史命令。

工作间中的变量和数据可以用 File 菜单中的【Save Workspace As …】命令保存。

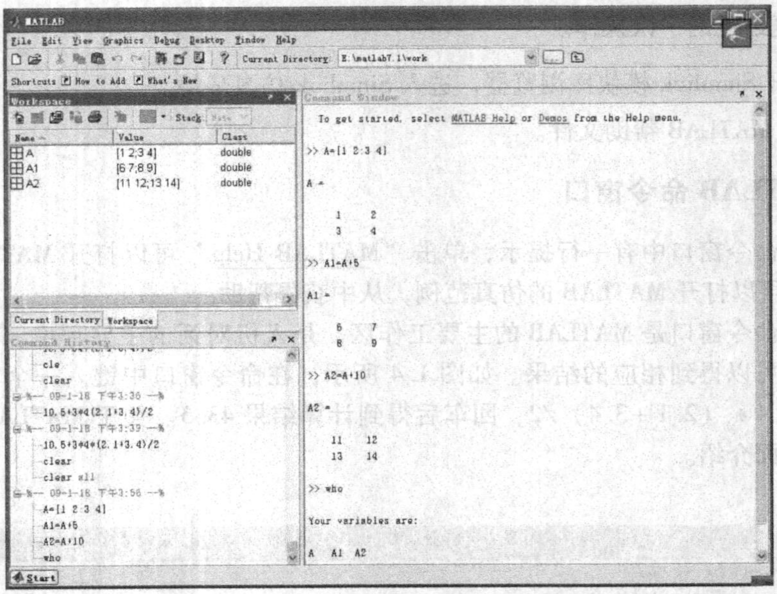

图 1.5 通过窗口和命令查看工作间变量

1.3 MATLAB 计算基础

MATLAB 中计算的主要是数组和矩阵，并且定义的数值元素是复数，这是 MATLAB 的重要特点。函数是计算中必不可少的，MATLAB 函数的变量不需要事先定义，它以在命令语句中首次出现而自然定义，这在使用中很方便。使用 MATLAB/Simulink 仿真时，MATLAB 的计算大部分已经模块化了，但是掌握一些必要的计算知识和定义还是很必要的。

1.3.1 常量和变量

MATLAB 数值计算的数据有常量和变量两种，变量和常量都可以用标识符来表示和辨别，这标识符也就是变量名，变量在数值计算前必须首先赋值。

1. 常量

MATLAB 的常量有实数和复数两类，复数有实部和虚部，MATLAB 定义的数值元素是复数，因此实数是复数虚部为零的特殊情况。常量可以是十进制数，也可以用其他数制表示。

在 MATLAB 中，虚数的单位为“i”（$i=\sqrt{-1}$），复数的生成语句为：

z = a+bi（其中 a、b 为实数，z 为复数）

或

z=r*exp（θ*i）（其中 r 为复数的模，θ 为复数的幅角（弧度））

MATLAB 常数的存储格式是 16 位长型格式，数值的有效范围是 $10^{-308}\sim10^{+308}$。

2. 变量

MATLAB 变量的命名规则是：

1）变量名以英文字母开始，即首字符必须是 26 个英文字母之一。

2）变量名可以由英文字母、数字和下划线组成，MATLAB 能区分字母的大小写。

3）变量名长度不超过31个字符长度。

4）如果在变量名前添加了关键词“global”，该变量就成为全局变量，全局变量不仅在主程序中起作用，而且在调用的子程序和函数中起作用。定义全局变量必须在主程序的首行，这是一般惯例。

MATLAB有一些规定的常量和变量，这些常量和变量见表1.1。

表1.1 MATLAB规定的常量和变量

常量和变量名	说　　明
ANS（或ans）	默认变量名，用于应答最近一次的操作、运算结果
i或j	虚数单位
pi	圆周率 π
eps	浮点数的相对误差
realmax	最大的实正数
realmix	最小的实正数
INF（或inf）	无穷大
NaN（或nan）	不定值（即0/0）
nargin	函数实际输入的参数个数
nargout	函数实际输出的参数个数

1.3.2 数组和矩阵的表示和赋值

数组是指按一定次序排列的数，矩阵是由 $m \times n$ 个数，按 m 行和 n 列排列而成的“表”。数组可以是一维的也可以是 n 维的，因此一维数组可以看成是一行多列的矩阵，是矩阵的特殊情况，一般也称为行向量，一列多行的矩阵称为列向量，而 n 维数组一般也就是矩阵了。单个的数或标量则可以看成是 1×1 的矩阵，所以数、数组都可以用矩阵表示，MATLAB也以矩阵作为运算的基本单元。MATLAB既支持数组的运算也支持矩阵的运算，但是数组与矩阵的运算有很大的不同，数组的运算对数组中每个元素都执行相同的操作，而矩阵的运算则按线性代数的法则进行。

1. 一维数组的表示和赋值

一维数组（行向量）是用方括号括起来的一组元素（或数），元素之间用空格或逗号分隔，组成数组的元素可以是具体的数值、变量名或算式。举例如下：

x=[1 2 3 4 5 6]　　x为数组名，1、2、3、4、5、6为组成数组的元素，元素之间以空格分隔。

y=[7，8，9，1+2i，3+4i]　　数组元素包含复数，元素间以逗号分隔。

z=[1，2，3，a，b，c]　　包含变量的数组，a、b、c为变量名。

p=[pi，2*pi，1.3*sqrt（3），（1+2）/5*4]　　以算式表示的数组。

2. *n* 维数组和矩阵的表示和赋值

n 维数组或矩阵的表示和赋值的规则是矩阵或数组的元素列入方括号中，每行的元素间用空格或逗号分隔，行与行之间用分号或回车键隔开。如：

A=[1 2 3；4 5 6；7 8 9]　　A为矩阵名，方括号内表示一个3×3的矩阵。

矩阵内的元素可以是数值、变量或者表达式。如：

B=[1，2，3；a，b(a+b)/2]

1.3.3 MATLAB 的算术运算

MATLAB 的算术运算符见表 1.2。

表 1.2 MATLAB 的算术运算符

算术运算符	说 明	算术运算符	说 明
+	加	\	矩阵左除
-	减	.\	数组左除
*	矩阵乘	/	矩阵右除
.*	数组乘	./	数组右除
^	矩阵乘方	'	矩阵转置
.^	数组乘方	.'	数组转置

1.3.4 MATLAB 的关系运算

所谓关系运算是指两个元素之间的比较，关系运算的结果只可能是 0 或 1。0 表示该关系式不成立，即为“假”；1 表示该关系式成立，即为“真”。MATLAB 的关系运算有 6 种，见表 1.3。

表 1.3 MATLAB 的关系运算符

关系运算符	说 明	关系运算符	说 明
==	等于	<	小于
~=	不等于	>=	大于等于
>	大于	<=	小于等于

1.3.5 MATLAB 的逻辑运算

逻辑量只有 0（假）和 1（真）两个值，逻辑量的基本运算有：与（&）、或（|）和非（~）三种。有时也包括异或运算（xor），异或运算可以通过三种基本运算组合而成。基本逻辑运算的真值见表 1.4。

表 1.4 基本逻辑运算的真值

逻 辑 运 算	A=0		A=1	
	B=0	B=1	B=0	B=1
A&B	0	0	0	1
A|B	0	1	1	1
~A	1	1	0	0
xor（A，B）	0	1	1	0

1.3.6 MATLAB 的特殊运算符

MATLAB 有一些在命令和计算中使用的特殊运算符，这些特殊运算符见表 1.5。要指出的是这些**特殊运算符在英文状态下输入有效，在中文状态下输入则无效。**

表 1.5 MATLAB 的特殊运算符

特殊运算符	说 明
:	冒号，输入行向量，从向量、数组、矩阵中取指定元素、行和列，从大矩阵中取小矩阵
;	分号，用于分隔行
,	逗号，用于分隔列

（续）

特殊运算符	说　　明
( )	圆括号，用于表示数学运算中的先后次序
[ ]	方括号，用于构成向量和矩阵
{ }	大括号，用于构成单元数组
.	小数点或域访问符
..	父目录
…	用于语句末端，表示该行未结束
%	用于注释
!	用于调用操作系统命令
=	用于赋值

1.3.7　MATLAB 常用函数

MATLAB 的函数极为丰富，这里仅列举一些常用的数学函数，见表 1.6。

表 1.6　常用的数学函数

分类	函数	说明	函数	说　　明
三角函数	sin	正弦	sec	正割
	cos	余弦	csc	余割
	tan	正切	cot	余切
	asin	反正弦	asec	反正割
	acos	反余弦	acsc	反余割
	atan	反正切	acot	反余切
	atan2（x，y）	4 象限反正切	sech	双曲正割
	sinh	双曲正弦	csch	双曲余割
	cosh	双曲余弦	coth	双曲余切
	tanh	双曲正切	asech	反双曲正割
	asinh	反双曲正弦	acsch	反双曲余割
	acosh	反双曲余弦	acoth	反双曲余切
	atanh	反双曲正切		
指数函数	exp	以 e 为底的指数	pow2	2 的幂
	log	自然对数	sqrt	求方根
	log2	以 2 为底的对数	Nextpow2	求比输入数大而最近 2 的幂的数
	log10	以 10 为底的对数		
复数	abs	求绝对值和复数模	conj	求共轭复数
	angle	求相角	isreal	是实数时为真
	real	实部	unwrap	去掉相角突变
	imag	虚部	cplxpair	安共轭复数对排序
取整函数	round	四舍五入取整数	sign	符号函数
	fix	向 0 方向取整数	rem（a，b）	A 整除 b，求余数
	floor	向 −∞ 方向取整数	mod（x，m）	X 整除 m，取正余数
	ceil	向 +∞ 方向取整数		

1.4　MATLAB 程序设计基础

MATLAB 是一种解释性高级程序设计语言，对程序中的语言边解释边执行。MATLAB 与其他高级语言一样，由顺序、选择和循环三种基本控制结构组成。MATLAB 语句有表达语句、控制语句、调试语句和空语句等。控制语句还包括条件、循环和一些转移语句。MAT-

LAB 的语句键入后按回车键即可执行，因此一般也把语句称为命令。

MATLAB 程序的基本结构如下：

```
%    说明
清除命令
定义变量
逐行执行的命令
…  …
     循环和转移
     逐行执行的命令
     …  …
     end
逐行执行的命令
…  …
```

1.4.1 表达式、表达式语句和赋值语句

1. 表达式

由运算符连接的常量、变量和函数就构成了 MATLAB 的表达式，因此在 MATLAB 中有算术表达式、函数表达式、关系表达式和逻辑表达式等。MATLAB 中的数组可以进行上述四种运算，而矩阵只能进行前两种运算。

2. 表达式语句

单个的表达式就是表达式语句，一行可以只有一个表达式语句，也可以有多个表达式语句，这时语句间用分号“;”或逗号“,”分隔。语句以回车换行结束。以分号结束的语句执行后不显示运行结果，以逗号和回车键结束的语句执行后即显示运行结果。如果一条语句需要占用多行，这时需要使用连续符“…”。

3. 赋值语句

赋值语句将表达式的值赋予变量。如：

```
A = 3 + 7 * 8
x = 10 * sin(2 * pi * f * t)
z = 2 * x + 5 * y
```

1.4.2 流程控制语句

MATLAB 语句一般是逐条执行的，如果需要中途改变执行的次序，则需要流程控制。MATLAB 的流程控制语句有：if、while 和 for 三种。在 5.0 版本后又增加了 switch-case 语句。

1. if 语句

if 语句有三种形式，分别为

if（表达式），语句组 A，end

if（表达式），语句组 A，else 语句组 B，end

if（表达式 1），语句组 A，elseif（表达式 2）语句组 B，else 语句组 C，end

三种形式都以“if”开始，以“end”结束。最后的“end”是必不可少的，否则在 if

语句执行完后，就会找不到后续程序的入口。语句中的表达式的真“1”和假“0”指示了语句转移的条件。if 语句三种形式的程序结构如图 1.6 所示。

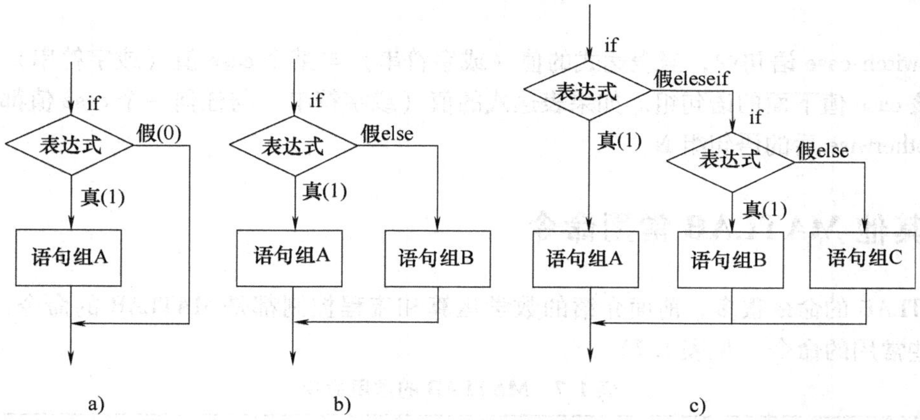

图 1.6　if 语句的三种形式的程序结构
a）形式 1　b）形式 2　c）形式 3

2. while 循环语句

while 语句的格式为：

while（表达式），语句组，end

while 循环语句的流程如图 1.7 所示。语句的执行规则是：当表达式为真（1）时，执行循环体的语句组，并再次计算表达式的值，如果表达式还是为真，则继续循环，直到表达式的值不为真（0）后，才跳出循环，继续向下执行。

3. for 循环语句

for 语句的格式为：

for k = 初始值：增量：终止值，语句组，end

for 语句将循环体中的语句组循环执行 N 次，每执行一次，k 值就增加一个增量，所以循环的次数 N 为：

N = 1 + （终值 - 初值）/增量

当 k 值等于终止值后，循环结束，程序转向 end 以后的语句。for 语句可以嵌套使用。在循环（语句 while 和 for）执行中，如果满足一定条件需要跳出循环，可以使用 break 命令终止循环。

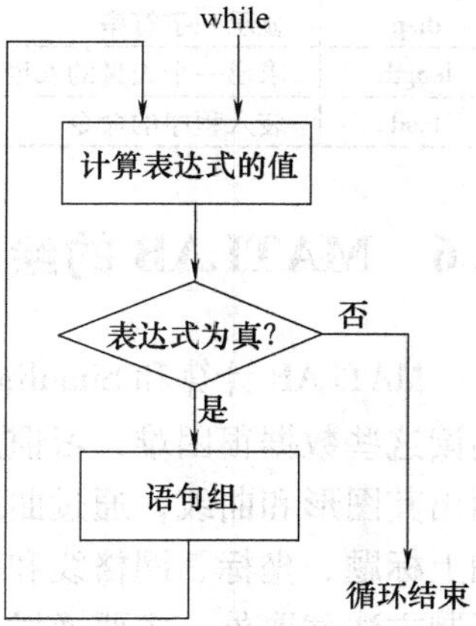

图 1.7　while 语句流程

4. switch-case 语句

switch-case 语句是一种多分支语句，语句的格式为：

switch 表达式（标量或字符串）

case 值 1

语句组 A

case 值 2

语句组 B

… …

otherwise

语句组 N

end

在 switch-case 语句中，当表达式的值（或字符串）与某个 case 值（或字符串）相同时，就执行该 case 值下面的语句组。如果表达式的值（或字符串）与任何一个 case 值都不相同，则执行 otherwise 后的语句组 N。

1.5 其他 MATLAB 常用命令

MATLAB 的命令很多，前面介绍的数学运算和流程控制都是 MATLAB 的命令，下面再介绍一些常用的命令（见表 1.7）。

表 1.7 MATLAB 的常用命令

命令	简要说明	命令	简要说明
demo	打开 MATLAB 的示范（demo）	save	保存程序
help	线上查寻指令	who	列出变量名
info	显示 matlab 的有关信息	whos	列出变量的详细情况
lookfor	利用关键词找相关指令	cd	改变当前的工作目录
path	显示路径	delete	删去一个文件
type	显示 MATLAB 文件的内容	diary	存储在 MATLAB 环境下的文字
what	显示 MATLAB 某一目录下的文件	dir	显示目录
which	显示某一文件的路径	unix	运行 unix 的命令
clear	清除变量（内置的常数和变量除外）	!	运行 dos 的命令
clc	清除命令窗口的显示	format	设定输出格式
disp	显示一字符串	matlabrc	MATLAB 启动文件
length	求出一个矢量的长度	quit	退出 MATLAB
load	装入程序的命令		

1.6 MATLAB 的绘图功能

MATLAB 计算和 Simulink 仿真的结果是数据，这些数据放在工作间中，数据量很大时，阅读这些数据很困难，习惯用曲线和图形表示。MATLAB 可以根据给出的数据，用绘图命令画出其图形和曲线，通过曲线和波形描述计算和仿真的结果，并且可以对图形进行处理，如加上标题、坐标、网格线和颜色等等。本书后面的仿真波形，除小部分示波器画面是用屏幕复制方法截取外，主要通过 MATLAB 的绘图功能制作。

MATLAB 有很强的绘图功能，可以绘制二维图形、三维图形、直方图和饼图等，表 1.8 为一些常用的基本绘图命令。

1.6.1 图形窗口

在 MATLAB 命令窗口键入命令 figure，则弹出图形窗口（见图 1.8），在执行 plot 命令后图形窗口也同时自动打开，不过图形窗口有时在屏幕的下层，这时看屏幕下方的提示栏，有一个 Figure1 No. 1 文件，单击该文件，图形窗口就会移到上层。

图形窗口上方是标题、主菜单和快捷键工具栏。菜单中的文件打开、保存、复制、粘贴、打印等等功能与其他 Windows 菜单功能相类似，这里介绍一些绘图中常用的特殊功能。

表 1.8　常用的绘图命令

基本 X-Y 图形	plot	线性 X-Y 坐标图
	loglog	双对数坐标图
	semilogx	半对数（X 轴）坐标图
	semilogy	半对数（Y 轴）坐标图
	plotyy	双 Y 轴坐标图
	polar	极坐标图
坐标控制	axis	坐标分度、范围
	hold	保持当前图形
	subplot	拆分子图

图形注释	title	标上图名
	text	图上标注文字
	grid	加上网格线
	gtext	用鼠标定位文字
	xlabl	X 轴文字标注
	ylabl	Y 轴文字标注
	Legend	标注图例

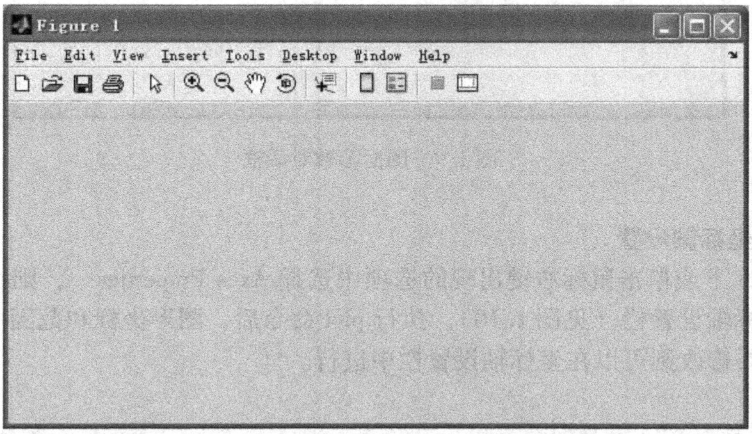

图 1.8　空白的图形窗口

1. 设置图形画面参数

用 MATLAB 绘图命令 plot 画出的是简单的曲线和波形，为了使图形画面更能说明问题，更美观，往往需要在画面上添加一些内容，如标题、物理量、单位、网格线和文字等。主菜单 Edit 下提供了两个选项，可以使图形进入编辑状态。这两个选项是：

- ◆ Figure Properties …　　图面参数设置
- ◆ Axes Properties …　　坐标参数设置

在图形窗口工具栏上单击快捷键  也可以使图形窗口进入编辑状态。

2. 改变图面背景颜色

图形窗口图形区的原始背景是暗淡的灰色（见图 1.8），可以用“Figure Properties …”选项改变背景颜色。单击“Figure Properties …”后，弹出图 1.9 所示的下部的对话框。在对话框 Figure Color 的下拉菜单中有各种颜色可以选择，图 1.9 是选择白色背景后的效果。

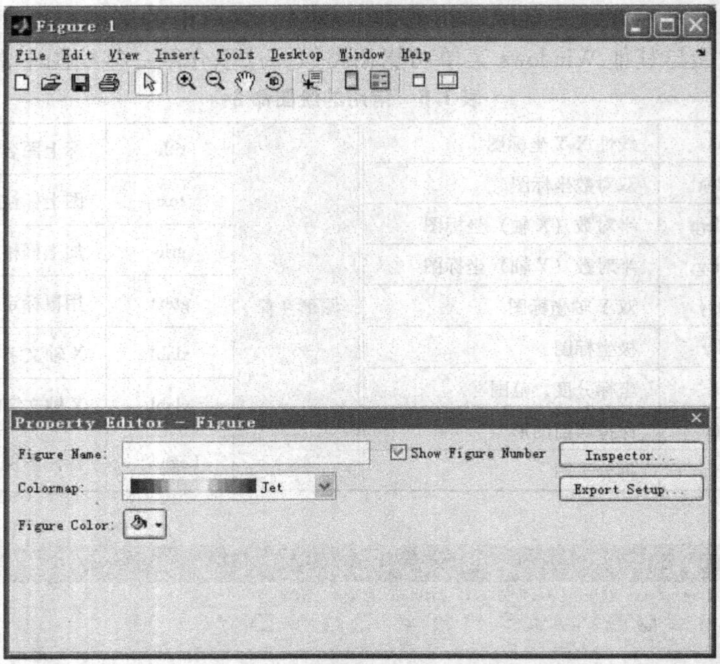

图 1.9　图面参数对话框

3. 标题和坐标轴设置

在菜单 Edit 下或单击鼠标右键出现的选项中选择 Axes Properties…，则在图形窗口下部出现标题和坐标轴设置栏（见图 1.10）。执行 plot 命令后，图形坐标和范围一般都已经自动设置，如果需要修改则可以在坐标轴设置栏中进行。

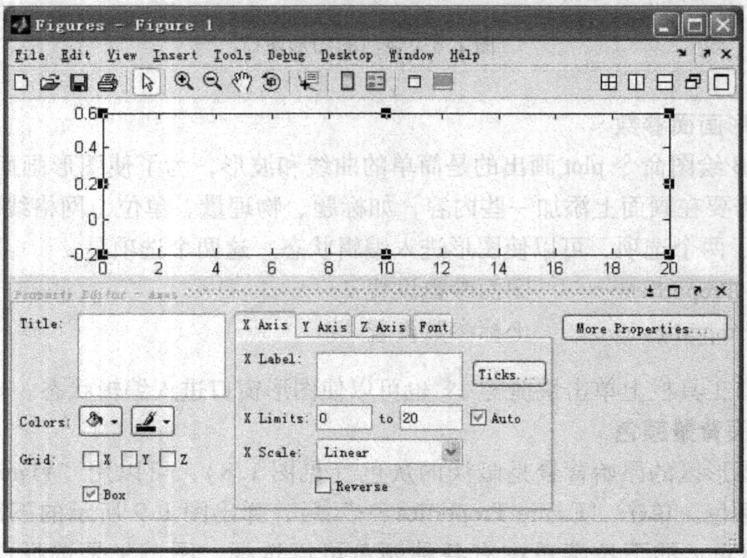

图 1.10　图形坐标轴对话栏

在图 1.10 的坐标参数栏（Scale）中，可以设置图形标题 Title，X、Y、Z 三个坐标轴的标签 Label，坐标的范围（Limits），坐标的分度（Ticks），选择需要标示的分度值（Labels）、坐标类型（Scale）和网格线（Grid）等。这些项系统默认的是“自动（Auto）”方式，即软件会根据输入的图形，自动选定坐标范围，适当的分度和标注。如果要另行设定，只需要单击 Auto 项前面的小方框，去掉框中的“√”号，就可以进行新的参数设置了。

坐标的类型有线性（Linear）和对数（Log）、标准（Normal）和反置（Reverse）可选。可以选择显示或者隐藏网格线，更多功能将在例题中进行介绍。

4. 图形颜色

绘制多条曲线时，MATLAB 会自动地以不同颜色标出曲线，以便区分。如果对曲线的颜色和线型另有要求，可以在绘图命令中指出，命令的格式为：

plot(*x*1,*y*1,'<线型标识符><颜色标识符>',*x*2,*y*2,'<线型标识符><颜色标识符>'…)

颜色和线型标识符见表 1.9。

表 1.9　颜色和线型标识符

颜色标识符	颜色	线型标识符	线型
y	黄	.	点
m	品红	o	小圆圈
c	青	×	叉号
r	红	+	加号
g	绿	−	实线
b	兰	*	星号
w	白	:	虚线
k	黑	−.	点划线
		--	长划线

5. 在图形上添加箭头、线段和文字

如果需要在图形画面上添加箭头、线段和文字，只需要使用图形窗口的工具栏，使用这些工具可以在画面上插入箭头、直线和文字，其含义见表 1.10。选定工具后，拖拉光标就可以在图形上添加箭头和线段，并且可以键入文字。如果对箭头、线段和文字的位置不满意，可以将光标指向该箭头、线段和文字，单击选中，将其拖拉移动到恰当位置。拖拉箭头、线段两端的小黑块，可以调整箭头、线段的长度和方向。

表 1.10　图形窗口工具栏

图形编辑	插入文字	插入箭头	插入线段	图形放大	图形缩小	旋转（3D 图形）

在选中箭头和线段后，单击鼠标右键，则弹出选项框，在选项框中可以选择箭头和线段的线型和磅值。可以选择的线型和磅值如图 1.11 所示。

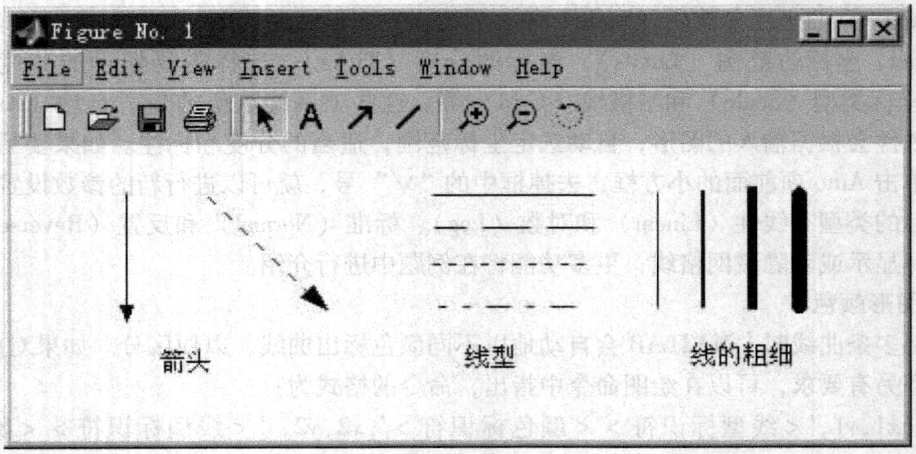

图 1.11　箭头和线型

1.6.2　两维曲线绘图命令 plot

在 X-Y 直角坐标系画平面曲线是最常用的绘图方法，MATLAB 绘制平面曲线的基本命令是 plot。命令格式为：

（1） plot（A）　　在 X-Y 平面上画一维数组 A 的图形

命令中 A 是一维数组的变量名。键入命令，在 X－Y 平面上画出的曲线，其 X 轴表示数组 A 中元素的下标，Y 轴表示数组 A 中对应元素的值。

（2） plot（A，B）　　画二维数组 A 和 B 组成的曲线

二维数组 A 和 B 组成的曲线是以数组 A 的元素为 X 轴，Y 轴上是对应的数组 B 的元素。A 和 B 之间要用逗号“，”分隔。

（3） plot（x1，y1，x2，y2，…，xn，yn）　　在一张图上绘制多条曲线

该语句中 x1，y1，x2，y2，…，xn，yn 为 n 组数据，每对数据可以画出一条曲线，一对数据必须有相同的长度，各对数据的长度可以不同。

（4） plot（t，[y1，y2，…，yn]）

如果多条曲线有共同的 X 轴变量 t，则多个 Y 轴变量可以用方括号括起来。该语句中 t 为向量，y = [y1，y2，…，yn] 是矩阵，若 t 是列（或行）向量，则 y 的列（或行）长度应与 t 的长度相同，y 的行（或列）数就是曲线的根数。

（5） plot（x1，y1），hold，plot（x2，y2）

该语句组是将曲线逐条画到一张图上。在画了第 1 条曲线后，用 hold 命令保持第 1 条曲线，然后在同一张图上再画第 2 条曲线。

（6） plotyy（t，y1，t，y2）

如果两条曲线有相同的 X 轴变量，但是 Y 轴变量的幅度有很大差异，一条幅值较小，另一条幅值很大，使用 plotyy 命令可以用两种 Y 轴标尺画图，但是 X 轴比例仍是一个。例如，将一条幅值为 10 的正弦曲线与一条幅值为 50 的余弦曲线画在同一幅图中：

```
t=0：0.1：4*pi；         %时间变量 t 的取值和采样间隔 0.1
y1=10*sin（t）；         %给变量 y1 赋值
```

```
y2 = 8 * cos (t);          % 给变量 y2 赋值
y4 = 50 * y1;              % 给变量 y4 赋值
plotyy (t, y4, t, y2)      % 画 y4 和 y2 曲线
```

因为 y4 幅值远大于 y2，要将两条曲线画在一个图中可以使用 plotyy 命令，得到的波形如图 1.12 所示，图中正弦曲线的 Y 轴比例尺在左边，余弦曲线的 Y 轴比例尺在右边。

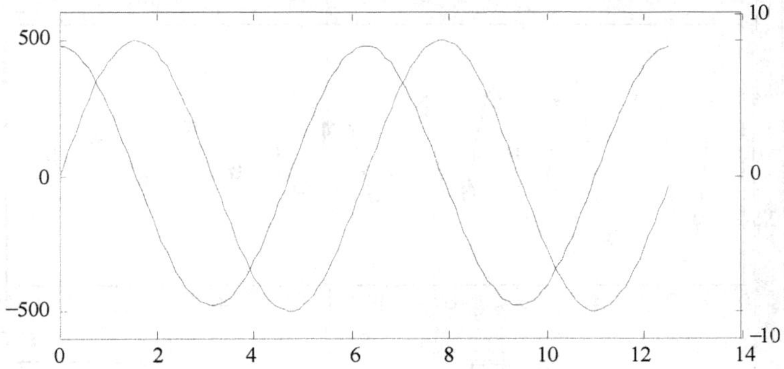

图 1.12　以不同的 Y 轴比例尺画曲线

【例 1.1】 画一条按指数 $e^{-0.1t}$ 衰减的正弦曲线

1）在 MATLAB 窗口输入命令

```
t = 0: 0.01: 20 * pi;       % 设定时间变量 t 的取值范围 (0 ~ 20π) 和采样间隔 0.01
a = exp( -0.01 * t);        % 指数函数
b = a. * sin(3 * t)         % 幅值按指数衰减的正弦函数
plot(t, b)                  % 画衰减的正弦函数波形
```

2）命令执行后得到如图 1.13 所示的曲线，图中 X 轴是时间 t，Y 轴是衰减正弦函数值 b。

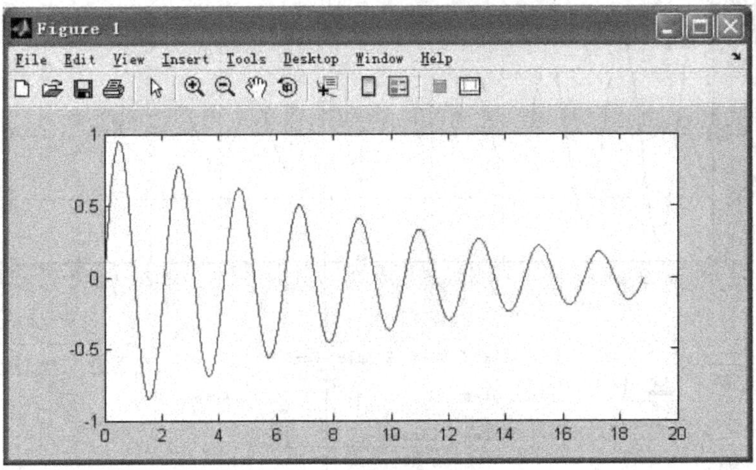

图 1.13　按指数衰减的正弦波

3）以光标单击波形上任意位置，波形上出现黑方块表示波形被选中，并且在图形下方

出现编辑框（见图 1.14），在 Line 项后的选择框中选择线型、粗细和颜色。如果在 Edit 菜单下选择坐标参数设置项 Axes Properties …，则可以呈现图 1.15 所示的编辑栏。

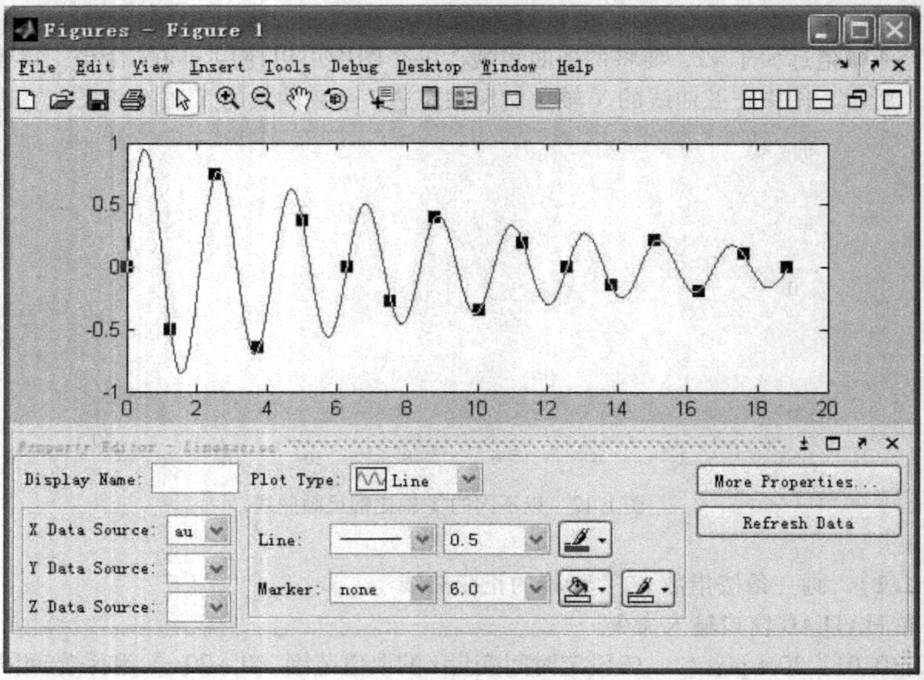

图 1.14　图形编辑 1

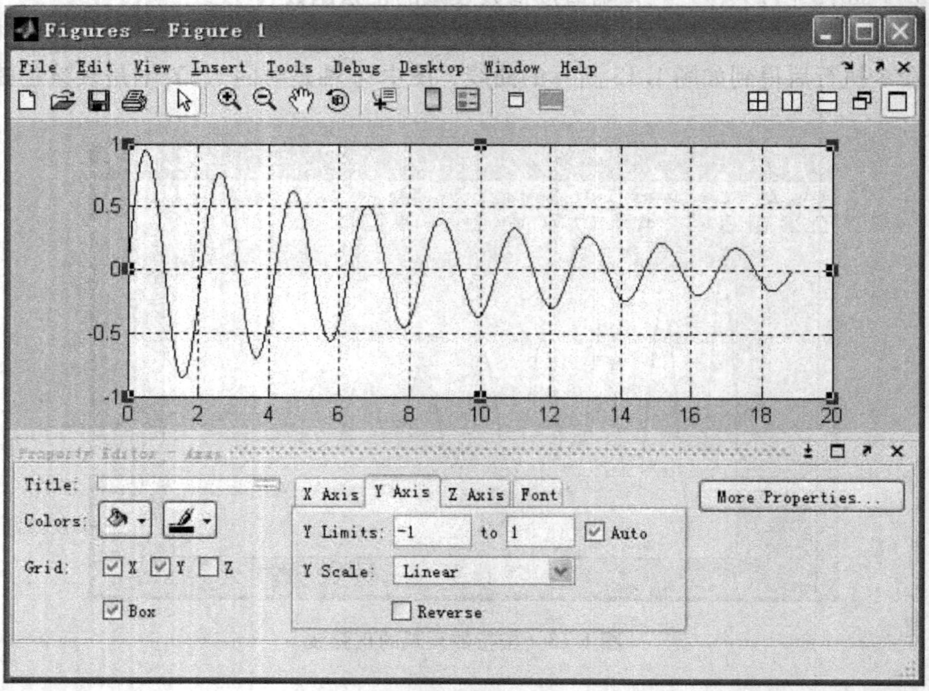

图 1.15　图形编辑 2

4）如果要在图形上添加指数曲线画出衰减曲线的包络线，可以使用多条曲线绘图命令，只要在步骤 1）的命令中将最后一行更改为：

plot（t，b，t，a，t，－a）

回车执行后得到图 1.16。图中有衰减正弦函数、指数 $e^{-0.1t}$ 和 $-e^{-0.1t}$ 三条曲线，三条曲线以不同颜色区分，但不同颜色在黑白图中区别不明显，可以分别单击其中一条，编辑其线型、粗细和颜色。图 1.17 指数包络线以虚线表示，并且三条曲线都用黑色。

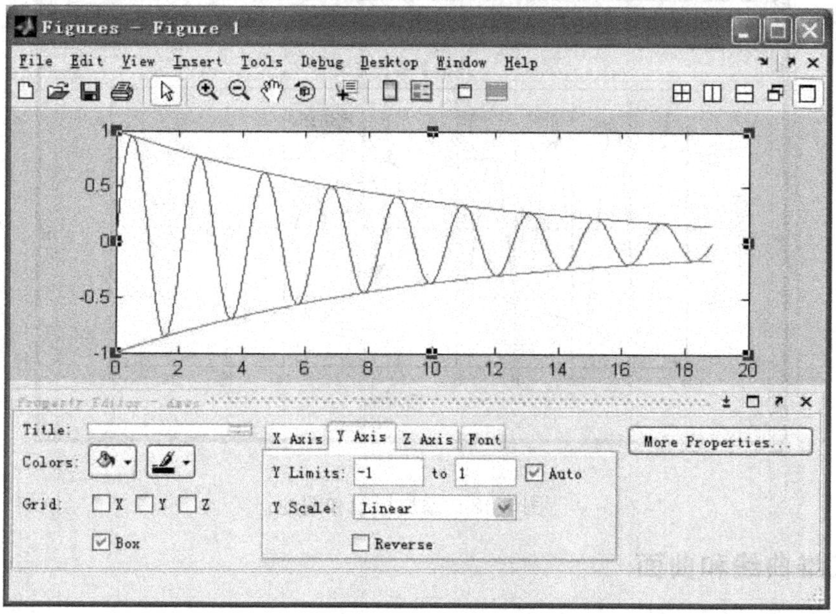

图 1.16　带包络线的正弦衰减曲线

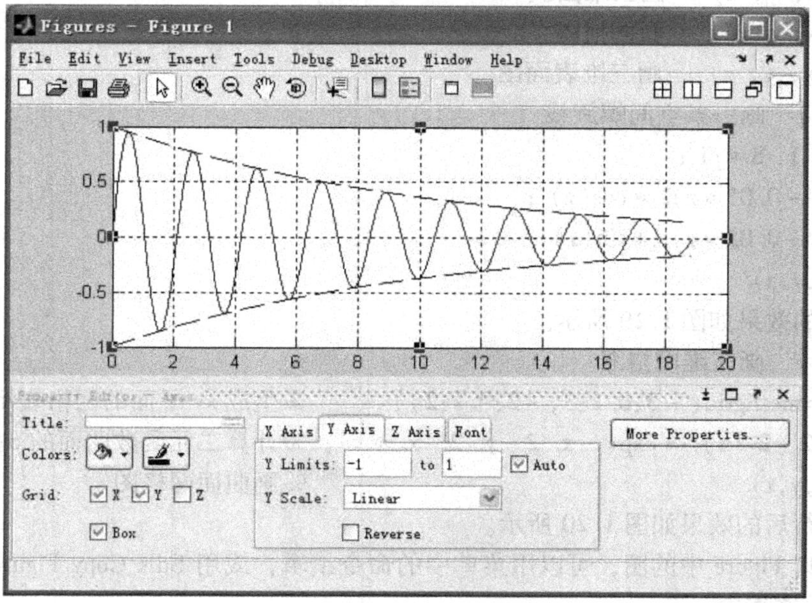

图 1.17　包络线为虚线的正弦衰减曲线

5）在图形上添加标注和图形复制

使用 Insert 菜单中的 Title、Arrow、Text Arrow、X Lable、Y Lable 等选项可以在图上标注标题、图注、X 和 Y 轴参数，如图 1. 18 所示。使用 Edit 菜单中 Copy Figure 命令可以将图形复制到粘贴板，在 word 等其他文档中使用。

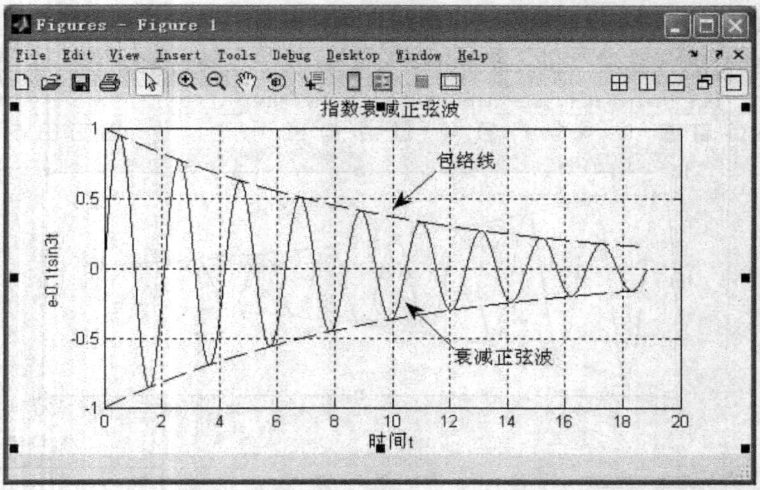

图 1. 18　添加标题和图注

1. 6. 3　三维曲线和曲面

命令格式

plot3（x，y，z）　画三维曲线

mesh（x，y，z）　画网格图

sursh（x，y，z）　画三维表面图

【例 1. 2】　画一条空间螺旋线

```
z=0 :0.1 :8*pi ;
x=exp(-0.05*z).*cos(z) ;
y=exp(-0.05*z).*sin(z) ;
plot3(x,y,z)
```

执行后的效果如图 1. 19 所示。

【例 1. 3】　画三维网格图

```
[x,y]=meshgrid(-3:0.1:3,-2:0.1:2);          %生成 xy 平面的网格表示
z=(x.^2-2*x).*exp(-x.^2-y.^2-x.*y);   %计算二元函数曲面的 z 矩阵
mesh(x,y,z)                                  %画曲面网格图
```

回车执行后的效果如图 1. 20 所示。

图形窗口 Figure 中的图，可以用菜单中的命令编辑，或用 Edit/Copy Figure 命令复制粘贴到 Word 等文档中。

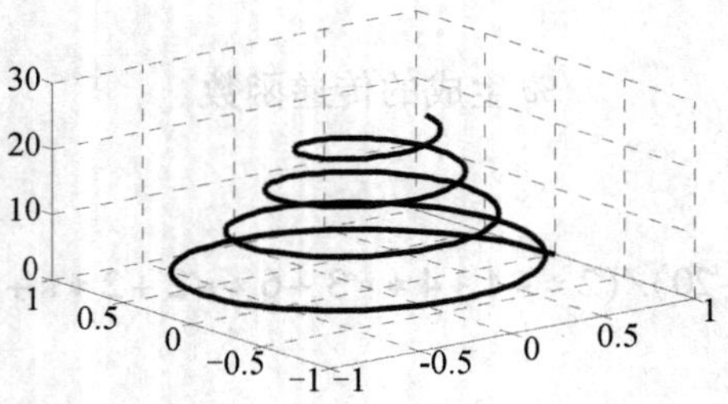

图 1.19　空间螺旋线

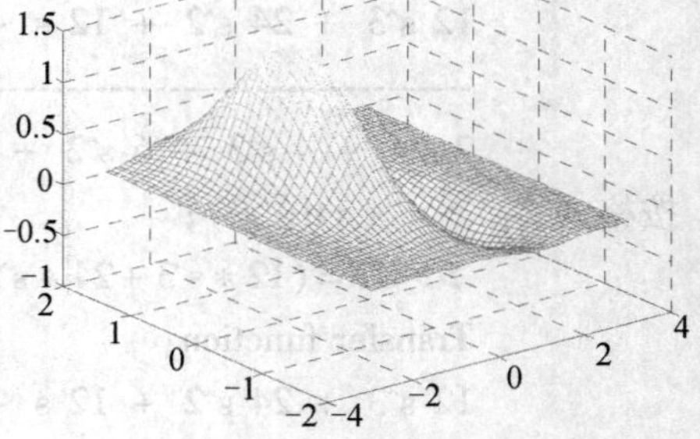

图 1.20　曲面网格图

1.7　MATLAB 在控制理论中的应用

自动控制理论以数学模型研究系统的特性，数学模型有多种形式，包括微分方程、传递函数、状态方程等，这些模型有线性的、非线性的、连续的或离散的，MATLAB 在这些方面有强大的功能，本节仅扼要介绍以传递函数表示的连续系统分析研究方法。

1.7.1　传递函数表示方法

1. 以多项式表示的传递函数

$$G(s)=\frac{b_m s^m+b_{m-1}s^{m-1}+b_{m-2}s^{m-2}+\cdots+b_1 s+b_0}{a_n s^n+a_{n-1}s^{n-1}+a_{n-2}s^{n-2}+\cdots+a_1 s+a_0} \tag{1.1}$$

其 MATLAB 输入语句的格式为：

格式 1：num =［b_m，b_{m-1}，b_{m-2}，…，b_1，b_0］；　　% 按降幂次序键入分子项系数

den =［a_n，a_{n-1}，a_{n-2}，…，a_1，a_0］；　　% 按降幂次序键入分母项系数

G = tf(num，den)　　% 生成传递函数 G

格式 2：s = tf（‘s’）；　　% 首先定义拉普拉斯算子 s

G = tf(num，den)　　% 生成传递函数 G

2. 闭环控制系统

对于闭环调节系统（见图 1.21），设前向通道传递函数为 $G(s)$，反馈通道传递函数为 $H(s)$，采用下面语句可以求得闭环系统的传递函数。

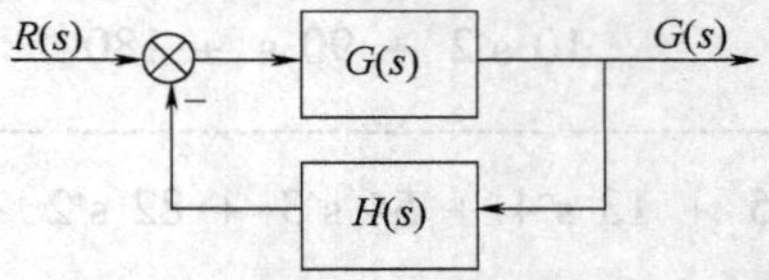

图 1.21　闭环控制系统

格式 3：G = feedback（G，H）；　　% 负反馈连接

G = feedback（G，H，1）；　　% 正反馈连接

【例 1.4】　传递函数 $G_1(s)=\dfrac{12s^3+24s^2+12s+20}{2s^4+4s^3+6s^2+2s+2}$

按格式 1：>> num =［12 24 12 20］；　　% 键入分子项系数

>> den =［2 4 6 2 2］；　　% 键入分母项系数

>> G1 = tf(num,den)　　% 回车生成传递函数 G_1

```
Transfer function:
12 s^3 + 24 s^2 + 12 s + 20
-------------------------------------------          % 生成的传递函数
2 s^4 + 4 s^3 + 6 s^2 + 2 s + 2
```

按格式 2：

```
>> s = tf('s');
>> G1 = (12 * s^3 + 24 * s^2 + 12 * s + 20)/(2 * s^4 + 4 * s^3 + 6 * s^2 + 2 * s + 2)
Transfer function:
12 s^3 + 24 s^2 + 12 s + 20
-------------------------------------------
2s^4 + 4 s^3 + 6 s^2 + 2 s + 2
```

若传递函数以因式或因式和多项式混合表示，采用格式 2 较为方便。

【例 1.5】 传递函数 $G_2(s)=\dfrac{s^3+2s^2+3s+4}{s^3(s+2)[(s+5)^2+5]}$

```
>> s = tf('s');
>> G2 = (s^3 + 2 * s^2 + 3 * s + 4)/(s^3 * (s + 2) * ((s + 5)^2 + 5))
Transfer function:
     s^3 + 2 s^2 + 3 s + 4
-------------------------------------------
s^6 + 12 s^5 + 50 s^4 + 60 s^3
```

【例 1.6】 设图 1.21 为负反馈系统,其前向传递函数为 $G_3(s)=\dfrac{10(s+3)}{s(s+5)(s^2+2s+2)}$，反馈传递函数为 $H_3(s)=\dfrac{2}{s+6}$，求系统的闭环传递函数。

```
>> G3 = 10 * (s + 3)/(s * (s + 5) * (s^2 + 2 * s + 2));
>> H3 = 2/(s + 6);
>> W3 = feedback(G3, H3)
Transfer function:
       10 s^2 + 90 s + 180
-------------------------------------------------------
s^5 + 13 s^4 + 54 s^3 + 82 s^2 + 80 s + 60
```

1.7.2 求特征方程的根和根轨迹

如图 1.21 所示的闭环控制系统，其闭环传递函数为

$$W(s)=\frac{G(s)}{1+G(s)H(s)} \tag{1.2}$$

闭环传递函数的特征方程为

$$1+G(s)H(s)=0 \tag{1.3}$$

式（1.3）中 $G(s)H(s)$ 称为闭环系统的开环传递函数，求出闭环传递函数特征方程（式（1.3））的根（极点），根据其根（极点）在 s 平面的位置可以判定系统的稳定性，系

统稳定的充分和必要条件是它所有根都位于 s 平面的左半部，即根的实部为“ –”。

式（1.3）以零极点形式表示为

$$G(s)H(s) = K\frac{\prod_{j=1}^{m}(s-z_j)}{\prod_{i=1}^{n}(s-p_i)} = -1 \tag{1.4}$$

式（1.4）称为根轨迹方程，根轨迹方程是一个复数方程，对于可实现的控制系统其分母和分子的阶数应有 $n \geqslant m$。根据复数方程幅值和相角相等的原则

$$\frac{1}{K} = \frac{\prod_{j=1}^{m}|s-z_j|}{\prod_{i=1}^{n}|s-p_i|} \tag{1.5}$$

$$\sum_{j=1}^{m}\angle(s-z_j) - \sum_{i=1}^{n}\angle(s-p_i) = (2k+1) \quad k = 0, \pm 1, \pm 2, \cdots \tag{1.6}$$

满足幅值条件（式（1.5））和相角条件（式（1.6））的 s 值就是特征方程的根，即闭环系统的极点。当 $K=0$ 时，$s=p_i$，$i=1, 2, \cdots, n$，说明根轨迹的终点是开环极点。当 $K=\infty$ 时，$s=z_j$，$j=1, 2, \cdots, m$，说明根轨迹的起点是开环零点。当 K 从 $0\to\infty$ 变化时，特征方程的根在复平面上画出的轨迹就是根轨迹，根据根轨迹不仅可以判定系统的稳定性，而且可以设计系统的放大倍数 K。手工描画根轨迹是很费时费力的，用 MATLAB 函数画根轨迹则很方便。

1. 求方程的根

在输入系统开环传递函数后，键入命令：

格式 1：root(G)　　　　　　%求多项式方程 G 的根

格式 2：roots(G, den{1})　　%求传递函数 G 的特征方程根（极点）

格式 3：roots(G, num{1})　　%求传递函数 G 的零点

【例 1.7】 已知方程 $s^3+10s^2+16s+160=0$，求方程的解，即方程的根。

```
>>G=[1 10 16 160];
>>roots(G)
ans =
-10.0000
-0.0000 +4.0000i
-0.0000 -4.0000i
```

【例 1.8】 已知闭环系统的开环传递函数 $G(s)H(s) = \dfrac{(s+20)(s+7)}{s^3+10s^2+16s+160}$，求系统特征方程的根。

```
>>s=tf('s');
>>G1=(s+20)*(s+7)/(s^3+10*s^2+16*s+160);
>>roots(G1.den{1})    %求特征方程根
ans =
```

```
 -10.0000
 -0.0000 +4.0000i
 -0.0000 -4.0000i
```

系统开环传递函数特征方程的 3 个根实部都为“ - ”,系统是稳定的。

```
>> roots(G1.num{1})        %求系统零点
ans =
   -20
   -7
```

2. 画根轨迹

格式 1：rlocus(G)　　　　　　　　　　%画函数 G 的根轨迹

格式 2：rlocus(G)，grid　　　　　　　%画有栅格线的根轨迹

格式 3：rlocus(G,'k')，grid　　　　　%指定根轨迹颜色，“k”为黑色

格式 4：[k，poles] =rlocfind(G) %光标在图上呈“+”字线，在根轨迹上选择一点可给出该点的坐标，放大倍数和全部极点。

格式 5：rlocus(G，K)　　　　　　　　%画给定增益 K 时的根轨迹

【例 1.9】 画例 1.8 闭环系统传递函数的根轨迹。

```
>>s = tf('s');
>>G1 = (s +20) * (s +7)/(s^3 +10 * s^2 +16 * s +160);
>>rlocus(G1),grid
```

得到的根轨迹如图 1.22a 所示，图上显示了两个零点、三个极点和零极点间的轨迹，如果单击轨迹上一点，可以显示该点的极点坐标、增益、阻尼系数、自然振荡频率等（见图 1.22b），

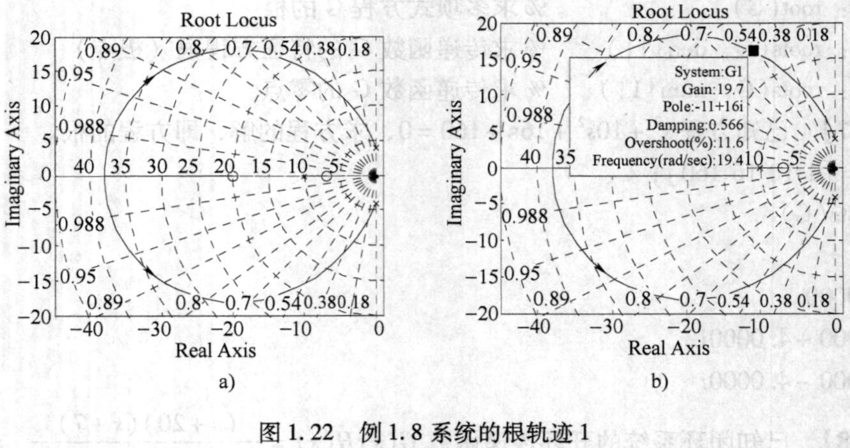

图 1.22　例 1.8 系统的根轨迹 1

如果键入命令：

```
>>[k,poles] = rlocfind(G1)
```

则得到图 1.23a 所示的根轨迹图，图中出现“+”字光标，移动“+”字光标选择轨迹上一点，在命令窗口的提示行下显示所选择点的极点、增益等内容。

```
Select a point in the graphics window
```

```
selected_point =
-36.6486 + 6.6972i
k =
  70.6737
poles =
-36.7319 + 6.7300i
-36.7319 - 6.7300i
-7.2098
```

如果给定了开环传递函数增益 K，用格式 4 命令可以绘制相应的根轨迹图，在例 1.8 中令 $K=70$，键入命令：

```
>> rlocus(G1,70),grid
```

得到的根轨迹如图 1.23b 所示。

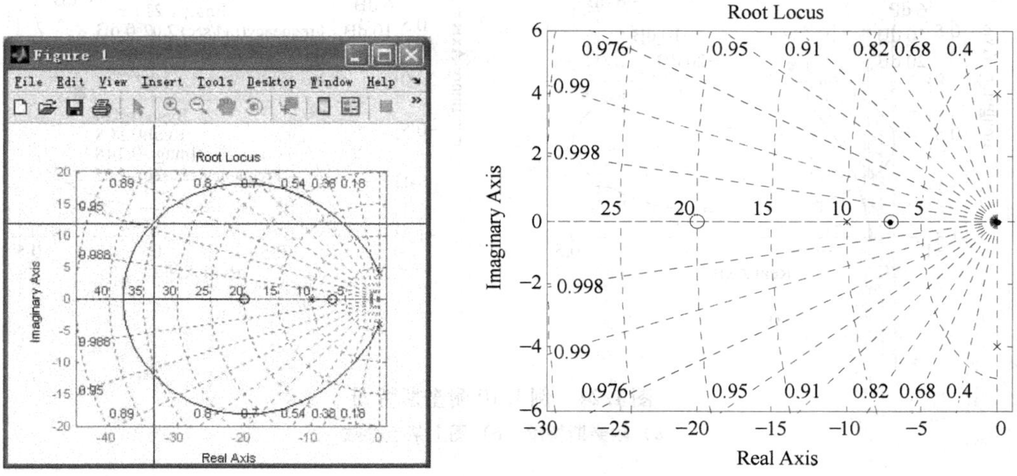

图 1.23　例 1.8 系统的根轨迹 2

a）"+"字光标根轨迹图　b）指定增益根轨迹图

1.7.3　控制系统频域分析

控制系统频域分析通过系统对正弦函数的稳态响应来分析系统性能，可以根据系统的开环传递函数研究闭环系统的稳定性和动态响应等。频域分析通过奈奎斯特图（Nyquist）、尼科尔斯图（Nichols）、伯德图（Bode）等分析系统，要画出这些图是很麻烦和困难的，而 MATLAB 提供了很好的工具。命令格式为

nyquist(G)　　画耐奎斯特图

nichols(G)　　画尼科尔斯图

bode(G)　　画伯德图

【例 1.10】　设系统的开环传递函数为 $G_2(s)=\dfrac{s+8}{s(s^2+0.2s+4)(s+5)(s+1)(s+3)}$，画

该系统的奈奎斯特图、尼科尔斯图和伯德图。

```
>>s=tf('s');
>>G2=(s+8)/(s*(s^2+0.2*s+4)*(s+1)*(s+3));
>> nyquist(G2),grid      %画奈奎斯特图
>> nichols(G2),grid      %画尼科尔斯图
>>bode(G2),grid          %画伯德图
```

画出的奈奎斯特图、尼科尔斯图和伯德图分别如图 1.24a、图 1.25a 和图 1.26a 所示，图形用 Edit 菜单下的 Axes Properties …命令重新选择了 X 和 Y 坐标轴范围，点击图上任意一点，可以显示该点的相关参数（见图 1.24b，图 1.25b 和图 1.26b）。

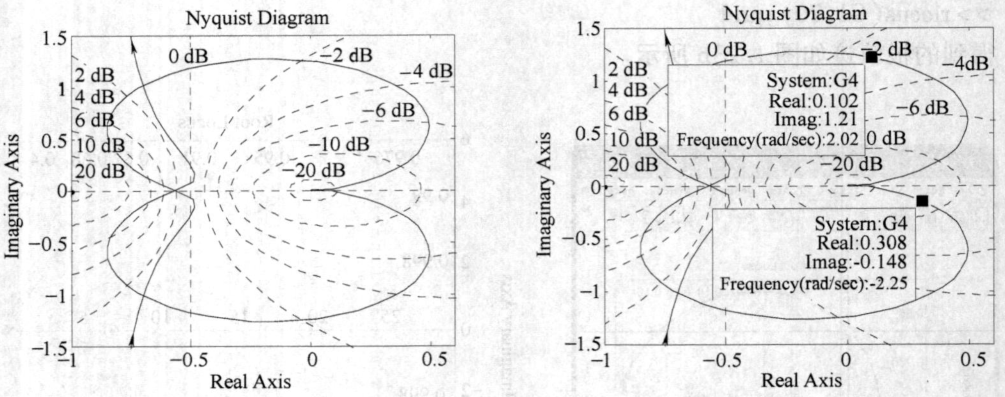

a)　　　　b)

图 1.24　例 1.10 耐奎斯特图

a）耐奎斯特图　b）图上某点参数

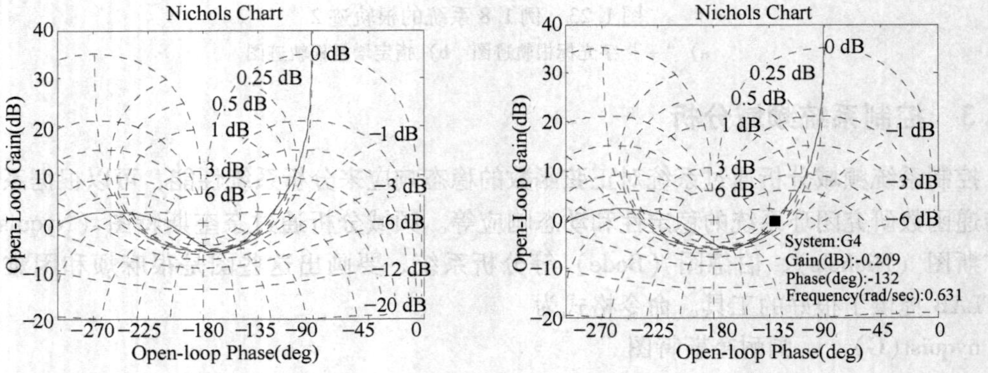

a)　　　　b)

图 1.25　例 1.10 尼科尔斯图

a）尼科尔斯图　b）图上某点参数

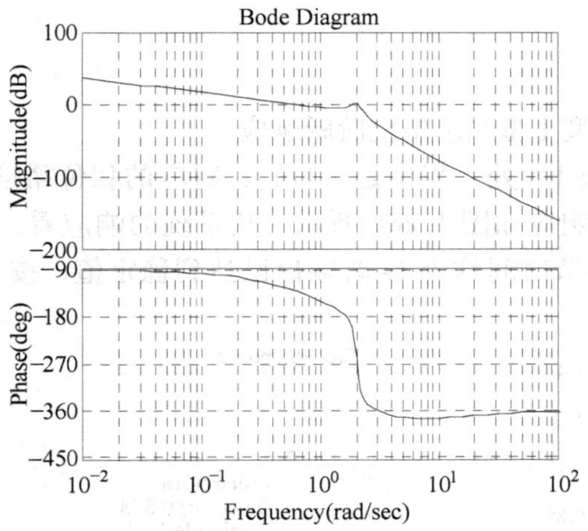

a)

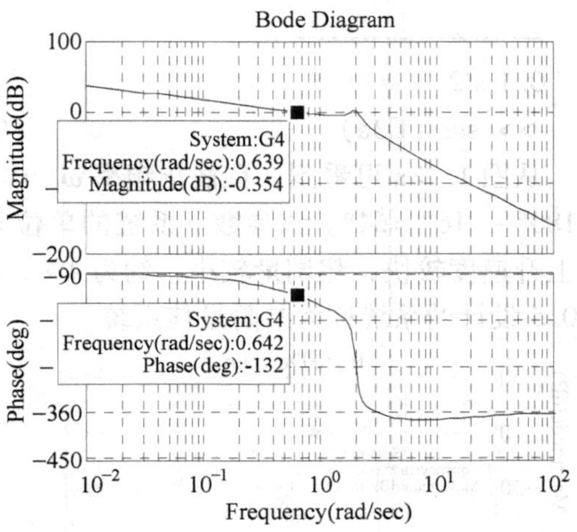

b)

图 1.26　例 1.10 伯德图

a）伯德图　b）图上某点参数

1.8　调速系统传递函数分析

1.8.1　典型系统分析

调速系统一般是含有多个控制环节的复杂系统，在系统设计时一般首先需要简化以突出主要环节忽略次要环节，然后再选择恰当的调节器进行校正使系统具有较好的响应和稳定性。校正后的系统通常是Ⅰ型系统或Ⅱ型系统。本节用 MATLAB 分析两种典型Ⅰ型和典型Ⅱ型系统的响应特点。

1. 典型Ⅰ型系统

典型Ⅰ型系统结构如图 1.27 所示，系统为单位负反馈系统，其前向传递函数为

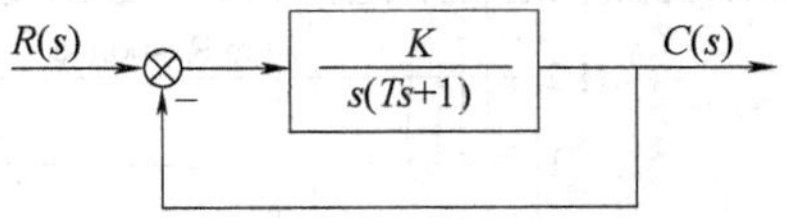

图 1.27　典型Ⅰ型系统结构

$$G(s)=\frac{K}{s(Ts+1)} \tag{1.7}$$

系统具有一个积分环节和一个惯性环节，其中 T 是系统固有的时间常数，它反映了原系统的主要特征，在典型Ⅰ型系统中仅有放大倍数 K 是可以调节选择的，K 值大小影响系统的输出响应。

【例 1.11】　设典型Ⅰ型系统 $T=0.1$，$K=5$，$KT=0.5$，绘制系统的伯德图和单位阶跃响应曲线。

```
>> s = tf('s');
>> G3 = 5/(s * (0.1 * s + 1));          % 典型Ⅰ型系统前向传递函数
>> bode(G3,'-k')                        % 典型Ⅰ型系统伯德图(见图 1.28a)
>> G3a = feedback(G3,1)                 % 典型Ⅰ型系统闭环传递函数
Transfer function:
```

```
          5
  ----------------------
  0.1 s^2 + s + 5
>> step(G3a)                        %典型Ⅰ型系统单位阶跃响应
```

从图 1.28a 可看到，在截止频率 $\omega_c = 4.87\text{rad/s}$ 处，相位是 −116°，对应的相位裕度 $\gamma = 180° - 116° = 64°$。该参数下系统的单位阶跃响应如图 1.28b 所示，从系统的响应看，响应上升速度较快，超调量较小，约为 4%，在调节时间约为 1s 时输出已达到稳定值，按 $KT = 0.5$ 设计的系统称为二阶最佳系统。

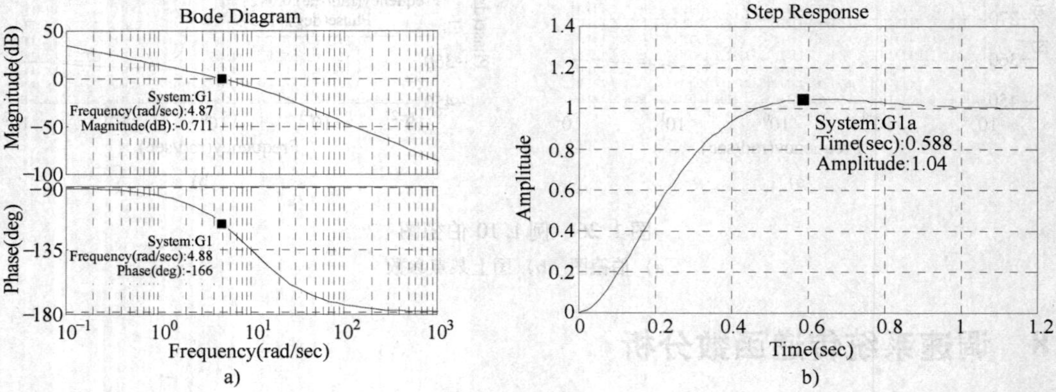

图 1.28　典型Ⅰ型系统（$T = 0.1$，$K = 5$）

a）伯德图　b）单位阶跃响应曲线

如果在 $T = 0.1$ 时，令 $KT = 0.25$，选择 $K = 2.5$，系统的单位阶跃响应曲线如图 1.29a 所示，系统的响应无超调，但系统的调节时间约为 1.5s，较二阶最佳参数时有明显增加；若选择 $K = 10$，$KT = 1$ 时，系统的单位阶跃响应如图 1.29b 所示，系统响应出现一次振荡，较二阶最佳状态超调量增大，超调量 $\sigma = 16\%$，但曲线上升速度加快。

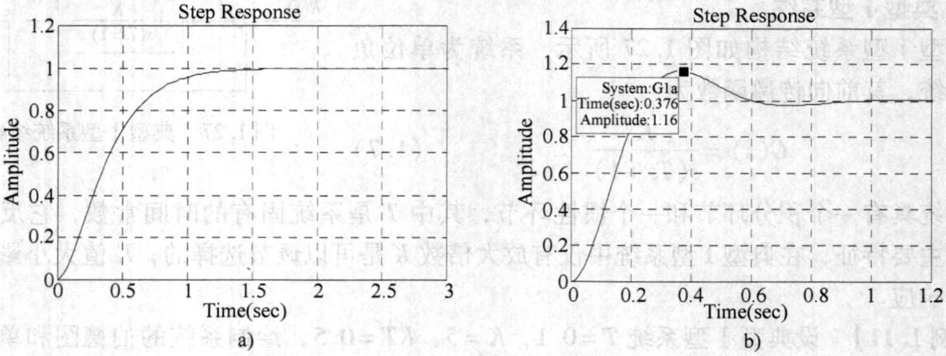

图 1.29　典型Ⅰ型系统的单位阶跃响应

a）$T = 0.1$，$K = 2.5$　b）$T = 0.1$，$K = 10$

2. 典型Ⅱ型系统

典型Ⅱ型系统结构如图 1.30 所示，系统为单位负反馈，系统的前向传递函数有 2 个积分环节，1 个惯性环节和 1 个一阶微分环节，其中时间常数 T 是系统的固有参数，时间常数

τ 和放大倍数 K 是可以配置的参数，若采用工程设计方法，有

$$\tau = hT \tag{1.8}$$

$$K = \frac{h+1}{2h^2T^2} \tag{1.9}$$

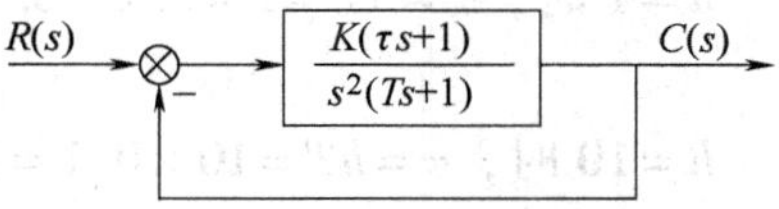

图 1.30　典型Ⅱ型系统结构

式中，h 为选择的中频段宽度。

【例 1.12】　设 $T=0.1$，$h=5$，绘制典型Ⅱ型系统的伯德图和单位阶跃响应曲线。

$\tau = hT = 5 \times 0.1 = 0.5$

$K = \frac{h+1}{2h^2T^2} = \frac{5+1}{2 \times 5^2 \times 0.1^2} = 12$

```
>> G4 = 12 * (0.5 * s + 1)/(s^2 * (0.1 * s + 1))
Transfer function:
   6 s + 12
------------------
0.1 s^3 + s^2:
>> bode(G4)        % 画伯德图
```

典型Ⅱ型系统在 $h=5$ 时的伯德图如图 1.31a 所示，系统截止频率为 5.48 rad/s，对应的相位移为 $-139°$，相位裕度为 $180° - 139° = 41°$。

```
>> G4a = feedback (G4, 1)
Transfer function:
        6 s + 12
-------------------------------------
0.1   s^3  + s^2  + 6 s  + 12
step (G4a)       % 系统阶跃响应
```

系统对单位阶跃输入的响应如图 1.31b 所示，系统的最大超调量为 38%。

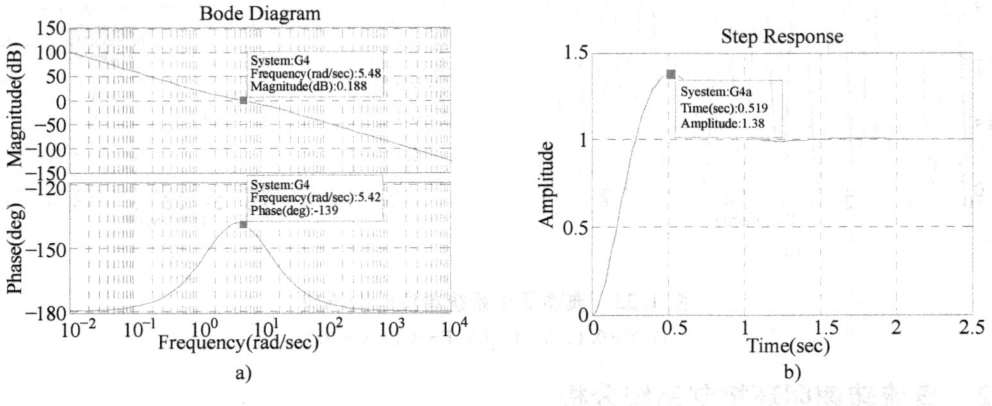

图 1.31　典型Ⅱ型系统（$T=0.1$，$h=5$）

a）伯德图　b）阶跃响应

$h=1$ 时，$\tau=hT=1\times0.1=0.1$，$K=\dfrac{h+1}{2h^2T^2}=\dfrac{1+1}{2\times1^2\times0.1^2}=100$。

$h=10$ 时，$\tau=hT=10\times0.1=1$，$K=\dfrac{h+1}{2h^2T^2}=\dfrac{10+1}{2\times10^2\times0.1^2}=5.5$。

对应的伯德图和单位阶跃响应如图 1.32 和图 1.33 所示，在 $h=1$ 时，系统的相位移是 180°（见图 1.32a），显然系统是不稳定的，这时的单位阶跃响应（见图 1.33a）也反映了系统的输出是连续不衰减的振荡波形，显然处于不稳定状态。比较三种不同中频段宽度 h 可知，随着 h 增加，系统的相位稳定裕量增加，系统单位响应的超调量减小（见图 1.31b 和图 1.33b），但是调节时间加长。综合系统的稳定裕量和超调量，$h=5$ 是典型Ⅱ型系统的较好参数，接近三阶系统的最佳参数设计。

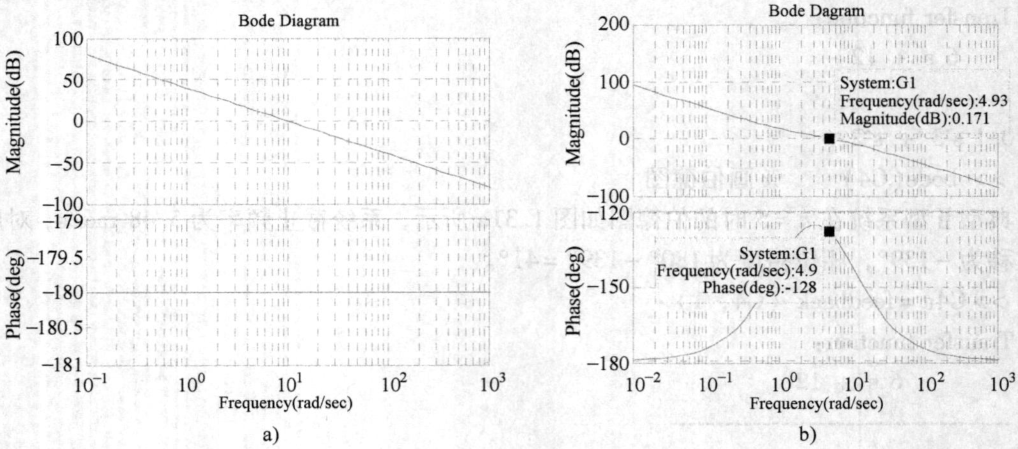

图 1.32　典型Ⅱ系统伯德图

a）$T=0.1$，$h=1$　b）$T=0.1$，$h=10$

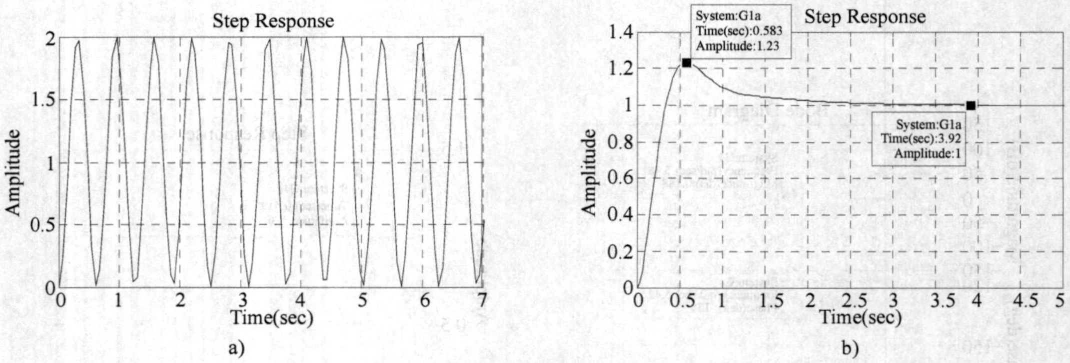

图 1.33　典型Ⅱ型系统单位阶跃响应

a）$T=0.1$，$h=1$　b）$T=0.1$，$h=10$

1.8.2　直流转速闭环控制系统分析

【例 1.13】　直流转速闭环调速系统动态结构如图 1.34 所示，已知直流电动机系统额定参数为：$U_{dN}=220\text{V}$，$I_{dN}=136\text{A}$，$n_N=1460\text{r/min}$，四极，$R_a=0.21\Omega$，$L_a=0.16\text{mH}$，GD^2

$=22.5\mathrm{N\cdot m^2}$。励磁电压 $U_f=220\mathrm{V}$，励磁电流 $I_f=1.5\mathrm{A}$。采用三相桥式整流电路，设晶闸管内阻 $R_{rec}=0.1\Omega$，平波电抗器 $L_d=20\mathrm{mH}$。

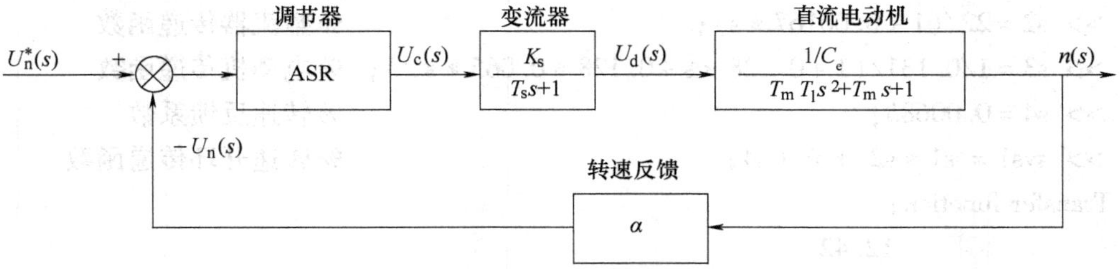

图1.34 直流转速闭环调速系统动态结构图

晶闸管整流器传递函数 $$W_{SCR}(s)=\frac{K_S}{T_S s+1} \tag{1.10}$$

式中，整流器放大倍数 $K_S=\frac{U_{dN}}{U_{cN}}\approx\frac{220}{10}=22$（$U_{cN}$为额定控制电压）；三相桥失控时间常数 $T_S=0.00167\mathrm{s}$。

电动机传递函数 $$W_{motor}(s)=\frac{1/C_e}{T_m T_l s^2+T_m s+1} \tag{1.11}$$

式中

电动势时间常数 $$C_e=\frac{U_{dN}-R_a I_{dN}}{n_N}=\frac{220-0.21\times136}{1460}\mathrm{V\cdot min/r}=0.131\mathrm{V\cdot min/r}$$

电磁时间常数 $$T_l=\frac{L_d+L_a}{R_a+R_{rec}}=\frac{(20+0.16)\times10^{-3}}{0.21+0.1}\mathrm{s}=0.065\mathrm{s}$$

机电时间常数 $$T_m=\frac{GD^2R_\Sigma}{375C_eC_m}=\frac{22.5\times0.31}{375\times\frac{30}{\pi}\times0.131^2}\mathrm{s}=0.128\mathrm{s}$$

转速反馈系数 $$\alpha=\frac{U_{nN}^*}{n_N}=\frac{10}{1460}\mathrm{V\cdot m/r}=0.00685\mathrm{V\cdot min/r}$$

电动机额定转速降 $$\Delta n_N=\frac{R_a I_{dN}}{C_e}=\frac{0.21\times136}{0.131}\mathrm{r/min}=218\mathrm{r/min}$$

1. 采用比例调节器的系统分析

采用比例调节器的转速闭环调速系统是转速有静差调速系统，如果要求系统的调速范围为 $D=20$，系统静差率为 $S\leqslant10\%$，则闭环后的转速降应控制在

$$\Delta n_{cl}=\frac{n_N S}{D(1-S)}=\frac{1460\times0.1}{10(1-0.1)}\mathrm{r/min}=16.2\mathrm{r/min}$$

转速闭环系统的开环放大倍数 $$K=\frac{\Delta n_N}{\Delta n_{cl}}-1=\frac{218}{16.2}-1=12.5$$

调节器的放大倍数 $$K_P=\frac{KC_e}{\alpha K_S}=\frac{12.5\times0.131}{0.00685\times22}=10.8$$

编制系统传递函数如下：

```
>> s = tf('s');                                        % 定义拉普拉斯算子
>> s1 = 10.8;                                          % 比例调节器放大倍数
>> s2 = 22/(1 + 0.00167 * s);                          % 整流器传递函数
>> s3 = 1/0.131/(1 + 0.128 * s + 0.128 * 0.065 * s^2); % 电动机传递函数
>> s4 = 0.00685;                                       % 转速反馈系数
>> sys1 = s1 * s2 * s3 * s4;                           % 转速开环传递函数
Transfer function:
                    12.42
-----------------------------------------------------------
1.389e-005 s^3 + 0.008534 s^2 + 0.1297 s + 1
>> roots(sys1.den{1})                                  % 求特征方程根
ans =
   1.0e+002 *
   -5.9880
   -0.0769 + 0.0781i
   -0.0769 - 0.0781i
```

系统特征方程的三个根的实部都为“-”，因此系统是稳定的。

```
>> bode(sys1)                                          % 画伯德图
```

得到的伯德图如图 1.35a 所示，系统的截止频率约为 35.9rad/s，对应的相位 -157°，相位稳定裕量接近 23°。

```
>> sys2 = feedback(s1 * s2 * s3, s4)                   % 转速闭环传递函数
Transfer function:
                  1814
-----------------------------------------------------------
1.389e-005 s^3 + 0.008534 s^2 + 0.1297 s + 13.42
>> step(sys2)                                          % 转速闭环系统阶跃响应
```

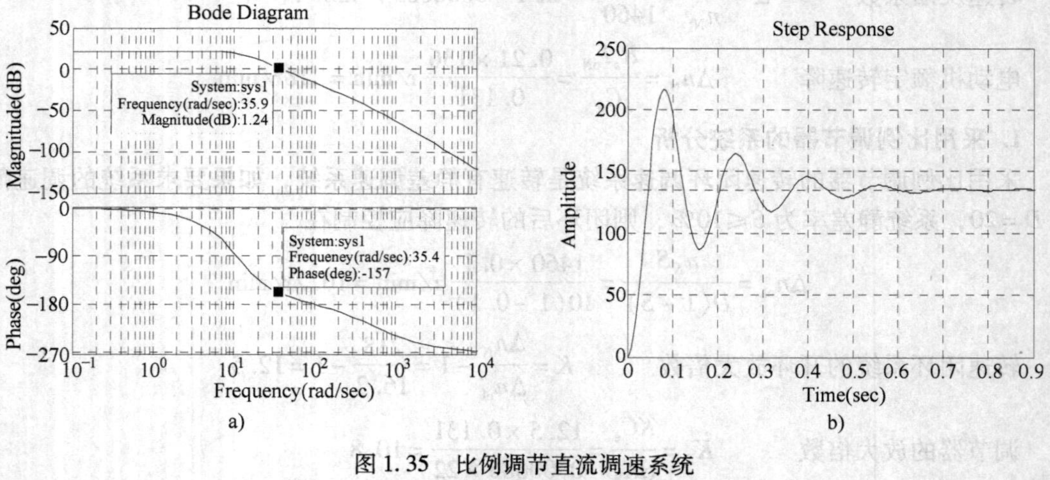

图 1.35　比例调节直流调速系统

a）伯德图　b）单位阶跃响应曲线

从系统的单位阶跃响应曲线（见图 1.35b）看，系统的超调量很大，振荡次数多，动态性能较差。

2. 采用 PI 调节器的转速闭环控制系统

若图 1.34 系统采用 PI 调节器，其结构如图 1.36 所示，如果令调节器时间常数 $\tau = T_m = 0.128s$，使分子（$\tau s + 1$）项抵消大时间常数 T_m 的作用，且试选 PI 调节器 $K_p = 1$，则调节器的传递函数为

$$W_{PI}(s) = K_p \frac{\tau s + 1}{\tau s} = \frac{0.128s + 1}{0.128s}$$

```
>> s1 = (1 +0.128 * s)/0.128 * s;          % 将原比例调节器改为 PI 调节器
>> sys1 = s1 * s2 * s3 * s4                 % 系统开环传递函数
Transfer function:
              1.15 s^2 + 8.987 s
-----------------------------------------------------------------
1.389e-005 s^3 + 0.008534 s^2 + 0.1297 s + 1
>> rlocus(sys1),grid                         % 画根轨迹
>> bode(sys1)                                % 画伯德图
>> sys2 = feedback(s1 * s2 * s3,s4);         % 系统闭环传递函数
Transfer function:
           167.9 s^2 + 1312 s
------------------------------------------------------------
1.389e-005 s^3 + 1.159 s^2 + 9.117 s + 1
>>step(sys2)                                 % 闭环阶跃响应
```

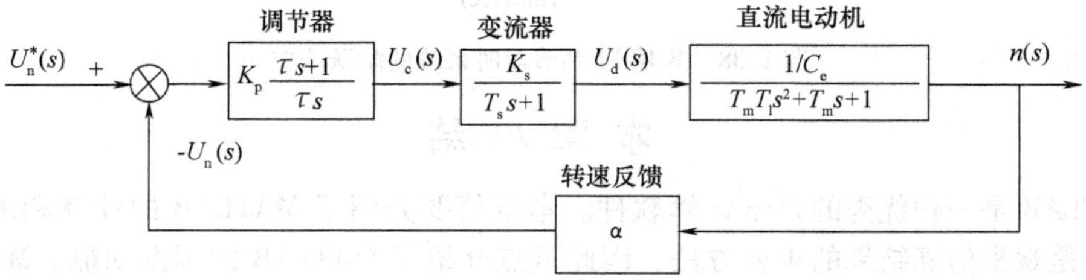

图 1.36　采用 PI 调节器的转速闭环调速系统结构

采用 PI 调节器校正后，系统的根轨迹和伯德图如图 1.37 所示，从伯德图上看，系统截止频率为 11.1rad/s，对应系统相位为 -127°，系统稳定裕量为：180° - 127° = 53°，比较采用比例调节器时的 23°，系统稳定裕量增大。与采用比例调节器的阶跃响应（图 1.35b）相比，采用 PI 调节器后系统的阶跃响应（见图 1.38）超调量和振荡次数都有明显减小，并且是一阶无差调节系统，系统的稳态误差为 0，在保证稳态精度时可以有更宽的调速范围。

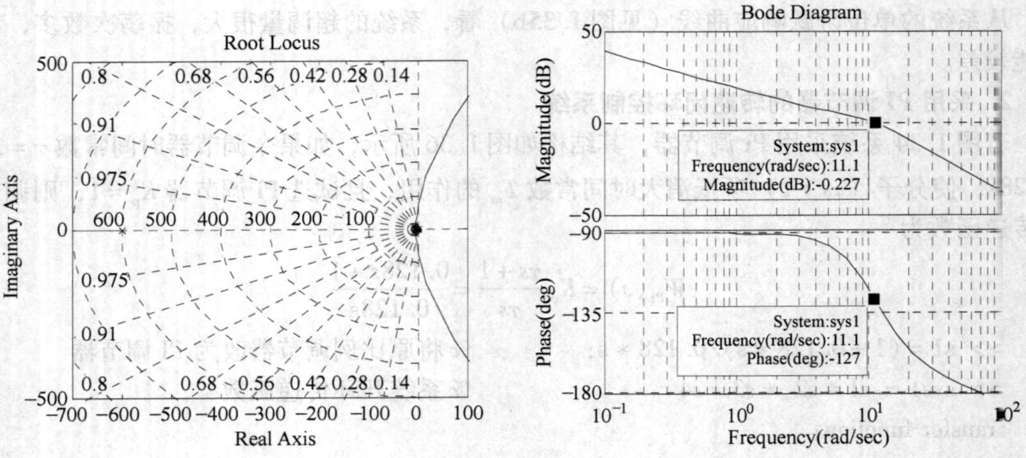

a)　　　　　　b)

图 1.37　采用 PI 调节器系统分析

a）根轨迹　b）伯德图

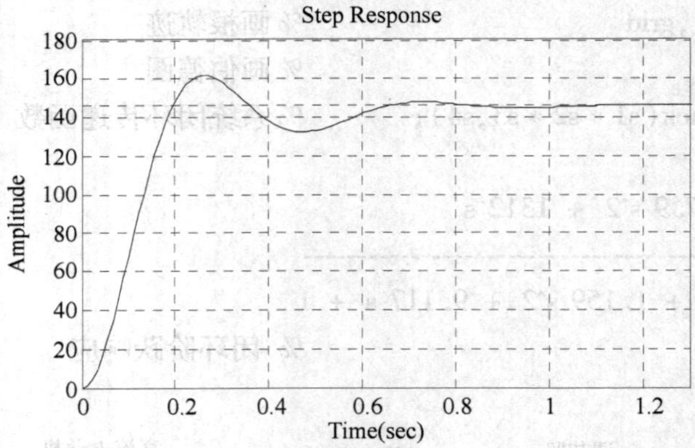

图 1.38　采用 PI 调节器时系统的阶跃响应

本章小结

MATLAB 是一种优秀的科学计算软件。本章简要介绍了 MATLAB 的计算和编程基础；因为波形是观察仿真结果的重要方法，因此重点介绍了 MATLAB 的画图功能。MATLAB 早期是为控制理论研究而开发的，本章介绍了 MATLAB 在控制理论中的应用，并举例介绍了根轨迹、耐奎斯特图、尼科尔斯图和伯德图的画法，有了 MATLAB 工具，这些复杂的画图工作变得很简单，因此 MATLAB 是控制系统分析的重要工具。针对本书的内容，本章还介绍了在传递函数基础上对调速系统的分析。控制理论是自动化专业的重要课程，掌握 MATLAB 对课程学习将有很大帮助。限于篇幅，本书仅是择要介绍。

习　题

1. 在 MATLAB 页面中选择 help 菜单中的 MATLAB help 项，浏览 help 目录。

2. 已知信号 $y(t)=\sin(2\pi f_1 t)+2\sin(2\pi f_2 t)$，设 $f_1=50\text{Hz}$，$f_2=120\text{Hz}$，用 MATLAB 绘出 $t=0\sim0.05\text{s}$，间隔 0.01s 时的 $y(t)$ 波形。

3. 画螺旋线 $x=\cos t+t\sin t$，$y=\sin t-t\cos t$，t 取值范围 $0\sim10\pi$，间隔 0.01。

4. 画双曲鞍形曲面 $z=\frac{1}{2}(x^2-y^2)$，x 取值（-1：0.01：1），y 取值（-1：0.01：1）。

5. 已知系统的特征方程如下，求特征方程的根并判定系统的稳定性。

（1）$s^4+3s^3+3s^2+2s+2=0$　　（2）$0.02s^3+0.3s^2+s+20=0$

（3）$s^5+12s^4+44s^3+48s^2+s+1=0$　　（4）$0.1s^4+1.25s^3+2.6s^2+26s+25=0$

6. 某系统的开环传递函数为 $W(s)=\frac{K}{s(0.1s+1)(0.2s+1)}$，画出 $K=1$ 时系统的根轨迹，并求能使系统稳定的 K 值范围。

7. 某系统的开环传递函数为 $W(s)=\frac{50(s+a)(s+2)}{s(s^2+7s+12)}$，试求系统特征方程的根并画出 $a=0$ 和 $a=10$ 时系统的根轨迹。

8. 已知某单位负反馈系统的开环传递函数为 $W(s)=\frac{10}{s(s+3)(s^2+2s+4)}$，画出系统的伯德图并求系统的单位阶跃响应。

第 2 章　Simulink 环境和结构图仿真

MATLAB 的 Simulink 是很有特色的仿真环境，在该环境中用户可以用鼠标通过点击拖拉的方式绘制电路和组织系统，并进行电路和系统的仿真。早期 MATLAB 计算和仿真主要在命令窗口进行，仿真过程是编制一行行命令和 MATLAB 函数，这种方式不直观且难以与实际的电路或物理系统建立形象的联系。通常一个复杂系统用结构图表示是最简洁的方法，在 Simulink 环境中，系统的函数、电路元器件等模型就都用方框形式的模块表示，模块之间的连线则表示了信号或电流流动的方向，由模块组成电路和系统的仿真模型，既形象又直观，对用户来说很方便，并且表示函数、电路元器件等模型的模块都保存在模型库中，用户只要学习图形界面的使用方法和熟悉模型库的内容，就可以很方便地使用鼠标和键盘通过调用模块搭建电路和系统并进行仿真，而不必再去编写记忆那些复杂的函数。Simulink 建立了人机对话的良好环境，这无疑受到用户的欢迎。Simulink 模型库内容极其丰富，本书主要使用 Simulink（控制系统）和 SimPowerSystems（电力系统）两个模型库。其中 Simulink 模型库（见附录 A）主要用于仿真以数学函数和传递函数表达的系统，是 20 世纪 70 年代开发的连续系统仿真程序包（CCS）的继续，现在的 Simulink 模型库包括了连续系统、非线性系统和离散系统的仿真模块。SimPowerSystems 模型库（见附录 B）包含了电力电子器件、电机、变压器和电工测量仪器等大量模块。

Simulink 仿真环境包括 Simulink 仿真平台和 Simulink Library Browser 系统仿真模型库两个主要部分，Simulink 是 simulation 和 link 两个英文单词的缩写，意思是仿真链接。由于 Simulink 的仿真平台使用方便，功能强大，各种系统都共同使用这个仿真环境，成为仿真的公共平台，所以有关 Simulink 的操作是仿真应用的基础。

Simulink 作为面向系统框图的仿真平台，具有如下特点：

1）以调用模块代替程序的编写，以模块连成的框图表示系统，点击模块即可以输入模块参数。以框图表示的系统应包括输入（激励源）、输出（观测用仪器）和组成系统自身的模块。

2）提取模块并连接组成系统模型。设置仿真参数后即可启动仿真，这时程序会自动完成仿真系统的初始化过程，将系统的框图转换为仿真的数学方程，建立仿真的数据结构并计算系统在给定激励下的响应。设计的系统模型可以命名保存，模型名的后缀为 . mdl。

3）系统运行的状态和结果可以通过波形和曲线观察，这和实验室中用示波器观察的效果几乎一致。

4）系统仿真得到的数据可以用 . mat 为后缀的文件保存，并且可以用其他数据处理软件处理。

5）如果系统框图绘制和构成不完整，或仿真过程中出现了计算不收敛的情况，会给出一定的出错提示信息，方便用户根据提示信息修改。

6）以框图形式仿真控制系统是 Simulink 的最早功能，后来在 Simulink 的基础上又开发了数字信号处理、通信系统、电力系统、模糊控制等数十种模型库，但是 Simulink 的窗口界面是其他工具箱共用的平台，在这个平台上可以进行控制系统、电力系统、通信系统等各种系统的仿真。

2.1　Simulink 系统仿真环境

2.1.1　Simulink 环境的进入

从 MATLAB 窗口进入 Simulink 环境有几种方法（见图 2.1）：

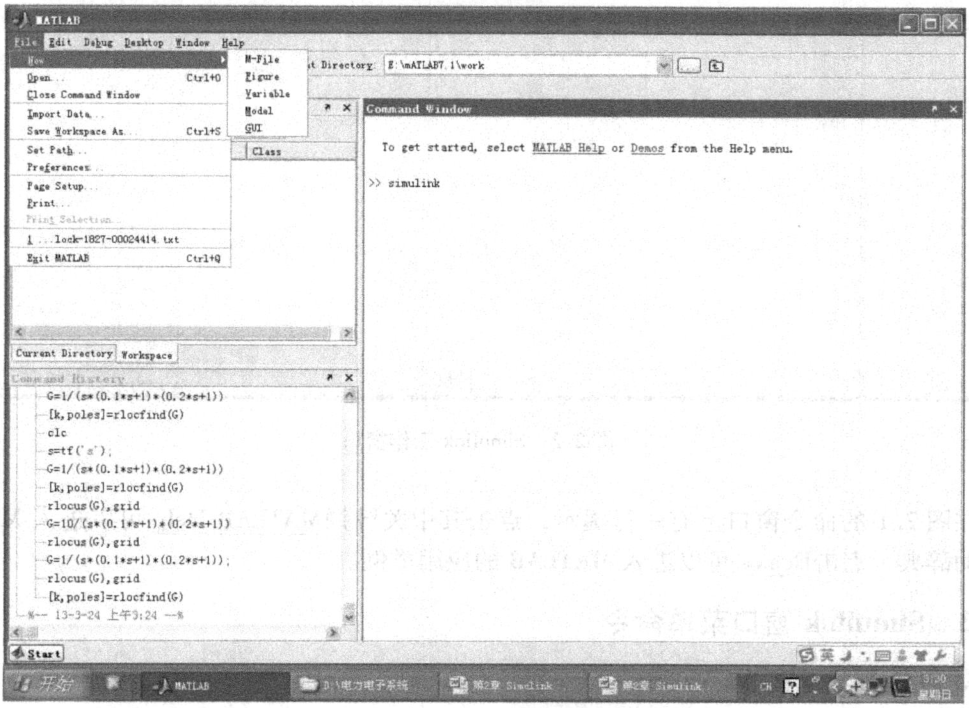

图 2.1　从 MATLAB 进入 Simulink

◆在 MATLAB 的菜单栏上选择 File，在下拉菜单中的 New 项下选中 Model。

◆在 MATLAB 的工具栏上点击按钮 ，然后在打开的模型库浏览窗口菜单上（见图 2.1 左边）点击快捷键 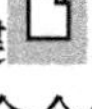。

◆在 MATLAB 的命令窗口中键入 Simulink 后回车，然后在打开的模型库浏览窗口的菜单上点击快捷键 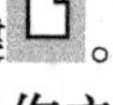。

完成上述操作之一后，屏幕上出现 Simulink 的工作窗口（见图 2.2）。Simulink 窗口上方标题栏上的“untitled”表示是一个尚未命名的新文件，在其上方右侧是最小化、最大化和关闭三个按钮。标题栏下方是菜单栏，这里有 File（文件）、Edit（编辑）、View（查看）、Simulation（仿真）、Format（格式）、Tools（工具）和 Help（帮助）七项功能菜单。菜单栏下方是菜单命令的等效快捷键。窗口下方有仿真状态的提示栏，启动仿真后，在该栏提示仿真的进度和使用的仿真算法。窗口中部的空白部分是绘制仿真模型图的空间，这是系统仿真的主要工作平台。

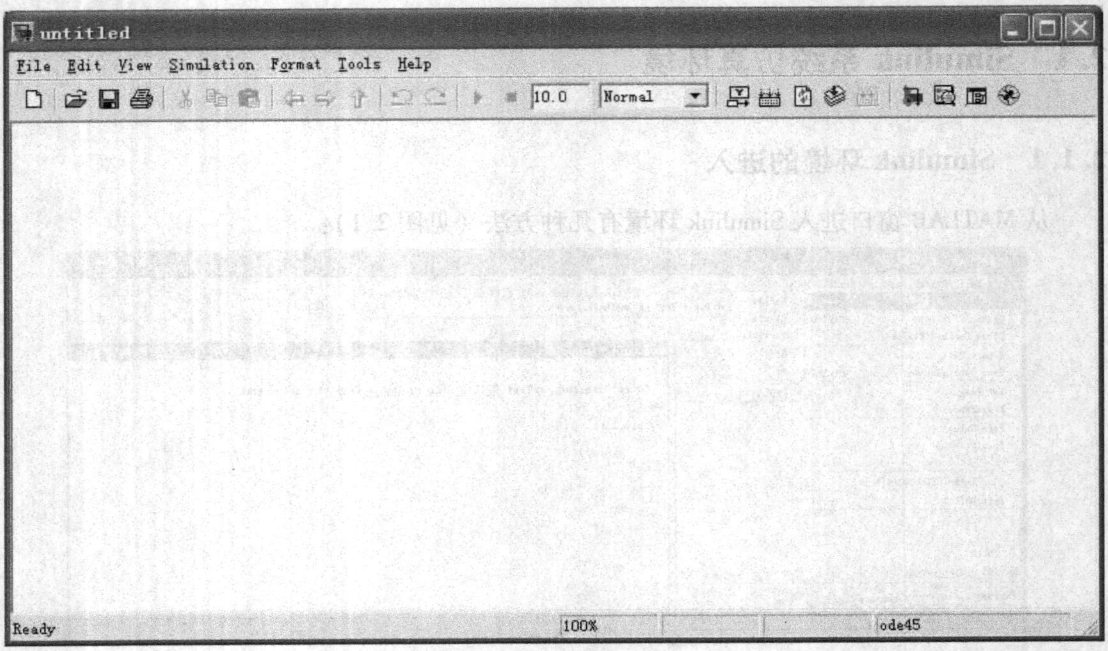

图 2.2　Simulink 工作窗口

在图 2.1 的命令窗口上有一行提示，点击其中关键词MATLAB Help 可以进入 MATLAB 的帮助辞典，点击Demos 可以进入 MATLAB 的应用举例。

2.1.2　Simulink 窗口菜单命令

1.【File】文件菜单

New　Ctrl + N　创建新的 Simulink 窗口
Open　Ctrl + O　打开已经存在的 Simulink 仿真模型文件
Close　Ctrl + W　关闭当前的 Simulink 窗口
Save　Ctrl + S　保存当前的仿真模型文件，文件的路径、文件名保持不变
Source control　登记编辑文件的文件名及路径等到源系统中
Model properties　模型属性
Preference　选项
Save as　将当前的仿真模型文件按新的路径、文件名保存
Pint　Ctrl + P　打印模型文件
Pint Setup　打印设置
Exit MATLAB　Ctrl + Q　退出 MATLAB

2.【Edit】编辑菜单

Undo Add　Ctrl + Z　撤销前一次操作
Redo　Ctrl + Y　恢复前一次操作

Cut	Ctrl + X	剪切选定的内容，并放到剪贴板上
Copy	Ctrl + C	复制选定的内容，并放到剪贴板上
Past	Ctrl + V	将剪贴板上的内容，粘贴到光标所在位置
Delete	Delete	清除选定的内容
Select all	Ctrl + A	全部选定整个窗口的内容
Copy model to clipboard		将窗口的模型复制到剪贴板上
Find	Ctrl + F	寻找目标的位置
Create subsystem	Ctrl + G	创建分支模块，将选定的部分系统模型打包以一个模块表示
Mask subsystem	Ctrl + M	封装分支模块
Look under mask	Ctrl + U	显示分支模块的内容
Link options		链接选择
Refresh Model Blocks	Ctrl + K	更新模块
Update diagram	Ctrl + D	更新模型框图的外观

3. 【View】查看菜单

Toolbar		显示或隐藏工具栏
Statebar		显示或隐藏状态栏
Model browser Options		模型浏览器功能选择
Block data tips Options		模块功能选择
System Requirments		系统链接设置
Library browser		显示模型库浏览器
Model Explorer		模型搜索
Zoom out		放大模型显示比例
Zoom in		缩小模型显示比例
Fit system to view		自动选择合适的显示比例
Normal		标准的显示比例（100%）

4. 【Simulation】仿真功能菜单

Start（Pause）	Ctrl + T	启动（或暂停）仿真
Stop		停止仿真
Configuration Parameters	Ctrl + E	仿真参数设置
Normal		用标准模式仿真
Accelerator		仿真加速器
External		外部模式仿真

5. 【Format】模块格式菜单

Font		字体设置
Text alignment		标题定位
Flip name		移动模块名
Hide（show） name		隐藏（或显示）模块名
Flip block	Ctrl + I	水平反转模块

Rotate block	Ctrl + R	模块旋转 90°
Show (Hide) drop shadow		显示（隐藏）模块的阴影
Show (Hide) port labels		显示（隐藏）子系统标签
Foreground color		设置前景颜色
Background color		设置背景颜色
Screen color		设置屏幕颜色
Port/Signal Displays		接口或数据性质显示
Block Displays		模块显示
Library Link Displays		模型库链接显示

6. 【Tools】工具菜单

Simulink debugger	Simulink 调试程序
Fixed-point settings	定点运算
Model advisor	模型报告
Model Reference Graph	模型参考图
Lookup Table Editor	模型的表格编辑
Data class designer	数据类型设计
Bus Editor	总线编辑
Profiler	优化 M-文件的工具
Coverage settings	模型设置
Requirements	模型的链接和报告等
Inspect Logged Signal	检查记录信号
Signal & Scope Manager	信号和示波器管理
Real – time workshop	实时工作间选择
External mode control panel	外部模式控制板
Control Design	模型线性化和离散化分析选择
Parameter Estimation	参数估计
Report generator	模型文件设置清单
Data Object Wizard	快速处理数据链接

2.2　模型库浏览器

模型库是 Simulink 的重要内容，模型库中保存了控制系统中常用的典型环节的模型，在系统仿真时只要调用这些典型环节就可以很方便地组成系统的仿真模型。Simulink 工具箱的模型都可以通过模型库浏览器（Simulink Library Browser）来查找。在模型库浏览器上有 20 余种模型库，包括电力系统模型库、通信系统模型库、数字信号模型库等等。本节主要介绍模型库的打开，模型库的内容和有关模块的一些常用操作。

为了叙述方便，本书将模型库中以图标形式表示的典型环节模型称为模块，将用典型环节模块组成的系统仿真模型简称为模型。

2.2.1　Simulink 模型库的打开

打开 Simulink 模型库的方法有如下几种：

◆在 MATLAB 窗口的工具栏上点击快捷键 ；

◆在 MATLAB 的文本窗口中键入 simulink；

◆在 Simulink 窗口上点击快捷键 。

完成上述操作之一，即弹出 Simulink Library Browser 窗口（见图 2.3）。窗口左部的树状目录是各分类模型库的名称。在分类模型库下还有二级子模型库，点击模型库名前的“+”小方块则可展开二级子模型库的目录，点击模型库名前带“-”的小方块则关闭二级目录。

模型库浏览器窗口的右部是用图标表示的二级子目录，图标前的带“+”小方块表明该图标下还有三级目录，在这里点击或直接点击图标则可以在窗口中展现三级目录下的模型图标。图 2.4 是打开 Simulink 的连续系统子模型库（Continuous）后的窗口。在窗口右边展现了 Continuous 子模型库中的 8 个典型环节的模块。

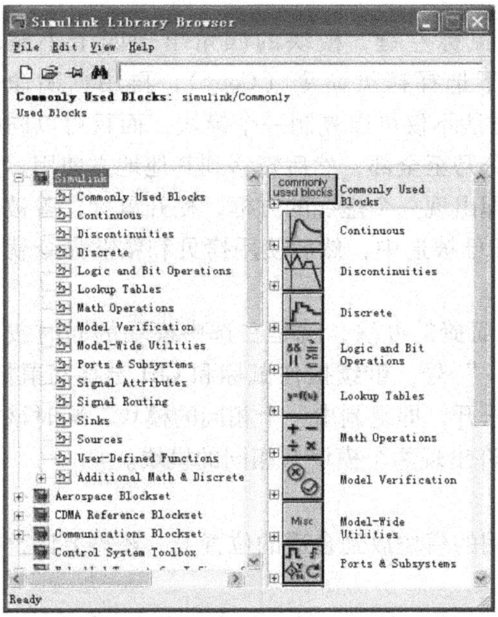

图 2.3　模型库浏览器窗口之一

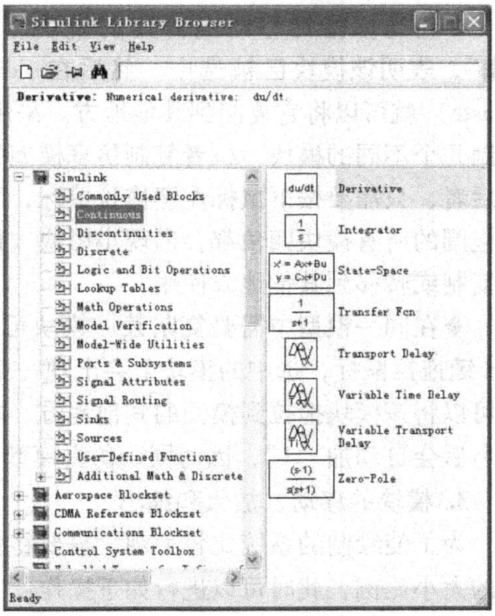

图 2.4　模型库浏览器窗口之二

利用窗口中的滚动条可以搜索 Simulink 的所有模型库，随着 Simulink 版本的更新，模型库内容在不断地增加，在软件安装时可以选择 Simulink 模型库。

本书的仿真主要使用 Simulink 和 SimPowerSystems 两个模型库，这两个模型库包含的模块和模块功能请见附录 A 和附录 B。

2.2.2 模块的基本操作

有关模块的操作很多，这些操作都可以用菜单功能或鼠标来完成，这里仅介绍一些主要的常用操作。

1. 模块的提取

用 Simulink 对系统进行仿真，首先是将需要的模块从模型库中提取出来，并放到 Simulink 的仿真平台上去（Simulink 窗口的中间空白区）。其方法有二：

◆在模型浏览器窗口选中需要的模块（鼠标点击），选中的模块名会反色，然后在菜单 Edit 栏下选 Add to current model，这时选中的模型会出现在 Simulink 的仿真平台上；

◆将光标指针移动到需要的模块上，按住鼠标左键将模型图标拖曳到 Simulink 的平台上，然后松开鼠标即可，这是常用的快捷方法。

2. 模块的复制和粘贴

已经放到 Simulink 平台上的模块，如果系统中需要用到几个则可以复制；如果要将平台上的模块或模型转移到另一个系统的仿真中使用，也可以采用复制的方法，其操作步骤如下：

◆将光标指针移动到需要的模块上，点击鼠标左键，模块的四角出现四个小黑块“■”，表明该模块已被选中，然后在 Edit 菜单下选择拷贝命令（Copy），再用粘贴命令（Paste）就可以将它复制到其他地方。采用这种方法不仅可以复制一个模块，而且可以同时复制几个不同的模块，或者复制仿真模型的一部分乃至全部，然后转移到其他地方使用。如是后者，只需要按下鼠标左键拖拉鼠标，平台上即出现一个虚线的方框，松开鼠标，曾被虚框包围的所有模块四角都会出现小黑块“■”，即已被选中，然后使用拷贝和粘贴命令就可以复制或转移到其他地方使用。

◆在同一模型中需要复制某一模块可以用更简捷的办法，就是在选中模块的同时按下 Ctrl 键拖拉鼠标，选中的模块上会出现一个小“+”号，继续按住鼠标和 Ctrl 键移动鼠标，就可以将该模块拖拉到模型的其他地方，之后再松开，即复制出一个相同的模块，同时该模块名后会自动加“1”，因为同一仿真模型中不允许出现两个模块名相同的模块。

3. 模块的移动、放大和缩小

为了使绘制的系统比较美观，需要将各个调用的模块放到合适的位置上，还需要调整模块的大小比例，此时可以进行如下操作：

1）移动模块仅需要将光标指针移到该模块上，按住鼠标左键，拖曳该模块到相应位置即可。也可以在选中模块后用键盘上的上、下、左、右键移动模块。

2）放大或缩小模块只需要在选中该模块后，将光标移到模块四角的小黑方块“■”上，这时光标变成双向小箭头，按下鼠标左键按箭头方向拖拉，则可调节模块图标的外形大小。

4. 模块的转动

为了模块与模块之间连线方便，有时需要转动模块的方向。转动模块的方向只需要在选中模块后，使用 Format 菜单下的 Flip block 和 Rotate block 两条命令，Flip block 命令使模块水平反转，Rotate block 命令使模块做 90°旋转。

5. 模块名的修改和移动

在每个模块的下方都有一个模块名，模块名可以修改、移动和隐藏。修改模块名时，首先用鼠标点击该模块名，点击后模块名的外侧出现小框，"｜"光标在框内闪烁，这时可以像文本文件那样，修改模块名称，模块名称可以使用英文或中文（有的版本不允许使用中文）。

模型名的放置位置可以调整，但只能是在模块的上方或下方，调整时仅需在点中模块名时不松开鼠标，直接将模块名拖拉到模块的上下方即可。如果不需要显示模块名，则首先选中模块，然后在 Format 菜单下点击 Hide name 命令即可，这时模块名被隐藏起来。如果需要重新显示模块名，同样选中模块后，在 Format 栏下选择 show name 命令，隐藏的模块名会重新显示出来。

6. 模块的参数设置

Simulink 模型库里的模块放到仿真窗口之后，在使用前大多数模块都需要设置模块的参数，这是仿真开始前的重要工作。模块参数的设置方法很简单，只要将光标箭头移到模块图标上，双击鼠标左键，就会弹出参数对话窗口，如图 2.5 所示。图 2.5 的仿真平台上有一个传递函数的模块，双击该模块即弹出模块的对话框，框中上部是模块功能的简要介绍，下部是模块参数设置栏，在设置栏中可以按要求键入参数。如果对参数有不清楚的地方可以使用对话框下方的"Help"按钮获得帮助，该按钮会打开该模块的说明书。参数设好后，单击"OK"按钮关闭对话框，模块参数设置完毕。一般模块的参数设置都在系统的仿真模型画好后一起进行，模块的参数在仿真进行过程中是不能修改的。

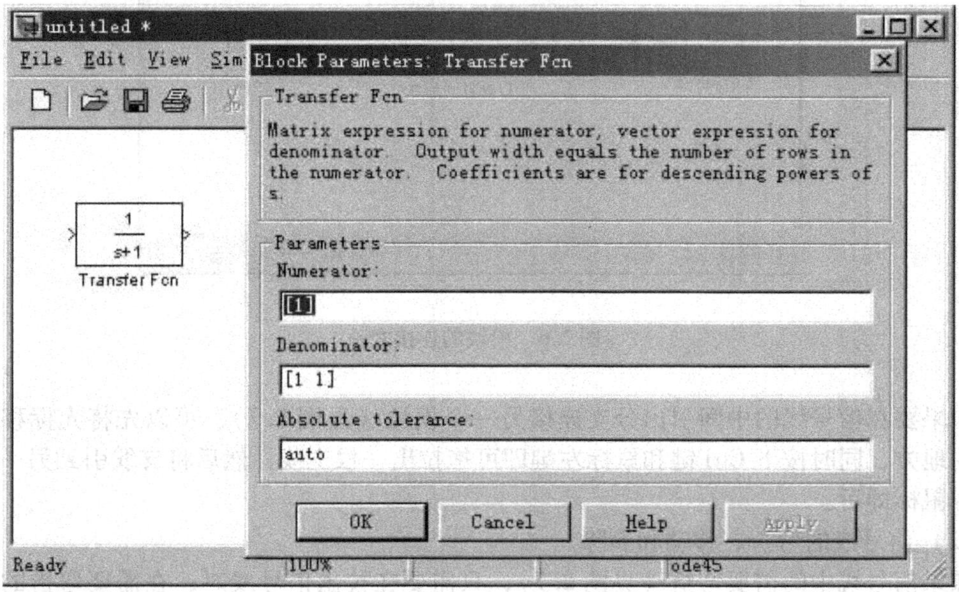

图 2.5　模块的参数设置

7. 模块的删除和恢复

对放在平台上的模块，如果不再需要，可以删除，其操作是选中要删除的模块后，使用键盘的 Delete 键删除。模型浏览器中的模块是只读的，不能被删除。如果要删除已构建模型的某一部分或全部，可以在要删除的部分上点鼠标左键拖拉出一个方框，框内的全部模块和连线将被选中，然后执行 Delete 操作，这部分模型包括连线将被删除。

被删除的模块和内容可以用 Edit 菜单下的 Undo 命令或快捷键恢复。

以上操作也可以使用鼠标右键，即在选中模块后单击鼠标右键，然后在打开的菜单中选择相应的选项。

8. 模块的连接

使用 Simulink 仿真时，系统模型是由多个模块组成的，模块与模块之间需要用信号线连接。

(1) 连接的方法

将光标箭头指向模块的输出端，对准后光标变成“+”字星，这时按下鼠标左键拖曳“+”字星到另一个模块的输入端后松开鼠标左键，在两个模块的输出和输入端之间就出现了带箭头的连线，并且箭头表示了信号的流向（见图 2.6）。

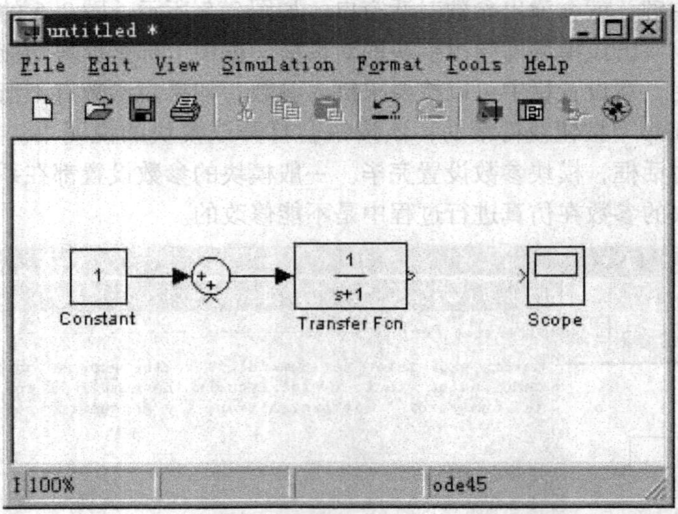

图 2.6　模块的连接之一

如果要在信号线的中间引出分支连接另一个模块（见图 2.7），可以先将光标移向需要分岔的地方，同时按下 Ctrl 键和鼠标左键即可拖拉出一根支线，然后将支线引到另一输入端口松开鼠标即可。

(2) 信号线的弯折、移动和删除

如果信号线中间需要弯折（见图 2.7），只需要在拉出信号线时，在需要弯折的地方松开鼠标停顿一下，然后继续按下鼠标左键改变鼠标移动方向即可。

若要移动信号线的位置，首先选中要移动的线条，将光标指向该线条后点击，线条上出现小黑块（见图 2.7）则表明该线已被选中，然后再将光标指向线条上需要移动的那一段拖拉鼠标即可。

删除已画好的信号线也只需在选中信号线后用 Delete 键即可删除。

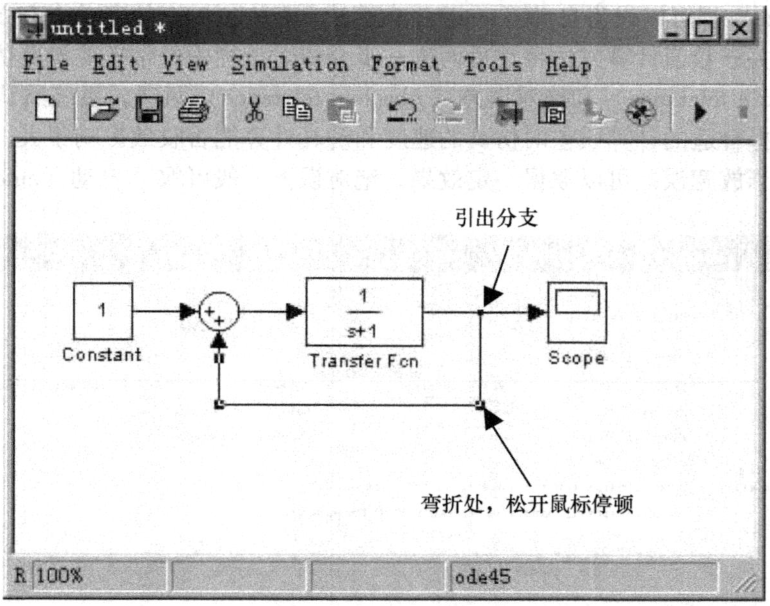

图 2.7 模块的连接之二

2.3 Simulink 仿真步骤和模型建立

2.3.1 Simulink 仿真步骤

在 Simulink 平台仿真一个系统的过程基本上可以分为如下几个步骤：

1）根据要仿真的系统框图，在 Simulink 窗口的仿真平台上构建仿真模型。首先要打开 Simulink 窗口和模型浏览器，将需要的典型环节模块提取到仿真平台上，然后将平台上的模块一一连接，形成仿真的系统模型。一个完整的仿真模型至少应该包括一个源模块和一个输出模块，源和输出模块可以在 Sources 和 Sinks 模块库中选择。

2）设置模块参数。完成模块提取和组成仿真模型后，需要给各个模块赋值。用鼠标双击模块图标，弹出模块参数对话框，在对话框中输入模块参数，输入完成后点击 OK 键，对话框自动关闭，该模块的参数设置完成。

以上步骤可参考 2.2.2 小节。

3）设置仿真参数。在对绘制好的模型进行仿真前，还需要确定仿真的步长、时间和选取仿真的算法等，也就是设置仿真参数。设置仿真参数可点击 Simulink 窗口的 Simulation 菜单，在下拉的子菜单中选择 Configuration parameters 命令或用键盘 Ctrl + E 键。这时弹出仿真参数设置的对话框，如图 2.8 所示。对话框中有 Simulation time 和 Solver options 两栏。其中仿真时间（Simulation time）有开始时间（Start time）和终止时间（Stop time）两项，连续系统的仿真时间一般从零开始，仿真的终止时间可以先预设一个，在仿真过程如果预设的时间不足，在终止时间未到前可以即时修改。算法选择（Solver options）中计算类型（Type）下拉菜单中有可变步长（Variable-step）和固定步长（Fixed-step）两种选择，如果选择可变步长（Variable-step），则最大步长（Max step size）、最小步长（Min step size）和初始步长

（Initial step size）都可以设为自动（auto）。在算法 Solver 栏的下拉菜单中有多种数值计算方法可供选择，关于数值计算方法将在后面进一步介绍。该栏中经常还要设置仿真误差，有相对误差（Relative tolerance）和绝对误差（Absolute tolerance）两项，系统默认的相对误差是千分之一。选择合适的计算误差对仿真的速度和仿真计算能否收敛影响很大，尤其在仿真不能收敛时，适当放宽误差可以取得一定效果，绝对误差一般可取“自动（auto）”。

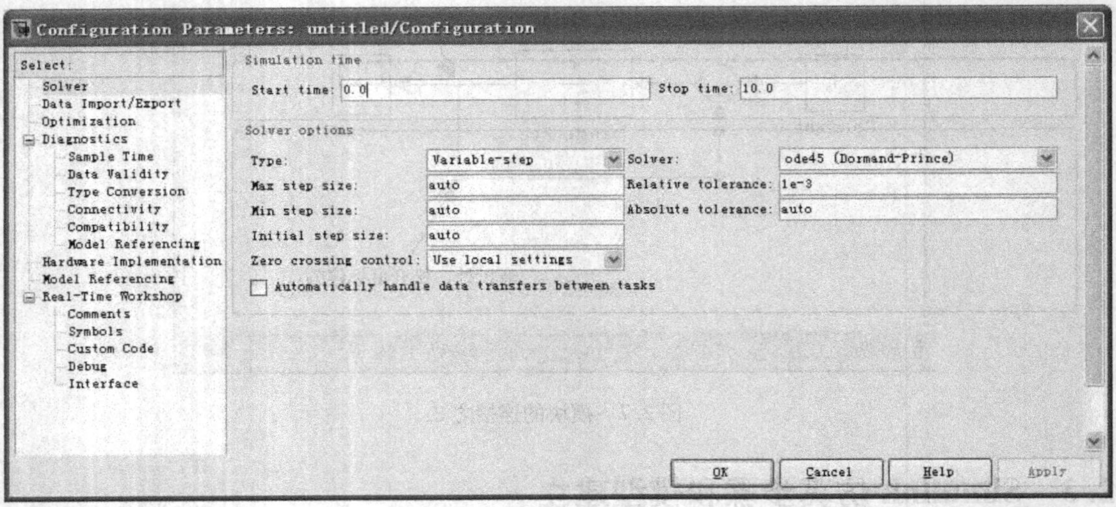

图 2.8　仿真参数设置对话框

4）启动仿真。在模块参数和仿真参数设置完毕后即可以开始仿真，在菜单 Simulation 的子菜单中点击“Start”或用键盘 Ctrl + T 键即可进入仿真，更简单的方法是点击工具栏上的快捷键“▶”。在模型的计算过程中，窗口下方的状态栏会提示计算的进程，对简单的模型这仅在一瞬间就完成了。在仿真计算过程中，如果要修改模块参数或仿真时间等，可以用 Simulation 菜单中的“Pause”命令或快捷键暂停仿真。暂停之后要恢复仿真，需再次点击快捷键“▶”，这样仿真就可以继续进行下去了。如果中途要结束仿真，可以点击快捷键“■”或使用 Simulation 菜单中的“Stop”命令来终止仿真。

5）观测仿真结果。在模型仿真计算完毕后重要的是观测仿真的结果，在 Simulink 中最常用的观测仪器是示波器（Scope），只要双击示波器模块就可以打开示波器观察到以波形表示的仿真结果。

下面举例来进一步说明仿真过程。

【例 2.1】　仿真一阶惯性环节 $W(s)=\dfrac{1}{0.1s+1}$ 在单位阶跃给定下的响应。

步骤 1：在 Simulink 模型库中分别提取阶跃给定（Step）、传递函数（Transfer Fcn）和示波器（Scope）三个模块，并连接组成仿真模型，如图 2.9 所示。

步骤 2：模块赋值。分别双击阶跃给定和传递函数两个模块，打开模块对话框，在对话框中设定其参数（见图 2.10 和图 2.11），赋值完成后要关闭对话框。

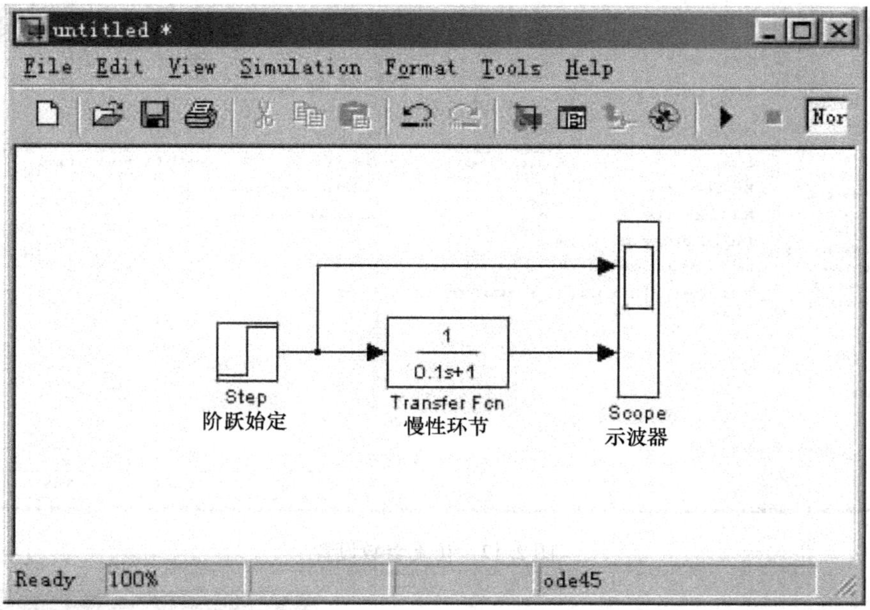

图 2.9　一阶惯性环节仿真模型

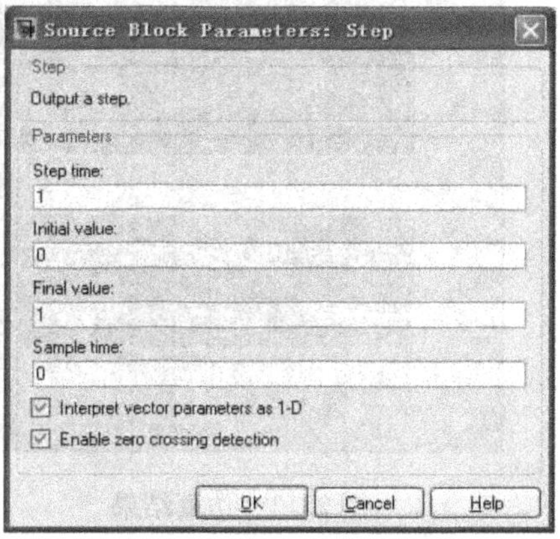

图 2.10　阶跃给定模块参数

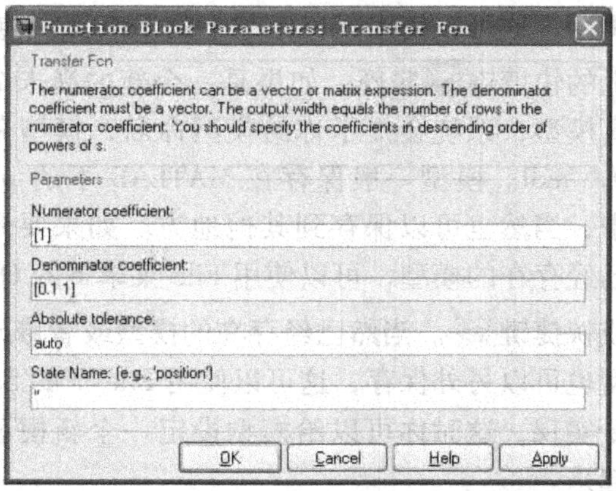

图 2.11　传递函数模块参数

步骤 3：设置模型仿真参数。在 Simulation 菜单下用 Configuration parameters 命令打开仿真参数对话框，如图 2.12 所示，在对话框中仅设置了开始时间“0.8”s 和终止时间“1.6”s，其他参数都保持了默认值。这里要说明的是，选择了开始时间 0.8s，并不是 0.8s 之前系统的仿真解算过程不进行，而是开始的 0.8s 的仿真结果不予记录而已。

步骤 4：启动仿真并观察结果。在仿真参数设置完成后，单击快捷键“▶”启动仿真，然后双击示波器模块打开示波器。打开示波器后可以看到一阶惯性环节对单位阶跃给定的响应曲线（见图 2.13），其中上图为单位阶跃给定的波形，下图为一阶惯性环节的输出响应，可以看到在阶跃给定下，一阶惯性环节的输出是按指数曲线上升的，在 1.5s 输出达到稳定值 1，并且记录是从 0.8s 开始，到 1.6s 结束。

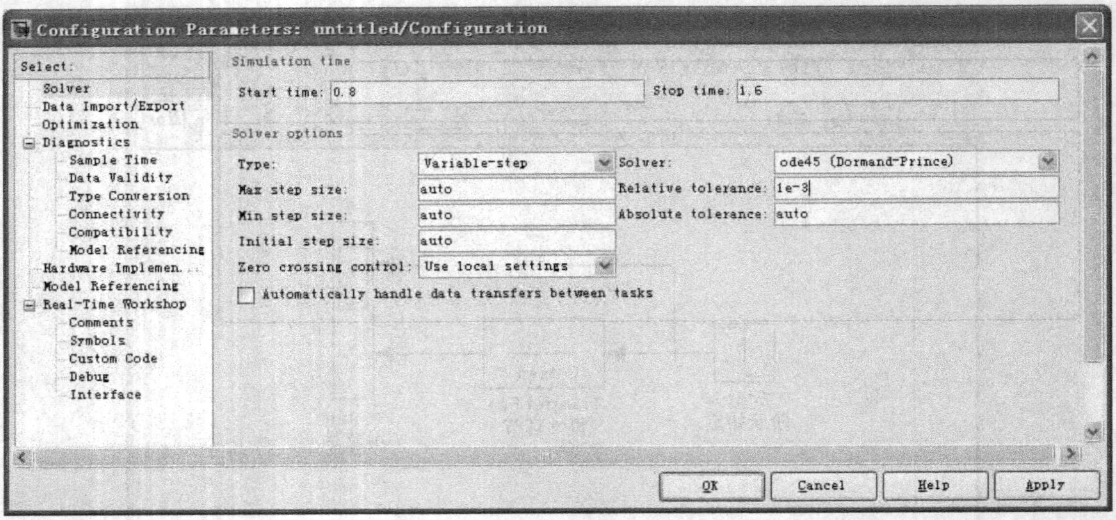

图 2.12　仿真参数设置

2.3.2　模型的保存和调用

设计的仿真模型可以保存起来以便下次需要时调用，这可以使用 File 菜单下的 Save 命令或工具栏上的快捷键实现。如果是一个新的尚未命名的仿真模型，系统会提示你给模型命名，模型名的后缀为 .mdl。模型一般保存在 MATLAB 下的 work 文档中，当然也可以保存到其他地方。如果要调用一个已经存在的模型，可以使用 File 菜单下的 Open 命令或快捷键。当然已经存在的模型或者修改后的模型也可以另外保存，这可以使用 File 下的 Save as 命令实现，这时你可以给模型设定一个新模型名保存起来。

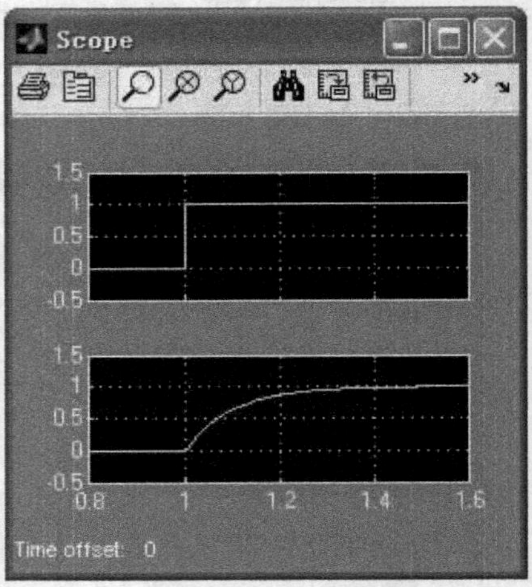

图 2.13　仿真结果

2.4　Simulink 的仿真算法

在 Simulink 的仿真过程中选择合适的算法是很重要的，仿真算法是求常微分方程、传递函数、状态方程解的数值计算方法，这些方法主要有欧拉法（Euler）、阿达姆斯法（Adams）、龙格-库塔法（Rung-Kutta）等，这些算法都主要建立在泰勒级数的基础上。欧拉法是最早出现的一种数值计算方法，它是数值计算的基础，它用矩形面积来近似积分计算，欧拉法比较简单，但精度不高，现在已经使用较少。阿达姆斯法是欧拉法的改进，它用梯形面积近似积分计算，所以也称梯形法，梯形法计算每步都需要经过多次迭代，计算量较大，采用预报-校正后迭代只要一次，计算量减少，但是计算时要用其他算法计算开头的几步。龙格-库塔法是间接使用泰勒级数展开式的方法，它在积分区间内多预报几个点的斜率，然后加权平均，用作计算下一点的依据，从而构造了精度更高的数值积分计算方法。取两个点的斜率就是二阶龙格-库塔法，取四个点的斜率就是四阶龙格-库塔法。

Simulink 汇集了各种求常微分方程数值解的方法，这些方法分为两大类：可变步长类算法和固定步长类算法。

2.4.1 可变步长类算法

可变步长算法（Variable-step）在解算模型（方程）时可以自动调整步长，并通过减小步长来提高计算精度。在 Simulink 的算法中可变步长算法有如下几种：

1. ode45（Dormand-Prince）

ode45 算法是基于显式 Rung-Kutta（4，5）和 Dormand-Prince 组合的算法，它是一种一步解法，即只要知道前一时间点的解 $y(t_{n-1})$，就可以立即计算当前时间点的方程解 $y(t_n)$。对大多数仿真模型来说，首先使用 ode45 来解算模型是最佳的选择，所以在 Simulink 的算法选择中将 ode45 设为默认的算法。

2. ode23（Bogacki-Shampine）

ode23 算法是基于显式 Rung-Kutta（2，3）、Bogacki 和 Shampine 相结合的算法，它也是一种一步算法。在容许误差和计算略带刚性（stiff）的问题方面，该算法较 ode45 为好。

3. ode113（Adams）

ode113 算法是可变阶数的 Adams-Bashforth-Moulton PECE 算法，在误差要求很严时，ode113 算法较 ode45 算法更适合。ode113 是一种多步算法，也就是需要知道前几个时间点的值，才能计算出当前时间点的值。

4. ode15s（stiff/NDF）

ode15s 算法是一种可变阶数的 Numerical Differentiation Formulas（NDFs）算法，它相对 Backward Differentiation Formulas 算法（简称 BDFs 算法，也称 Gear 算法）来说较好。它是一种多步算法，当遇到带刚性问题时或者使用 ode45 算法不行时，可以试试这种算法。

5. ode23s（stiff/Mod. Rosenbrock）

ode23s 算法是一种改进的二阶 Rosenbrock 算法。在容许误差较大时，ode23s 算法比 ode15s 算法有效，所以在解算一类带刚性的问题，用 ode15s 算法处理不行时，可以用 ode23s 算法。

6. ode23t（mod. stiff/Trapezoidal）

ode23t 算法是一种采用自由内插方法的梯形算法。如果模型有一定刚性，又要求解没有数值衰减时可以使用这种算法。

7. ode23tb（stiff/TR-BDF2）

ode23tb 算法采用 TR-BDF2 算法，即在龙格-库塔法的第一阶段用梯形法，第二阶段用二阶的 BDFs 算法，从结构上讲，两个阶段的估计都使用同一矩阵。在容差比较大时，ode23tb 算法和 ode23t 算法都比 ode15s 算法要好。

8. discrete（No continuous states）

discrete 算法是处理离散系统（非连续系统）的算法。

在电力电子电路和调速控制系统仿真中一般都使用可变步长算法。

2.4.2 固定步长类算法

顾名思义，固定步长算法在解算模型（方程）的过程中步长是固定不变的，在 Simulink 的算法中固定步长算法有如下几种：

1）ode5（Dormand-Prince） 采用 Dormand-Prince 算法，也就是固定步长的 ode45 算法。

2）ode4（Rung-Kutta） 四阶的龙格-库塔法。

3）ode3（Bogacki-Shampine） 采用 Bogacki-Shampine 算法。

4）ode2（Heun） 一种改进的欧拉算法。

5）ode1（Euler） 欧拉算法。

6）discrete（No continuous states） 不含积分的固定步长解法，它适用于没有连续状态仅有离散状态模型的计算。

在仿真中用户要根据各种类型的模型的特点，各种数值积分方法的计算特点和适用范围，选择恰当的算法，而这一点往往难以掌握。现在还没有一种对所有模型都适用的算法，一个简单的方法是当一种算法不能完成模型的计算时选用另一种算法试试，毕竟 Simulink 已经汇集了当今主要的各种数值计算方法，如果还是不行，那就要对模型或参数做一定的修改了。

2.5 示波器的使用和数据保存

在 Simulink/Sinks 模型库中，有用来显示和记录仿真结果的各种仪器仪表模块，在仿真的模型图中必须有一个这样的模块，否则在启动仿真时会提示模型不完整。在这些仪器中示波器（Scope）是最经常使用的，示波器不仅可以显示波形，而且可以同时保存波形数据。下面主要介绍示波器模块的使用。

双击示波器模块图标即弹出示波器的窗口画面，如图 2.14 所示。在画面上有一栏工具按钮，单击这些按钮就可以得到相应的功能。

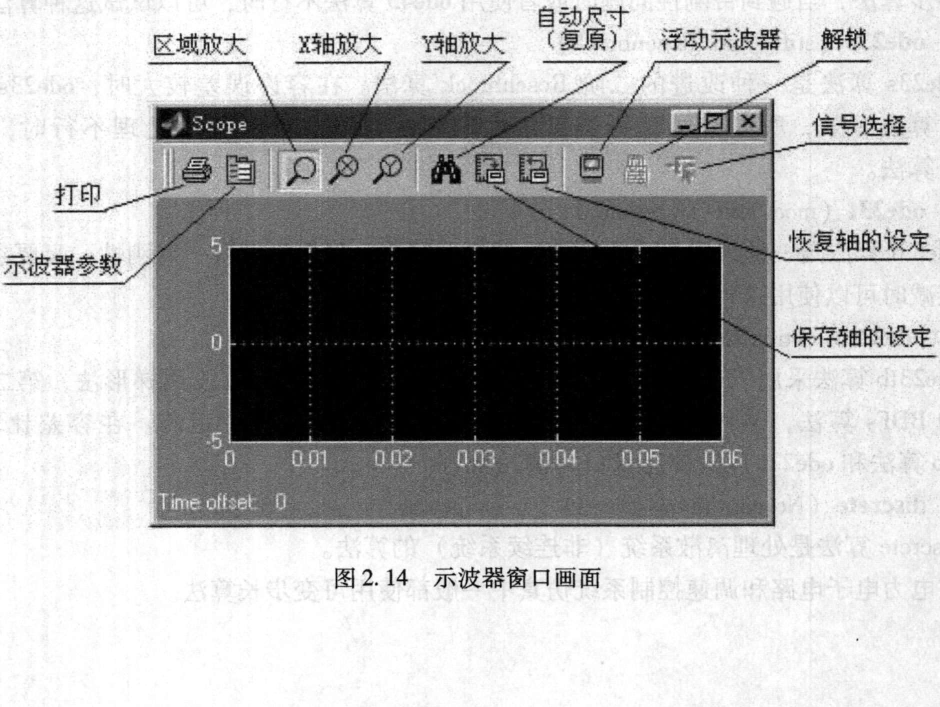

图 2.14 示波器窗口画面

2.5.1　示波器的参数

单击示波器参数按钮可以弹出示波器参数设置对话框，如图 2.15 所示。在参数设置第一页（General）中，Number of axes 项用于设定示波器的 Y 轴数量，即示波器的输入信号端口的个数，其预设值为“1”，也就是说该示波器可以用来观察一路信号，将其设为“2”则可以同时观察两路信号，并且示波器的图标也自动变为有两个输入端口的图标，依次类推，这样一个示波器可以同时观察多路信号。第二项 Time range（时间范围），用于设定示波器时间轴的最大值，一般选“自动（auto）”，这样 X 轴就自动以系统仿真参数设置中的起始时间和终止时间作为示波器的时间轴显示范围。第三项 Tick Lobels 用于选择标签的贴放位置。第四项 Samp Ling 用于选择数据取样方式，其中 Decimation 方式的含义是：当右边栏设为“3”时，则每三个数据取一个，设为“5”时，则是五中取一，设的数字越大显示的波形越粗糙，但是可以减少数据存储的空间。一般该项保持预置值“1”，显示所有输入的数据，画出的波形比较光滑漂亮。如果取样方式选 Sample time 采样方式，则其右栏里输入的是采样的时间间隔，这时将按采样间隔提取数据进行显示。该页中还有一项 Floating scope（浮动示波器），如果在它左方的小框中点击选中，则该示波器成为浮动的示波器，即没有输入接口，但可以接收其他模块发送来的数据。

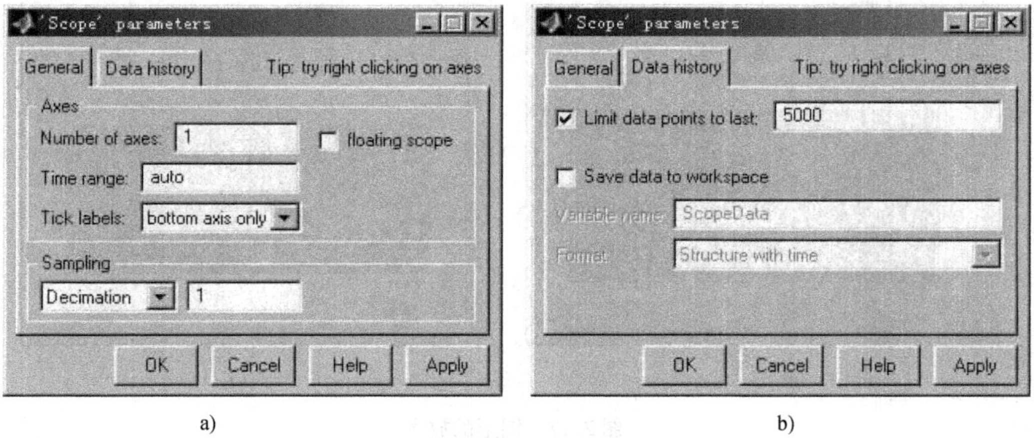

图 2.15　示波器参数设置

a）参数设置第一页　b）参数设置第二页

示波器设置的第二页是数据页，有两项选择。第一项数据点数 Limit data points to last，预置值是 5000，即可以显示 5000 个数据，若数据超过 5000 个，则删掉前面的数据，保留后面的数据。也可以不选该项，则显示所有数据，在计算量大时对内存的要求高一些。如果选中数据页的第二项 Save data to workspace，即将数据放到工作间去，则仿真的结果可以保存起来，并可以用 MATLAB 的绘图命令来处理，还可以用其他绘图软件绘制出更漂亮的图形。在 Save data to workspace 下，还有两项设置：①数据命名（Variable name），给要保存的数据起一个名字，以便将来调用时识别；②选择数据的保存格式（Format），该处有三种选择，Arrary 格式适用于只有一个输入变量的情况，Structure with time 和 Structure 适用于以矢量表示的多个变量情况，并且前者同时保存数值和时间，后者仅保存数值。用 Arrary 格式保存的变量，为了以后可以用 MATLAB 命令重画，同时需要将时间也保存起来，这时可以在模型平台上调用 Sources 模型库中的时钟模块（Clock），并将其连接到一个示波器，用示波器的 Save data to workspace 功能将时间作为一个变量同时保存起来，如图 2.16 所示。

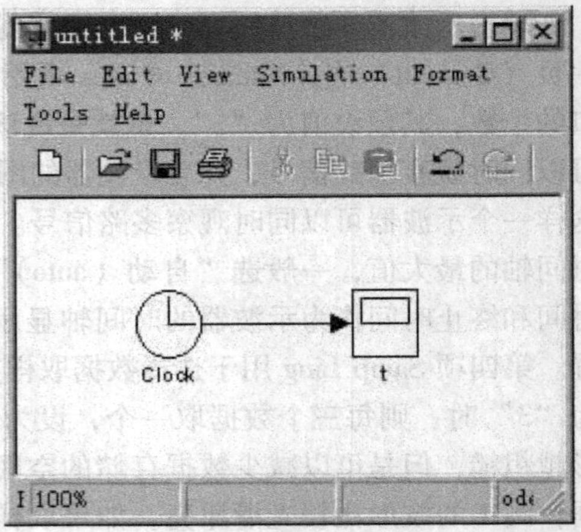

图 2.16 时间的保存

2.5.2 图形缩放

在示波器窗口菜单上有三个放大镜，分别用于图形的区域放大、X 轴向和 Y 轴向的图形放大。区域放大，首先在菜单上单击区域放大镜，然后在需放大的区域上按下鼠标左键并斜向拖拉，这时出现一个矩形框，使矩形框框住需要放大的局部图形（见图 2.17a），松开鼠标这部分图形就被放大了（见图 2.17b）。X 轴向和 Y 轴向的放大，同样只要在选择菜单上的相应放大镜后按下鼠标左键，并沿 X 轴方向或 Y 轴方向拖拉即可。如果要恢复原来的图形，只要单击望远镜图标就可以了。

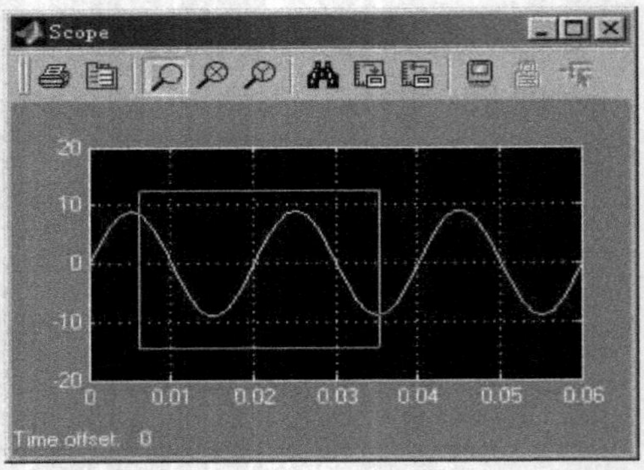

a)

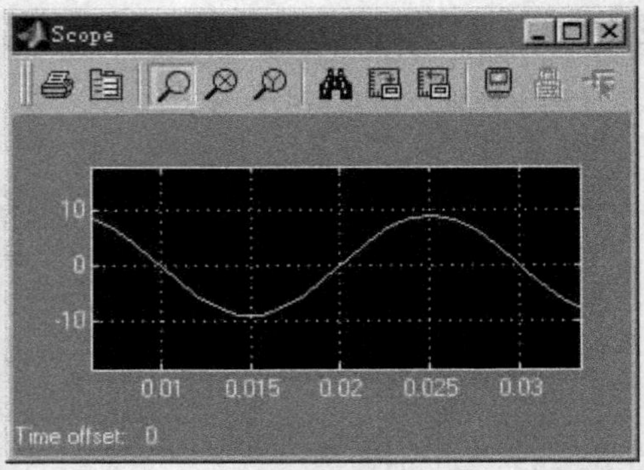

b)

图 2.17 图形的放大

a）选取放大区间 b）放大后的图形

示波器显示的变量一般是时间的函数，所以图形的 X 轴是时间，Y 轴是对应的变量值。X 轴和 Y 轴的最大取值范围一般是自动设置的，利用放大镜功能可以在 X 轴和 Y 轴的范围内选取其中的一部分显示，但有时需要将 Y 轴的最大范围再扩大一些，以便使图形处于窗口的中间。可以这样实现：在 Scope 窗口的图形部分单击鼠标右键，在弹出的功能菜单中选择“axes properties…”项，则打开 Y 轴范围设定的对话框（见图 2.18），在对话框中可以重新设置 Y 轴范围，并给显示信号命名。

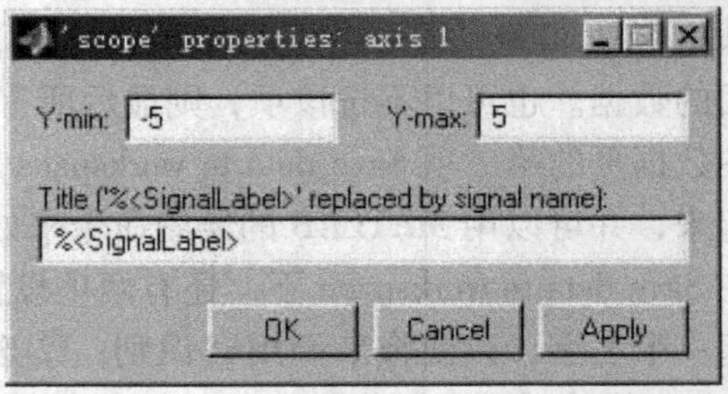

图 2.18 Y 轴范围设定

2.5.3 浮动示波器

浮动示波器是示波器使用的一项特殊功能，它不需要将示波器与外部模块用线进行连接，就可以选择示波器的显示信号，使用很方便。将一个示波器变为浮动示波器，只要在图 2.15a 示波器参数页上选中 Floating scope 项即可。关闭参数对话框后，示波器图标的输入端口就没有了，普通示波器就变为了一个浮动示波器。也可以从 Sinks 模型库中直接调用 Floating scope 模块，效果是相同的。在仿真模型图上放置一个浮动示波器模块后，双击模块图标出现示波器窗口，在窗口的图形区域用右键单击，在弹出的功能项中选择“Signal selector”栏，则可以打开信号选择对话框，如图 2.19 所示。对话框右边列出了可供显示的信号名称，在信号名前的“□”内打“√”，则可以在示波器上观察该信号。

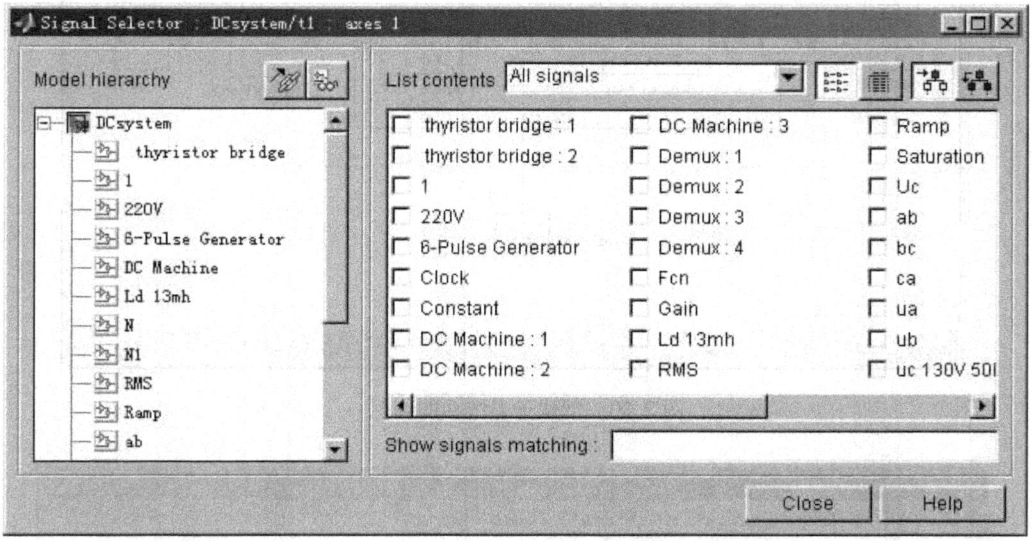

图 2.19 浮动示波器显示信号选择

2.6 建立子系统模块

在 Simulink 的仿真中，一个复杂系统的模型将由许多基本模块组成，这么多的模块及连线会使模型的画面显得拥挤凌乱，甚至在一个平台上难以表达。Simulink 提供了一个建立子系统（Subsystem）的功能，利用这项功能可以将模型局部的模块及其连线打包后用一个模块图标来表示，使模型画面变得简洁、明了。

2.6.1 建立子系统

图 2.20 是直流电动机的传递函数模型，现在需要将直流电动机的传递函数打包成为一个子系统模块。首先在模型平台上单击鼠标左键拖拉出一个虚框，将需要打包的模块都包含在框内，松开鼠标左键，框内的模块和线条都被选中。然后在 Edit 的菜单中选择 Create subsystem（创建子系统）命令，选择后画面变为图 2.21，图 2.20 中虚框内的模型部分已经打包为一个子系统模块，模块名为 Subsystem，它有两个输入端和一个输出端。双击 Subsystem

模块可以重新打开该模块，如图 2.22 所示。创建的子系统模型可能不会像图 2.22 那样整齐，可以用移动模块和连线的方法重新调整。建成的子系统模块可以重新命名，命名的方法与基本模块的命名方法相同，子系统内各模块的参数可以修改。只要单击窗口右上角的关闭按钮，即可关闭子系统，子系统关闭时，子系统内模块的参数和名称等会同时保存下来。

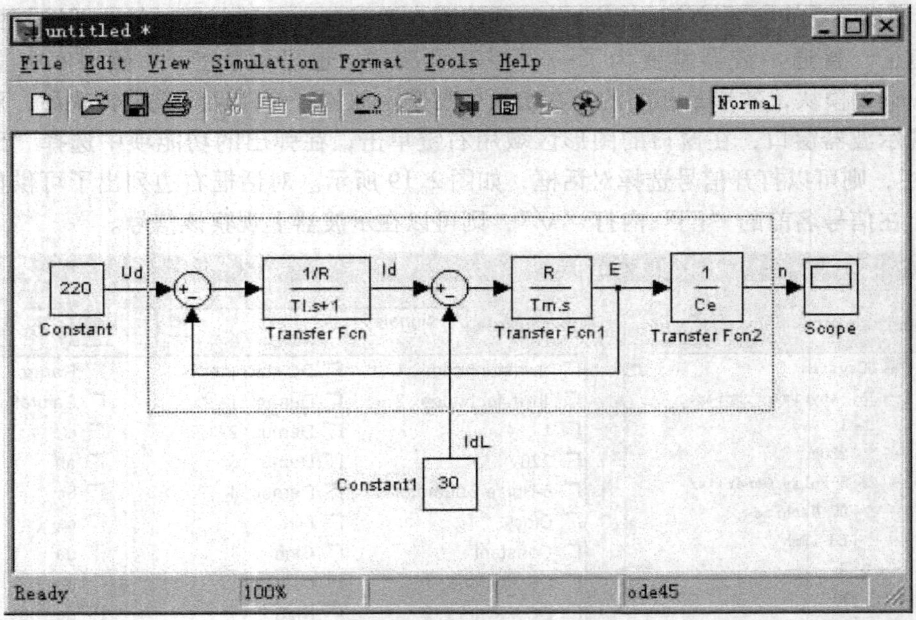

图 2.20　创建子系统功能说明一

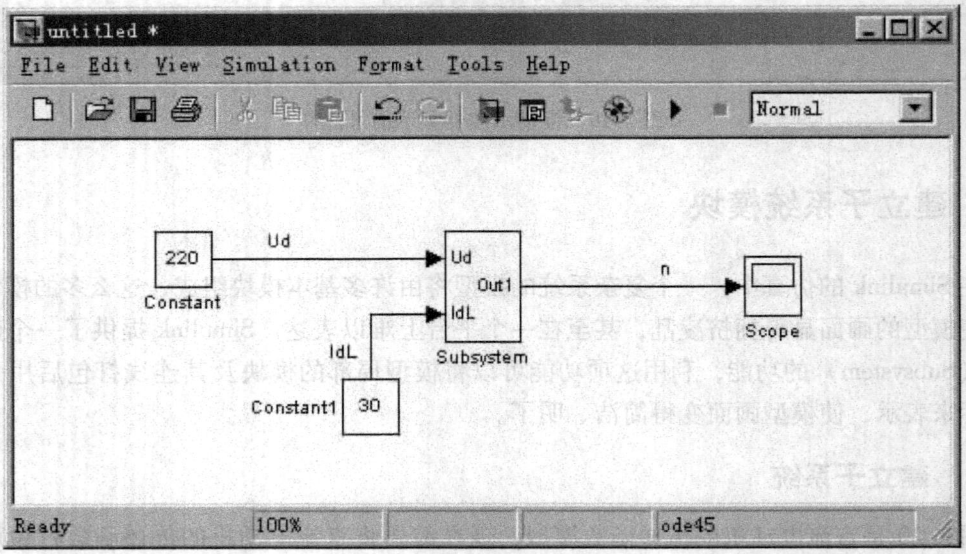

图 2.21　创建子系统功能说明二

子系统模型是允许嵌套的，也就是一个子系统内还可以包含二级子系统模块，多层嵌套可以组成很复杂的子系统。子系统模块可以复制，并转移到其他仿真模型中使用，这与一般普通模块的复制、粘贴和移动是一样的。

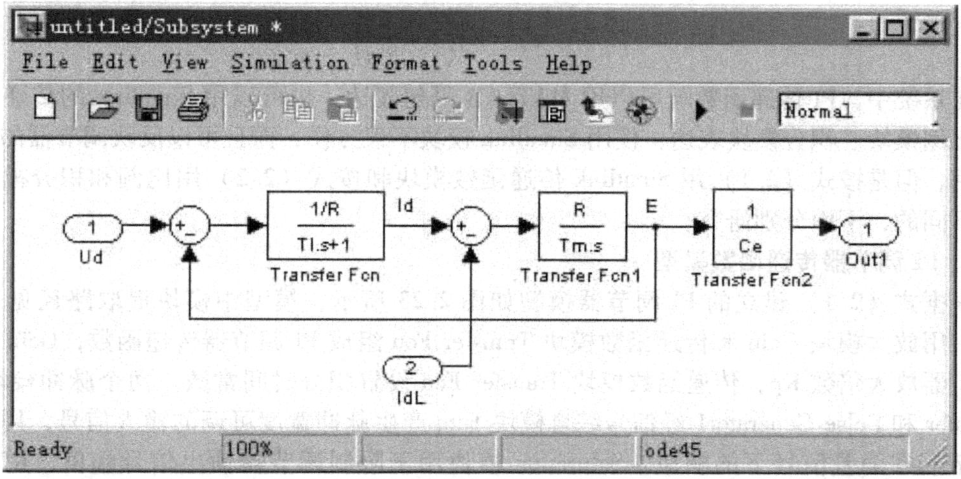

图 2.22　创建子系统功能说明三

2.6.2　子系统模型的封装

在建立子系统后，若要给子系统内的模块设置参数，必须首先打开子系统，然后再逐个打开模块参数对话框输入参数。实际上给子系统赋值，往往只需要修改其中几个模块的某几项参数，现在要一一打开，显得很繁琐，尤其是含有嵌套的子系统。因此 Simulink 提供了子系统的封装（Mask）功能，也就是将子系统中各模块常要修改的参数集中在一张表上，方便子系统的使用。封装子系统需要在选中子系统模块后，在模型窗口 Edit 菜单中选择 Mask subsystem 命令，这样就会弹出 Mask 编辑器窗口。然后在编辑器窗口内输入相关信息，更详细的操作请参看帮助文件。实际上 Simulink Library Browser 中的许多模块也是由底层基础模块组成的子系统，然后经封装后得到的。

2.7　Simulink 在调速系统中的应用

一个系统在 MATLAB 环境中是在命令窗口以语句命令方式进行仿真研究的，多条语句（命令）可以形成一个 M－文件保存，而 Simulink 提供了根据系统框图通过调用模块构建模型的方法，使系统模型具有更好的可读性，且方便了不熟悉大量 MATLAB 程序设计语言用户的使用，下面举例介绍 Simulink 模型的建立和仿真。

2.7.1　PI 调节器建模和特性研究

PI 调节器是调速系统常用的调节器，研究 PI 调节器模型的特性，对理解调节器在系统中的作用有重要意义。用 Simulink 模块构建 PI 调节器有几种方式，性能也存在一定差异。

1. PI 调节器传递函数

PI 调节器的传递函数为：

$$W_{PI}(s) = K_p \frac{T_i s + 1}{T_i s} \tag{2.1}$$

式中，K_p 为比例系数；T_i 为积分系数。

或

$$W_{PI}(s)=K_p\left(1+\frac{1}{T_i s}\right) \tag{2.2}$$

在系统中，PI 传递函数既可以用 MATLAB 语句表达，也可以用 Simulink 的传递函数模块和比例模块、积分模块表达，使用 Simulink 模块不仅方便，而且可以反映调节器的输出限幅作用，但是按式（2.1）用 Simulink 传递函数模块和按式（2.2）用比例和积分模块的效果是不同的，下面分别研究。

2. PI 调节器传递函数模型

根据式（2.1）建立的 PI 调节器模型如图 2.23 所示，模型中模块提取路径见表 2.1。模型中用放大模块 Gain 和传递函数模块 Transfer Fcn 组成 PI 调节器传递函数，Gain 模块输入调节器放大倍数 Kp，传递函数模块 Transfer Fcn 设置积分时间常数。两个脉冲模块 Pulse Generator 和 Pulse Generator1 经信号综合模块 Sum 产生脉冲宽度可调的输入信号，用以观察 PI 调节器在偏差信号下的响应。Saturation 模块用于限制调节器输出信号幅值，用示波器 Scope 观察调节器在无限幅和有限幅两种情况下输出信号的波形，并与输出信号比较。

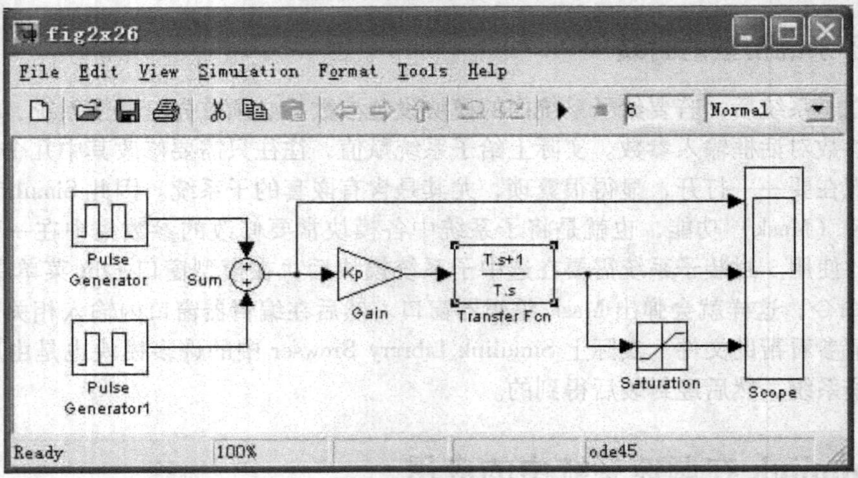

图 2.23　PI 调节器传递函数仿真模型

表 2.1　PI 调节器模型模块提取路径

模　块	功　能	提取模块路径
Gain	调节器放大倍数 Kp	Simulink/Math Operations/Gain
Transfer Fcn	调节器传递函数	Simulink/Continuous/Transfer Fcn
Integrator	积分器	Simulink/Continuous/Integrator
Pulse Generator	产生脉冲信号	Simulink/Sources/Pulse Generator
Sum	信号综合	Simulink/Math Operations/ Sum
Saturation	限制调节器输出幅值	Simulink/Discontinuities/ Saturation
Scope	观察输入和输出波形	Simulink/Sinks/ Scope

【例 2.2】 观察 PI 调节器在脉冲输入下的响应，设调节器 $K_p=2$，$T_i=0.06$，调节器输出限幅为 ±10，调节器脉冲输入信号周期为 3s，脉冲宽度为 0.6s，脉冲幅值为 1。

分别打开模块参数页，输入模块参数如图 2.24、图 2.25 和图 2.26 所示，选择 ode45 算法，仿真时间设为两个周期 6s（见图 2.23）。单击图标“▶”启动仿真后通过示波器观察到的波形如图 2.27 所示。

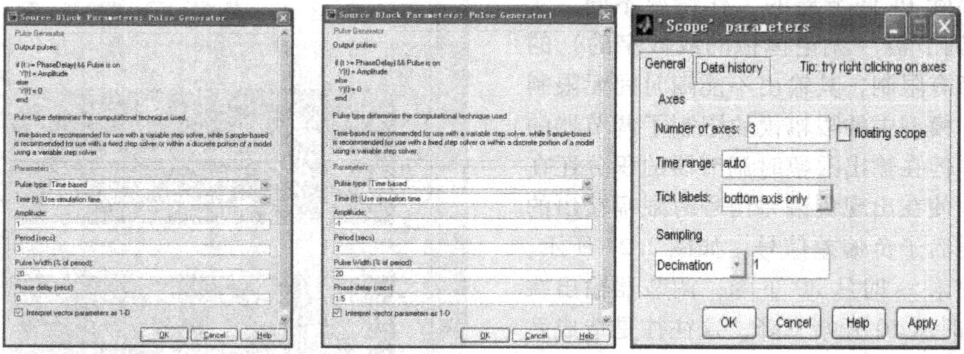

a)　　b)　　c)

图 2.24　脉冲模块和示波器参数

a）输入信号 1　b）输出信号 2　c）示波器

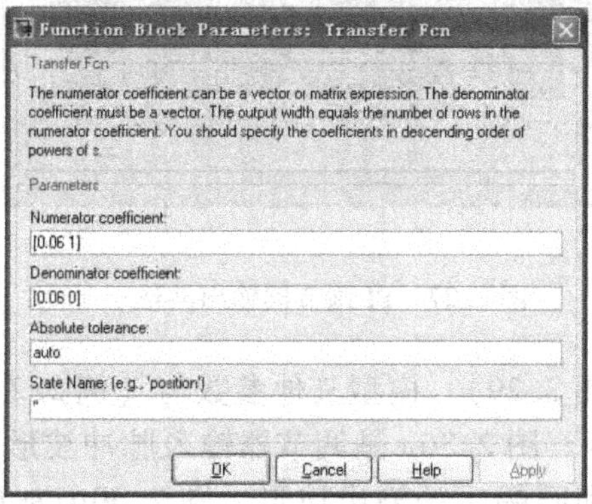

图 2.25　传递函数模块参数

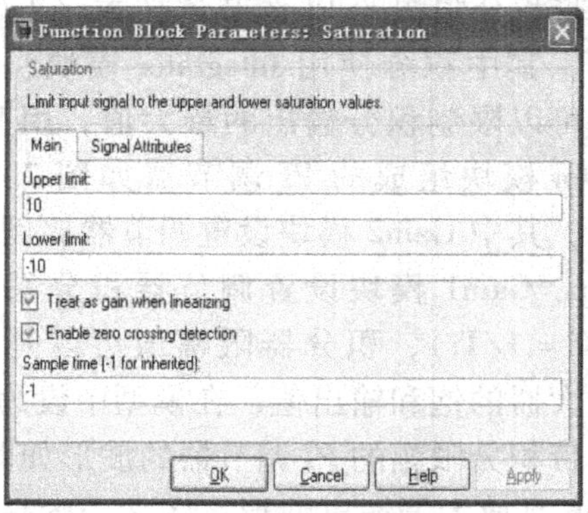

图 2.26　输出限幅模块参数

图 2.27a 为 PI 调节器输入脉冲波形，图 2.27b 为 PI 调节器输出波形，图 2.27c 为经过限幅后的输出波形。在输入脉冲为“+1”时（$t=0\sim0.06$s）由于 $K_p=2$，调节器输出从 2 开始在积分作用下增长；在输入脉冲为“0”时（$t=0.06\sim1.5$s），调节器输出保持在 20 不变（见图 2.27b）；在脉冲为“−1”时（$t=1.5\sim2.1$s），积分器反向积分使输出下降，在 $t=2.1$s 时输入信号为“0”，调节器输出维持不变。如果 PI 调节器的输出经过限幅环节，则输出幅值被限制在 ±10 之间（见图 2.27c）。波形表明，PI 调节器在正或负输入信号作用下，输出信号随之增加或减小；在输入为 0 时输出维持输入变为 0 时的输出值，该值与积分的时间（脉冲宽度）有关。PI 调节器在系统中的作用一般是消除系统的误差，在系统输出产生误差时，PI 调节器即产生消除误差的控制信号。从调节器输出波形看，在系统存在误

差时（相当于调节器有输入脉冲），PI 调节器是按积分规律产生输出控制信号的，积分时间常数 T_i 影响输出控制信号上升和下降的斜率，并且能在误差为 0 后保持调节器的输出状态，其比例系数 K_p 抬高了调节器输出信号，起着加快调节的作用。

图 2.23 所示模型调节器输出是随积分时间增长的，积分时间越长输出越高，这与实际 PI 调节器的工作情况不同。实际 PI 调节器（无论模拟的或数字的）的积分都有限制，其输出不能随时间无限制增长，模型中的限幅模块限制了调节器的输出，但在输出限幅时调节器的积分还在继续，使在出现负偏差信号时限幅输出的下降滞后于负偏差信号。如图 2.27 所示，积分在 1.5s 时从 20 下降，调节器输出在 1.75s 时从 10 开始下降，这往往是造成系统超调的原因之一。为了如实反映实际 PI 调节器的工作情况，需要构建带积分限幅的 PI 调节器。

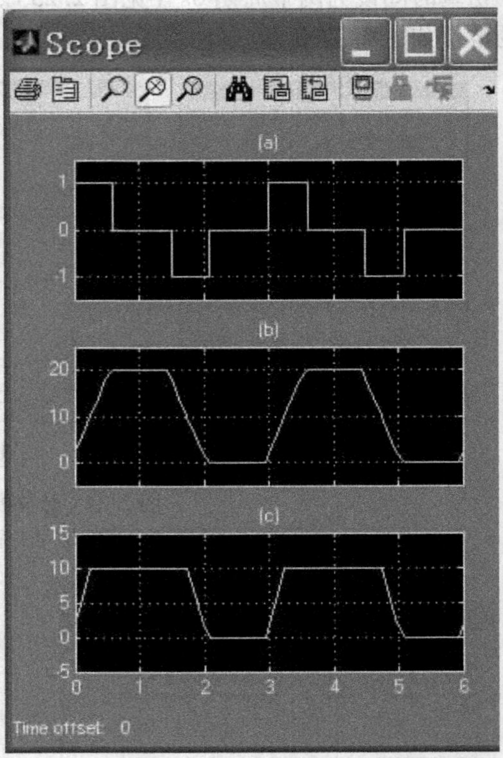

图 2.27　PI 调节器输出波形

3. 带积分限幅的 PI 调节器

带积分限幅的 PI 调节器按式（2.2）构建，其中积分使用 Integrator 模块，该模块可以限制积分输出的最大值，用 Integrator 模块组成的 PI 调节器如图 2.28 所示，其中 Gain2 模块设置调节器比例系数 Kp，Gain1 模块设置调节器积分系数 Ki(Ki = 1/Ti)，积分器限幅值可以是运算放大器的饱和输出值，在模型中设为 ±15（见图 2.29），模型其他参数与【例 2.2】相同。带积分限幅的 PI 调节器的波形如图 2.30 所示。图 2.30a 是调节器输入脉冲波形，图 2.30b 是放大器输出波形，图 2.30c 是积分器饱和限幅后的输出波形，图 2.30d 为 PI 调节器的限幅输出波形。比较图 2.30c 和图 2.30d，因为设积分限幅为 ±15，调节器输出限幅为 ±10，调节器输出限幅值小于积分器限幅值，因此在 1.5s 输入信号变负后，积分器输出从限幅值（15V）开始下降，在 1.6s 时 PI 调节器输出从限幅值（10V）开始下降，中间有 0.1s 延时，这相当于运算放大器组成的带输出限幅的 PI 调节器的退饱和延时，在数字 PI 调节器中，如果取积分器限幅和调节器输出限幅值相同，则可以减小系统的退饱和超调。

比较图 2.30d 和图 2.27c 可知，在输入偏差信号相同时，带积分限幅和无积分限幅，两种结构 PI 调节器的输出不同。本书调速系统中 PI 调节器采用图 2.28 所示的结构，为了使用方便，将图 2.28 中的调节器部分打包为一个分支模块。

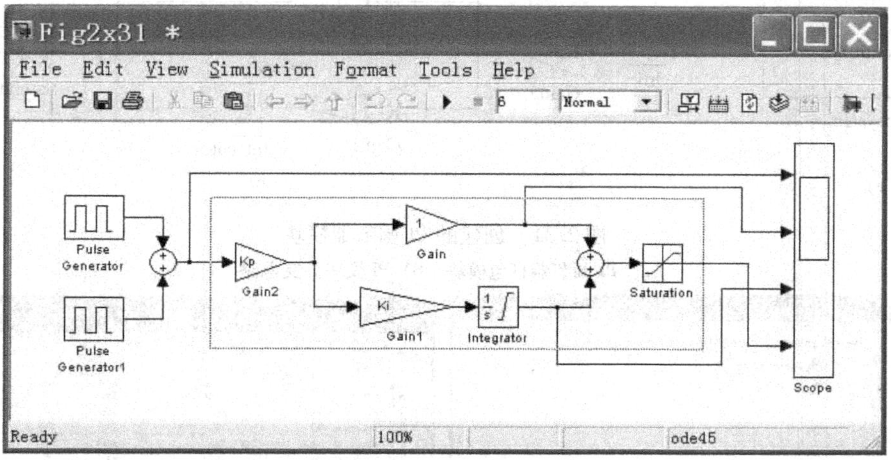

图 2.28　带积分限幅的 PI 调节器模型

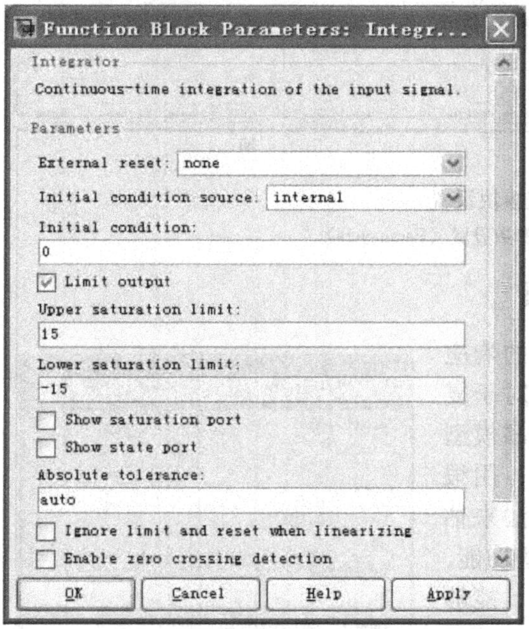

图 2.29　Integrator 限幅参数

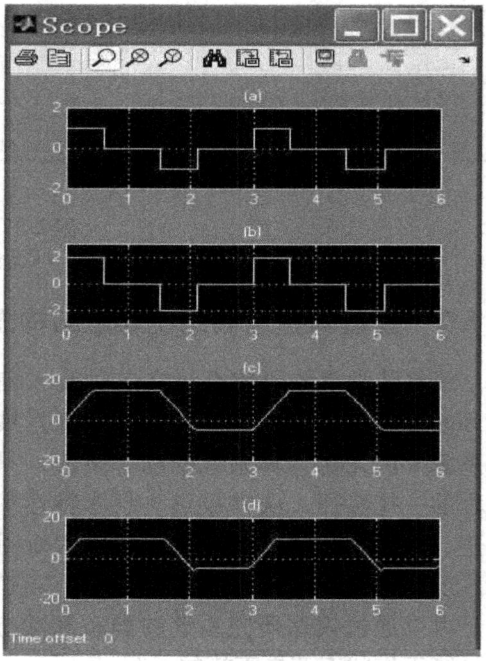

图 2.30　实用 PI 调节器

4. 建立 PI 调节器模块

选定图 2.28 中 PI 调节器的虚框部分，用 Edit 菜单下的 Create Subsystem 命令创建分支模块，Subsystem 模块中包含的电路如图 2.31b 所示。建立分支模块后，使用 mask Editor 命令给分支模块命名并设置模块参数（见图 2.32），设置后的模块如图 2.31a 所示，双击该模块即可弹出模块的参数对话框，如图 2.33 所示，在框里输入 PI 调节器参数是比较方便的，打包方法同样也可以应用在规模较大的复杂系统中使模型变得简洁。

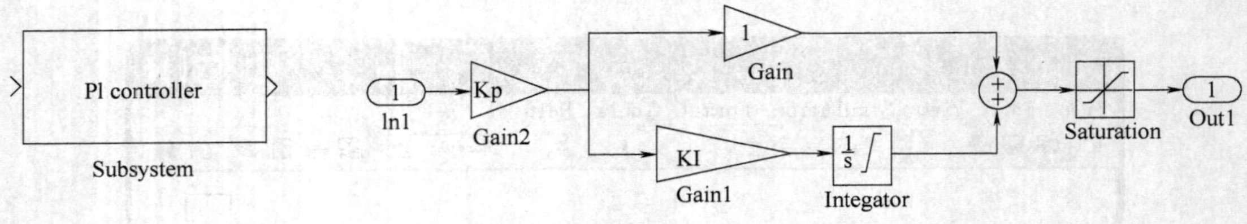

a)　　b)

图 2.31　创建的 PI 调节器模块

a）PI 调节器打包模块　b）PI 模块分支电路

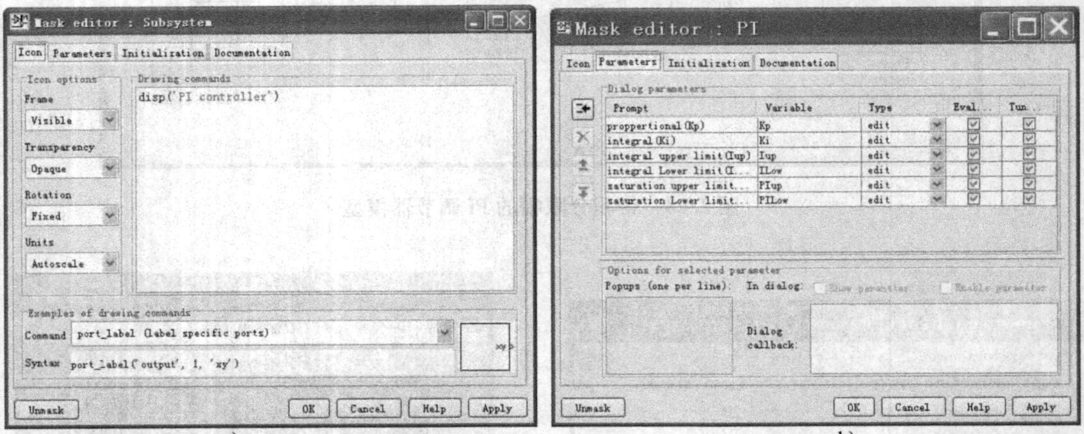

a)　　b)

图 2.32　分支模块设置

a）外观设置（Icon）　b）参数设置（Parameters）

2.7.2　直流转速控制系统动态结构图仿真

根据数学模型研究系统在各种输入信号下的响应是 Simulink 的突出功能，在数字计算发展前，对于复杂系统人们无法计算系统的动态响应，只能依靠模型方程的一些特征，从零极点、频率特性等方面，用根轨迹、伯德图、耐奎斯特图、尼科尔斯图等方法来估计系统的响应和稳定性等，MATLAB 不仅有这些功能，而且可以通过模型研究系统的静态和动态响应，能够对系统工作状态有更直接的了解。

【例 2.3】 用 Simulink 模块构建【例 1.13】转速控制系统的模型，并仿真系统在不同转速给定下的响应。

根据直流调速系统框图（见图 1.34），在模型库浏览器中提取模块组成直流调速系统模型，如图 2.34 所示，模块提取路径见表 2.2。模型中转速调节器 ASR 使用 PI 调节器打包模块（见图 2.31），SCR 为晶闸管整流器传递函数模块，为了便于观察电动机电枢电流

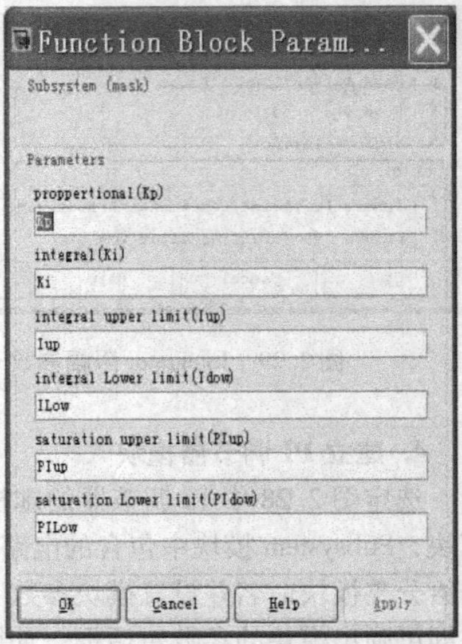

图 2.33　PI 调节器模块参数框

id 和反电动势 E，直流电动机模型由 s3、s4 和 s5 三个传递函数模块组成，n-feedback 模块用于设定转速反馈系数，模型有两个输入，转速输入用 Step 模块，可设定起动时间和转速，Step1 模块用于设定负载电流，可设置加载时间和加载的电流值。模型用示波器分别观察系统在不同给定下的整流器输出电压 ud、电动机电流 id 和输出转速 n 的动态响应波形。为了便于用 plot 语句绘制各波形，模型中用时钟模块 Clock 和示波器记录了仿真进程时间 t。模型各模块参数见表 2.3。仿真参数为：仿真时间（Stop time）2s，仿真算法（Slover）为 ode45。

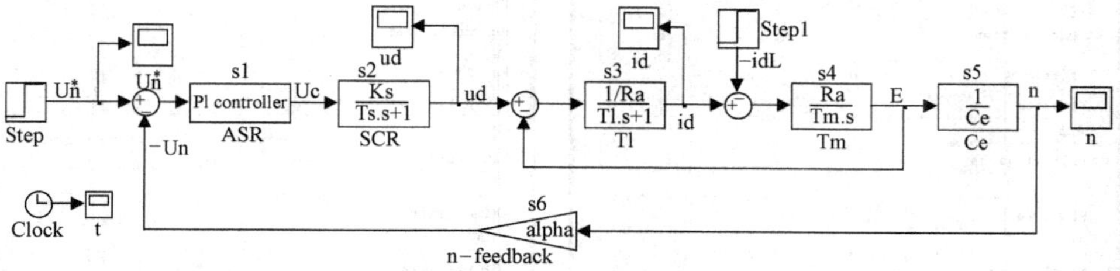

图 2.34　直流转速闭环调速系统动态仿真模型

表 2.2　直流转速闭环调速系统模块提取路径

模　块　名	调 用 路 径	模　块　名	调 用 路 径
s2,s3,s4,s5	Simulink/Continuous/Transfer Fcn	Step，Step1(TL)	Simulink/Sources/Step
s6	Simulink/Continuous/Gain	Scope	Simulink/Sinks

表 2.3　直流转速闭环调速系统模块参数

模　块　名		模　块　参　数
s1 (ASR)	比例调节	Kp = 10.8, Ki = 0, Iup = 15, Ilow = −15, PIup = 10, PIlow = −10
	PI 调节	Kp = 1.0, Ki = 1/Ti = 7.81, Iup = 15, Ilow = −15, PIup = 10, PIlow = −10
s2 (SCR)	比例调节	Ks = 23, Ts = 0.00167s
	PI 调节	Ks = 25, Ts = 0.00167s
s3(Tl)		Ra = 0.31, Tl = 0.065
s4(Tm)		Ra = 0.31, Tm = 0.128
s5(Ce)		Ce = 0.132
s6(n-feedback)		alpha = 0.00685
Step(转速给定)		Step time = 0, Initial value = 0, Final value = 0 ~ 10
TL(负载电流给定)		Step time = 1, Initial value = 0, Final value = 136

1. ASR 为比例调节器

设转速调节器积分系数 Ki = 0，这时 ASR 为比例调节器，比例系数 Kp 可任选。转速输入 Step 模块的参数如图 2.35a 所示，设定系统在 0.1s 时起动，阶跃信号幅值为 10（对应转速 1460r/min），Step1 模块参数如图 2.35b 所示，设定负载加载时间为 1s，加载电流为电机额定值 136A。启动仿真后系统的转速响应如图 2.36 所示。图 2.36 为 Kp = 10.8，转速输入

分别为 10、5、1 时的转速设定和转速响应波形，图中曲线用 plot 语句画出，即

```
>>plot(t1,146*Ung1,t1,n1,t2,146*Ung2,t2,n2,t3,146*Ung3,t3,n3)
```

语句中参数名后的 1、2、3 表示三次仿真记录，每设定一个转速后启动一次仿真，示波器的记录参数要用不同的参数名，如果不修改参数名，保存的只是最后一次记录。语句中 Ung（转速给定参数）前乘以 146 是为了便于将转速响应与给定值比较。

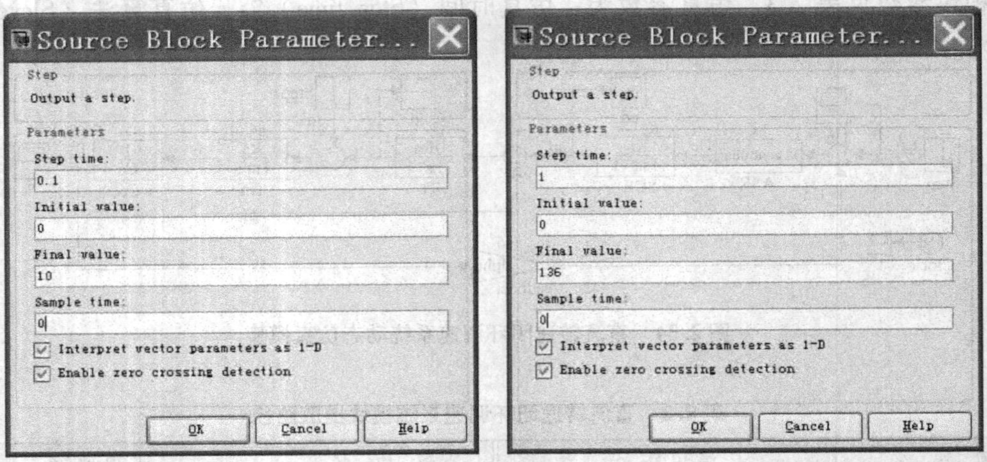

a) b)

图 2.35　Step 模块参数

a）Step（Un*）　b）Step1（TL）

从仿真的转速波形看，电机起动时转速有较大的超调和振荡，起动 0.8s 后趋于稳定，1s 时电机加载，从加载到稳定约需 0.4s。由于 ASR 采用比例调节器，起动和加载后的稳定转速与给定转速相比有较大转速降，因此系统为有静差调速系统。整流器输出电压和电流波形如图 2.37 所示，由于 ASR 调节器有输出限幅，在 $U_n^* =$ 10（额定转速）时整流器输出电压不高于电动机额定电压 220V，起动时电流有较大超调，约为额定电流的 3.5 倍，因为是空载起动，起动结束后电流下降为零，随着电机加载，电流又上升，经过调节最后稳定在 136A。比较电压、电流和转速波形，它们在起动和加载时的变化是互相对应的，较好地反映了电机的工作情况。读者可以通过修改各模块参数观察在不同参数下电机的响应情况。由模块组成的系统模型比在 MATLAB 窗口以语句输入更方便和直观，在参数修改方面有更好的灵活性。

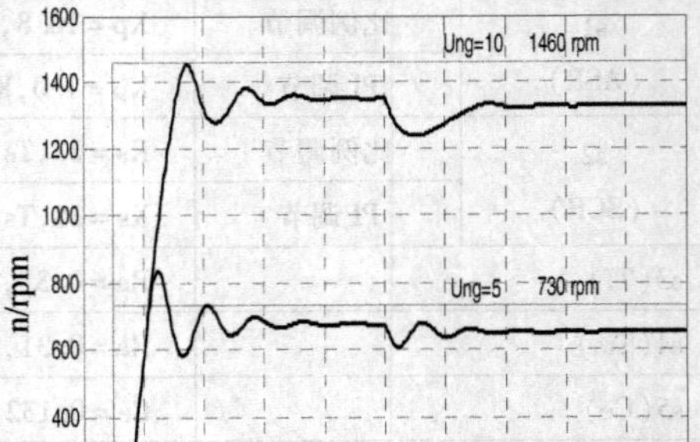

图 2.36　不同转速给定时转速响应

2. ASR 为 PI 调节器

如果设定图 2.34 所示模型中 ASR 模块的比例系数 Kp 和积分系数 Ki，图 2.34 模型就成为按 PI 调节的直流调速系统模型。按【例 1.13】的 PI 调节器参数，取 Kp = 1，Ki = 1/Ti =

1/0.128 = 7.81，为了增加一些电压的调节范围，整流器放大倍数调整为 Ks = 25。在转速给定 U_n^* 分别为 10、5、1 时系统的转速波形如图 2.38 所示。比较图 2.38 和图 2.36，采用 PI 调节与比例调节下系统转速的最大不同是，起动和加载后电机的转速达到了给定转速，系统为转速无差调节系统。图 2.39 为 PI 调节时电机电压和电流波形，图 2.39 和图 2.37 中电流波形都出现了负值，这与系统实际工作情况不尽相同，实际整流器是不能通过负向电流的，因此电机电流也不能为“-”。仿真电流出现负值是因为晶闸管整流器采用的是传递函数模型，在起动中转速出现超调时，ASR 输出为“-”，因此晶闸管整流器模块 SCR 输出 ud 也为“-”，使电机电流出现负值。电流出现负值会影响系统的调节过程，这个问题在下面介绍开关整流器模型后可以很好地解决。

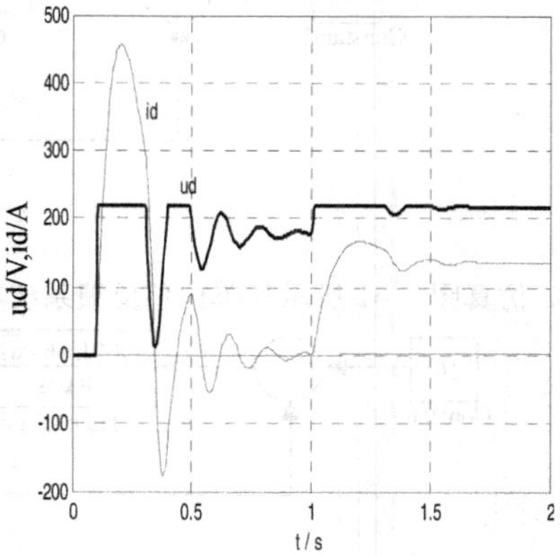

图 2.37　整流器输出电压电流响应（$U_m^* = 10$）

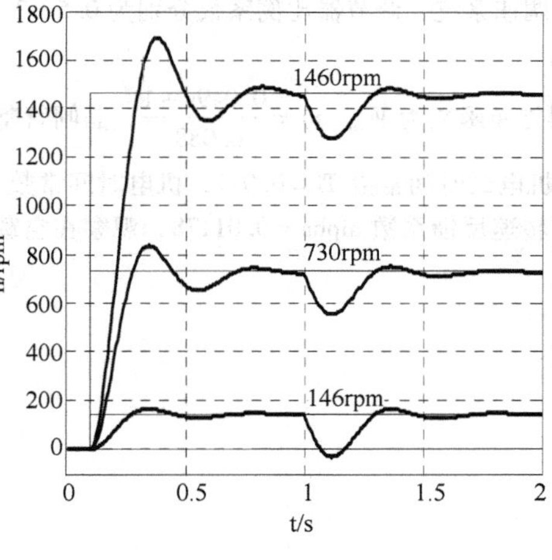

图 2.38　PI 调节系统转速响应

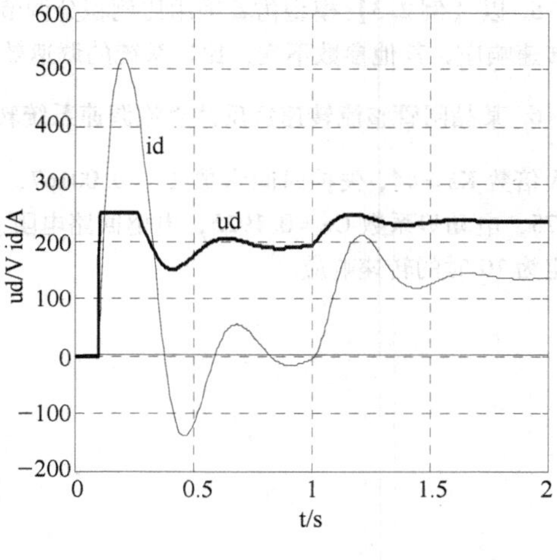

图 2.39　PI 调节电压和电流波形（$U_n^* = 10$）

本 章 小 结

本章介绍了 MATLAB 的重要仿真平台 Simulink，介绍了模型库浏览器和在平台上用模块构建仿真模型的方法，模型库浏览器中包含大量的模块，使用这些模块可以大大方便系统的建模。本章以 PI 调节器和转速控制系统两个实例介绍了仿真在调速系统建模中的应用，比较了比例调节和 PI 调节两种不同控制方式下的调节效果，这仅是 MATLAB/Simulink 功能中的很小部分，读者可通过本章掌握模块的使用和系统建模的方法。

习　题

1. 仿真二阶系统 $W(s) = \dfrac{\omega_n^2}{s^2 + 2\xi\omega_n + \omega_n^2}$（$\omega_n = 1$，$\xi = 0.1$），在单位阶跃输入时的输出响应。

2. 观察如图 2.40 所示系统的单位阶跃响应。

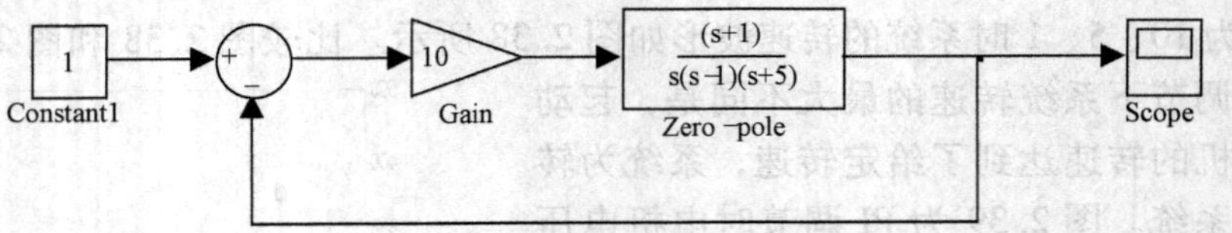

图 2.40　习题 2 图

3. 仿真图 2.41 所示某单位负反馈系统在阶跃输入时的动态响应，仿真时间 50s。

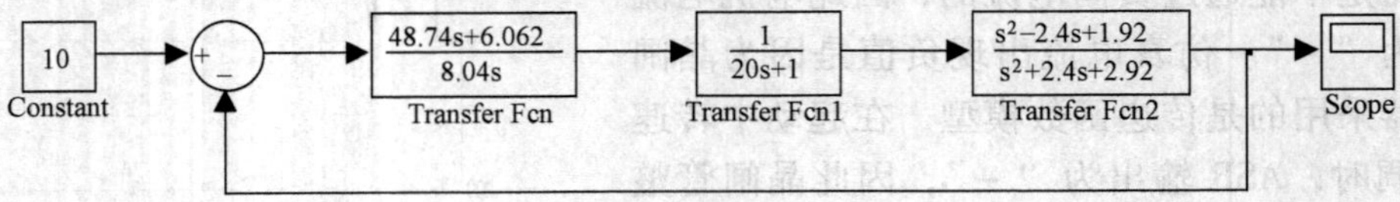

图 2.41　习题 3 图

4. 用【例 2.3】模型仿真比例调节器直流调速系统，调节器比例系数分别为 5、20、50，其他参数不变，比较转速响应的效果。

5. 以【例 2.3】模型仿真采用比例积分调节器的直流调速系统，调节器比例系数分别为 0.5、2、5 时的转速响应，其他参数不变，比较系统的调速效果。

6. 某晶闸管整流转速负反馈直流调速系统转速调节器传递函数为 $W_{asr}(s)=\dfrac{0.049s+1}{0.088s}$，晶闸管整流器放大倍数 Ks = 44，失控时间常数 Ts = 0.00167，直流电动机电磁时间常数 Tl = 0.017，机电时间常数 Tm = 0.075，电动势系数 Ce = 0.1925，电枢回路电阻 Ra = 1Ω，转速反馈系数 alpha = 0.01178，观察在空载转速给定为 10 时的转速响应。

第3章　电力电子模块及其应用

电力电子器件是组成电力电子电路的主要元件，MATLAB/Simulink/SimPower Systems 模型库中包含了常用的电力电子器件模块、整流逆变等电路模块以及相应的驱动控制模块（参见附录二）。电力电子模块可以反映电力电子器件的开关和单向导电性能，这些性能是传递函数模型难以表示的，传递函数仅反映了电力电子器件的放大和控制滞后特性，因此使用这些模块仿真电力电子电路能更真实地反映电路的实际工作情况。

在 MATLAB6.5 以前版本的模型库中，电力电子器件和电路模块的输入和输出端使用有方向的信号接点“ > ”，输入只能与输出相连接，在 MATLAB7.0 以后的版本中，电力系统模型使用了物理模块（The Physical Modeling Blocks），其特点是模块的电路接点用“□”表示，没有输入与输出的区分，不仅使电路连接方便，而且电流可以双向通过，这符合电路的实际情况，但是驱动信号仍然使用信号接点“ > ”。因此在 MATLAB6.1 环境中建立的电力电子模型要在 MATLAB6.5 之后版本上运行时，需要将 Version 2 电力系统模型库模块转换为 Version 3 版本的物理模块，转换的方法是使用 psbupdate 函数，在 MATLAB 命令窗口中键入：

>> psbupdate（‘name of the Model to convert’）　%键入需转换的模型名

之后回车，命令执行后：

1）以 powerlib 模块代替了原 Version 2 的 powerlib2 模块，模块的输入和输出接点变为“□”。

2）以电路连线代替了原 Simulink 的信号连线，一些特殊的线，如分支模块的连线需要重新连接。

3）psbupdate 命令会将变换的模型以“原文件名 + updated”保存。

MATLAB 电力电子器件模型使用的是简化的宏模型，它只要求元器件的外特性与实际器件特性基本相符，而没有考虑元器件内部的细微结构，属于系统级模型。这与 SPICE 中的电子元器件模型不同，SPICE 的元件模型较详细、复杂，属于器件级模型。虽然 MATLAB 的电力电子器件模型较为简单，但是它消耗的系统资源较少，用于含电力电子器件的系统仿真时，出现仿真不收敛的几率较小。

开关特性是电力电子器件的主要特性，MATLAB 电力电子器件模型主要描述电力电子器件的开关特性，并且不同电力电子器件模型都具有相似的模型结构，如图 3.1 所示。图中模型由可控开关 SW、电阻 Ron、电感 Lon、直流电压源 Vf 的串联电路和开关逻辑控制单元组成，不同电力电子器件的区别主要在开关逻辑不同，开关逻辑决定了各种器件的开关特征。模型中的电阻 Ron 和直流电压源 Vf 分别用来反映电力电子器件的导通电阻和导通时的门槛电压。串联电感限制了器件开关过程中的电流升降速度，模拟器件导通或关断时的动态过程。MATLAB 电力电子器件模型一般都没有考虑器件关断时的漏电

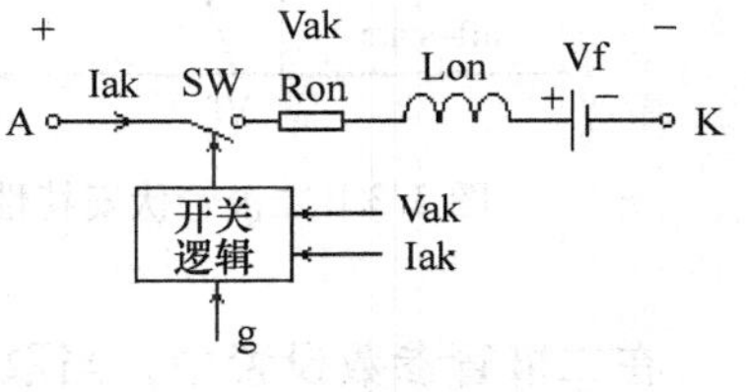

图 3.1　电力电子器件模型

流，这方面 SPICE 模型更细致。

电力电子器件必须连接在电路中使用，也就是要有电流的回路，但是器件的驱动仅仅取决于门极信号的有无，没有电压型和电流型驱动的区别，也不需要形成驱动回路，这是 MATLAB 电力电子器件模型与其他 SPICE 模型的不同之处。尽管模型与实际器件工作有差异，但是也使 MATLAB 电力电子器件模型在与控制模块连接时变得方便。

电力电子器件在使用时一般都并联有缓冲电路，因此在 MATLAB 电力电子器件模型中也已经并联了简单的 RC 串联缓冲电路，缓冲电路的 RC 值可以在参数表中设置，更复杂的缓冲电路则需要另外建立。

MATLAB 的电力电子器件模型中含有电感，因此有电流源的性质，在没有连接缓冲电路时不能直接与电流源或电感相连接，也不能开路工作。含电力电子模型的电路或系统仿真时，仿真算法一般采用刚性积分算法，如 ode15、ode23，这样可以得到较快的仿真速度。

电力电子器件的模块上一般都带有一个测量端 m，通过 m 端可以观测元器件的电压和电流，不仅使检测方便，而且可以为选择元件的耐压值和电流值提供依据。

3.1　电力电子器件模型

3.1.1　二极管模型

二极管图标如图 3.2 所示，它是不控的单向导电型二端半导体器件，二极管的仿真模型同图 3.1，只是模型中开关 SW 采用二极管控制逻辑。当二极管承受正向电压时（Vak >0）二极管导通，当二极管电流下降到零（Iak = 0）或承受反向电压时（Vak≤0 ）二极管关断。二极管的伏安特性如图 3.3 所示。二极管模型的参数见表 3.1。

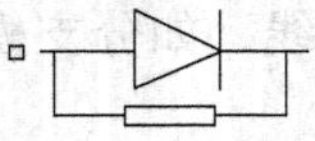

图 3.2　二极管图标

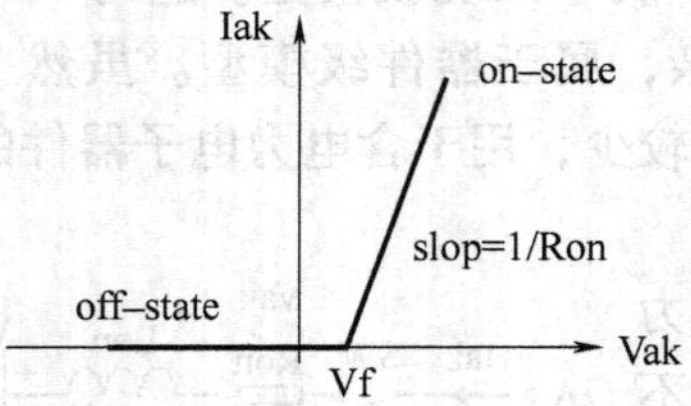

图 3.3　二极管伏安特性

表 3.1　二极管参数

参　数	单　位
导通电阻 Ron	Ω（欧姆）
电 感 Lon	H（亨利）
正向电压 Vf	V（伏特）
初始电流 Ic	A（安培）
缓冲电阻 Rs	Ω（欧姆）
缓冲电容 Cs	F（法拉）

在二极管参数设置中，当取电感参数为“0”时电阻不能同时取“0”，当电阻参数取“0”时电感参数也不能同时取“0”。在设置了门槛电压 Vf 时，只有当二极管正向电压大于 Vf 后，二极管才能导通。在参数对话框中有初始电流一栏，设置初始电流可以使电路在非零状态下开始仿真。但是初始电流设置是有条件的，首先是二极管电感参数大于 0，其次是仿真电路的其他储能元件也设定了初始值，设定所有其他相关储能元件的初始值是很麻烦

的，所以一般都取初始电流为“0”，使电路在零状态下开始仿真。

模型二极管已并联有 RC 缓冲电路，在缓冲电阻值设为“inf”、缓冲电容设为“0”时，二极管则取消了缓冲电路部分。如果在缓冲电阻不为“0”时，设缓冲电容为“inf”，则是纯电阻的缓冲电路。

MATLAB 中的二极管没有普通二极管、电力二极管、快恢复二极管等的区分，统一为一个模型，不同二极管只能在参数设置上略有不同。

3.1.2　晶闸管模型

晶闸管是可控整流电路的常用元件，在模型库中晶闸管模型有两种（见图 3.4），一种是较详细的模型，其模型名为 Detailed Thyristor，它的可设置参数较多；另一种是简化的模型，模型名为 Thyristor，它的参数较少。晶闸管模型的伏安特性如图 3.5 所示，晶闸管模型在晶闸管承受正向电压（Vak >0），且门极有正的触发脉冲信号（g >0）时导通。触发脉冲的宽度要使阳极电流 Iak 能大于设定的晶闸管擎住电流 Il，晶闸管才能正常导通，否则在导通过程中，阳极电流还小于擎住电流时，若门极信号为零（g =0），则晶闸管仍要转向关断。导通的晶闸管在阳极电流下降到零（Iak =0），或者晶闸管承受反向电压时关断，但是晶闸管承受反向电压的时间应大于设置的关断时间 Tq，否则尽管门极信号为零，晶闸管还可能导通，因为关断时间是表示晶闸管内载流子复合的时间，是晶闸管阳极电流减少为零后到晶闸管能再次施加正向电压而不会误导通的一段时间间隔。

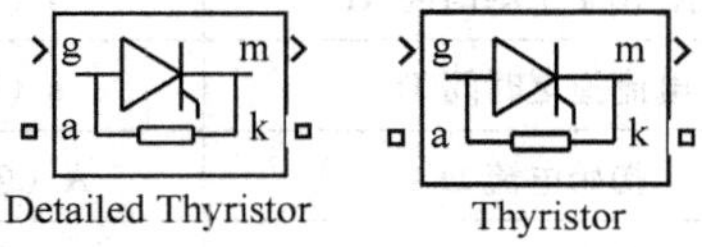

a)　　　　　　b)

图 3.4　晶闸管图标

a）复杂模型　b）普通模型

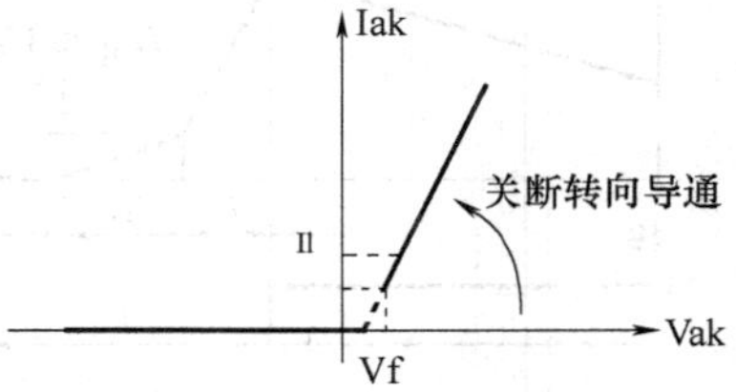

图 3.5　晶闸管模型的伏安特性

晶闸管模型的导通和关断与实际的物理晶闸管有差别，一是只要门极信号大于零，同时满足正向电压条件，晶闸管就能导通；二是阳极电流下降到零（Iak =0）后晶闸管才能关断，而不是阳极电流下降到维持电流以下晶闸管就关断。

晶闸管的简单模型没有擎住电流和关断时间这两项参数，因此在较复杂的电路仿真中使用较为方便。关于初始电流、缓冲电阻和缓冲电容的设置要求与二极管相同。

双击模型图标则弹出模型参数对话框，在对话框中可以设置的晶闸管参数见表 3.2。

表 3.2　晶闸管模型参数

参　数	单　位	备　注	参　数	单　位	备　注
导通电阻 Ron	Ω（欧姆）		关断时间 Tq	s（秒）	普通模型没有
内部电感 Lon	H（亨利）		初始电流 Ic	A（安培）	
正向电压 Vf	V（伏特）		缓冲电阻 Rs	Ω（欧姆）	
擎住电流 Il	A（安培）	普通模型没有	缓冲电容 Cs	F（法拉）	

对含晶闸管模型的电路进行仿真时，仿真算法宜采用 ode23tb 或 ode15s。

3.1.3　可关断晶闸管模型

可关断晶闸管（GTO）与普通晶闸管的区别是可以通过门极信号在任何时间使导通的晶闸管关断。但是 MATLAB 的可关断晶闸管模型在导通和关断的控制要求上与实际的可关断晶闸管有较大不同，可关断晶闸管模型在管子承受正向电压，且门极信号大于零（g>0）时导通，在门极信号等于零（g=0）时关断。实际的可关断晶闸管一旦导通后门极信号可以为零，管子仍保持导通状态，而关断时需要门极有足够的反抽电流才能关断。模型的关断过程分为两段，一段是下降时间 Tf，一段是电流的拖尾时间 Tt。在电流的下降时间内电流减小到关断时电流的 10%，再经过一段拖尾时间，电流才下降为零，电流的下降时间和拖尾时间可以在参数中设置。可关断晶闸管的图标和开关特性分别如图 3.6 和图 3.7 所示，模型的参数见表 3.3。

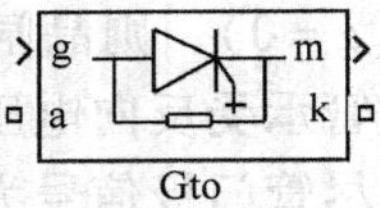

图 3.6　GTO 图标

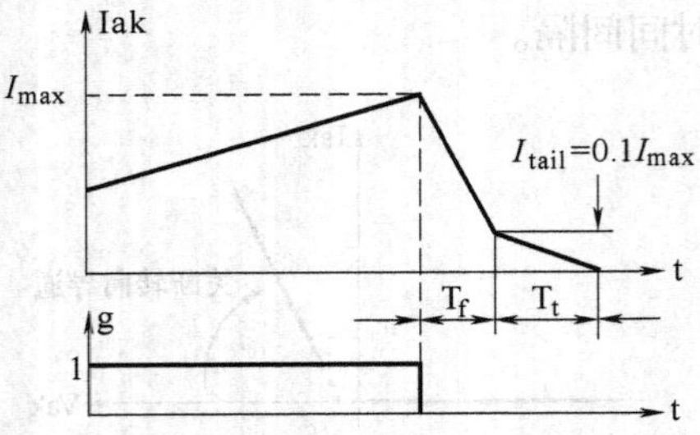

图 3.7　GTO 开关特性

表 3.3　可关断晶闸管模型参数

参　数	单　位
导通电阻 Ron	Ω（欧姆）
内部电感 Lon	H（亨利）
正向电压 Vf	V（伏特）
电流 10% 下降时间 Tf	s（秒）
电流拖尾时间 Tt	s（秒）
初始电流 Ic	A（安培）
缓冲电阻 Rs	Ω（欧姆）
缓冲电容 Cs	F（法拉）

可关断晶闸管模型也已经并联了 RC 缓冲电路，缓冲电路的设置与二极管模型相同。对带可关断晶闸管模型的电路进行仿真时，仿真算法同样宜采用 ode23tb 或 ode15s。

3.1.4　电力场效应晶体管模型

电力场效应晶体管（MOSFET）具有开关频率高、导通压降小等特点，在电力电子电路中使用广泛。场效应晶体管一般有结型和绝缘栅型两种，MATLAB 的场效应晶体管模型并不区分这两种模型，也没有 P 沟道和 N 沟道之分，它仅仅反映了场效应晶体管的开关特性，是场效应晶体管通用的宏模型。电力场效应晶体管模型的图标和外特性分别如图 3.8 和图 3.9 所示，模型的参数见表 3.4。

场效应晶体管模型在门极信号为正（g>0），且漏极电流 Id>0 时导通，在门极信号为零时关断。场效应晶体管模型上反并联了一个二极管，因此在外特性上，正向导通状态的导通电阻是 Ron，而外特性中的反向导通是二极管导通，导通电阻是二极管的电阻 Rd。

参数中的缓冲电阻和缓冲电容的设置与二极管相同。

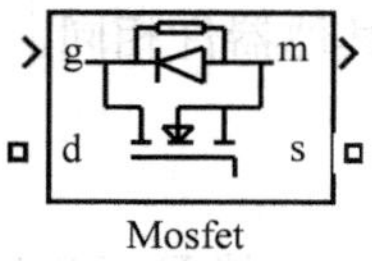

图 3.8　MOSFET 图标

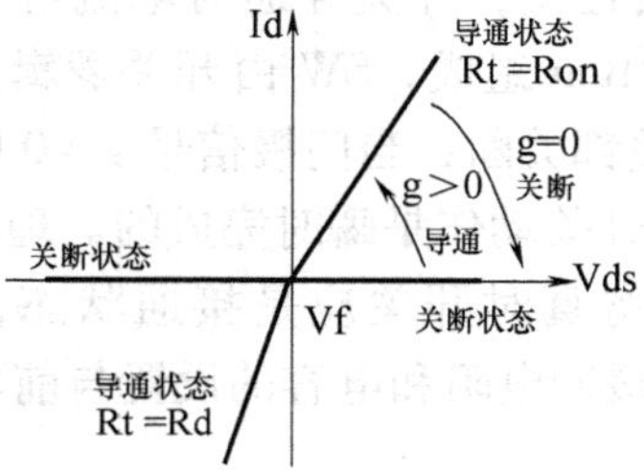

图 3.9　MOSFET 外特性

表 3.4　电力场效应晶体管模型参数

参　　数	单位
导通电阻 Ron	Ω（欧姆）
导通电感 Lon	H（亨利）
寄生二极管电阻 Rd	Ω（欧姆）
寄生二极管正向电压 Vf	V（伏特）
初始电流 Ic	A（安培）
缓冲电阻 Rs	Ω（欧姆）
缓冲电容 Cs	F（法拉）

3.1.5　绝缘栅双极型晶体管模型

绝缘栅双极型晶体管（IGBT）结合了场效应晶体管和电力晶体管的优点，具有驱动功率小、开关速度快、通流能力强的特点，目前已经成为中小功率电力电子设备的主导器件。IGBT 模型有两种，一个是并联缓冲电阻和电容的模型（图 3.10a），一个是反并联二极管的模型（见图 3.10b）。绝缘栅双极型晶体管模型的外特性如图 3.11 所示。模型参数见表 3.5。

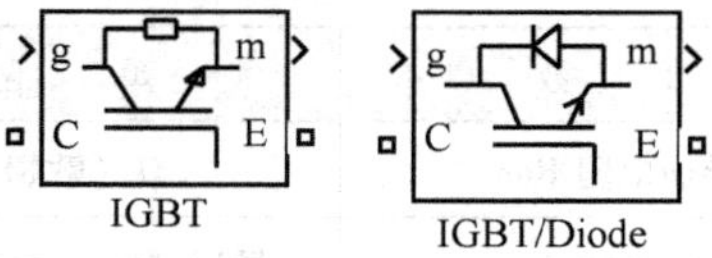

a)　　b)

图 3.10　IGBT 图标

a）图标 1　b）图标 2

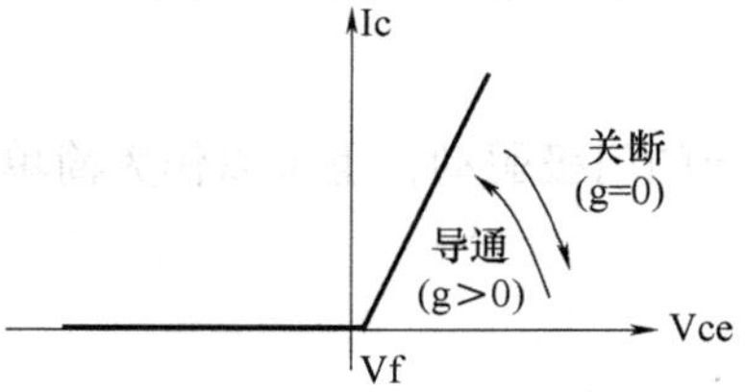

图 3.11　IGBT 外特性

表 3.5　IGBT 模型参数

参　　数	单位	备注
导通电阻 Ron	Ω（欧姆）	带反并联二极管模型仅有导通电阻、缓冲电阻和缓冲电容三项参数
导通电感 Lon	H（亨利）	
正向电压 Vf	V（伏特）	
电流 10% 下降时间 Tf	s（秒）	
电流拖尾时间 Tt	s（秒）	
初始电流 Ic	A（安培）	
缓冲电阻 Rs	Ω（欧姆）	
缓冲电容 Cs	F（法拉）	

IGBT 模型在集射极间电压为正（Vce >0），且有门极信号（g >0）时导通；即使集射极间电压为正（Vce >0），但是门极信号为零（g =0），IGBT 也关断。如果 IGBT 集射极间电压为负（Vce <0），则管子处在关断状态，但实际 IGBT 因为内部已并联了反向二极管，所以在 IGBT 集射极间电压为负时也反向导通。

IGBT 模型的开关特性如图 3.12 所示。IGBT 在关断时，包括电流下降和电流拖尾两段时间，在下降时间内电流减小到关断前的 10%，再经过一段电流的拖尾时间，IGBT 才完全关断。IGBT 的电流下降时间和拖尾时间可以在参数对话框中设置。

有 RC 缓冲电路的 IGBT 模型，缓冲电阻和电容的设置与其他器件相同。

3.1.6 理想开关模型

理想开关（Ideal Switch）是 MATLAB 特设的一种电子开关，其图标和伏安特性分别如图 3.13 和图 3.14 所示。理想开关的特点是开关受门极控制，开关导通时电流可以双向通过。理想开关的模型比较简单，它仅由开关 SW 和电阻 Ron 组成，SW 由开关逻辑控制。当门极信号 g＝0 时，无论开关受正向还是反向电压，开关都关断；当门极信号 g＞0 时，无论开关受正向还是反向电压，开关都导通。在门极触发时开关动作是瞬时完成的。理想开关模型的参数设置见表 3.6。其初始状态一栏，如果起动仿真时开关应是接通状态，则设为“0”；如果起动仿真时开关应是断开的，则设为“1”。缓冲电阻和电容的设置与前面相同。

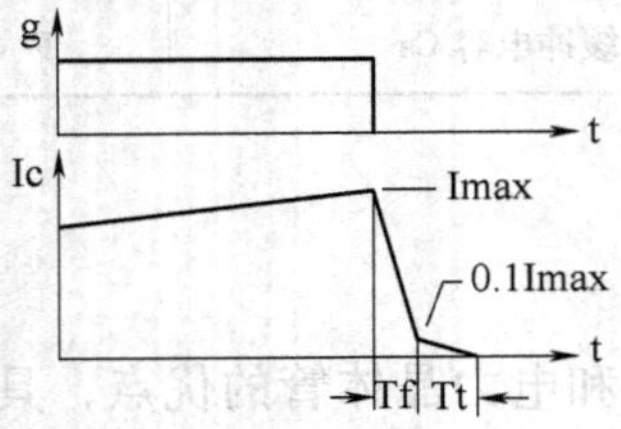

图 3.12 IGBT 的开关特性

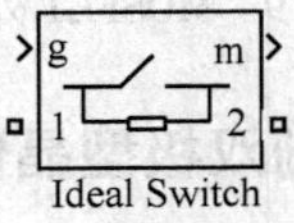

图 3.13 理想开关图标

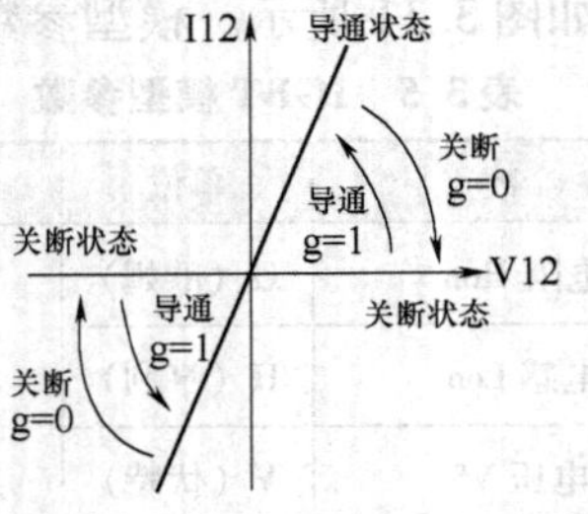

图 3.14 理想开关伏安特性

表 3.6 理想开关模型参数

参数	单位
导通电阻 Ron	Ω（欧姆）
初始状态	导通“0”，关断“1”
缓冲电阻 Rs	Ω（欧姆）
缓冲电容 Cs	F（法拉）

理想开关在仿真中可以作为断路器使用，设计适当的门极驱动，也可以作为简单的半导体开关如 GTO、MOSFET 等用于电流斩波控制。

3.2 桥式电路模块

桥式变流电路是最常用的电路，MATLAB 模型库提供了不控的和可控的两种三相桥式整流电路模型，以及功能更强的通用模块，但有的 7.0 版本模型库中整流桥模型还用的是旧模块，使用时需要将它转换为带电路接口的模块。

3.2.1 三相桥式不控整流电路模块

三相桥式不控整流电路由六个二极管按桥式连接组成，如图 3.15 所示。它有三个输入端，分别是 A、B、C，用于连接三相电源或整流变压器的三相输出；它的两个输出端 K 和 A 输出整流后的直流电压，其中 K 端为“+”，A 端为“-”。模型参数见表 3.7。不控整流电路模型实际设置的是二极管参数，其中RC缓冲电路的设置也与二极管相同。

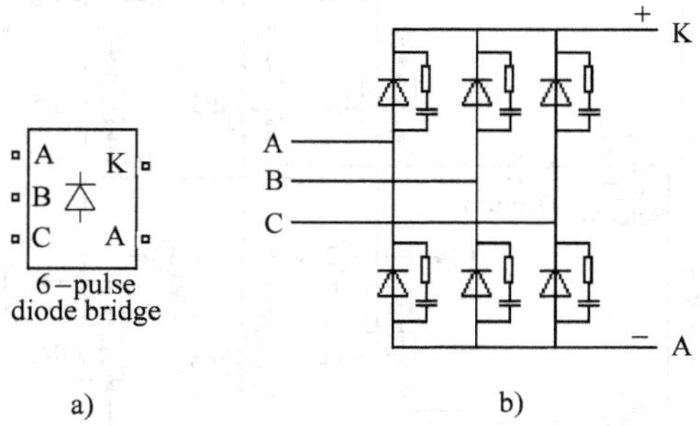

图3.15 三相不控桥模块
a）图标 b）电路

表3.7 三相桥式不控整流电路参数

参　　数	单　　位
二极管通态电阻	Ω（欧姆）
二极管通态电感	H（亨利）
正向电压	V（伏特）
缓冲电阻	Ω（欧姆）
缓冲电容	F（法拉）

3.2.2 三相桥式可控整流电路模块

三相桥式可控整流电路由六个晶闸管作桥式连接而成，其图标和电路如图3.16所示。使用时，模块的A、B、C三个输入端连接三相电源或三相变压器的二次侧；它的两个输出端K和A输出整流后的直流电压，其中K端为“+”，A端为“-”。模块的脉冲输入端pulses用于接入晶闸管的触发信号，三相桥式可控整流电路模块有专用的触发模块，这将在3.3小节（驱动模块）中介绍。

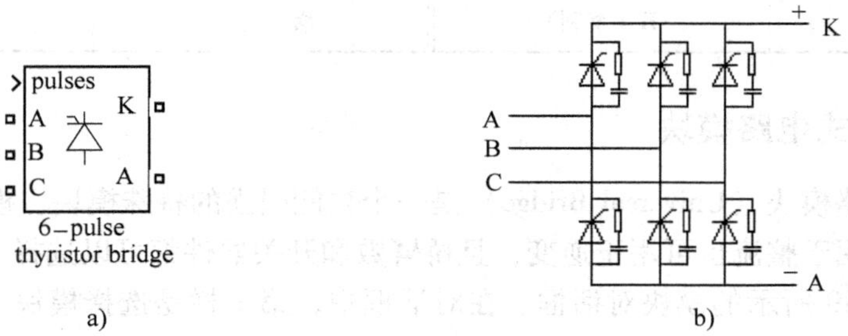

图3.16 三相桥式可控整流电路和图标
a）图标 b）三相桥式可控整流电路

三相桥式可控整流电路模块是由六个单个晶闸管模块连接的分支电路，如图3.17a所示，模块上没有留出测量的端口，在分支电路中已经将晶闸管的测量端封闭，这在需要观察晶闸管的电压和电流时很不方便。为了便于观测晶闸管的电压和电流，可以对模型略作修改，方法如下：单击选中的可控整流模块，在Edit菜单下选中Look under mask，则可调出图3.17a所示的整流电路模型，如要观测某一晶闸管的电流电压，则将该晶闸管模型测量端的“山”字形封口删除，换接上分支电路的输出端口即可，如图3.17b所示。修改后的三相桥式可控整流电路图标上增加了测量端，使用此测量端可以观测指定的晶闸管承受的电压和电流。

在晶闸管三相可控整流模块中可设置的参数有晶闸管的通态电阻和通态电感，以及缓冲电阻和电容（见表3.8），缓冲电阻和缓冲电容的设置要求与前相同。

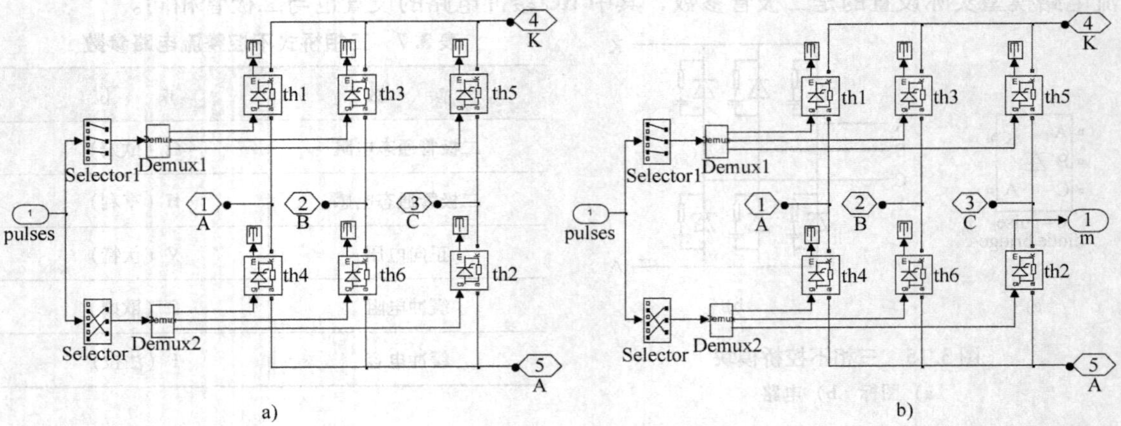

图 3. 17　三相桥式整流模块分支模型
a）三相桥式整流电路模型　b）晶闸管 th5 引出测量端

表 3.8　三相桥式可控整流模块参数

晶闸管参数	单位	晶闸管参数	单位
导通电阻	Ω（欧姆）	缓冲电阻	Ω（欧姆）
导通电感	H（亨利）	缓冲电容	F（法拉）

3.2.3　通用桥式电路模块

通用桥式电路模块（Universal Bridge）是一个功能很强的特殊模块，模块图标如图 3. 18 所示，它既可以用于整流也可用于逆变，且桥臂数和开关器件都可以选择。单击通用桥模块图标，弹出图 3. 19 所示的模块对话框。在对话框中，第 1 栏是选择模块桥臂的相数，有三种相数可供选择，选择“1”是半桥式电路，选择“2”是单相桥式电路，选择“3”是三相桥式电路；对话框的第 4 栏选择变流器使用的电力电子开关种类，有 MATLAB 模型库的六种开关可以选择，即二极管、晶闸管、GTO、MOSFET、IGBT 和理想开关。开关器件的参数、缓冲电阻和电容同样可在对话框中选择。缓冲电路和开关器件的参数设定与单个电力电子器件开关参数的设定相同，不过通用模块中可设置的参数较少。如果在最后一栏选择了测量项则可以用多路测量仪 multimeter 观测开关器件的电压和电流波形。

图 3. 18　通用桥模块图标

通用桥模块在选择晶闸管器件时，电路结构和器件编号如图 3. 20 所示，在选择 GTO、MOSFET、IGBT 和理想开关时，电路结构和器件编号如图 3. 21 所示。两种情况下器件的编号顺序不同，而模块驱动脉冲输入端的输入脉冲是与器件的编号顺序相对应的，对一个桥臂的半桥电路，驱动脉冲顺序是 Q_1、Q_2，对 2 个桥臂的单相桥电路，驱动脉冲顺序是 Q_1、Q_2、Q_3、Q_4；对 3 个桥臂的三相桥电路，驱动脉冲顺序是 Q_1、Q_2、Q_3、Q_4、Q_5、Q_6。对于自关断器件，模块已在其上反并联了续流二极管。

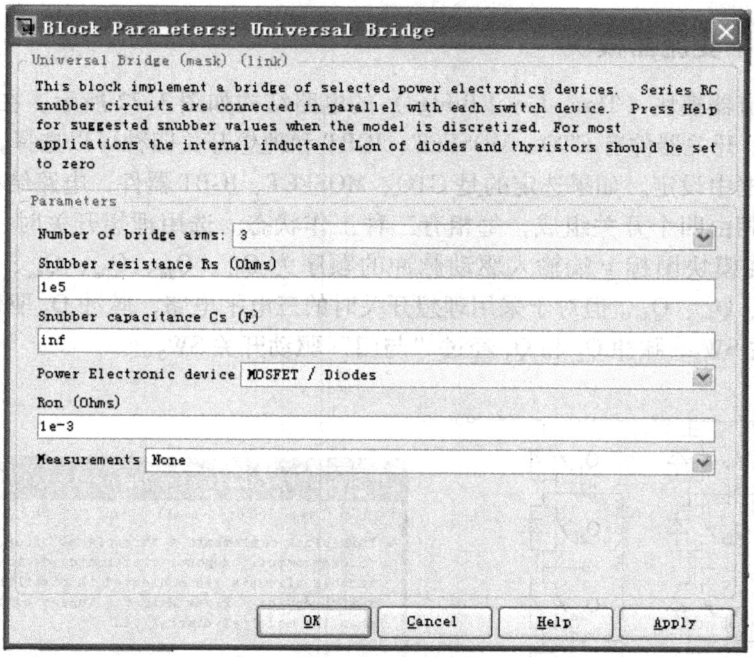

图 3.19　通用桥模块对话框

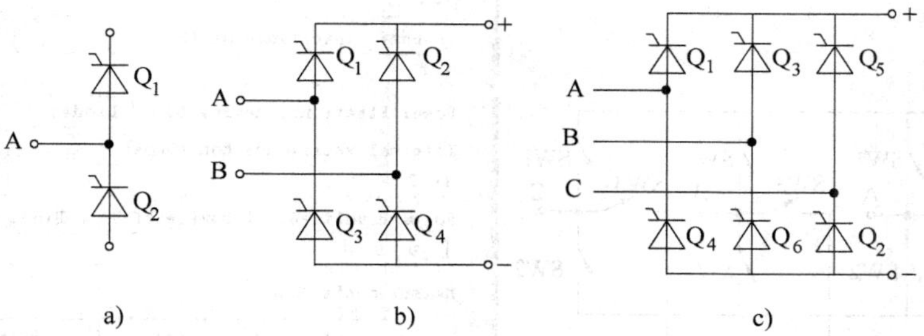

图 3.20　通用桥晶闸管类器件电路结构

a）半桥　b）单相桥　c）三相桥

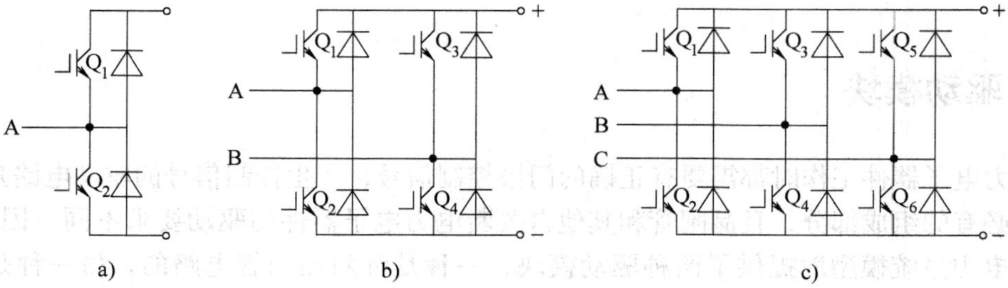

图 3.21　通用桥可关断类器件电路结构

a）半桥　b）单相桥　c）三相桥

3.2.4　三电平变流器模块

三电平变流器模块（Three-Level Bridge）的电路结构如图 3.22 所示，在图 3.23 所示的模块对话框中，开关器件有 GTO、MOSFET、IGBT 和理想开关四种可以选择，变流器的相数也可以在对话框中设定。如果选定的是 GTO、MOSFET、IGBT 器件，电路结构如图 3.22a 所示，变流器每相由四个开关组成，每相有三种工作状态。选用理想开关时，电路结构如图 3.22b 所示。在模块图标 g 端输入驱动脉冲的顺序为 Q_{1a}、Q_{2a}、Q_{3a}、Q_{4a}、Q_{1b}、Q_{2b}、Q_{3b}、Q_{4b}、Q_{1c}、Q_{2c}、Q_{3c}、Q_{4c}。但对于采用理想开关时的三电平电路，脉冲 Q_1 驱动开关 SW_1，脉冲 Q_4 驱动开关 SW_2，脉冲 Q_2 和 Q_3 经过“与门”驱动开关 SW_3。

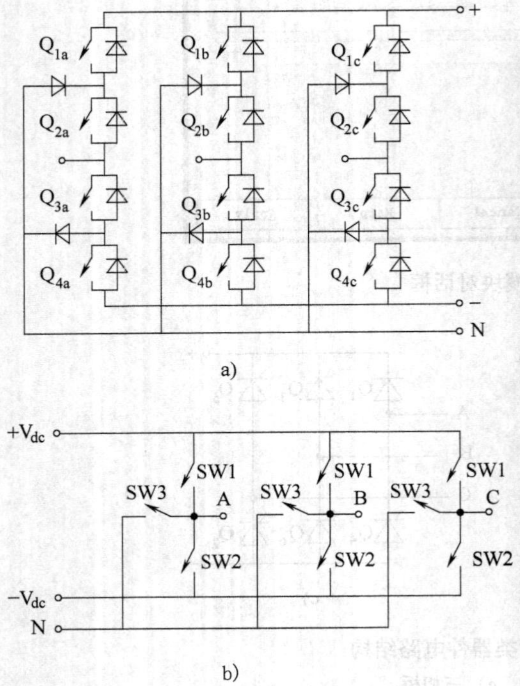

图 3.22　三电平变流器
a）可关断器件电路　b）可控开关电路

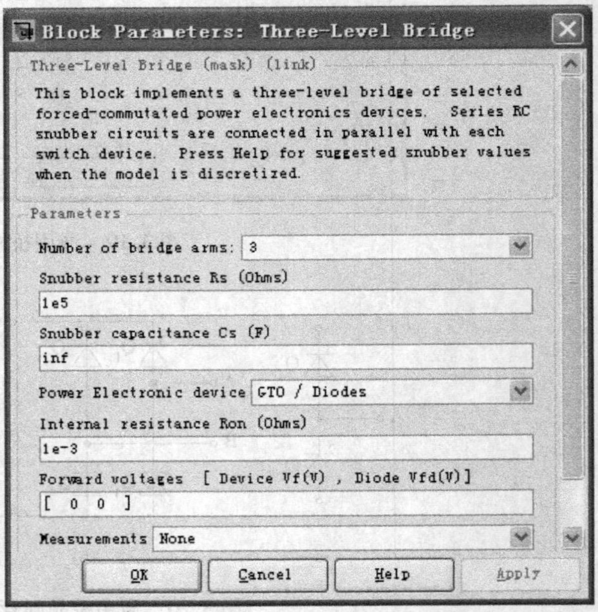

图 3.23　三电平变流器对话框

3.3　驱动模块

电力电子器件工作时都需要有正确的门极控制信号，产生控制信号的驱动电路是电力电子电路必有的组成部分，且晶闸管和其他自关断电力电子器件的驱动要求不同。因此 MATLAB 的电力系统模型库提供了两种驱动模块，一种是针对晶闸管电路的，另一种是适用于自关断器件电路的。MATLAB 电力电子器件模型的驱动要求与实际物理器件的驱动要求不同，实际物理器件的驱动要求信号有一定的强度，即要有一定的电压和电流，而模型的驱动仅仅是在于门极信号的有无，因此 MATLAB 驱动模块是原理性的宏模型。

3.3.1　同步六脉冲发生器

同步六脉冲发生器（Synchronized 6-Pulse Generator）用于产生三相桥式整流电路晶闸管的触发脉冲，在一周期内产生六个触发信号，触发信号之间的间隔是 60°。

六脉冲发生器模块有五个输入端，一个输出端，如图 3.24 所示。输入端 alpha-deg 用于输入移相控制角的大小，控制角的单位是“°”。控制角既可以是固定值，也可以是变化值。固定的控制角可以用常数模块来设定，变化的控制角一般由控制电路产生。

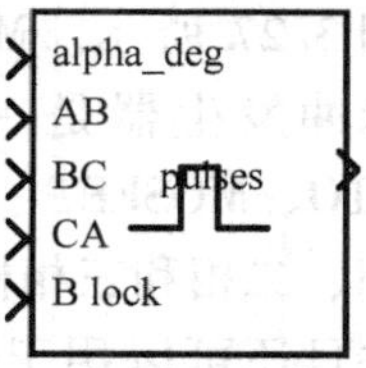

图 3.24　六脉冲发生器图标

输入端 AB、BC、CA 用于接入同步信号。同步的作用是使触发器产生的触发信号与整流主电路晶闸管需要被触发的时刻相一致，并且要保证三相桥六个晶闸管按规定的顺序依次触发，因此同步信号要与晶闸管主电路的三相电源保持一定的相位关系，这一般用同步变压器来调整。六脉冲发生器产生的六相触发脉冲与输入同步电压的相位关系如图 3.25 所示。图中上方是三相同步信号 u_{AB}、u_{BC}、u_{CA}，下面依次是 VT_1 ~ VT_6 六个晶闸管的触发脉冲（图示为双脉冲触发），相邻两个晶闸管的触发相隔 60°。

三相桥式整流电路有两种触发方式，即宽脉冲触发和双脉冲触发，可以在对话框中选择采用哪种触发方式。双击三相桥模块，弹出对话框（见图 3.26），在对话框中选中 Double pulsing，则为双脉冲触发，否则为宽脉冲触发方式。同时在对话框中还可以设定脉冲的宽度和重复频率。宽脉冲触发时，脉冲宽度要大于 60°，重复频率应与整流器电源频率相同。图 3.25 采用的是双脉冲触发方式，即在下一个晶闸管触发的同时给前一个晶闸管补一个脉冲，以保证在电流断续时，整流器上下桥臂都各有一个晶闸管同时导通。

模块的第 5 个输入端 Block 用于控制触发脉冲的输出，该端置“0”，则有脉冲输出；置“1”，则没有脉冲输出，整流器也不会工作。该端可以用作过电流保护和直流可逆系统中整流器的工作状态选择。

六个晶闸管触发脉冲信号由模块的输出端 pulses 输出，使用时只要将该输出端与三相桥式整流电路模块（见图 3.16a）的脉冲输入端 pulses 连接即可，对通用桥模块（见图 3.18）则与脉冲输入端 g 连接。

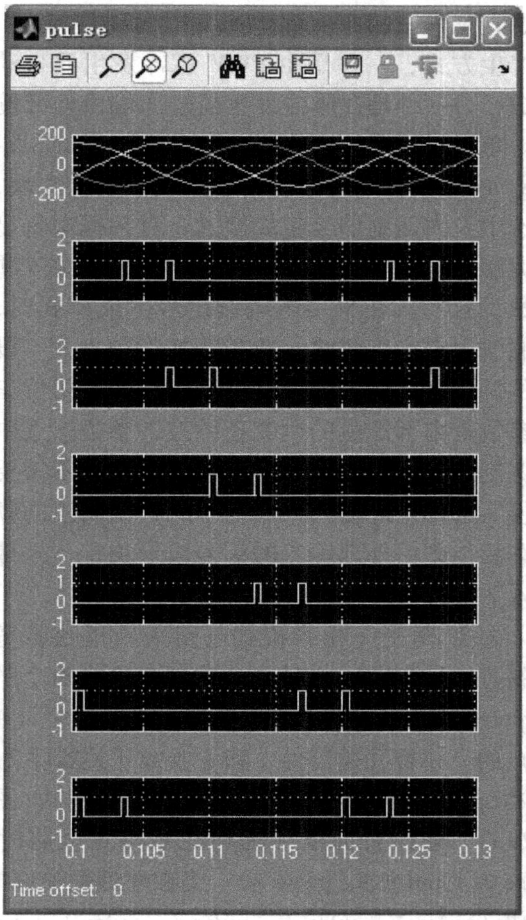

图 3.25　同步电压与触发脉冲相位关系

3.3.2　PWM 脉冲发生器

PWM 脉宽调制方式在逆变器控制中使用很普遍，并且现在在整流电路中也开始应用。PWM 脉冲发生器（PWM Generator）的图标如图 3.27 所示。MATLAB 模型库提供的 PWM 脉冲发生器是一个多功能模块，它可以为 GTO、MOSFET、IGBT 等自关断器件组成的一相、二相和三相桥式变流电路提供驱动信号，并且还可以用于双三相桥式电路（12 脉冲）的驱动，这些可以在模块对话框中模式（Generator Mode）一栏选择，如图 3.28 所示。

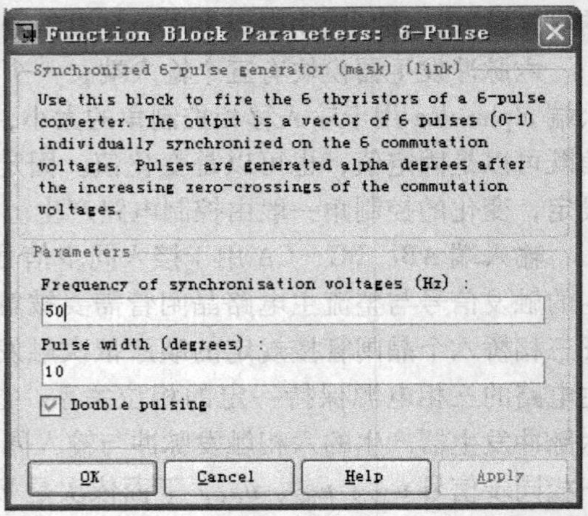

图 3.26　六脉冲发生器对话框

PWM 脉冲发生器脉宽调制的原理是以三角波（载波）与调制波进行比较，在三角波与调制波的相交处产生脉冲的前后沿，如图 3.29 所示。三角波的频率可以在对话框中设置，且三角波的幅值固定为 ±1。调制波有两种产生方式，一种是由 PWM 脉冲发生器自动生成，另一种是在脉冲发生器输入端由外部输入。单击对话框的 Internal generation of modulating signal（s）（内调制信号生成）前的方块，则选中了内调制信号生成模式，对话框中将显示调制度、输出电压频率和输出电压相位三项参数设置栏。在采用内调制信号生成模式时，调制波固定为正弦波，即 SPWM 调制方式，设置的调制度、输出电压频率和输出电压相位三项参数是内部产生的调制正弦波的参数。选中内调制信号生成方式后，模块的输入端不需要连接。选择外部输入调制信号时，调制波的频率和相位则由外部输入的信号波形决定，外部输入的信号波形幅值在 ±1 之间。

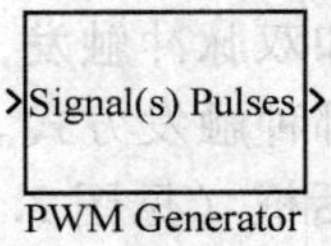

图 3.27　PWM 脉冲发生器图标

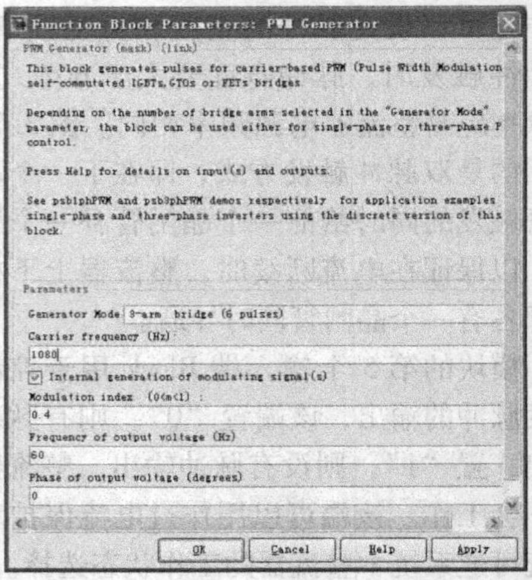

图 3.28　PWM 脉冲发生器对话框

图 3.29 是一相半桥式电路采用正弦脉宽调制时的示意图。这时脉冲发生器输出两个脉冲 pulse 1 和 pulse 2，分别对应驱动一相桥（A 相）的上桥臂开关器件 1 和下桥臂开关器件 2，脉冲 pulse 1 和 pulse 2 是互补的（见图 3.29b）。当在对话框中选择二相桥式电路时，脉冲发生器依次输出四个脉冲（pulse 1、pulse 2 、pulse 3、pulse 4）。当在对话框中选择三相桥式电路时，脉冲发生器依次输出六个脉冲（pulse 1、pulse 2 、pulse 3、pulse 4 、pulse 5、pulse 6），脉冲 pulse 1 和 pulse 2 用于驱动 A 相桥臂的两个开关器件，pulse 3 和 pulse 4 用于驱动 B 相桥臂的两个开关器件，pulse 5

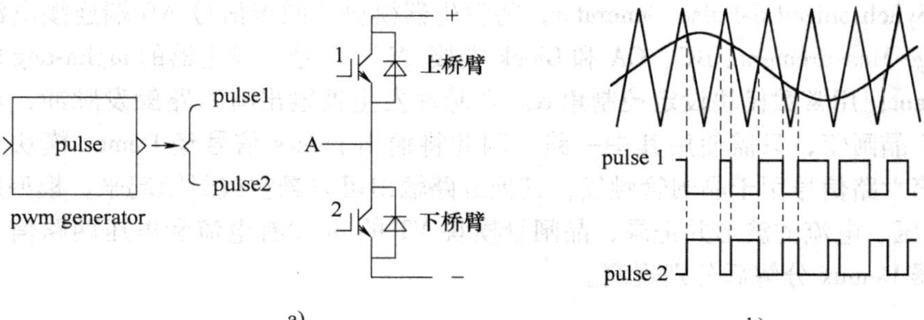

a)　　b)

图3.29　一相桥臂与驱动脉冲
a）一相桥臂　b）驱动脉冲

和 pulse 6 用于驱动 C 相桥臂的两个开关器件，且单数脉冲驱动上桥臂开关器件，双数脉冲驱动下桥臂开关器件，参见图3.21。在使用时只需要将脉冲发生器的 pulse 输出端与通用桥模块输入端 g 相连接即可。

3.4　晶闸管整流电路仿真

整流电路的作用是将交流电变换为直流电，这是电气仪器和设备中最常见的电路。一个整流电路包括电源、整流器、触发器和负载，在仿真时电源必须采用 SimPower Systems/Electrical Sources模型库的电源模块，Electrical Sources 模型库提供了多种直流和交流电源，其中交流电源又有单相和三相可供选择。整流器也有单相和多相电路之分，除单相半波和三相半波电路需要用单个晶闸管模块搭建外，桥式整流电路仿真使用通用桥式模块是最方便的。触发器是整流器工作的必备控制单元，模型库提供了一个同步六脉冲发生器，适用于三相桥式整流电路的驱动触发，但是经处理也可用于其他电路的驱动。下面以一个半波整流电路仿真实例介绍模块的基本使用方法，以单相桥式整流电路和三相桥式整流电路仿真实例介绍系统的建模方法并对仿真结果进行分析。

3.4.1　单相半波整流电路仿真

1. 建立模型

晶闸管单相半波整流电路原理图如图3.30所示，在 SimPower System 模型库中提取交流电源（us）、晶闸管 VT 和 RLC 负载模块 Series RLC Branch 到 Simulink 仿真平台上，并连接组成整流主电路（见图3.31），模块的提取路径见表3.9。整流电路的电压和电流检测要使用电压检测模块 Voltage Measurement 和电流检测模块 Current Measurement，模型中用 Voltage Measurement 模块检测交流电源电压，用 Voltage Measurement1 检测直流侧电压，用 Current Measurement 模块检测直流侧电流，用平均值模块 Mean Value 计算电压和电流的平均值。因为模型库中没有单相电路专用的触发器，模型中晶闸管触发使用了三相整

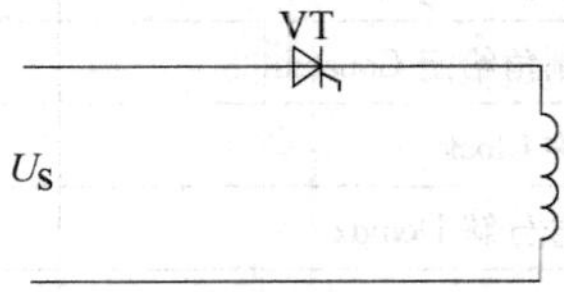

图3.30　单相半波整流原理图

流触发模块 Synchronized 6-Pulse Generator，将发生器模块的同步信号 AB 端连接电源电压测量模块 Voltage Measurement，BC、CA 和 Block 端接“0”信号，发生器的 alpha-deg 端连接常数模块 Constant，用常数模块设定控制角 α。六脉冲发生器输出有六路触发脉冲，单相半波整流只有一个晶闸管，只需使用其中一路，因此将输出 pulses 信号经 Demux 模块分解，然后选择其中第六路信号用于晶闸管触发，其他五路输出可以悬空或封闭起来。模型用示波器 Scope 观察电压、电流的波形并记录，晶闸管模块 VT 的 m 端有电流和电压两路信号，需要用信号分解器 Demux 分解后分别观测。

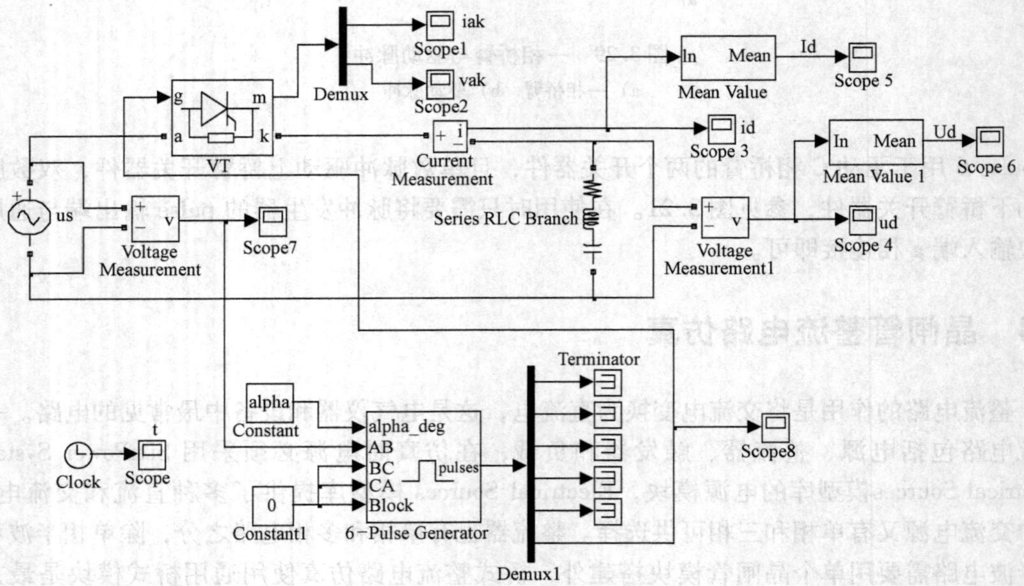

图 3. 31　单相半波整流电路模型

表 3. 9　单相半波整流电路模型使用模块路径

模　块　名	提 取 路 径
交流电压源 us	SimPower Systems/ Electrical Sources/AC Voltage Source
晶闸管 VT	SimPower Systems/ Power Electronics/Detailed Thyristor
触发器 6-Pulse Generator	SimPower Systems /Extra Library/Control/Synchronized 6-Pulse Generator
示波器 Scope	Simulink/Sink/Scope
控制角给定 Constant	Simulink/Commonly Used Block /Constant
时钟 Clock	Simulink/Sources/Clock
信号分解 Demux	Simulink/Signals Routing /Demux
负载 Series RLC Branch	SimPower Systems/Elements/Series RLC Branch
电流检测 Current Measurement	SimPower Systems /Measurements/Current Measurement
电压检测 Voltage Measurement	SimPower Systems /Measurements/Voltage Measurement
平均值计算 Mean Value	SimPower Systems/Extra Library/Mean Value

2. 模型仿真

(1) 模块参数

晶闸管模块使用模块蕴含的参数，Series RLC Branch 模块可以根据需要选择电阻或阻感等组合，电源、触发器和负载参数见表 3.10。

表 3.10　单相半波整流模块参数

模 块 名	主要参数名	设置参数值
交流电压源 us	Peak amplitude (V)	220 * sqrt (2)
	Frequency (Hz)	50
触发器 6-Pulse Generator	Frequency (Hz)	50
	Amplitude	1
	Pulse width (degrees)	1
	Double Pulsing	未选
负载 Series RLC Branch	电阻负载	R = 2Ω
	电感负载	L = 10mH
平均值计算 Mean value	Averaging period (s)	0.02
控制角给定 Constant	0 ~ 180°	

(2) 仿真参数

仿真时间：0 ~ 0.2s，仿真算法：ode45。

3. 仿真和分析

【例 3.1】　用图 3.31 模型观察单相半波整流电路在电阻和纯电感负载时的工作情况。

(1) 电阻负载

在图 3.31 模型上打开负载模块 Series RLC Branch 对话框，在 Branck type 栏中选择，并设 R = 2Ω，在 Constant 模块中设定 alpha = 60°，启动仿真，仿真结果如图 3.32 所示，图中波形用 plot ( ) 命令绘制，命令如下：

```
>>Plot (t, us, t, ud, t, id, t, Ud)      %电阻电压、电流和电压平均值波形
>>Plot (t, pulse)                         %触发脉冲波形
>>Plot (t, vak, t, iak)                   %晶闸管电压电流波形
```

图 3.32a 为整流器输出电压 ud，电流 id 和整流电压平均值 ud 的波形，在电源的正半周时 (0 ~ 0.01s)，触发器发出第一个脉冲使晶闸管导通，如图 3.32b 所示，负载电压 ud = us，电流 id = us/R；在 0.01s 时，电源电压 us = 0，电流 id = 0，晶闸管关断。在触发器产生第二个脉冲时，电压 us 在负半周 (0.01 ~ 0.02s)，晶闸管受反向电压不能导通。电源电压的第二、三周期，晶闸管工作情况与第一周期相同。图 3.32c 是晶闸管两端电压 vak 和电流 iak 的波形，在晶闸管导通区间电压近似为零，晶闸管关断时所承受的电压为交流电源电压。从波形可见晶闸管承受的最大反向电压为电源电压的峰值，即$\sqrt{2}\times 220V = 311V$，因为晶闸

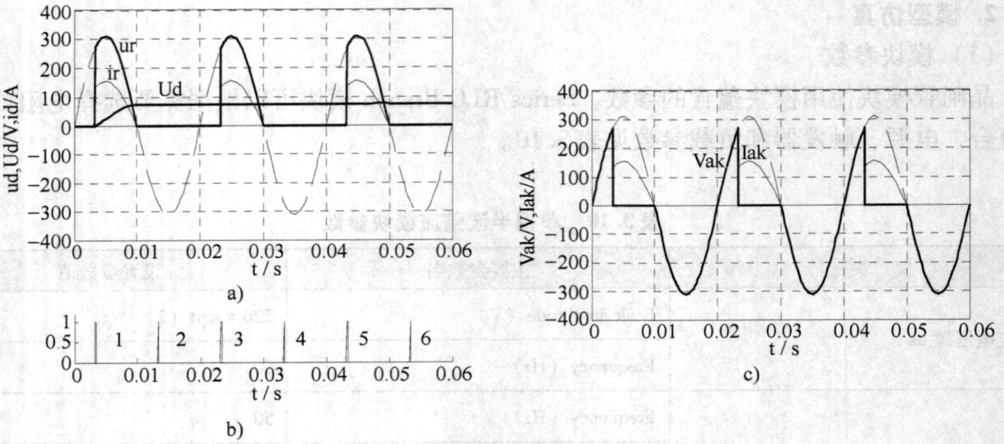

图 3.32　α = 60°电阻负载的波形

a）负载电压电流波形　b）控制角 α = 60°　c）晶闸管电压，电流波形

管与负载串联，所以通过晶闸管的电流与负载电流相同。图 3.33 是 α 分别为 0°、90°、120°的工作情况，比较这些电压波形可以看到，随控制角增加，整流器输出电压减小，晶闸管控制角的移相范围为 0 ~ 180°。整流电压仿真值与计算值的比较见表 3.11，可以看出仿真与计算结果相符，通过仿真可以采用波形方式观察整流电路各部分的工作情况，这对电路的设计和分析都是很有用的。

（2）电感负载

将 Series RLC Branch 模块参数设为 L = 10mH，重新启动仿真可得单相半波整流器在电感负载时的工作波形，如图 3.34 所示，与图 3.33 电阻负载波形相比，电感两端电压 ud 的波形出现“ + ”和“ - ”，在纯电感时 ud 波形的正负半周面积相同，即 ud 的平均值为零，为了使纯电感负载时电压不为零，一般需要在负载两端并联续流二极管。随控制角增加，晶闸管的导通时间减小，电流 id 减小。在 ud 波形的正半周，电压和电流的方向相同，电感储存电能；在电压波形的负半周，电压和电流的方向相反，电感释放储能。在一个周期中电感释放和储存的能量相同，单相半波整流电路电感负载控制角的移相范围为 0 ~ 180°。

3.4.2　单相桥式整流电路仿真

1. 单相桥式整流电路模型

单相桥式整流电路模型可以用四个晶闸管模块连接组成，也可以使用通用桥模块（Universal Bridge），当然使用 Universal Bridge 最方便。图 3.35 是采用通用桥模块构建的单相桥式整流电路模型，在 Universal Bridge 设置（见图 3.19）中选择相数为 2，电力电子器件为 thyristor。Universal Bridge 的交流侧 A、B 端连接电源模块 us，直流侧连接负载模块 Series RLC Branch。整流电路触发也使用三相同步六脉冲发生器（Synchronized 6-Pulse Generator），发生器同步信号端连接和控制角设定与单相半波电路模型（见图 3.31）相同，对于输出端，单相桥式整流需使用其中两路，选择第 3、6 路信号重新组合，然后经 Mux 模块综合后作为整流模块的触发信号。用示波器观察整流器的输出电压、电流波形。模型中主要模块的提取路径见表 3.12。

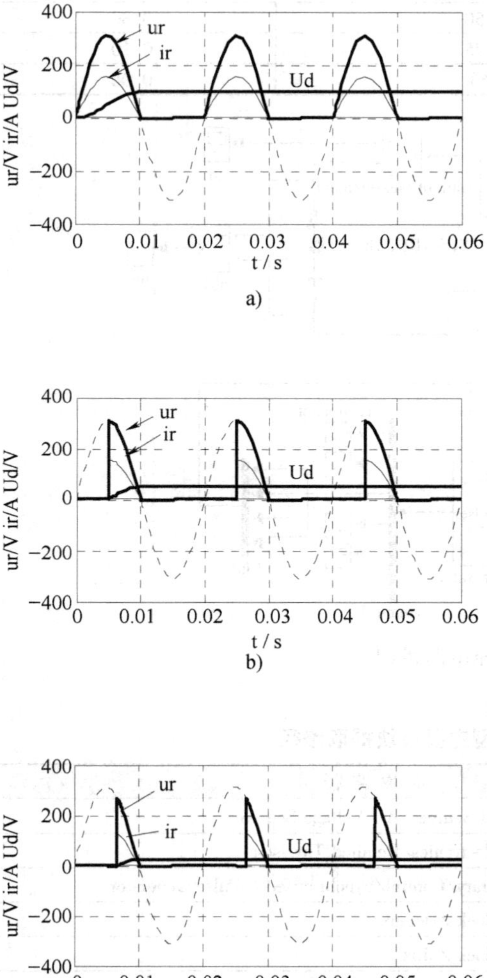

图 3.33　不同控制角时整流电压和电流波形（电阻负载）

a）$\alpha=0°$　b）$\alpha=90°$　c）$\alpha=120°$

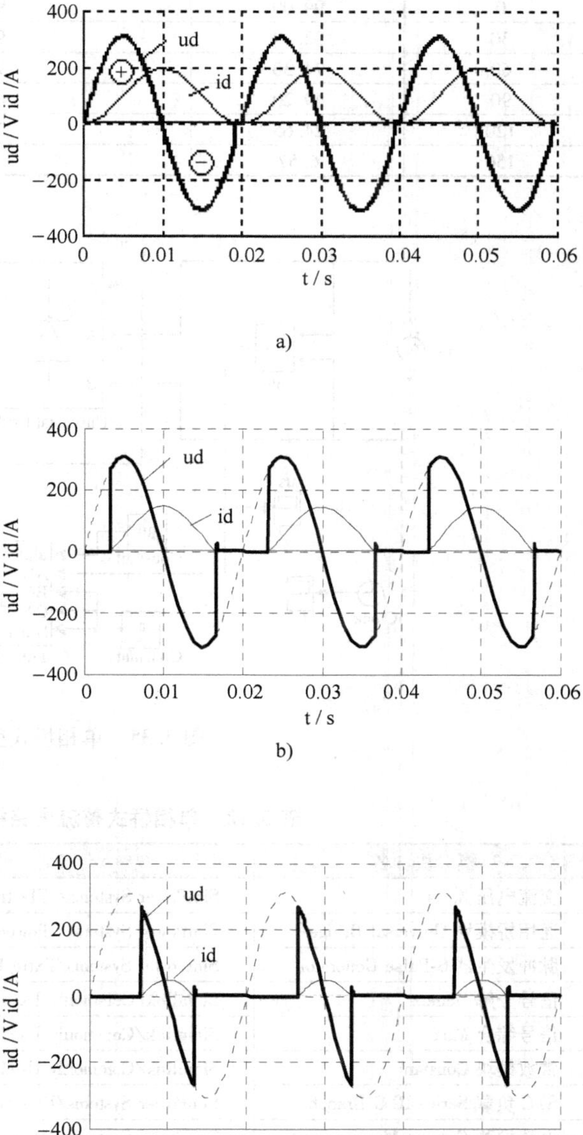

图 3.34　不同控制角时电压和电流波形（电感负载）

a）$\alpha=0°$　b）$\alpha=60°$　c）$\alpha=120°$

表 3.11　整流电压仿真值与计算值的比较

控制角 $\alpha/(°)$	整流输出电压平均值 U_d/V	计算值 $U_d = 0.45U_2 \frac{1+\cos\alpha}{2}$ （$U_2 = 220V$）	误　差
0	99.00	99.00	0
30	92.49	92.37	0.12
60	74.30	74.25	0.05
90	49.20	49.50	0.30
120	24.65	24.75	0.10
150	6.57	6.63	0.06

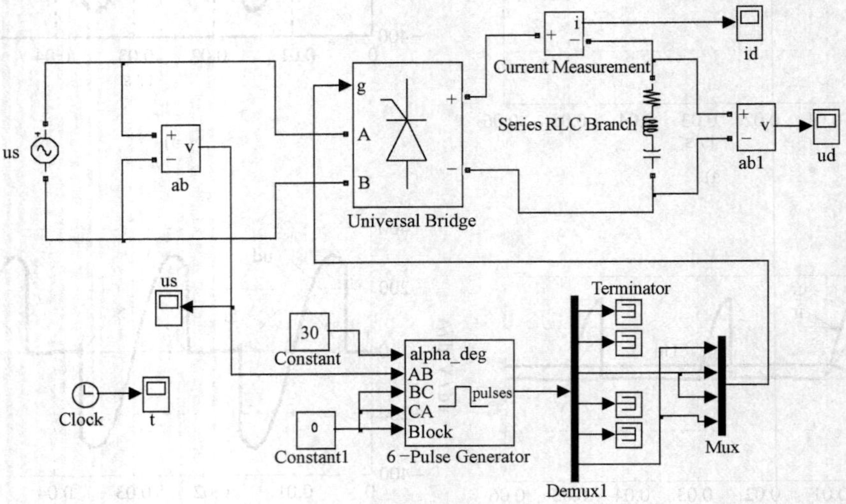

图 3.35　单相桥式整流电路模型

表 3.12　单相桥式整流电路模型主要模块提取路径

模 块 名	提 取 路 径
交流电压源 us	SimPower Systems/ Electrical Sources/AC Voltage Source
通用桥模块 Universal Bridge	SimPower Systems/ Power Electronics/Detailed Thyristor
脉冲发生器 6-Pulse Generator	SimPower Systems/Extra Library/Control/Synchronized 6-Pulse Generator
信号分解 Demux	Simulink/Commonly Used Block /Demux
信号综合 Mux	Simulink/Commonly Used Block /Mux
常数模块 Constant	Simulink/Commonly Used Block /Constant
RLC 负载 Series RLC Branch	SimPower Systems/Elements/Series RLC Branch
电流检测 Current Measurement	SimPower Systems /Measurements/Current Measurement
电压检测 Voltage Measurement	SimPower Systems /Measurements/Voltage Measurement

2. 模型仿真

【例 3.2】　观察单相桥式整流电路，电源电压 us = 220V，频率为 50Hz，负载分别为电阻负载（电阻 R = 2Ω），阻感负载（电阻和电感串联，R = 0.5Ω，L = 10mH），电容负载（电容 C = 5μF），控制角分别为 60°和 90°时整流器输出电压和电流波形。

按题目要求，分别在模型中的电源、负载和控制角模块中输入参数，仿真算法取 ode45。

电阻负载 R = 2Ω 时，整流器输出电压、电流波形如图 3.36 所示，从波形可以看出，单相桥式整流电路在电源一周期中电压、电流比半波电路多了一个波头，因此整流电压和电流都增加一倍。

阻感负载时，整流器输出电压和电流波形如图 3.37 所示，电压有负值，并且在 $\alpha=90°$ 时正负半周面积相同，ud = 0，控制角移相范围为 0 ~ 90°。阻感负载时整流器输出电流波形连续，在起动时因为电感开始储能，所以电流有上升过程。在 $\alpha=90°$、ud = 0 时实际还有电流，不过电流比较小。

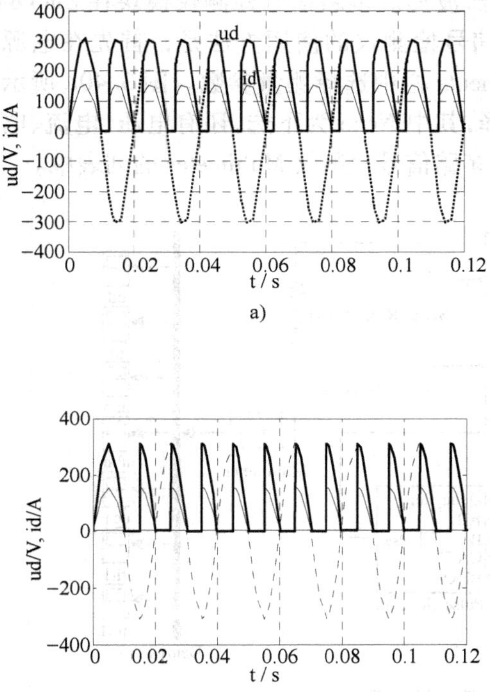

图 3.36　单相桥式整流电路电阻负载时电压、电流波形

a) $\alpha=60°$　b) $\alpha=90°$

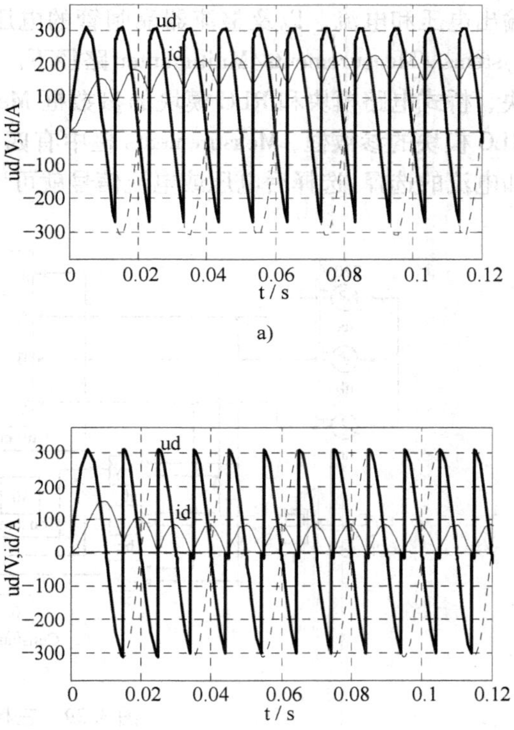

图 3.37　单相桥式整流电路阻感负载时电压、电流波形

a) $\alpha=60°$　b) $\alpha=90°$

电容负载时，整流器输出电压和电流波形如图 3.38 所示，起动时电容迅速充电到电源电压峰值 310V，在 0 ~ 0.075s 之间，因为电容电压高于晶闸管触发时（$\alpha=60°$）的电源电压，晶闸管虽有触发但不能导通，因此 id 为零；0.075s 时因为电容电压 ud 下降，电压已低于晶闸管触发时的电源电压，晶闸管导通出现了电流，不过电流很小，为了在图形上显示，将电流放大了 1000 倍。

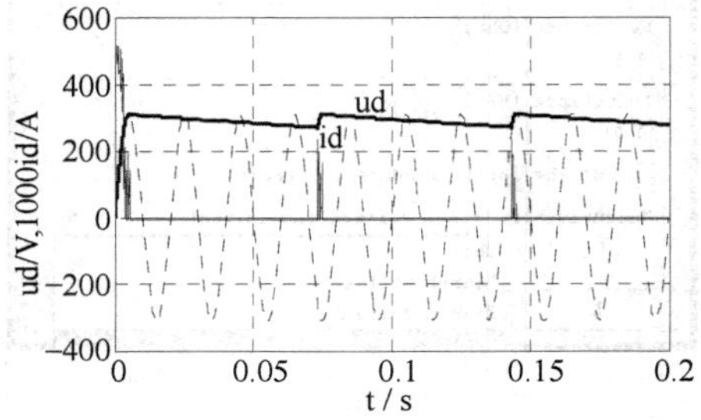

图 3.38　电容负载时电压、电流波形（$C=5\mu F$　$\alpha=60°$）单相桥式整流电路

3.4.3　三相桥式整流电路仿真

三相桥式整流电路模型与单相桥式整流模型基本相同，都使用通用桥式电路模块 Universal Bridge 和六脉冲发生器（Synchronized 6-Pulse Generator），与单相桥式整流电路模型不同之处仅在于电源为三相，Universal Bridge 模块相数设置为 3，构建的模型如图 3.39 所示。模型中为了减少检测电路，采用了多路信号检测仪 Multimeter 来观测三相电源电压、整流器输出电压和电流，以及整流器晶闸管的电压和电流波形。多路信号检测仪模块在 SimPower Systems /Measurements/Muitimenter 路径下。多路信号检测仪的使用方法是，首先在电源模块、桥式电路模块和 RLC 模块的参数框 Measurements 栏中选择测量参数。图 3.40a 所示为 RLC 模块的参数框，Measurements 栏中有四种选择，其中 None 为不选，还有电压、电流、电压和电流的选择，选择后电压或电流信号就可以进入多路信号检测仪 Multimeter 的列表中。

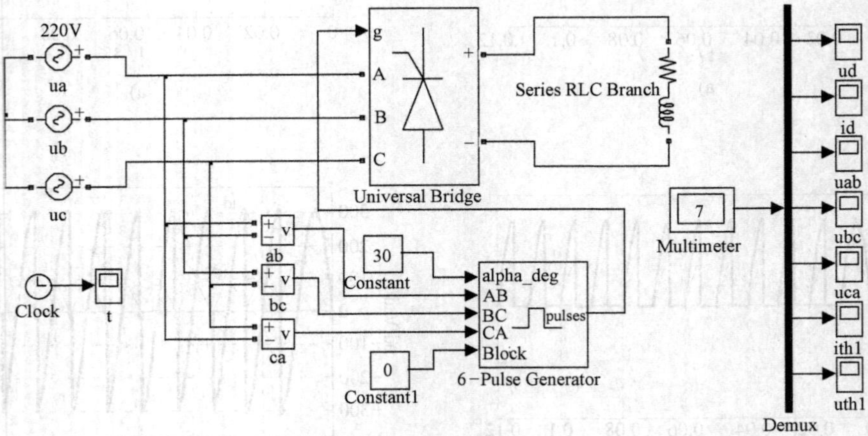

图 3.39　三相桥式整流电路模型

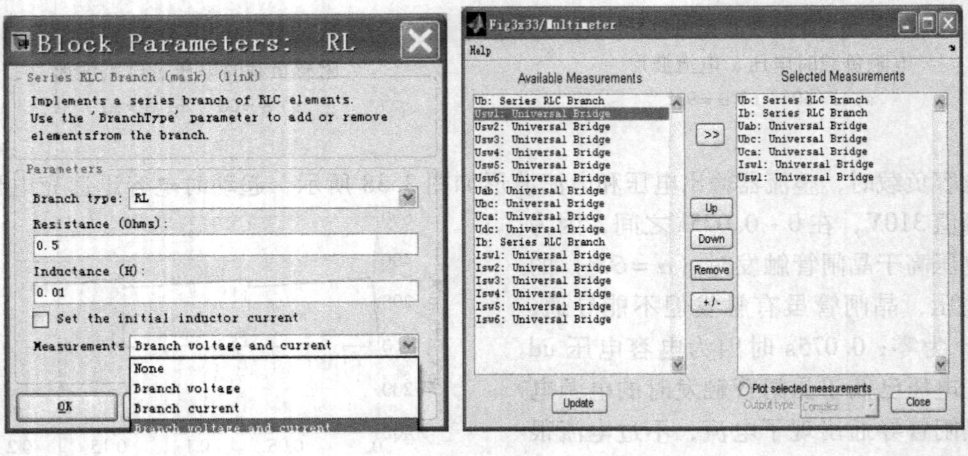

图 3.40　多路信号检测

a）选择测量参数　b）多路信号检测仪对话框

单击 Multimeter 模块弹出的对话框（如图 3.40b 所示），对话框 Available Measurements 栏下是可选择的信号，选择其中一个并单击中间的“>>”，则该信号列入右边 Selected Measurements 表中，Selected Measurements 表中的信号是多路信号检测仪的输出信号，输出信号经 Demux 分解后可以用示波器等仪器观测。如果在右边 Selected Measurements 表中选中一项，单击中间的“Remove”框，则可以卸载该项信号。

【例 3.3】 仿真三相晶闸管整流器，$U_S=220V$，$f_s=50Hz$，$R=2\Omega$，$L=10mH$，$\alpha=30°$。

在三相电源和负载模块中输入参数后，启动仿真得到三相整流器输出电压和电流波形（见图 3.41），电压在电源的一周期内有六个波头，波动较单相整流减小，电流的脉动也很小。图 3.42 是整流器晶闸管的电压和电流波形。通过晶闸管的电流接近矩形波，在电压波形中画出了六相线电压波形（虚线），与晶闸管电压（实线）比较，晶闸管承受的最高电压是线电压峰值，根据晶闸管的电压和电流可以选择晶闸管的型号。

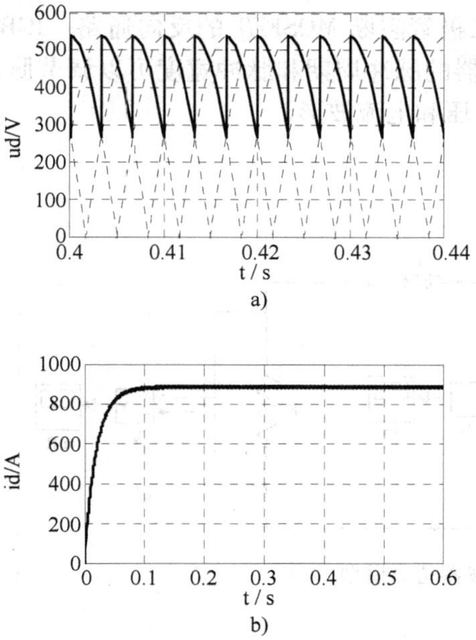

图 3.41 三相整流器电压和电流波形 $\alpha=30°$
a）输出电压 b）输出电流

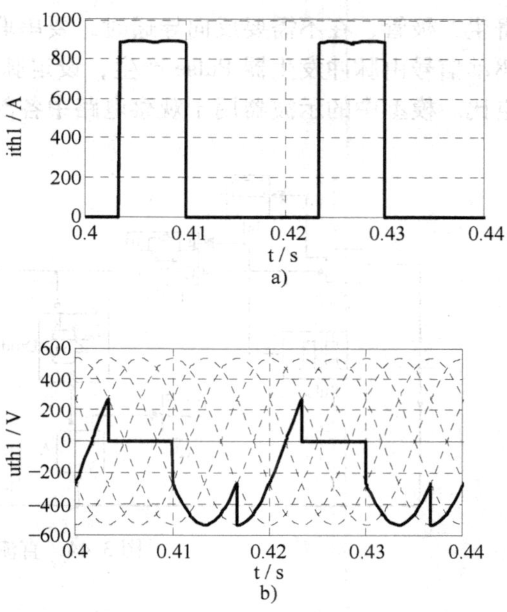

图 3.42 三相整流器晶闸管电压和电流 $\alpha=30°$
a）通过晶闸管的电流 b）晶闸管两端电压

3.5 直流 PWM 斩波器仿真

直流斩波器（DC Chopper）用于调整直流电源电压，它有多种类型，这里主要介绍降压变换器（Buck）、升压变换器（Boost）和升降压变换器（Cuk）的仿真，其他直流变换器的仿真也可以用同样的方法进行。

3.5.1 直流降压斩波器设计

直流降压斩波器（Buck Chopper）用于降低直流电压，使负载侧电压可以在低于电源电压的范围内调节，其原理电路如图 3.43 所示。在开关器件 VT 导通时从电源 E 有电流经电感 L 向负载供电；在 VT 关断时，电感经负载和二极管 VD 释放储能，并维持负载电流。调节开关器件 VT 的通断周期，可以调整负载侧输出电压和电流的大小。负载侧输出电压的平均值为：

$$U_R = \frac{t_{on}}{T}E = \alpha E$$

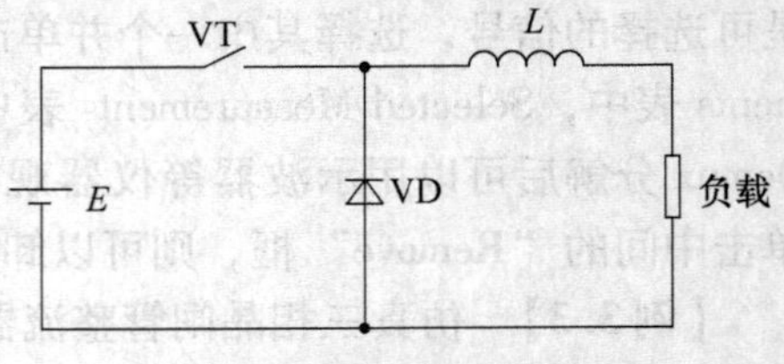

图 3.43 直流降压斩波器原理图

式中，T 为 VT 开关周期；t_{on} 为 VT 导通时间；α 为占空比。

降压斩波器主电路的设计除要选择开关器件和二极管外，还需要确定调制脉冲的频率、占空比和电感 L 等参数，这些都是很复杂的，不仅需要计算，还要通过实验来确定，但是用仿真却很方便。降压斩波器的仿真模型如图 3.44 所示，其中主要模块提取路径见表 3.13。在模型中开关器件采用了 IGBT，也可以用 MOSFET 等，使用 MOSFET 时要注意 MOSFET 的寄生二极管，在不需要反向导通时，要串联一个二极管阻断 MOSFET 的反向通路。IGBT 的驱动信号由脉冲发生器 Pulse 产生，设定脉冲发生器的脉冲周期和脉冲宽度可以调节脉冲占空比。模型中的示波器用于观察电路中各部分的电压和电流波形。

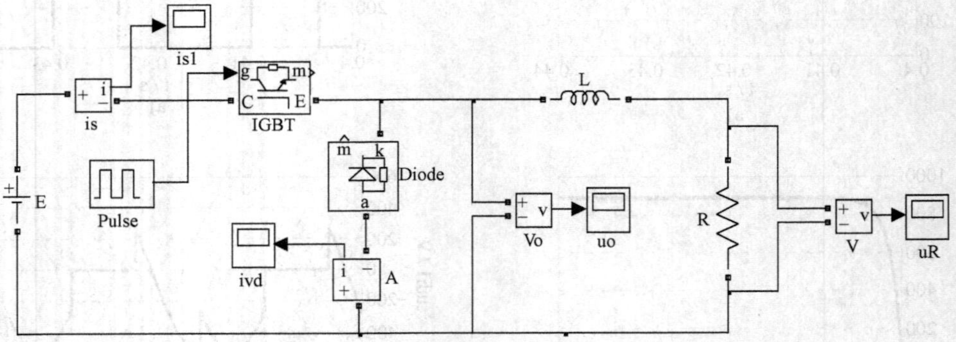

图 3.44 直流降压斩波器仿真模型

表 3.13 直流降压斩波器模块提取路径

模 块 名	提 取 路 径
直流电源 E	SimPower Systems/ Electrical Sources/DC Voltage Source
IGBT 模块	SimPower Systems/ Power Electronics/IGBT
MOSFET 模块	SimPower Systems/ Power Electronics/MOSFET
二极管 Diode	SimPower Systems/ Power Electronics/Diode
电感 L，电阻 R	SimPower Systems/Elements/Series RLC Branch
脉冲发生器 Pulse	Simulink/Sources/Pulse Generator
电流检测	SimPower Systems /Measurements/Current Measurement
电压检测	SimPower Systems /Measurements/Voltage Measurement
示波器	Simulink/Sinks/Scope

【例3.4】　直流斩波器电源电压 E = 200V，L = 10mH，负载电阻 R = 5Ω，要求输出电压在 150 ~ 50V 之间可调，选择降压变换调制脉冲频率并比较输出电压波形。

1）在模块中设置参数，电源 E 电压为 200V，负载电阻 R 为 5Ω，IGBT 和二极管的参数可以保持预设值。设脉冲发生器 Pulse 模块的脉冲幅值 amplitude 为 1，频率为 0.5kHz，脉冲宽度 width 分别取 80%、50%、20%。

2）仿真时间设为 0.05s，算法为 ode15s。

在 width 为 80% 时起动仿真，得到斩波器输出电压波形如图 3.45a 所示，波形中粗实线为输出电压的平均值，Ud = 160V。在 width 为 50% 时斩波器输出电压波形如图 3.45b 所示，Ud = 100V。在 width 为 20% 时斩波器输出电压波形如图 3.45c 所示，Ud = 40V。波形表明，调节脉冲宽度时斩波器输出电压在 150 ~ 40V 之间变化可以满足调压要求，但是输出电压的波动较大。提高脉冲发生器调制频率，使 periode 等于 0.0002s（频率 5kHz），重复上述过程得到斩波器输出电压波形如图 3.46 所示。可以看出，提高调制电压频率后，输出电压波动显著减小。仿真结果表明，在 IGBT 允许开关频率下，提高调制频率不仅可以使斩波器满足调压要求，而且可以使其输出电压波动减小到最小。如果在斩波器输出端并联电容 C（见图 3.47a），则可以在减小电感情况下取得脉动较小的输出电压效果。图 3.47b 是取 C = 100μF，电感 L = 0.1mH，调制频率为 0.5kHz，占空比为 70% 时的输出电压波形。尽管电感减小，可输出电压脉动显著减小，输出电压更平稳，但是电压调节的响应较慢。

从以上举例可以看到，用仿真来设计电力电子电路，修改电路结构和参数很方便，可以更直观地观察设计效果。

3.5.2　直流升压斩波器设计

直流升压斩波器（Boost Chopper）用于需要提升直流电压的场合，其原理电路如图 3.48a 所示。电路中在开关 VT（IGBT）导通时，电流由电源 E 经升压电感 L 和 VT 形成回路，电感 L 的电流增加，电感储能；当 IGBT 关断时，电感产生的反电动势和直流电源电压串联后共同向负载供电，由于在 IGBT 关断时电感的反电动势和直流电源串联且电压方向相同，所以它们互相叠加，使负载侧得到高于电源的电压。二极管的作用是在 IGBT 关断时提供电容的放电回路。直流升压斩波器的输出电压为 $U_0 = \dfrac{1}{1-\alpha}E$，其电感和电容值的选择同样可以通过仿真来确定。

【例3.5】　已知直流电源 24V，要求将电压提升到 100V，且输出电压的脉动控制在 10% 以内，负载的等效电阻为 5Ω。设计一个直流升压斩波器，并选择斩波频率、电感和电容参数。

仿真设计步骤：

1）根据直流升压斩波器原理电路组织斩波器的仿真模型（见图 3.48b）。

2）设置元器件参数。取脉冲发生器脉冲周期为 0.2ms，脉冲占空比：$\alpha = (U_0 - E)/U_0 = (100-24)/100 = 0.76$，取脉冲宽度为 76%，初选 $L = 0.1\text{mH}$，$C = 100\mu\text{F}$。

3）设置仿真参数，设仿真时间为 0.01s，仿真算法为 ode15。

4）启动仿真。

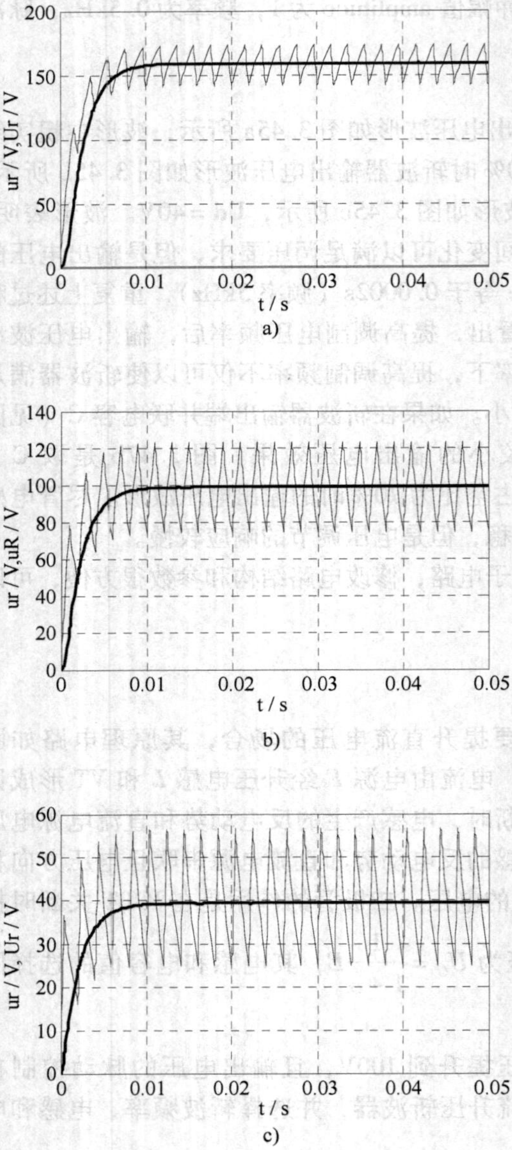

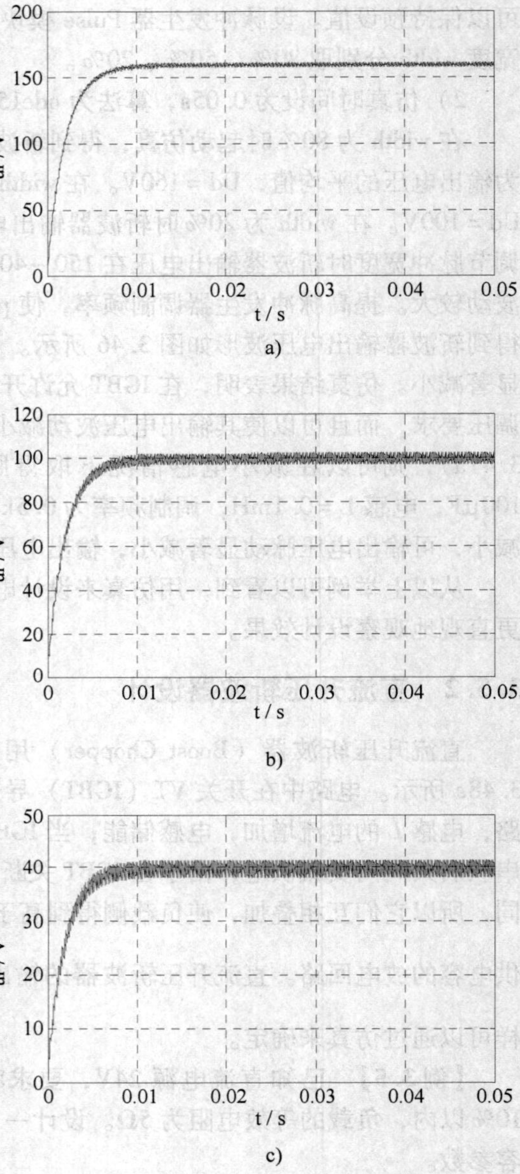

图 3.45　直流降压斩波器输出电压

a）脉冲宽度 80%　b）脉冲宽度 50%

c）脉冲宽度 20%

图 3.46　直流降压斩波器输出电压

a）脉冲宽度 80%　b）脉冲宽度 50%

c）脉冲宽度 20%

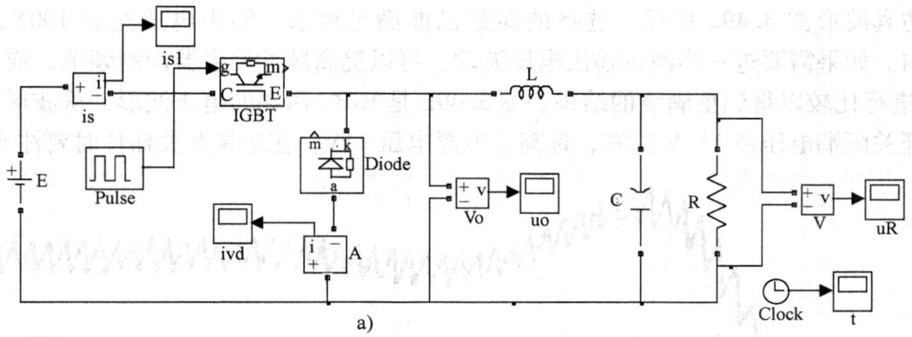

a)

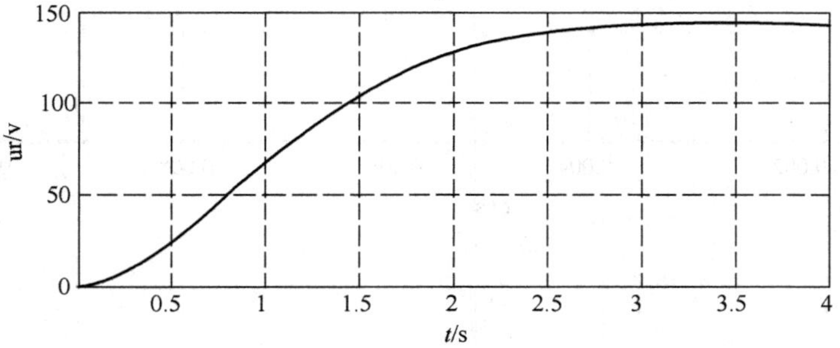

b)

图 3.47　带输出滤波的降压斩波器仿真

a）带电容滤波的降压斩波器模型　b）滤波后降压斩波器输出电压波形

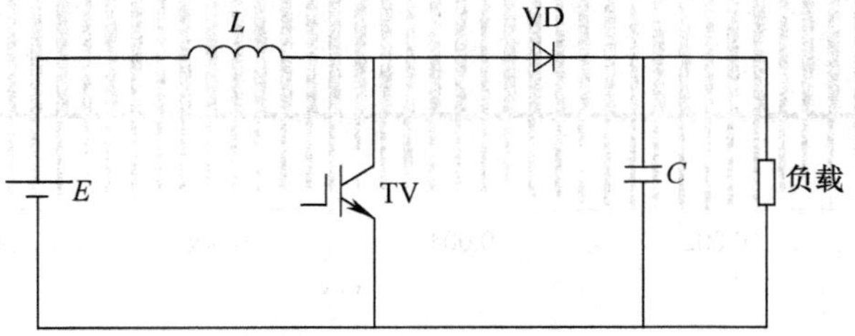

a)

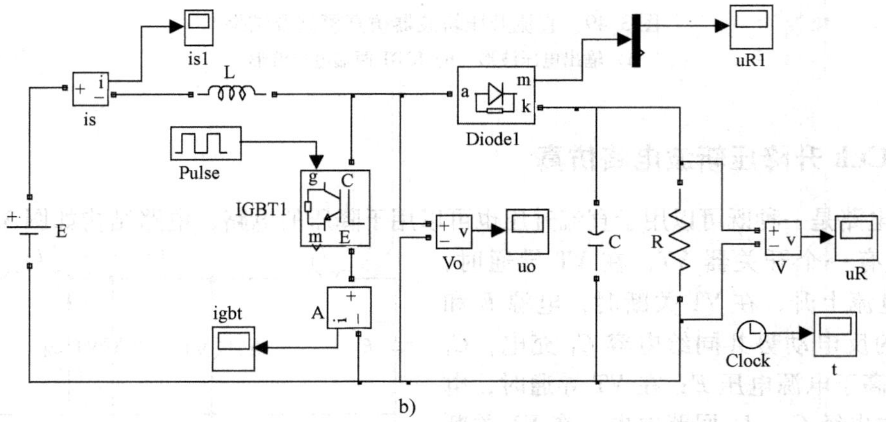

b)

图 3.48　Boost 直流升压斩波器

a）直流升压斩波器电路　b）直流升压斩波器模型

从仿真波形图 3. 49a 可见，选择的参数已能满足要求，输出电压达到 100V，脉动在 10% 以内。如果需要进一步减少输出电压波动，可以提高脉冲发生器调制频率，或选择多组 *LC* 参数进行比较以得到更满意的结果。图 3. 49b 是 IGBT 两端的电压波形，从波形可见升压斩波器开关两端电压在 150V 左右，远高于电源电压 24V，在选择开关器件时要注意。

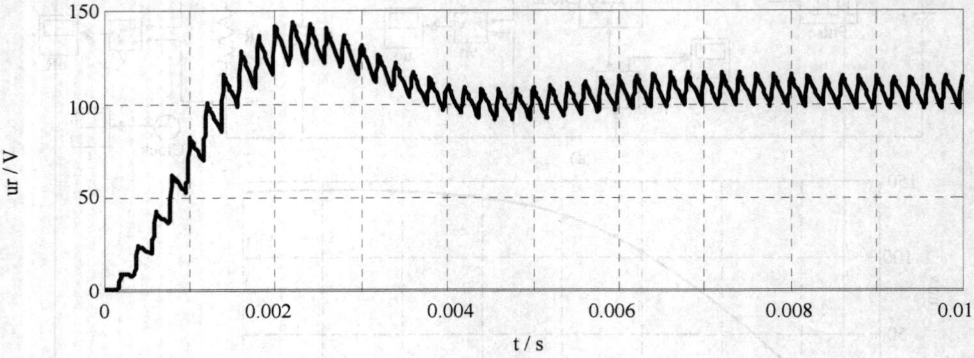

a)

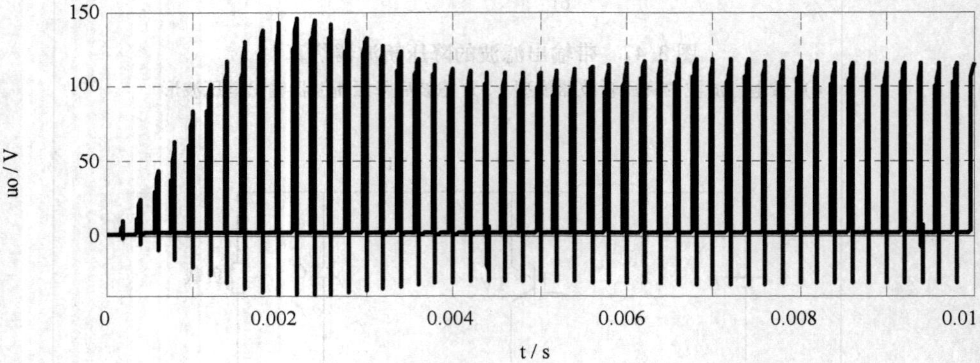

b)

图 3. 49　直流升压斩波器仿真模型及结果

a）输出电压波形　b）IGBT 两端电压波形

3. 5. 3　Cuk 升降压斩波电路仿真

Cuk 电路是一种既可以用于直流升压也可以用于降压的电路，电路结构如图 3. 50 所示。电路中只有一个开关器 VT，在 VT 导通时，电感 L_1 电流上升，在 VT 关断时，电源 E 和电感 L_1 的反电动势共同给电容 C_1 充电，C_1 电压可以高于电源电压 E；在 VT 导通时，电容 C_1 同时也经 C_2、L_2 回路放电，在 VT 关断时，电感 L_2 将经二极管 VD 和 C_2 回路续流，

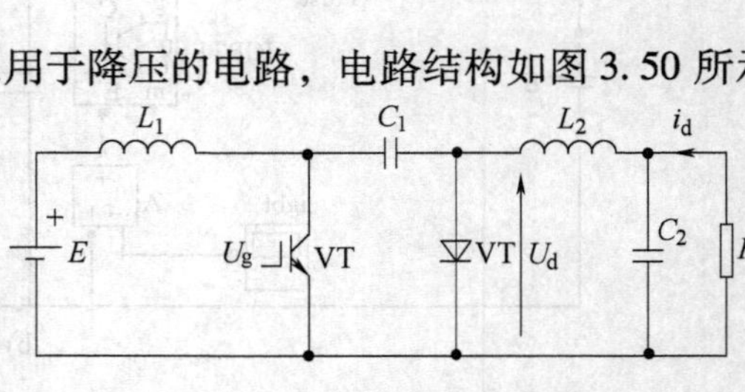

图 3. 50　Cuk 升降压斩波电路

因此电容 C_2 上的电压受开关 VT 驱动脉冲占空比的控制，$U_d = \alpha U_{C1} = \dfrac{\alpha}{1-\alpha}E$。

Cuk 电路的特点是输入和输出侧都串联了电感，电感 L_1 起升压的作用，电感 L_2 和电容 C_2 起滤波作用，减小负载 R 的电压和电流波动。Cuk 升降压斩波电路的仿真模型如图 3.51 所示，模型中开关器件采用了 MOSFET，因为 MOSFET 内部有一个寄生二极管，因此串联了一个二极管 Diode1 以阻断寄生二极管的通路，模块提取路径同例 3.4。

【例 3.6】　直流电源 24V，采用 Cuk 电路使负载电压在 50 ~ 10V 间调节。模型主要参数为：E = 24V，R = 5Ω。取脉冲发生器脉冲周期为 0.1ms，仿真算法为 ode15，分析电感参数对输出电压的影响。

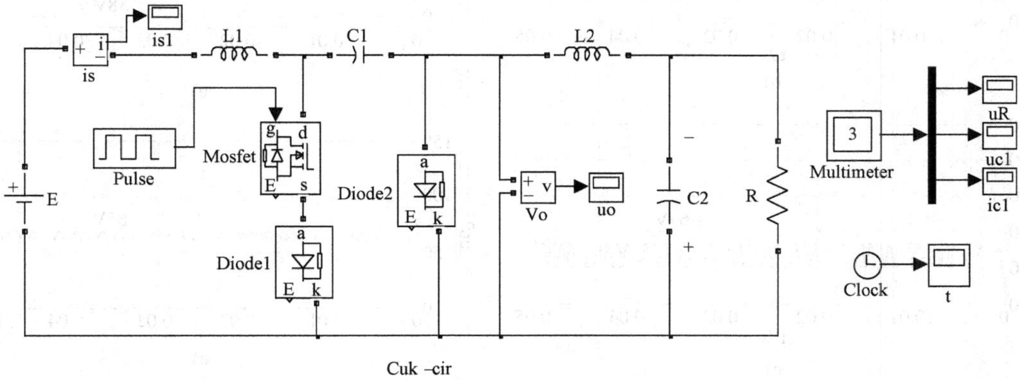

图 3.51　Cuk 升降压斩波电路模型

（1）设定 L1 = 0.1mH，L2 = 1mH，C1 = 1μF，C2 = 200μF

图 3.52 是调制脉冲宽度分别为 10%、50%、90% 时的输出电压波形，随调制脉冲宽度增加，输出电压（平均值）分别为 10.5V、42.5V、67V。输出电压随脉冲宽度变化，表明 Cuk 斩波电路既可降压也可以升压，输出电压越高脉动也越大，但是起动时的电压冲击越小。

（2）保持 L2 = 1mH，C1 = 1μF，C2 = 200μF，频率为 10kHz，脉冲调制宽度为 90% 不变

1）L1 = 0.01mH 时输出电压波形如图 3.53a 所示，输出电压较 L1 = 0.1mH 时降低，脉动增加，但是起动时的冲击明显减小。

2）L1 = 1mH 时输出电压波形如图 3.53b 所示，起动时的冲击增加很显著，峰值可能达到万伏，这是需要注意的。

（3）取 L1 = 0.1mH，C1 = 1μF，C2 = 200μF，频率为 10kHz，脉冲调制宽度为 90% 不变 L2 = 5mH 时输出电压波形如图 3.53c 所示，表明适当提高 L_2 可以降低起动冲击并减小电压脉动。

用相同方法可以仿真电容参数对 Cuk 斩波电路的影响，并为电路选择最佳的参数。

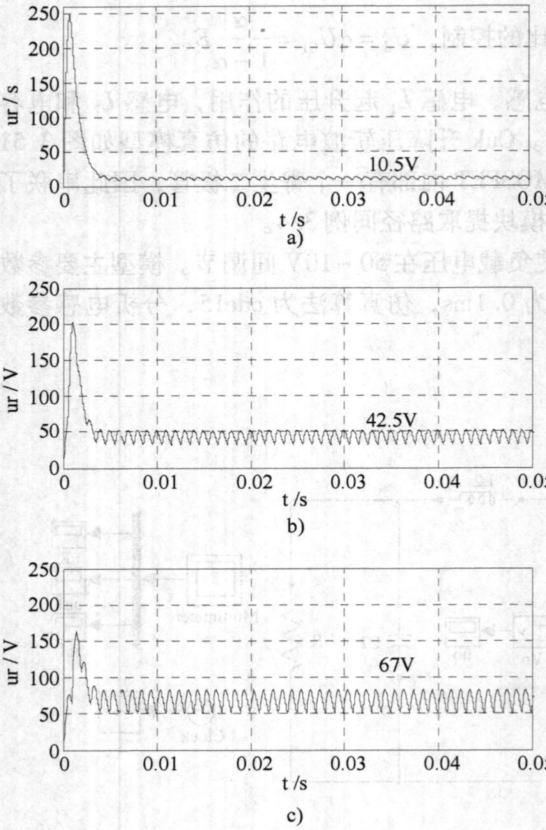

图 3.52　Cuk 斩波电路波形一

a）脉冲调制宽度为 10%　b）脉冲调制宽度为 50%　c）脉冲调制宽度为 90%

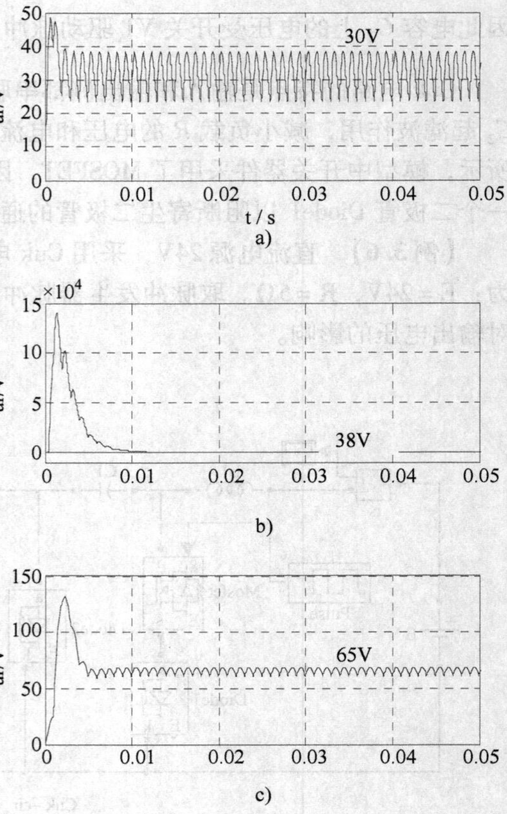

图 3.53　Cuk 斩波电路波形二

a）L1 = 0.01mH，L2 = 1mH　b）L1 = 1mH，L2 = 1mH　c）L1 = 0.1mH，L2 = 5mH

本章小结

本章介绍了 Simulink 模型库的主要电力电子模块，并以整流和斩波电路为例介绍了电力电子模块的应用，有关逆变电路的仿真将在后面介绍。由于电力电子模块是开关模型与使用传递函数模型的一阶惯性环节相比，变流电路模型仿真效果与实际工作情况更相近，仿真结果可以作为电力电子系统设计的依据。驱动是电力电子电路不可缺少的组成部分，仿真整流电路时，要注意驱动脉冲与交流电源的同步。仿真在计算机上模拟了物理电路和系统，通过波形分析了解了电路工作情况，为学习和设计创造了良好条件。建立仿真模型时，要清楚仿真的对象和仿真的目的，对电路、结构和工作原理有一定了解，并使用适当的模块建立正确的仿真模型，对仿真的结果需要进行分析和判读，以检查建立的模型是否正确。电路参数对设计的效果影响很大，仿真提供了参数选择的一种有效、便捷的方法。

习　题

1. 仿真如图 3.54 所示带续流二极管的的单相半波整流电路电感负载时的工作情况，设 $U_{AC}=220\text{V}$，L

=20mH，α 分别为 0°、45°、120°，并将仿真结果与无续流二极管时进行比较，观察电感的电压和电流波形有什么不同，为什么？

2. 仿真图 3.35 所示单相桥式整流电路、us=380V。

（1）电阻负载 $R=2\Omega$，α 分别为 0°、60°时的整流器输出电压和电流波形。

（2）电感负载 $R=2\Omega$，$L=10\text{mH}$，$\alpha=60°$时的整流器输出电压和电流波形，并分别观察电阻、电感的电压波形。

3. 仿真如图 3.55 所示二极管整流电路电容负载的工作状态，$u_s=36\text{V}$，$C=500\mu\text{F}$，$R=0.5\Omega$，观察电容充电和稳定状态的电压、电流波形。

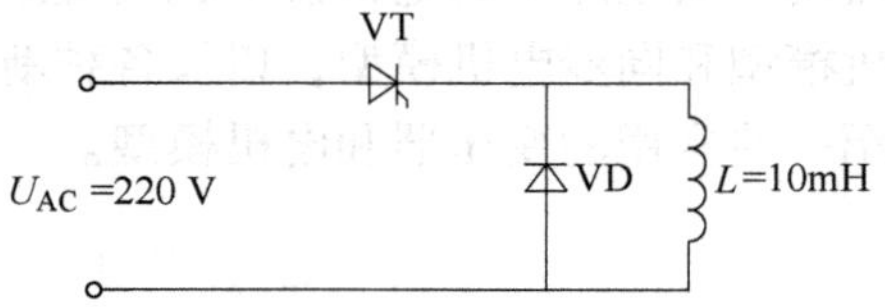

图 3.54　习题 1 图

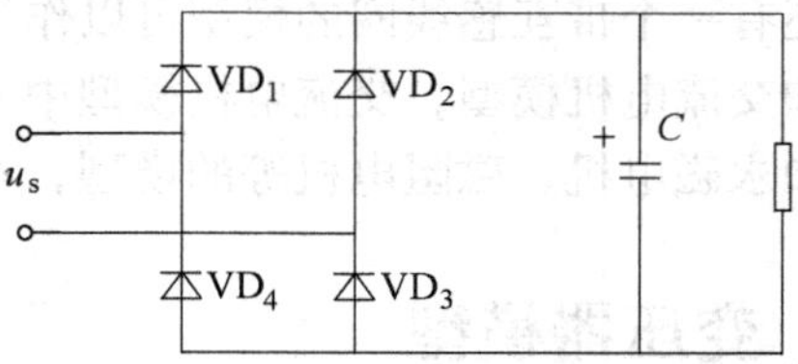

图 3.55　习题 3 图

4. 仿真三相桥式整流电路在整流器 B 相电源断线时的输出电压波形，参数同［例 3.3］，并与接线正常工作时的电压波形比较，观察有什么变化。

5. 某电镀用三相桥式可控整流电源，$U_S=127\text{V}$，负载 $R=0.5\Omega$。

（1）仿真 α 分别为 0°、120°时整流器输出电压、电流波形。

（2）如果要使电流稳定应采取什么措施？用仿真的结果说明。

6. 设计一个由 9V 电池供电的单片机开关电源，负载的等效电阻为 5Ω，要求电源输出为 5V、500mA，电压的脉动控制在 5% 以内。仿真观察电源的电压、电流波形。

7. 设计一个直流升降压电路，电源 $E=6\text{V}$，负载电阻 $R=6\Omega$，要求输出电压在 5～12V 之间调节，求脉冲发生器产生脉冲宽度的变化范围，并记录输出电压波形。

第 4 章　变压器和电机模块及其应用

变压器和电机是拖动控制系统的主要设备，它们的特点是都基于电磁感应原理。Simulink/SimPower System 模型库中有多种单相和三相变压器的模型，三相变压器有多种连接组，并且还有一个带互感线圈的模型可以作为理想变压器用。模型库中的电机模型包括直流电机模型和交流电机模型，交流电机模型中又有异步电机模型和同步电机模型，以及各种新型电机，如永磁电机、磁阻电机等的模型，本章主要介绍一些常用的变压器和电机模型。

4.1　变压器模型

4.1.1　单相变压器

MATLAB 的单相变压器模型有两个，一个是线性模型，如图 4.1a 所示，一个是考虑了铁心饱和效应的模型，如图 4.1b 所示。下面主要介绍考虑铁心饱和的变压器模型，线性模型与饱和模型相比，只是减少了反映铁心饱和特性的参数。

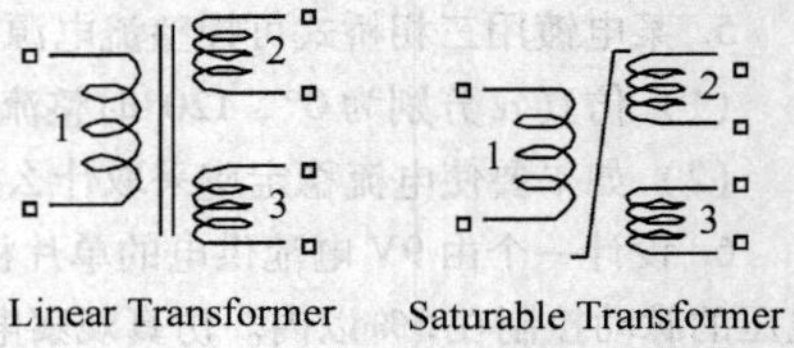

a)　　b)

图 4.1　单相变压器图标

a）线性模型　b）考虑铁心饱和效应模型

单相变压器模型电路如图 4.2a 所示，对话框如图 4.2b 所示，模型的参数见表 4.1。模型有三个绕组，一个为一次绕组，两个为二次绕组。如果设置第二个二次侧绕组参数 L3、R3 为零，则模型二次侧就只有一个绕组，并且模型图标也随之改变。模型中 R1 和 L1 为一次侧绕组电阻和漏感，R2、R3 和 L2、L3 分别为二次侧两个绕组的电阻和漏感。磁阻 Rm 反映铁心的磁阻损耗，Lsat 反映铁心的饱和特性。

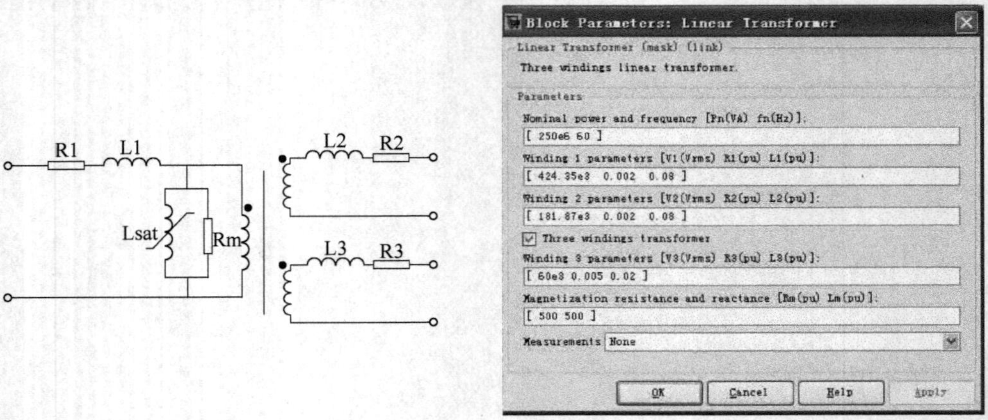

a)　　b)

图 4.2　单相变压器模型和对话框

a）模型电路（饱和铁心）　b）对话框

变压器参数中的容量、频率、电压采用标准单位，电阻和电感采用标幺值（pu），因此变压器的容量和电压对变压器的参数有显著影响，标幺值和标准单位的换算为：

$$\begin{cases} R(\text{p.u.}) = \dfrac{R}{R_{\text{base}}} \\ L(\text{p.u.}) = \dfrac{L}{L_{\text{base}}} \end{cases} \tag{4.1}$$

式中，$R_{\text{base}} = \dfrac{V_1^2}{P_{\text{N}}}$，单位为 Ω；$L_{\text{base}} = \dfrac{R_{\text{base}}}{2\pi f_{\text{n}}}$，单位为 H。

表 4.1　单相变压器模型参数

参　　数		单　　位
额定容量 Pn 频率 fn		VA Hz
绕组 1(一次侧)	额定电压 V1	V(有效值)
	电阻 R1 漏感 L1	标幺值
绕组 2(二次侧 1)	额定电压 U2	V(有效值)
	电阻 R2、漏感 L2	标幺值
绕组 3(二次侧 2)	额定电压 U3	V(有效值)
	电阻 R3、漏感 L3	标幺值
饱和特性(线性变压器没有)	磁化电流 i1、磁通 phi(i1 phi1；i2 phi2；…)	标幺值
磁阻和剩磁通(线性变压器没有)	Rm、phi0	标幺值

变压器的饱和特性用分段线性化的磁化曲线来表述，如图 4.3 所示，其中图 4.3a 为不考虑铁心剩磁作用的磁化曲线，图 4.3b 为考虑铁心剩磁作用的磁化曲线，图中纵坐标是磁通 phi(Φ)，横坐标为磁化电流 i，磁通和磁化电流都使用标幺值。在参数对话框中，依次输入与磁化曲线折点对应的磁化电流 i 和磁通 phi 值，在电流和磁通间加空格，在两组电流和磁通间以“；”分隔。如果在对话框中选择了测量选项，则磁化电流和磁通都可以被测量，这时测量到的电流和磁通采用的是标准单位。磁化电流和磁通标幺值与标准单位的换算关系为：

$$\begin{cases} \Phi = \Phi_{\text{pu}} \times \Phi_{\text{base}} \\ I = I_{\text{pu}} \times I_{\text{base}} \end{cases} \tag{4.2}$$

式中，$I_{\text{base}} = \sqrt{2}\,\dfrac{P_{\text{N}}}{V_1}$；$\Phi_{\text{base}} = \sqrt{2}\,\dfrac{V_1}{2\pi f_{\text{N}}}$。

磁阻 Rm 用来等效变压器铁心损耗，在铁心损耗取 2% 时，Rm = 500 （pu）。如果在该栏中同时给定了剩磁通的标幺值，则变压器仿真从剩磁开始，如果没有给定剩磁通，则仿真开始就是稳态的。

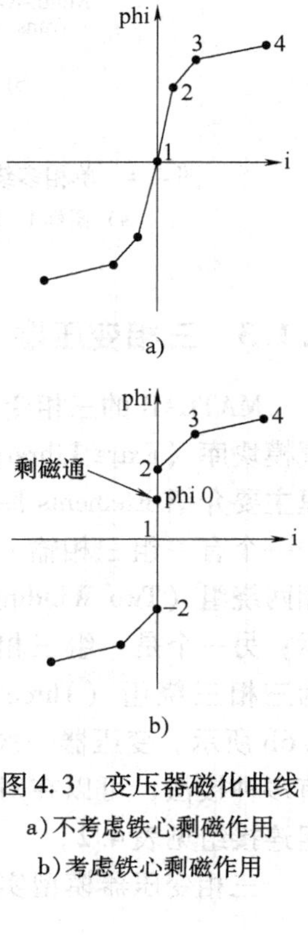

图 4.3　变压器磁化曲线
a) 不考虑铁心剩磁作用
b) 考虑铁心剩磁作用

4.1.2　单相多绕组变压器

单相多绕组变压器模块（见图 4.4）的一次侧和二次侧绕组个数可以按需要设定，并且一次侧或二次侧可以有一个带抽头的绕组。在其对话框（见图 4.5）中，第一栏设定一次侧的绕组数，第二栏设定二次侧的绕组数，第三栏包括无抽头（No Taps）、抽头在一次侧（Taps On Upper Lift Winding）、抽头在二次侧（Taps On Upper Right Winding）三种选择。选择了抽头模式，则可以在第四栏设定抽头数，图 4.4b 是设定一次侧一个绕组，二次侧三个绕组，其中二次侧第一个绕组有两个抽头的情况。各绕组的电压和电阻、漏感可以在对话框中设定。如果选择了饱和铁心，则需要设置铁心磁化参数（参见单相变压器模型）。

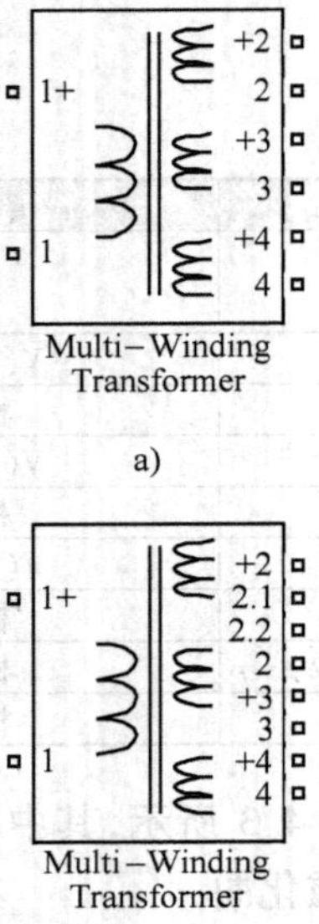

图 4.4　单相多绕组变压器图标
a）图标 1　b）图标 2

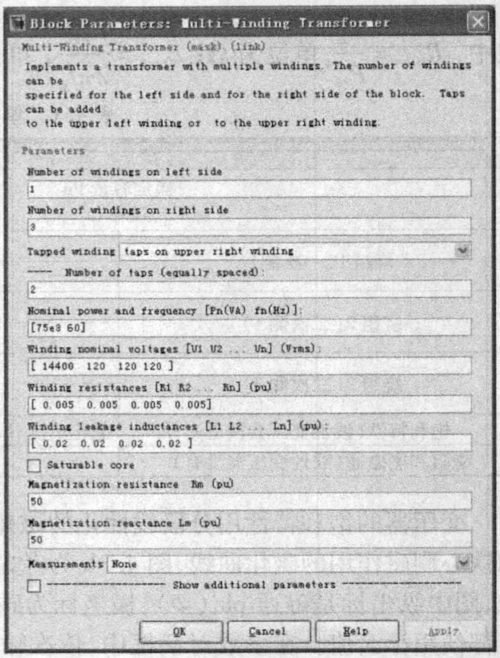

图 4.5　单相多绕组变压器对话框

4.1.3　三相变压器

MATLAB 的三相变压器模型共有 10 个，分布在电器元件模块库（Elements）和其他电气模块库（Extra Library）的三相模块子集中，这里主要介绍 Elements 库中的两个变压器模块。其中一个有一组三相输入，一组三相输出，称为三相两绕组（Two Windings）变压器，如图 4.6a 所示；另一个是一组三相输入，二组三相输出，称为三相三绕组（Three Windings）变压器，如图 4.6b 所示。变压器一次侧或二次侧的三相绕组都有多种接法，可以在对话框中选择。可选择的绕组连接组见表 4.2。

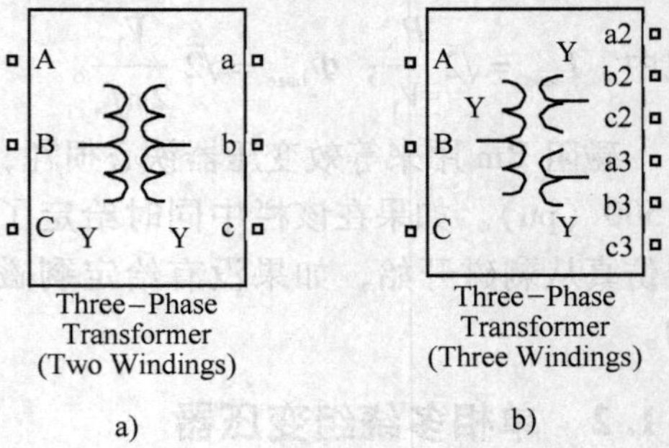

图 4.6　三相变压器图标
a）两绕组　b）三绕组

三相变压器模型实际上是由三个单相变压器

模型根据不同的连接组要求连接而成的，因此三相变压器的参数设置与单相变压器相同，其参数对话框如图 4.7 所示。在三相变压器参数中，变压器容量、电压、频率都使用标准单位制（伏安、伏、赫兹），并且电压采用线电压有效值。电阻、电感都采用标幺值，标准单位与标幺值的换算见 4.1.1 小节。

表 4.2　三相变压器的绕组连接

连接符号	三相绕组连接	连接符号	三相绕组连接
Y	星形联结，无中线	Δ11	三角形联结，电压相位领先 Y 接 30°
Yn	星形联结，带中性点的连接端	Δ1	三角形联结，电压相位滞后 Y 接 30°
Yg	星形联结，中点在模型内接地		

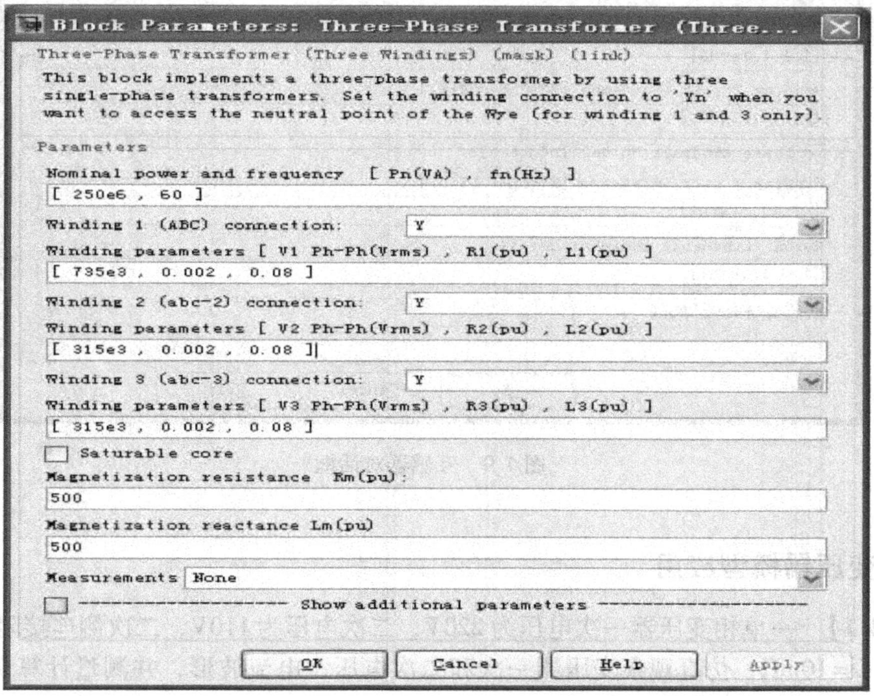

图 4.7　三相变压器（三绕组）对话框

三相变压器的铁心有饱和和不饱和两种，这可以在对话框中选择。如果未选饱和铁心一栏，磁路参数有磁阻 Rm 和励磁电感 Lm 两项，这两项都是标幺值。如果选择了饱和铁心一栏，则要求输入铁心磁化曲线的拐点参数。如果设置了剩磁通值，变压器仿真从剩磁开始，否则变压器仿真从零状态开始，并可以较快地进入稳态（参见 4.1.1 小节）。

4.1.4　互感线圈

图 4.8　互感线圈图标

互感线圈（见图 4.8）是三个有互感关系无铁心的线圈，这三个线圈有互相独立的输入端和输出端。在图 4.9 所示的对话框中可以分别设置三个线圈的电阻和自感，并且可以设置三个线圈间的互感、电阻、漏感和互感都使用标准单位。

在互感器中如果不设第三个线圈的漏感，则模型成为两个有互感的线圈，并且图标也随之改变。如果互感参数 Rm、Lm 都取零，则模型表示的是三个没有互感关系的独立线圈。互感线圈也是一个理想变压器模型。

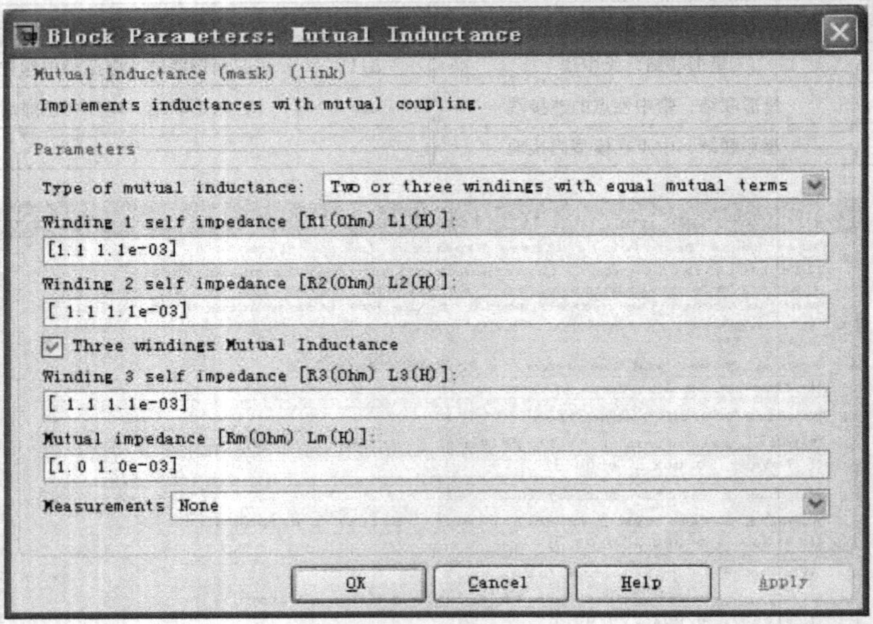

图 4.9　互感器对话框

4.1.5　变压器模型应用

【例 4.1】　一单相变压器一次电压为 220V，二次电压为 110V，二次侧连接阻感负载，$R=0.5\Omega$，$L=10\text{mH}$，仿真观察变压器一次和二次电压、电流波形，并测量计算负载的有功功率、无功功率和功率因数。

1. 建立模型

建立的模型如图 4.10 所示，模块提取路径见表 4.3，模型中交流电源模块 AC、变压器模块 Transformer 和负载模块 RL 组成变压器电路，以电压测量模块 VM 和电流测量模块 IM 检测一、二次电压和电流，用 Active & Reactive Power 模块计算 RL 负载的有功功率 P 和无功功率 Q，用函数模块 Fcn 计算功率因数 λ

$$\lambda = \frac{P}{\sqrt{P^2 + Q^2}} \tag{4.3}$$

2. 模型参数设置

分别打开交流电源 AC、变压器模块 Transformer 和负载电阻模块 R，在对话框中键入模块参数，如图 4.11 所示。计算功率因数的函数模块 Fcn 的表达式为：u(1)/sqrt(u(1)^2 + u(2)^2)。

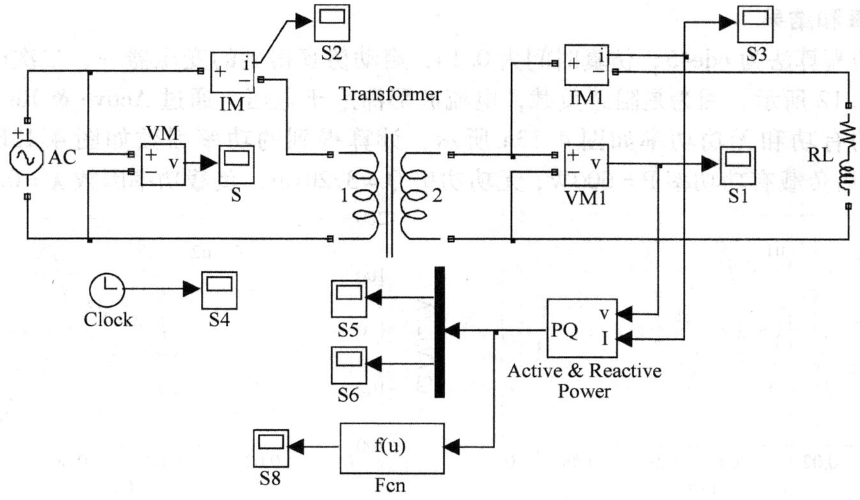

图 4.10　变压器电路模型

表 4.3　模块提取路径

模　　块	提 取 路 径
交流电源 AC	SimPowerSystems/Electrical Sources/AC Voltage Source
变压器 Transformer	SimPowerSystems/Elements/Linear Transformer
电阻 R	SimPowerSystems/Elements/Series RLC Branch
电压测量 VM	SimPowerSystems/Measurements/Voltage Measurement1
电流测量 IM	SimPowerSystems/Measurements/Current Measurement
有功和无功计算 Active & Rea（tive Power）	SimPowerSystems/Extra Library/Active & Reactive Power
示波器 Scope	Simulink/Sinks/Scope
函数计算 Fcn	Simulink/User-Defined Functions/Fcn

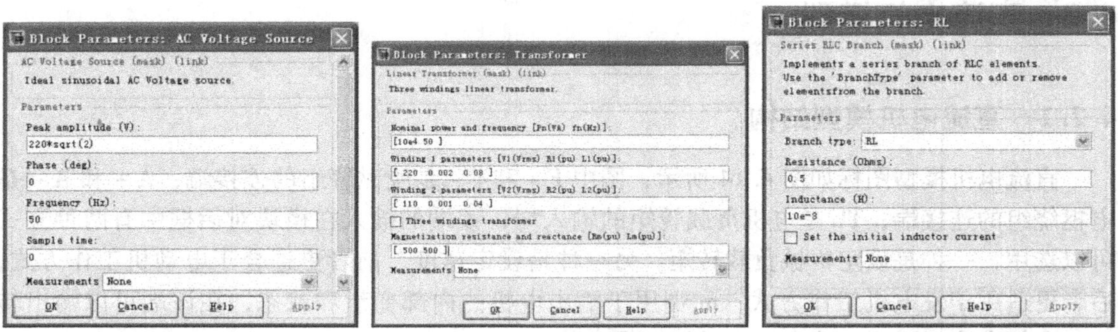

a)　　　　b)　　　　c)

图 4.11　模型参数设置

a）电源模块　b）变压器模块　c）电感模块

3. 仿真和结果

设置仿真算法为 ode45，仿真时间为 0.1s，启动仿真得到的变压器一、二次电压、电流波形如图 4.12 所示，因为是阻感负载，电流波形滞后于电压。通过 Active & Reactive Power 模块计算的有功和无功功率如图 4.13a 所示，计算得到的功率因数如图 4.13b 所示，在 0.02s 稳定后负载有功功率 P=600W，无功功率 Q=3720var，负载功率因数 λ=0.157。

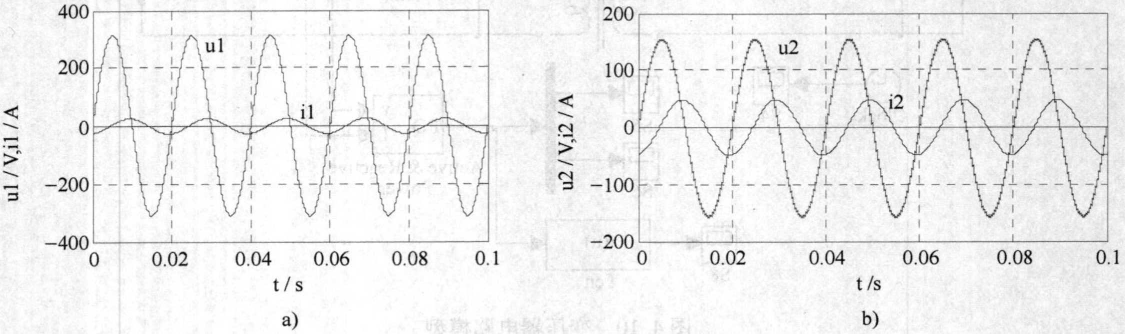

图 4.12 变压器电压和电流波形

a）一次电压和电流 b）二次电压和电流

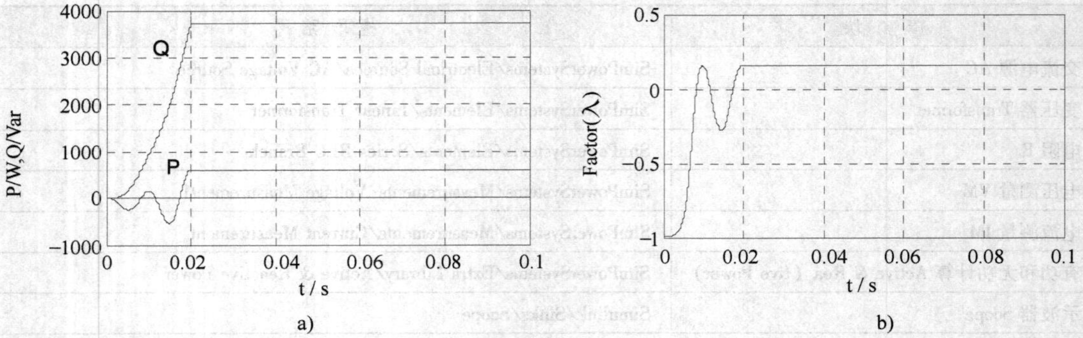

图 4.13 负载功率和功率因数

a）有功功率 *P* 和无功功率 *Q* b）功率因数

4.2 直流电机模型

4.2.1 直流电机模型结构

直流电机模型图标如图 4.14 所示，图中 F+ 和 F- 是励磁绕组的连接端；A+ 和 A- 是电枢绕组的连接端；TL 是电机负载转矩的输入端，该端的输入在模块对话框中有两种方式可以选用，一种是设定机械负载转矩，另一种是设定速度，前者更适合于电动机工作方式，后者更适用于发电机工作方式；m 端用于输出电机的内部变量和状态，在该端可以输出转速、电枢电流、励磁电流和电磁转矩四项参数。

直流电机模块是按他励直流电机建立的，但可以通过励磁和电枢绕组的并联和串联组成并励或串励电机。直流电机模型是工作在电动机状态还是发电机状态由电机的转矩方向决定。直流电机模块的参数对话框如图 4.15 所示，对话框第一栏 Freset model 提供了 23 种功率不同的电机模型供选用，但是这些电机模型的功率使用英制单位马力（hp），与我国使用的米制单位千瓦不同，在使用时要注意。二者的换算关系为：1hp＝0.7457kW，他励直流电机模型的参数见表 4.4。

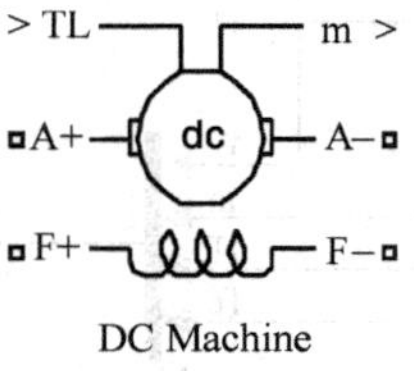

图 4.14　直流电机图标

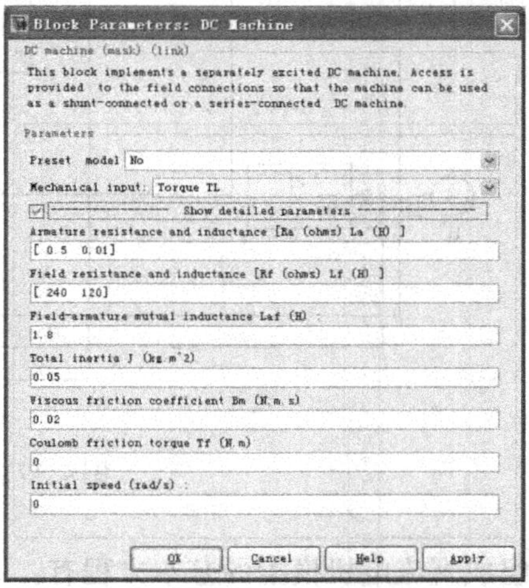

图 4.15　直流电机对话框

表 4.4　他励直流电机模型参数

参　数	单　位	参　数	单　位
电枢电阻 Ra	Ω（欧姆）	粘滞摩擦系数 Bm	N·m·s
电枢电感 La	H（亨利）	干摩擦转矩 Tf	N·m
励磁和电枢互感 Laf	H（亨利）	初始速度	rad/s
转动惯量 J	kg·m^2		

直流电机模型如图 4.16 所示。模型中 Ra、La 和 Rf、Lf 分别为电枢回路和励磁回路的电阻和电感，Mechanics 模块用于计算电机转矩、转速等参数，Mechanics 子模块的结构如图 4.17 所示。Mechanics 模块中的 FCEM 是一个受控源，它将 Mechanics 的计算值转换为电枢回路的电枢反电动势。

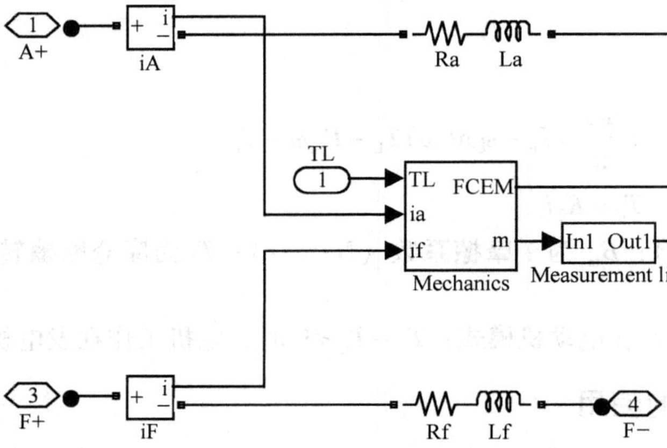

图 4.16　直流电机模型

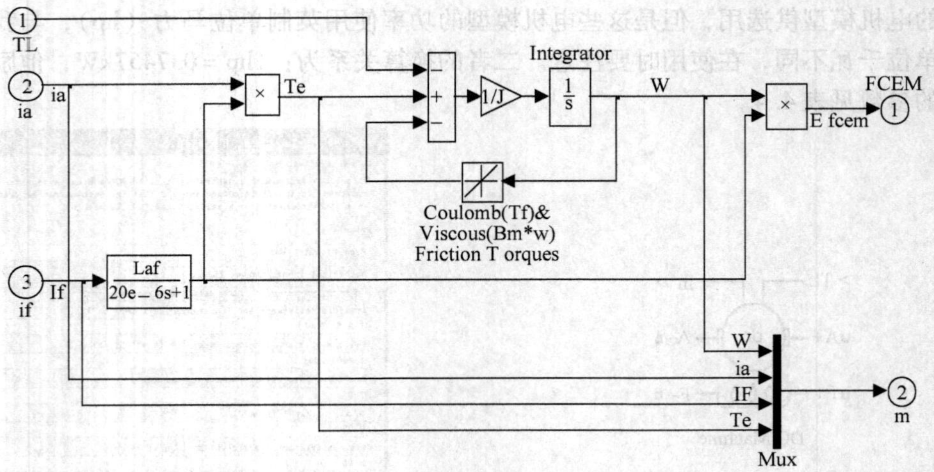

图 4.17　Mechanics 子模块结构

组成直流电机模型的基本方程有：

（1）励磁回路电压方程

$$u_F = R_F i_F + L_F \frac{di_F}{dt} \tag{4.4}$$

式中，u_F、i_F为直流电机励磁电压和电流；R_F、L_F为励磁回路电阻和电感。

（2）电枢回路电压方程

$$u_a = R_a i_a + L_a \frac{di_a}{dt} + E \tag{4.5}$$

$$E = K_E \omega \quad 或 \quad E = \frac{2\pi}{60} K_E n = C_e n \tag{4.6}$$

$$K_E = \frac{60}{2\pi} C_e \qquad L_{aF} = K_E / i_F \tag{4.7}$$

式中，u_a、i_a为直流电机电枢电压和电流；R_a、L_a 为电枢回路电阻和电感；E 为电枢感应电动势；ω 为电机转子机械角速度（rad/s）；n 为转子转速（r/min）；C_e 为电动势常数；L_{aF}为磁场和电枢绕组间互感。

（3）电机转矩方程

$$J\frac{d\omega}{dt} = T_e - \mathrm{sgn}(\omega) T_L - B_m \omega - T_f$$
$$T_e = K_T i_a \tag{4.8}$$

式中，J 为转动惯量（$kg \cdot m^2$）；B_m 为干摩擦系数（N·m·s）；T_f 为库仑摩擦转矩（N·m）；K_T 为转矩系数，$K_T = K_E$。

$T_e - T_L > 0$ 时，电机工作在电动机模式；$T_e - T_L < 0$ 时，电机工作在发电机模式。

4.2.2　直流电动机模块的使用

【例 4.2】　仿真一台直流并励电动机的起动过程。电动机参数为：$P_N = 17kW$，$U_N =$

220V，$I_N = 89A$，$n_N = 3000r/min$，励磁电压为 220V，励磁电流为 1.21A，电机转动惯量 J 为 $0.76kg·m^2$，测得电枢回路电阻 $R_a = 0.087Ω$。

（1）建立直流并励电动机电路仿真模型

模型如图 4.18 所示，模型中各模块提取路径见表 4.5。

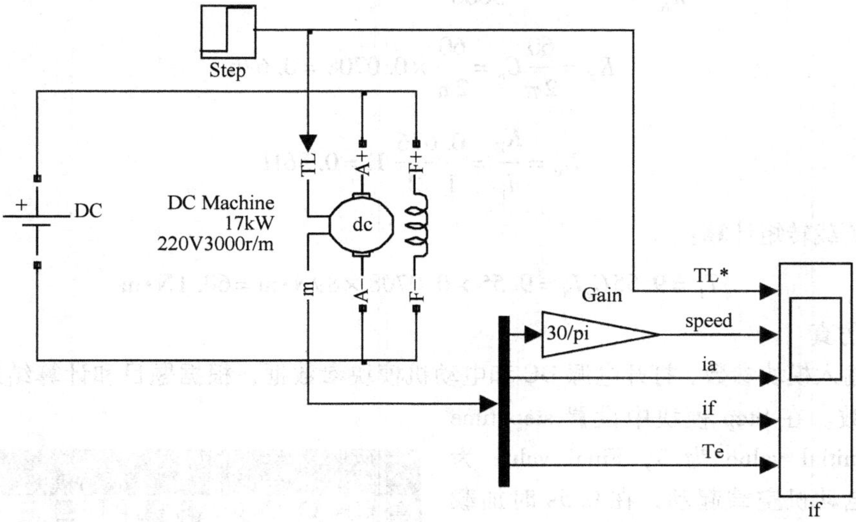

图 4.18　直流电动机直接起动仿真模型

直流电动机 DCmotor 的电枢和励磁并联后由直流电源 DC 供电，用 Step 模块给定电动机的负载转矩，在 DCmotor 的 m 端连接了 Demux 模块，将 m 端输出的四个信号分为四路，以便通过示波器 Scope 观察，m 端输出的转速的单位为 rad/s，使用放大器（Gain）将转速单位 rad/s 转换为大家习惯的 r/min，变换系数为：$k = 60/2\pi = 9.55$。

表 4.5　直流电动机直接起动仿真电路模块

模 块 名	提取路径	备 注
直流电机 DC motor	SimPower System /Machines	
直流电源 DC	SimPower System /Electrical Sources	
阶跃信号 Step	Simulink/Sources	用于施加负载转矩，设为空载起动，0.5s 时加载 60.1N · m
放大模块 Gain	Simulink/Math Operations	将转速单位 rad/s 变换为 r/min
信号分解 Demux	Simulink/Signals & System	
示波器 Scope	Simulink/Sinks	

（2）计算电动机参数

励磁电阻 $R_f = U_f/I_f = 220/1.21 = 181.5Ω$，励磁电感 L_f 在恒定磁场控制时可取“0”，电枢电阻 $R_a = 0.087Ω$。

电枢电感估算：

$$L_a = 19.1\frac{CU_N}{2pn_N I_N} = 19.1\frac{0.4\times 220}{2\times 1\times 3000\times 88.9}\text{H} = 0.0032\text{H}$$

电枢绕组和励磁绕组互感 L_{af} 计算：

$$C_e = \frac{U_N - R_a I_N}{n_N} = \frac{220 - 0.087\times 88.9}{3000}\text{V}\cdot\text{min/r} = 0.0708\text{V}\cdot\text{min/r}$$

$$K_E = \frac{60}{2\pi}C_e = \frac{60}{2\pi}\times 0.0708 = 0.676$$

$$L_{af} = \frac{K_E}{I_f} = \frac{0.676}{1.21}\text{H} = 0.56\text{H}$$

额定负载转矩计算：

$$T_L = 9.55C_e I_N = 9.55\times 0.0708\times 89\text{N}\cdot\text{m} = 60.1\text{N}\cdot\text{m}$$

（3）仿真

首先输入模块参数，打开电源 DC 和电动机模块参数框，根据题目和计算结果输入电源和电机参数。在 Step 模块中设置 step time 为 0.5，Initial value 为 0，Final value 为 60.1，即电动机空载起动，在 0.5s 时加载 60.1N·m。在 Simulation 菜单下选择 Simulation parameters 设置仿真参数，仿真时间取 1s，仿真算法取 ode45，单击菜单中的“▶”图标启动仿真。

（4）波形观察

双击 Scope 模块得到电动机的波形如图 4.19 所示，从上往下依次为给定的负载转矩 T_L，电动机转速 n、电枢电流 ia、励磁电流 if 和电磁转矩 Te。从波形可见，虽然是空载起动，但起动电流很大，达到 2500A 左右，当转速从零上升达到 3100r/min 时，电枢电流减小到零，在 0.5s 时电机加载，电机转速略有下降，电枢电流增加到 88A（用 Y 轴放大镜查看），电磁转矩 Te 上升到 60N·m，当 Te 与负载转矩 TL 平衡时，转速稳定在 3000r/min。电机转矩与电枢电流的波形相似，原因是电磁转矩正比于电枢电流，但是单位不同。

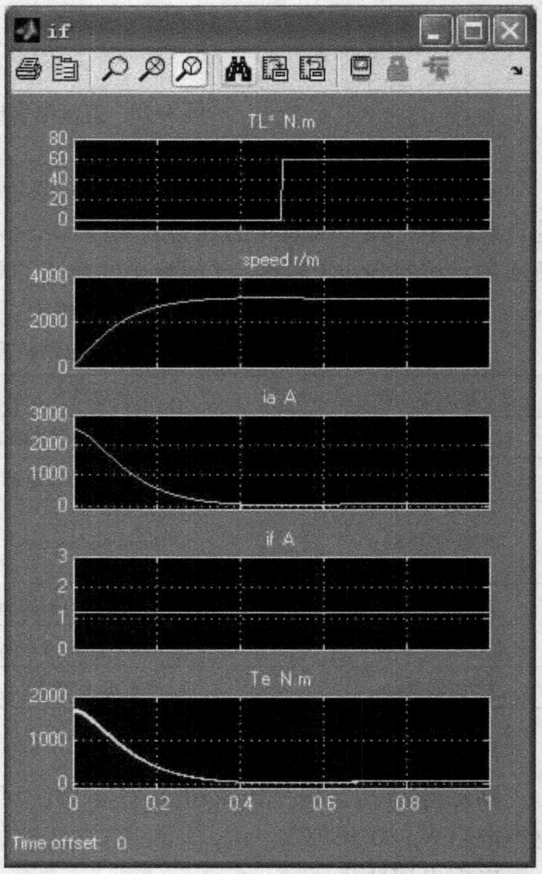

图 4.19　直流电动机直接起动波形

【例 4.3】 将［例 4.2］中直流电动机改为他励，用电阻起动器限制起动电流在 200～100A 之间，通过仿真选择起动电阻和切换时间。

1）在［例 4.2］并励直接起动电路基础上，将电动机励磁改由直流电源 DC1 供电，在电枢回路中串联一个由三个电阻 R1、R2、R3 组成的起动器，如图 4.20 所示。在每个电阻上并联一个理想开关，用于切除电阻，开关受 Step 模块控制。在 Step 模块对话框中设定单位阶跃信号发生时刻，即可以控制开关的闭合，从而短接该电阻。

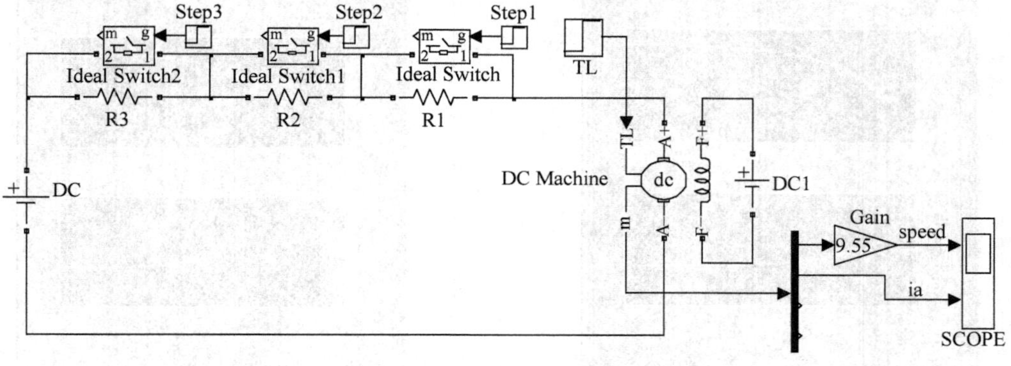

图 4.20　直流电动机串电阻起动模型

2）将 Step2 和 Step3 模块的阶跃信号发生时间设为“0”，即 R2、R3 在起动时就短接；Step1 模块的信号发生时间设长一些（如 20s），使 R1 接入电枢回路，并初选 R_1'。

$$R_1' = \frac{U_N}{I_{max}} - R_a = \left(\frac{220}{200} - 0.087\right)\Omega \approx 1\Omega$$

在模型中设 R1 的值 $R_1 = R_1' = 1\Omega$，启动仿真，得到转速和电流波形如图 4.21a 所示，可以看到，串联电阻后最大起动电流为 200A，在 3.5s 时电流下降到 100A，对应的转速约为 1500r/min，这时需要减小起动电阻，因此可计算 R_1 和预选 R_2'。

$$R_2' = \frac{U_N - C_e n}{I_{max}} - R_a = \left(\frac{220 - 0.0708 \times 1500}{200} - 0.087\right)\Omega = 0.482\Omega$$

$$R_1 = R_1' - R_2' = (1 - 0.482)\Omega = 0.518\Omega$$

3）重新设定 R_1 和 R_2（R2 的值）（$R_2 = R_2'$），并设 Step1 模块的信号发生时间为 3.5s，设 Step2 模块的信号发生时间为 20s。再次仿真得到如图 4.21b 所示的波形，在起动后 6s 电流再次下降到 100A，这时的转速为 2200r/min，需要再次减小起动电阻。计算 R_2 和 R_3（R3 的值）。

$$R_2 = \frac{U_N - C_e n}{I_{max}} - R_a = \left(\frac{220 - 0.0708 \times 2200}{200} - 0.087\right)\Omega = 0.32\Omega$$

$$R_3 = R_2' - R_2 = (0.482 - 0.32)\Omega = 0.162\Omega$$

4）重新设定 R_2 和 R_3，并设 Step2 模块的信号发生时间为 6s，设 Step3 模块的信号发生时间为 20s，再次仿真得到如图 4.21c 所示的波形。在起动 8s 后电流再次下降到 100A，对应的转速为 2800r/min，需要再次减小起动电阻，即切除 R3，因此可以设 Step3 模块的信号发生时间为 8s，再次仿真得到如图 4. 21d 所示的波形切除 R3 后，转速上升到 3000r/min，在整个起动过程中电流都限制在规定的范围内，起动器的电阻和切换时间设计完毕。

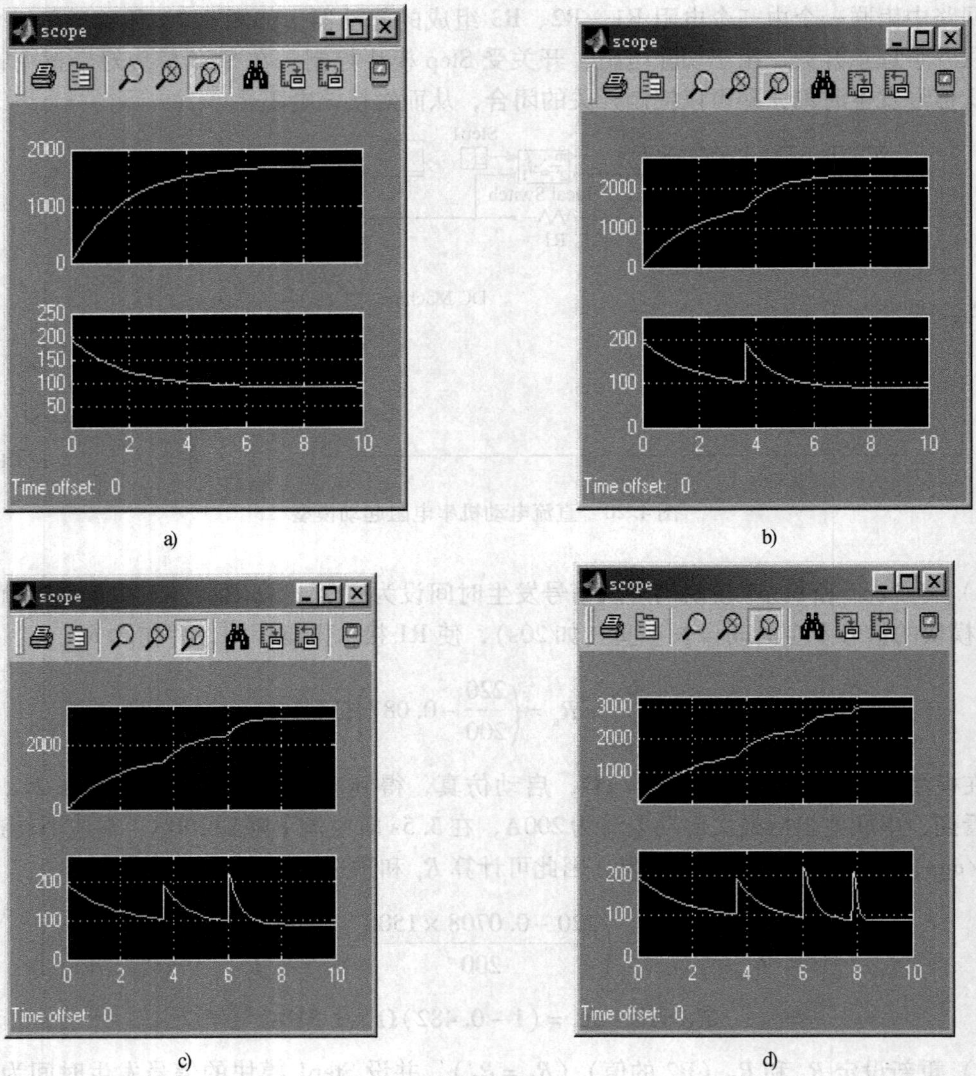

图 4. 21　串电阻起动时的转速和电流波形

4. 3　交流异步电机模型

交流电机有异步电机和同步电机两类，其中异步电机又有笼型转子和绕线型转子两种。交流电机的模型比较复杂，SimPowerSystems　元件库提供了交流电机的模型。交流电机模型建立在二相坐标系基础上，通过模型的 m 端不仅可以观测到在三相坐标系上和二相坐标系上表达的电流、转矩和转速等参量，还可以观测到电机的磁场，使用很方便。交流电机的模型既可以工作在电动状态，也可以工作在发电状态，主要区别在于输入机械转矩的极性，输入机械转矩极性为正,电机工作于电动机状态;输入机械转矩极性为负,电机工作于发电机状态。交流电机的模型有标准单位制(SI)和标幺值单位制(pu)两种,这里主要介绍使用标准单位制的模型,标幺值单位制的电机模型与标准单位制的模型相同,不同仅在于参数使用标幺值表示。标幺值与标准单位的换算参考4.1.1小节。

4.3.1　三相交流异步电机模型

在元件库中交流异步电机的模型有标准单位(SI)和标幺值(pu)两种,图4.22是采用SI单位的模型,其中图4.22a是绕线式异步电机模型,输入端A、B、C用于连接三相电源,T_m端用于输入机械转矩。输出a、b、c是绕线型电机的三相转子绕组的外接端。图4.22b是笼型异步电机模块,转子绕组在模型内部短接,因此只有A、B、C三个定子输入端。输出端m用于连接电机测量单元。

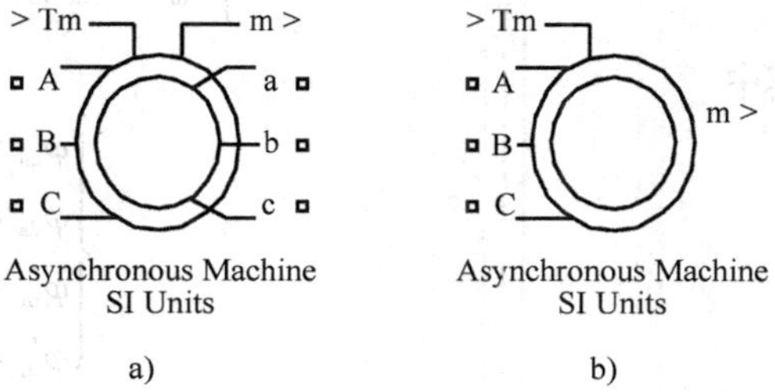

图4.22　异步电机图标

a)绕线式异步电机

b)笼型转子异步电机

1. 三相电压/二相电压、二相电流/三相电流的变换

三相异步电机模型是建立在二相坐标系(dq坐标系)上的模型,使用在三相异步电机上,首先要将输入三相电压变换为二相坐标系上的电压,然后按二相坐标系模型计算,再将计算所得的二相电流变换为三相坐标系上的电流,变换关系如下:

从三相坐标系到二相坐标系的电压变换

$$\begin{bmatrix} u_{qs} \\ u_{ds} \end{bmatrix} = \frac{1}{3}\begin{bmatrix} 2\cos\theta & \cos\theta + \sqrt{3}\sin\theta \\ 2\sin\theta & \sin\theta - \sqrt{3}\cos\theta \end{bmatrix}\begin{bmatrix} u_{abs} \\ u_{bcs} \end{bmatrix} \tag{4.9}$$

$$\begin{bmatrix} u'_{qr} \\ u'_{dr} \end{bmatrix} = \frac{1}{3}\begin{bmatrix} 2\cos\beta & \cos\beta + \sqrt{3}\sin\beta \\ 2\sin\beta & \sin\beta - \sqrt{3}\cos\beta \end{bmatrix}\begin{bmatrix} u'_{abr} \\ u'_{bcr} \end{bmatrix} \tag{4.10}$$

从二相坐标系到三相坐标系的电流变换

$$\begin{bmatrix} i_{as} \\ i_{bs} \end{bmatrix} = \begin{bmatrix} \cos\theta & \sin\theta \\ \dfrac{-\cos\theta + \sqrt{3}\sin\theta}{2} & \dfrac{-\sqrt{3}\cos\theta - \sin\theta}{2} \end{bmatrix}\begin{bmatrix} i_{qs} \\ i_{ds} \end{bmatrix} \tag{4.11}$$

$$\begin{bmatrix} i'_{ar} \\ i'_{br} \end{bmatrix} = \begin{bmatrix} \cos\beta & \sin\beta \\ \dfrac{-\cos\beta + \sqrt{3}\sin\beta}{2} & \dfrac{-\sqrt{3}\cos\beta - \sin\beta}{2} \end{bmatrix}\begin{bmatrix} i'_{qr} \\ i'_{dr} \end{bmatrix} \tag{4.12}$$

$$\begin{cases} i_{cs} = -i_{as} - i_{bs} \\ i'_{cr} = -i'_{ar} - i'_{br} \end{cases} \tag{4.13}$$

式中,θ为二相坐标系与定子三相坐标系的位置角;$\beta = \theta - \theta_r$为二相坐标系与转子三相坐标系的位置角。

2. 二相坐标系上的异步电机方程

电压方程

$$\begin{cases}u_{qs}=R_s i_{qs}+\dfrac{d}{dt}\varphi_{qs}+\omega\varphi_{ds}\\u_{ds}=R_s i_{ds}+\dfrac{d}{dt}\varphi_{ds}-\omega\varphi_{ds}\\u'_{qr}=R'_{qr}i'_{qr}+\dfrac{d}{dt}\varphi'_{qr}+(\omega-\omega_r)\varphi'_{dr}\\u'_{dr}=R'_{dr}i'_{dr}+\dfrac{d}{dt}\varphi'_{dr}-(\omega-\omega_r)\varphi'_{qr}\end{cases}\tag{4.14}$$

其中

$$\begin{cases}\varphi_{qs}=L_s i_{qs}+L_m i'_{qr}\\\varphi_{ds}=L_s i_{ds}+L_m i'_{qr}\\\varphi'_{qr}=L'_r i'_{qr}+L_m i_{qs}\\\varphi'_{dr}=L'_r i'_{dr}+L_m i_{ds}\end{cases}\tag{4.15}$$

$$\begin{cases}L_s=L_{ls}+L_m\\L'_r=L'_{lr}+L_m\end{cases}\tag{4.16}$$

电磁转矩

$$T_e=1.5p(\varphi_{ds}i_{qs}-\varphi_{qs}i_{ds})\tag{4.17}$$

机械方程

$$\begin{cases}\dfrac{d}{dt}\omega_m=\dfrac{1}{2H}(T_e-F\omega_m-T_m)\\\dfrac{d}{dt}\theta_m=\omega_m\end{cases}\tag{4.18}$$

式中，R_s、L_{ls}为定子电阻和漏感；R_r、L_{lr}为转子电阻和漏感；L_m 为定转子互感；L_s、L'_r 为定子和转子自感；u_{qs}、i_{qs}为定子电压和电流在 q 轴上的分量；u_{qr}、i_{qr}为转子电压和电流在 q 轴上的分量；u_{ds}、i_{ds}为定子电压和电流在 d 轴上的分量；u_{dr}、i_{dr}为转子电压和电流在 d 轴上的分量；φ_{qs}、φ_{ds}为定子磁链的 q 轴和 d 轴分量；φ_{qr}、φ_{dr}为转子磁链的 q 轴和 d 轴分量；ω_m 为转子角速度；θ_m 为转子位置角；p 为电机极对数；ω_r 为转子角频率（$\omega_m p$）；θ_r 为转子位置电角度（$\theta_m p$）；T_e 为电磁转矩；H 为转子和负载的惯性常数；F 为摩擦系数。

根据电压方程可以画出异步电动机的 T 形等效电路（见图 4.23）。

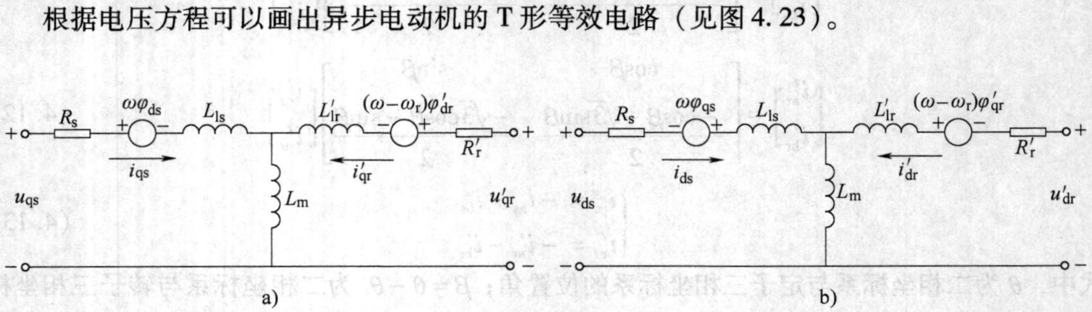

图 4.23　异步电机在二相坐标系上的等效电路

a）q 轴　b）d 轴

3. 模型参数

异步电机的参数设置对话框如图 4.24 所示。在对话框第一栏提供了参考电机参数，第二栏是转子类型的选择，其中有绕线型（Wound）和笼型（Squirrel-cage）两种可选。第三栏是参考坐标系，其中有旋转坐标系 Rotor（Park 变换）、静止坐标系 Stationary（αβ 变换）和同步旋转坐标系 Synchronous 三种选择。电机的参数见表 4.6。

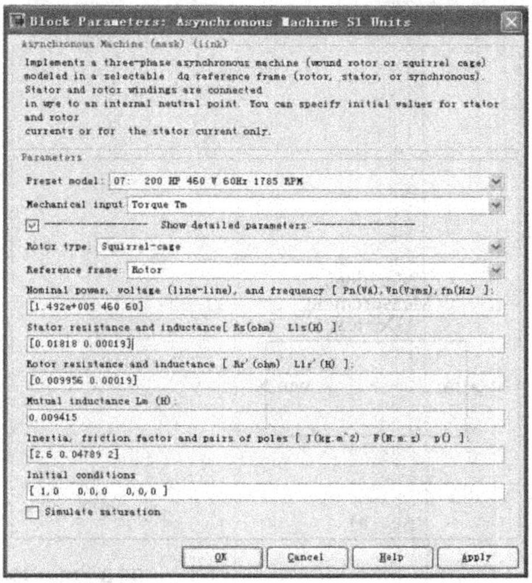

图 4.24　异步电机对话框

在电机参数中的转子参数（电阻和漏感）都折算到定子侧，初始条件包括转差率 s、电角度（度）、定子电流大小和相位等，一般在零初始条件时除设转差率 s 为“1”外，其他三相定子电流和相位都可设为“0”（见图 4.24）。三相异步电机模型没有考虑定转子铁心的饱和问题。

表 4.6　异步电机参数

参数名	单位	参数名	单位
额定容量 Pn、额定电压 Un、额定频率 fn	VA、V、Hz	定转子绕组互感 Lm	H
定子绕组电阻 Rs、漏感 Lls	Ω、H	转动惯量 J、摩擦系数 F、极对数 p	$kg \cdot m^2$
转子绕组电阻 Rr′、漏感 Llr′	Ω、H	初始条件	

4. 模型观测

在异步电机模块的测量端 m 连接交流电机测量模块 Machines Measurement Demux 可测量电机转子电流、转子磁链、定子电流、定子磁链、转速和转矩等变量。图 4.25a 是电机测量模块的图标，图 4.25b 是测量模块的选择框，该测量模块是交流电机通用的测量模块，在模块选择框第一栏 Machine type 中可以选择测量电机的种类：异步电机，同步电机或永磁电机。

4.3.2　异步电动机特性仿真

【例 4.4】　仿真一台 4.5kW 笼型异步电动机空载起动和加载情况下的工作过程。

1. 建立仿真模型

由交流电源直接供电的异步电动机模型如图 4.26 所示。模型中三相电动机（Asynchronous Machine）模块连接了三个正弦电源模块（ua，ub，uc），电机负载由阶跃函数模块 TL 设定，电动机参数通过电机测量模块（Machines Measurement Demux1）测量，通过示波器观测电动机定子三相电流（模块 isa，isb，isc）、转子三相电流（模块 ira，irb，irc）、转速（模块 speed）和转矩（模块 Te），并且由 XY 图示仪（XY Graph）观测电动机的机械特性（转矩-转速特性）以及定子、转子磁场轨迹，模块提取路径见表 4.7，模型参数见表 4.8。

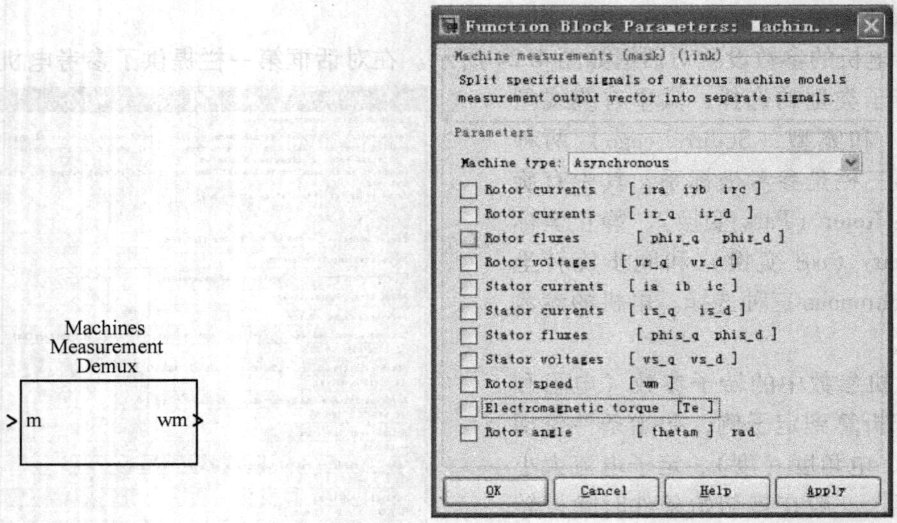

a)　　　　b)

图 4.25　交流电机测量模块

a）测量模块图标　b）测量模块选择框

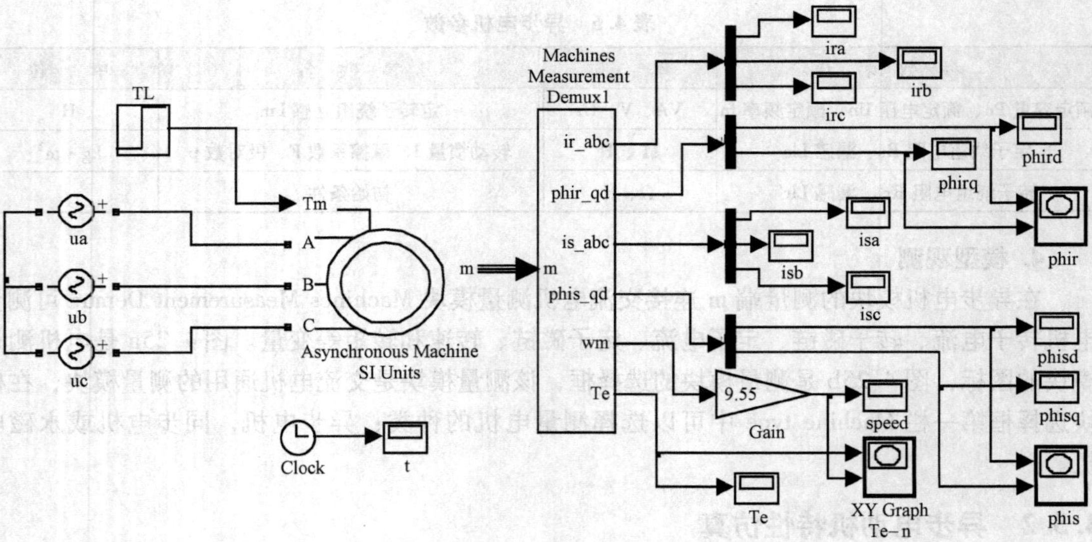

图 4.26　异步电动机特性研究模型

表 4.7　异步电动机仿真模型模块提取路径

模块名称	提取路径
三相电源 ua、ub、uc	SimPowerSystems/Electrical Sources/AC Voltage Source
异步电动机	SimPowerSystems/Machines/Asynchronous Machine SI Units
电机测量模块	SimPowerSystems/Machines / Machines Measurement Demux
阶跃信号模块	Simulink/Sources/Step

（续）

模块名称	提取路径
负载给定模块 TL	Simulink/User-Defined Functions/Fcn
放大模块 Gain	Simulink/Commonly Used Blocks/Gain
XY 图示仪 XY Graph	Simulink/Sinks/XY Graph

表 4.8　异步电动机特性研究模型参数

三相电源	电压	220V	频率	50Hz
电动机（容量 Pn＝4.7kW）	电压 Vn	380V	频率 fn	50Hz
	定子绕组电阻 Rs	0.68Ω	定子绕组漏感 Lls′	0.0042H
	转子绕组电阻 Rr	0.45Ω	转子绕组漏感 Llr′	0.0042H
	互感 Lm	0.15H	转动惯量 J	0.05kg · m^2
	摩擦系数 F	0.0081	极对数 p	2
负载设定 TL	加载时间（Step time）	0.5s	加载值（Final Value）	70N · m
仿真参数	算法	ode23t	相对误差	10^{-5}

2. 仿真波形

电动机在额定电压下空载起动和加载后的波形如图 4.27 所示。从图 4.27a 可以看到，起动时电机转速迅速上升，在 0.2s 后达到空载转速 1500r/min，在 0.5s 时给电机施加负载 70N · m，电机转速下降，转差变大，稳定后转速为 1300r/min 左右。电机空载起动到过载过程中电机的定子电流和转子电流波形如图 4.27b 和图 4.27c 所示，在起动过程中随转速上升电流减小，0.5s 加载后电流迅速增大，定子电流为 50Hz 的正弦波。转子电流的变化与定子电流同步，但是转子电流的频率随电机转差而变化，起动时随转速上升转子电流频率下降，当电机达到理想空载转速 1500r/min 时，转子电流的大小和频率都接近为零，加载后随着转速的下降，转子电流的频率与转差成正比。图 4.27d 是给定负载波形，图 4.27e 是电机的转矩响应，二者变化是相应的，在起动中交流电机的转矩有较大波动，这与磁场从零开始建立有关，到 0.3s 时电机的空载转矩基本为零。0.5s 加载后，电机转矩上升，0.6s 后电机转矩稳定在 70N · m，与负载转矩相平衡。图 4.27f 是电机的动态机械特性，其中 A 点是空载转速达到同步转速时的工作点，加载后，工作点从 A 移向 B，B 点对应的负载转矩是电机的工作点。

图 4.28 为上述工作过程中定子和转子的磁链轨迹。其中图 4.28a 是定子磁链轨迹，起动时定子磁链从零开始建立，然后不断增大并旋转，在正弦电压下电机达到稳定转速后定子磁链的轨迹是一个圆。转子磁链（见图 4.28b）与定子磁链具有同样的建立过程，通过 XY 图示仪可以清楚地看到磁场的建立过程。电机磁场一般难以用物理仪器观察是学习中的难点，仿真形象地描画了磁场的轨迹和电机运行的各个瞬态波形，在学习和研究中具有重要作用。

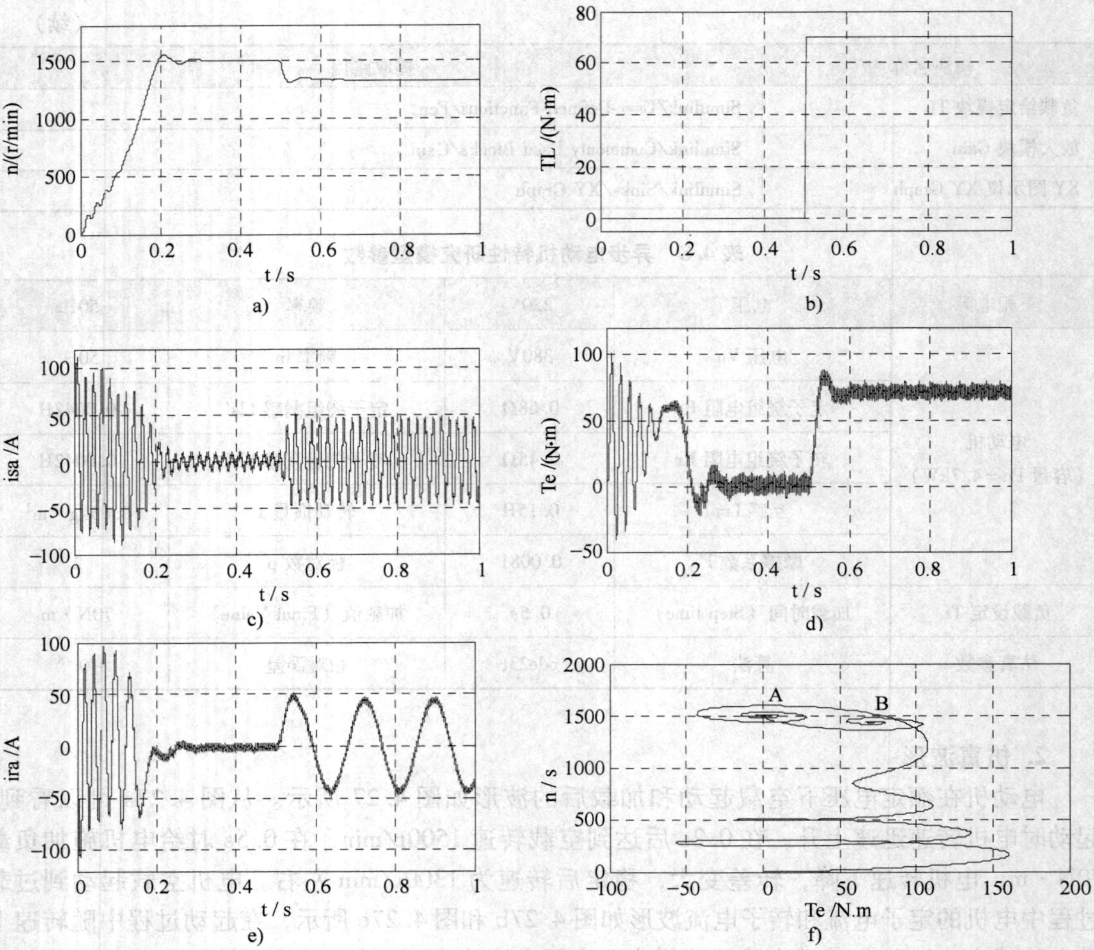

图 4.27　异步电动机工作波形

a）电机转速　b）定子电流　c）转子电流　d）负载转矩　e）电机转矩　f）机械特性

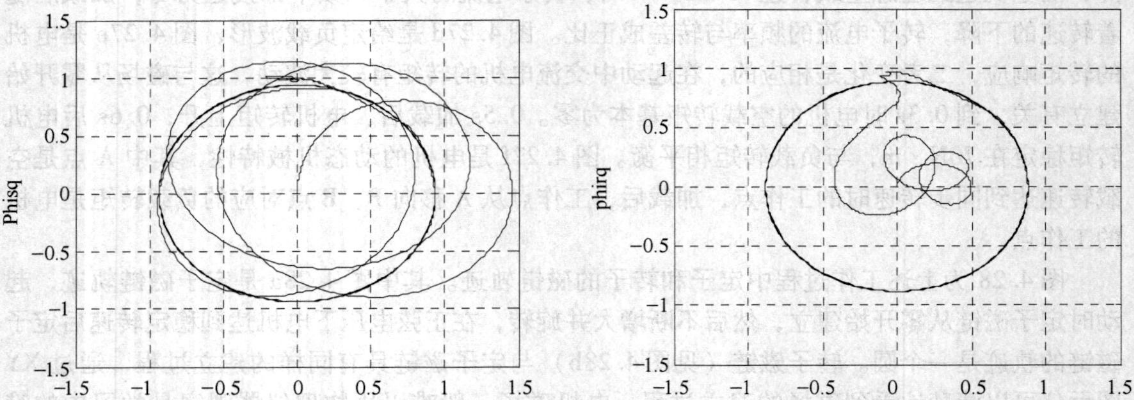

图 4.28　异步电动机的磁场轨迹

a）定子磁链　b）转子磁链

4.4　交流同步电机模型

交流同步电机和异步电机具有相同的定子绕组，但是转子是直流励磁绕组或永久磁铁，MATLAB/Simulink 有多个同步电机的模型，如图 4.29 所示，包括简单模型（Simplified Synchronous Machine）、基本模型（Synchronous Machine Fundamental）和永磁转子模型（Permanent Magnet Synchronous Machine），并且根据模型参数不同又有标准单位制模型（SI Units）和标幺值单位制模型（pu Units），同步电机模型既可以工作在电动机状态，也可以工作在发电机状态。本节主要介绍同步电机的基本型模型。

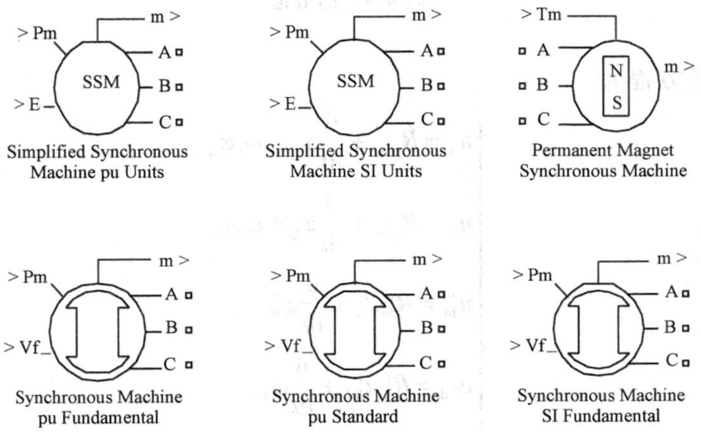

图 4.29　同步电动机模型

4.4.1　基本型同步电机模型

基本型同步电机模块如图 4.30 所示。模块的 A、B、C 端口为三相定子的接线端，用于连接三相电源（电动机模式）或三相负载（发电机模式）Pm 端用于输入电机轴上的机械功率，Pm 为“－”表明电机输入机械功率，电机工作在发电机状态；Pm 为“＋”表明电机输出机械功率，电机工作在电动机状态。在电动机工作状态时，该端一般是连接一个常数模块或函数模块，使电机机械功率以常数或函数形式输入；在发电机状态时，该端连接常数、函数或原动机（水轮机和调速器、蒸汽轮机和调速器）。Vf 输入端用于接入励磁电压，在电动机状态一般连接常数模块，励磁电压以常数表示；在发电机状态，则可以连接励磁系统模块（Excitation System Block）。模块输出端 m 用于连接测量模块（见图 4.25）。

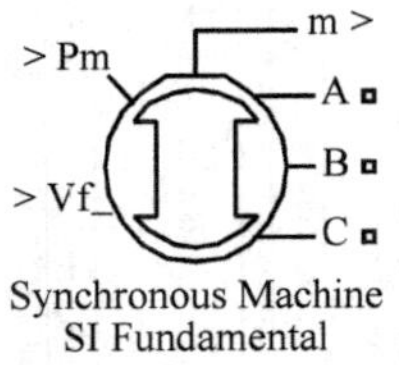

图 4.30　同步电机（基本型）模块

1. 同步电机数学模型

同步电机的数学模型建立在二相旋转 dq 坐标系上，模型可反映定子磁场和阻尼绕组的动态过程。同步电机动态模型在二相坐标系上的等效电路如图 4.31 所示，图中转子参数均折算到定子侧。

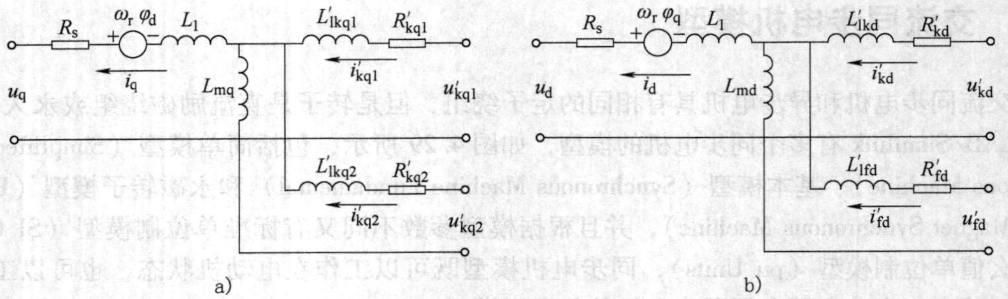

图 4.31　同步机模型等效电路

a）q 轴　b）d 轴

同步电机电压方程为

$$
\begin{cases}
u_d = R_s i_d + \dfrac{d}{dt}\varphi_d - \omega_r \varphi_q \\
u_q = R_s i_q + \dfrac{d}{dt}\varphi_q + \omega_r \varphi_d \\
u'_{fd} = R'_{fd} i'_{fd} + \dfrac{d}{dt}\varphi'_{fd} \\
u'_{kd} = R'_{kd} i'_{kd} + \dfrac{d}{dt}\varphi'_{kd} \\
u'_{kq1} = R'_{kq1} i'_{kq1} + \dfrac{d}{dt}\varphi'_{kq1} \\
u'_{kq2} = R'_{kq2} i'_{kq2} + \dfrac{d}{dt}\varphi'_{kq2}
\end{cases}
\tag{4.19}
$$

磁链方程为

$$
\begin{cases}
\varphi_d = L_d i_d + L_{md}(i'_{fd} + i'_{kd}) \\
\varphi_q = L_q i_q + L_{mq} i'_{kq} \\
\varphi'_{fd} = L'_{fd} i'_{fd} + L_{md}(i_d + i'_{kd}) \\
\varphi'_{kd} = L'_{kd} i'_{kd} + L_{md}(i_d + i'_{fd}) \\
\varphi'_{kq1} = L'_{kq1} i'_{kq1} + L_{mq} i_q \\
\varphi'_{kq2} = L_{kq2} i'_{kq2} + L_{mq} i_q
\end{cases}
\tag{4.20}
$$

上述式中，下标 d、q 为 d 轴和 q 轴分量，r、s 为转子和定子参数，l、m 为漏感和励磁电感，f、k 为磁场和阻尼绕组。

2. 模型参数

双击模块弹出模型对话框如图 4.32 所示，对话框中第一栏（Preset model）中有 24 种规格的电机可供选择，第二栏（Mechanical input）有机械功率和速度两种输入方式供选择。如果选择了第三栏详细参数（Show Detailed Parameters），则转子有凸型（Salient）和绕线型（Round）两种选择。对话框的余下各栏用于设置同步电机的参数，见表 4.9。

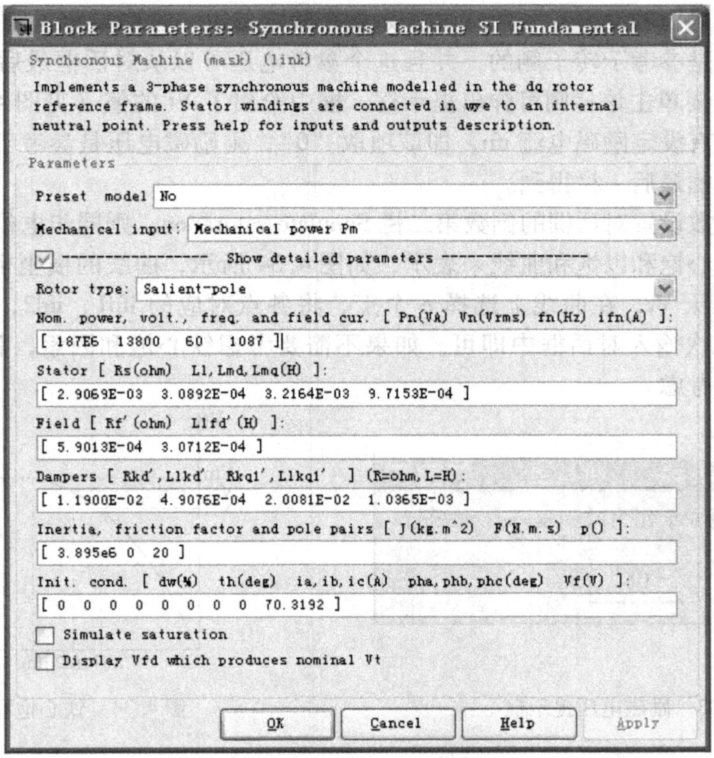

图 4.32　同步电机参数设置对话框

表 4.9　同步电机模型参数

参　数		单　位
电机额定参数（Norminal）	容量 Pn	VA
	线电压 Vn	V（有效值）
	频率 fn	Hz
	励磁电流 ifn	A
定子（Stator）	电阻 Rs	Ω
	漏感 Ll	H
励磁绕组（Field）	电阻 Rf′	Ω
	漏感 Llfd′	H
阻尼绕组（Dampers）	d 轴电阻 Rkd′、漏感 Llkd′	Ω、H
	q 轴电阻 Rkq1′、漏感 Llkq1′	Ω、H
	对隐极机还有电阻 Rkq2′、漏感 Llkq2′	Ω、H
机械参数	转动惯量 J	kg · m^2
	摩擦系数 F	N · m · s
	极对数 p	

同步电机的初始条件包括初始速度 dw，转子角 th 单位为度，线电流 ia、ib、ic，相角 pha、phb、phc（单位为度）和励磁电压 Vf 参数，其中初始速度以额定转速的百分数（%）

表示。关于励磁电压的设定有两种情况，如果在额定参数一栏中设定了励磁电流 ifn，则初始励磁直流电压是参考于转子侧的，并且这个参考电压可以从对话框最后一栏（dislay Vfd …）中得到，只要单击该栏则可弹出提示框，框中给出了 Vt 的值（见图 4. 33）；如果在额定参数一栏中没有设定励磁电流 ifn，即该项取“0”，则励磁电压是参考于定子的，同样可以通过单击对话框最后一栏得到。

如果选中参数设置对话框的倒数第二栏 Simulate saturation，则同步电机模型可以考虑铁心饱和因素，铁心饱和以饱和曲线来表示，如图 4. 34 所示，曲线的横坐标是励磁电流 ifd，纵坐标为励磁电压 Vt，在曲线上选择 n 个点，将各点对应的 ifd1、ifd2，…，ifdn 和 Vt1、Vt2，…，Vtn 依次输入对话框中即可。如果不需要考虑铁心饱和因素，就不要选中该项，这时铁心按线性考虑。

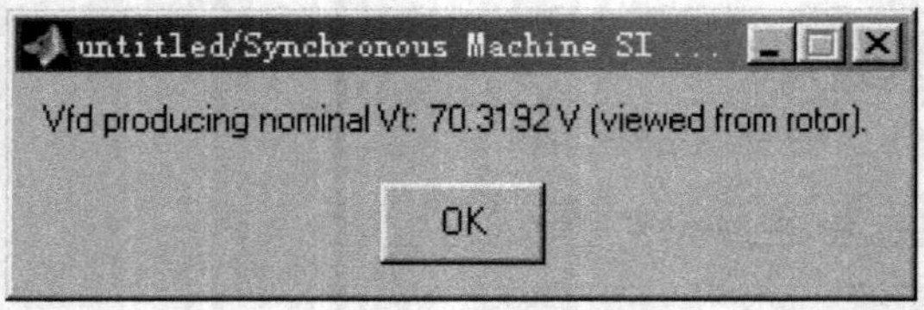

图 4. 33　励磁电压提示框

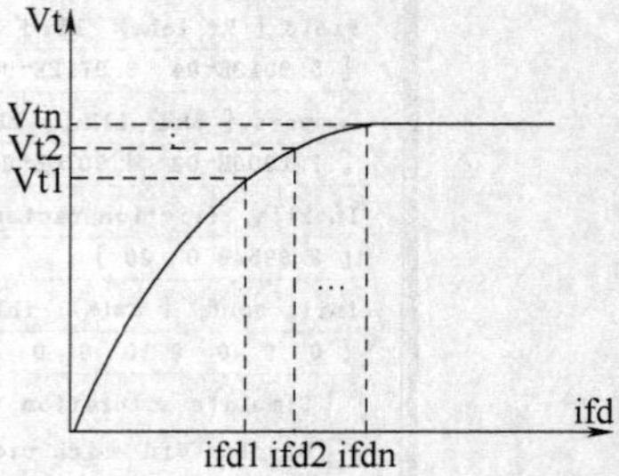

图 4. 34　铁心饱和曲线

通过同步电机模块的测量端 m 可以观测电机的 22 项参数，分别为：

- 1 ~ 3　定子电流 i_{sa}、i_{sb}、i_{sc}
- 4 ~ 5　q 轴和 d 轴定子电流 i_{sq}、i_{sd}
- 6　磁场电流 i_{fd}
- 7 ~ 9　阻尼绕组电流 i_{kq1}、i_{kq2}、i_{kd}
- 10 ~ 11　q 轴和 d 轴磁链 φ_{mq}、φ_{md}
- 12 ~ 13　q 轴和 d 轴电压分量 u_q、u_d
- 14　转子角偏差 $\Delta\theta$
- 15　转子角速度 ω
- 16　电磁功率 P_e
- 17　转子速度偏差 $d\omega$
- 18　转子机械转角 θ
- 19　电磁转矩 T_e
- 20　负载角 δ
- 21　输出有功功率 P_{eo}
- 22　输出无功功率 Q_{eo}

4. 4. 2　同步电动机模型使用举例

【例 4. 5】　仿真研究一台 16kW/380V/1500r/min 同步电动机起动和带负载的工作情况。

（1）建立模型

建立同步电动机电路模型如图 4.35 所示，模型中同步电动机模块直接连接三相电源 uabc，三相电阻模块 3R 是为满足三相电源 uabc 模块使用要求而另加的。电机的 Pm，Vf 端采用阶跃信号模块 Step 分别输入机械功率和励磁参数。电机 m 端连接交流电机测量模块（Machines Measurement Demux），测量单元 is-qd 端输出二相电机模型定子电流的 d-q 轴分量，用函数模块 Fcn 计算定子电流的有效值，Fcn 模块中输入 is = sqrt(u[1]^2 + u[2]^2)/sqrt(2)。为了便于观察，用放大模块 Gain 将电机转速单位转换为 r/min，用放大模块 Gain1 将输出的电磁功率单位转换为 kW。模型的主要模块提取路径见表 4.10。

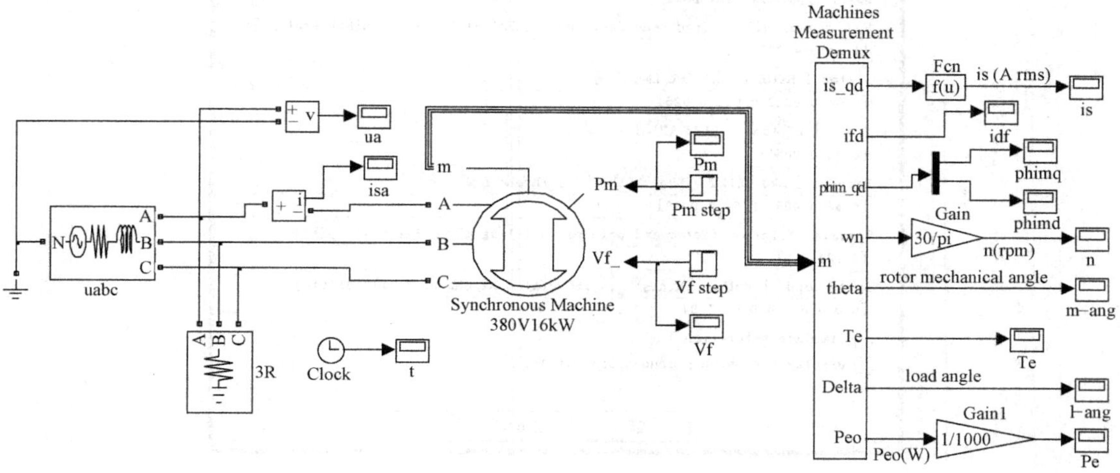

图 4.35　同步电动机电路仿真模型

表 4.10　同步电动机电路仿真模型中模块提取路径

模 块 名	提 取 路 径
三相电源 uabc	SimPowerSystems/Electrical Sources/Three-Phase Source
同步电动机	SimPowerSystems/Machines/Synchronous Machine SI Fundamental
三相电阻 3R	SimPowerSystems/Elements/Three-Phase Series RLC load
交流电机测量	SimPowerSystems/ Machines / Machines Measurement Demux
电流检测	SimPowerSystems/ Measurements/Current Measurement
电压检测	SimPowerSystems/ Measurements/Voltage Measurement
阶跃信号模块	Simulink/Sources/Step
函数模块 Fcn	Simulink/User-defined Functions/Fcn
放大模块 Gain	Simulink/Commony Used Blocks/Gain

（2）设置模型参数

同步电动机模块参数如图 4.36 所示，三相电源 uabc 和电阻 3R 模块，Pm step 和 Vf step 模块的参数见表 4.11，仿真算法取 ode23，仿真时间设为 2s。

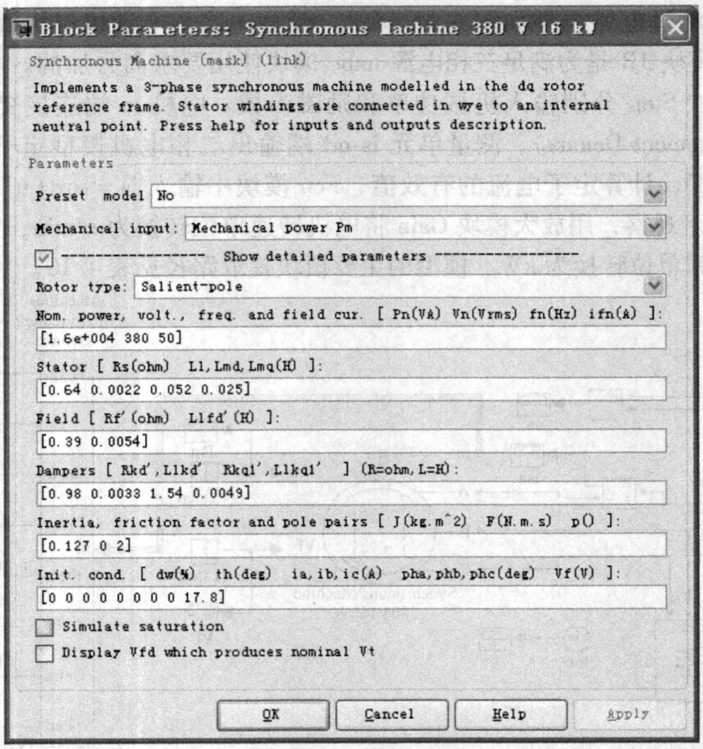

图 4.36　同步电动机模块参数

表 4.11　同步电动机仿真模型参数

模　块	参 数 名	数　值	参 数 名	数　值
三相电源 uabc	线电压 Us	380V	频率 fs	50Hz
	电源电阻 Rs	0.01Ω	电源电感 Ls	0.001H
三相电阻 3R	Active power Pr	10e3		
输入机械功率 Pm step	Steptime	1.5	Initial value	0
	Final value	15e3	Sample time	0
输入励磁电压 Vf step	Steptime	1s	Initial value	0
	Final value	12V	Sample time	0
放大模块 Gain	放大倍数 Kn	30/pi		
放大模块 Gain1	放大倍数 Kp	1/1000		

（3）仿真结果与分析

启动仿真得到的波形如图 4.37 所示，其中图 4.37e 是电机起动和加载后的转速波形，在 0～0.5s 期间电机转速从零开始上升，0.5s 时已基本达到同步转速 1500r/min，在这期间电机是空载起动，并且励磁电压为零，1s 时转子励磁绕组才加上 12V 励磁电压，1.5s 时加上负载，加上励磁和负载对转速除瞬时波动外没有影响，电机保持着同步转速运行。在 1s 前没有励磁同步机能够起动是因为该同步电机的内部补偿绕组是短路的，起动时补偿绕组相

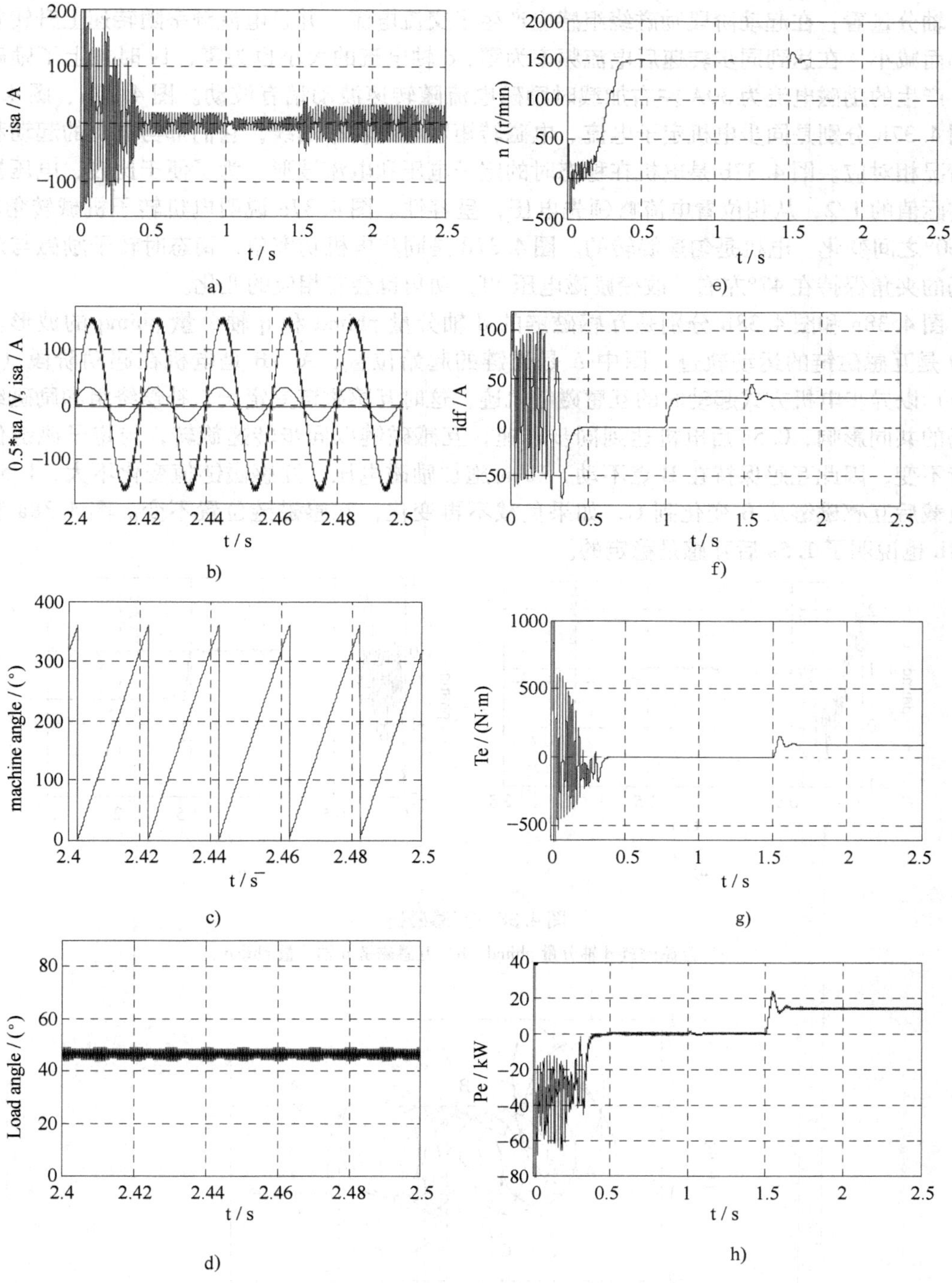

图 4.37　同步电动机仿真波形

a）定子电流　b）定子电压和电流　c）转子机械角　d）转子功率角

e）电机转速　f）d 轴励磁电流　g）电磁转矩　h）电磁功率

当于异步电机的笼型转子，因此可以使用异步电动机的起动方式。从图 4.37f 所示的励磁电流 d 轴分量看，在起动阶段励磁绕组感应产生了交流电流，并且电流频率随转速上升转差的减小而减小，在达到同步转速后电流频率为零，d 轴电流的大小也为零，1s 时加上了励磁电压，产生的励磁电流为 30A 左右加载时励磁电流随转速波动稍有波动。图 4.37a、图 4.37g 和图 4.37h 分别是同步电机定子电流、电磁转矩和电磁功率曲线，它们都与电机的起动和加载情况相对应。图 4.37b 是电机在稳态时的定子电压和电流波形，为了便于比较，电压幅值取实际值的 1/2，从相位看电流略领先电压，呈容性。图 4.37c 说明电机转子机械转角在 0 ~360°之间变化，电机是匀速旋转的。图 4.37d 是同步电机功率角，稳态时转子励磁与定子磁场的夹角保持在 47°左右，改变励磁电压 Vf，功角也会有相应的变化。

图 4.38a 和图 4.38b 分别是互感磁链的 d 轴分量 phimd 和 q 轴分量 phimq 的波形。图 4.39 是互感磁链的运动轨迹，图中 A 是磁链的起始位置，A→B 是电机在起动阶段（0 ~ 0.5s）以异步电机方式起动时的互感磁链轨迹，这时互感磁链受定子、补偿绕组和励磁绕组磁场的共同影响，0.5s 后电机达到同步转速，互感磁链以同步转速旋转，与定子磁链位置保持不变，因此互感保持在 B 点不动，1s 时施加励磁电压，互感磁链值变化不大，1.5s 加上负载后互感磁链从 B 变化到 C，如果负载不再变化，互感磁链位置不变。图 4.38a 和图 4.38b 也说明了 1.5s 后互感是稳定的。

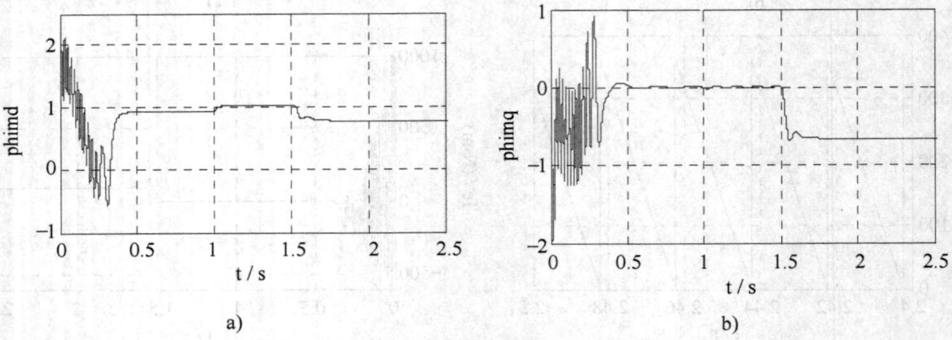

图 4.38　互感磁链

a）互感磁链 d 轴分量 phimd　b）互感磁链 q 轴分量 phimq

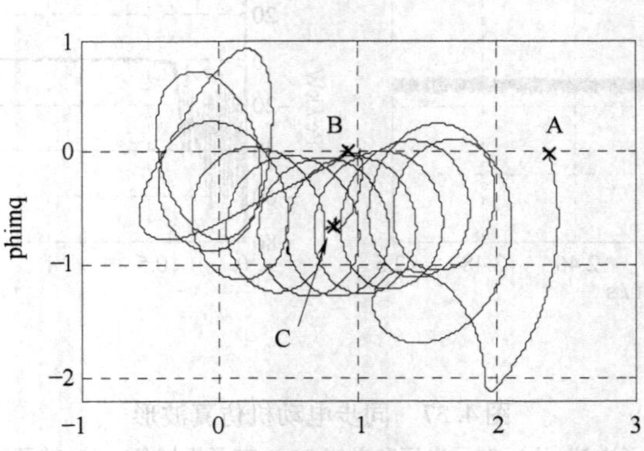

图 4.39　互感磁链轨迹

4.5　永磁同步电机

永磁同步电机定子与普通同步电机相同，具有三相绕组，但是永磁同步电机转子采用永久磁铁，因此转子不需要通过滑环和电刷输入直流电励磁，是一种无刷电机。根据定子输入的三相电压（电流）波形，永磁同步电机又分为正弦波永磁同步电动机和梯形波永磁同步电动机两种，这两种永磁电机模型使用同一 Permanent Magnet Synchronous Machine 模块，在模块对话框中可以选择正弦波和梯形波两种模式。

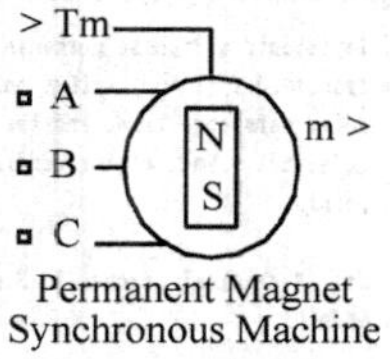

图 4.40　永磁同步电机模块图标

永磁同步电机模块的图标如图 4.40 所示，该模块有四个输入端，一个输出端，其中输入端 A、B、C 连接三相电源；Tm 接机械转矩信号，该信号在电机模块对话框中有转矩和速度两种方式可以选择；输出端 m 可连接交流电机测量模块，用于测量和观察同步电机的参数和工作状态，表 4.12 是可测参变量的列表。

表 4.12　永磁同步机可测参变量

参数名	单位	参数名	单位
定子三相电流 ia，ib，ic	A	电机转速 ωm	rad/s
定子 dq 轴电流 isd，isq	A	转子转角 thetam	rad
定子 dq 轴电压 usd，usq	V	电磁转矩 Te	N · m

4.5.1　正弦波永磁电机模型

1. 正弦波永磁电机方程

正弦波控制永磁同步电机模型假定定子磁通是正弦分布的，因此产生的感应电动势也是正弦的，因为一般永磁同步电机气隙比较大，因此模型没有考虑定子磁路的饱和和铁损。永磁同步电机模型是建立在二相旋转坐标系（dq 坐标系）上的，所有参数也折算到旋转坐标系上。建立在二相坐标系上的正弦波永磁电机方程如下：

$$\begin{cases}\dfrac{\mathrm{d}}{\mathrm{d}t}i_{\mathrm{d}}=\dfrac{1}{L_{\mathrm{d}}}u_{\mathrm{d}}-\dfrac{R}{L_{\mathrm{d}}}i_{\mathrm{d}}+\dfrac{L_{\mathrm{q}}}{L_{\mathrm{d}}}p\omega_{\mathrm{r}}i_{\mathrm{q}}\\ \dfrac{\mathrm{d}}{\mathrm{d}t}i_{\mathrm{q}}=\dfrac{1}{L_{\mathrm{q}}}u_{\mathrm{q}}-\dfrac{R}{L_{\mathrm{q}}}i_{\mathrm{q}}-\dfrac{L_{\mathrm{d}}}{L_{\mathrm{q}}}p\omega_{\mathrm{r}}i_{\mathrm{d}}-\dfrac{\lambda p\omega_{\mathrm{r}}}{L_{\mathrm{q}}}\\ T_{\mathrm{e}}=1.5p[\lambda i_{\mathrm{q}}+(L_{\mathrm{d}}-L_{\mathrm{q}})i_{\mathrm{d}}i_{\mathrm{q}}]\end{cases} \tag{4.21}$$

式中，L_q、L_d 为 q、d 轴电感；R 为定子绕组电阻；i_q、i_d 为 q、d 轴电流分量；u_q、u_d 为 q、d 轴电压分量；ω_r 为转子角速度；p 为极对数；T_e 为电磁转矩。

2. 正弦波永磁电机模块参数

双击打开图 4.40 所示永磁电机模块对话框，如图 4.41 所示，在 Flux distribution 栏下选择 Sinusoidal（正弦），则该对话框用于显示正弦波永磁电机模块参数，在第三栏 Freset model 中列有 16 种不同功率和转速的交流永磁电机可供选择（见图 4.41a），若选择了 show detailed parameters 项，则可以显示该型电机的参数，这些参数包括定子绕组电阻 Stator resistance，d 轴和 q 轴电感 Inductances，永久磁铁产生的磁通 Flux induce by magnets 以及电机的转动惯量 J，摩擦系数 F 和极对数 p 等。

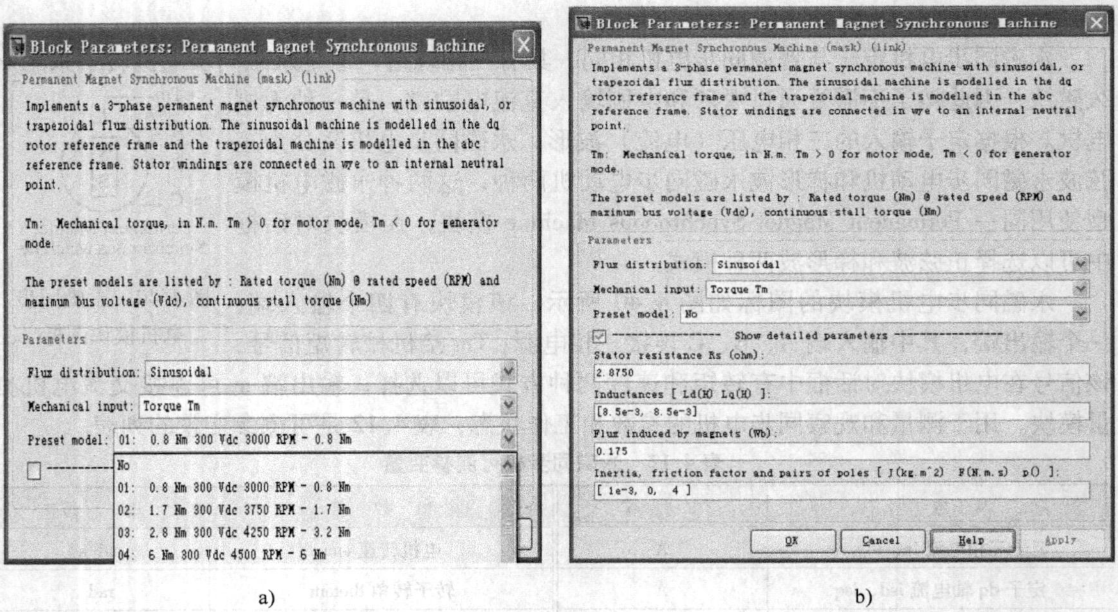

图 4.41　正弦波永磁电机模块对话框

a）对话框 1　b）对话框 2

4.5.2　梯形波永磁电机模型

1. 梯形波永磁电机方程

$$
\begin{cases}
\dfrac{\mathrm{d}}{\mathrm{d}t}i_{\mathrm{a}}=\dfrac{1}{3L_{\mathrm{s}}}\left[2u_{\mathrm{ab}}+u_{\mathrm{bc}}-3R_{\mathrm{s}}i_{\mathrm{a}}+\lambda p\omega_{\mathrm{r}}(-2\phi'_{\mathrm{a}}+\phi'_{\mathrm{b}}+\phi'_{\mathrm{c}})\right]\\
\dfrac{\mathrm{d}}{\mathrm{d}t}i_{\mathrm{b}}=\dfrac{1}{3L_{\mathrm{s}}}\left[-u_{\mathrm{ab}}+u_{\mathrm{bc}}-3R_{\mathrm{s}}i_{\mathrm{b}}+\lambda p\omega_{\mathrm{r}}(\phi'_{\mathrm{a}}-2\phi'_{\mathrm{b}}+\phi'_{\mathrm{c}})\right]\\
\dfrac{\mathrm{d}}{\mathrm{d}t}i_{\mathrm{c}}=-\left[\dfrac{\mathrm{d}}{\mathrm{d}t}i_{\mathrm{a}}+\dfrac{\mathrm{d}}{\mathrm{d}t}i_{\mathrm{b}}\right]
\end{cases}
\tag{4.22}
$$

式中，L_{s} 为定子绕组电感；R_{s} 为定子绕组电阻；i_{a}、i_{b}、i_{c} 为三相电流；ϕ'_{a}、ϕ'_{b}、ϕ'_{c} 为三相感应电动势，波形如图 4.42 所示；λ 为永磁转子对定子的磁通系数。

2. 梯形波永磁电机模块参数

在永磁电机模块对话框 Flux distribution 栏下选择 Trapezoidal，则该框显示梯形波永磁电机参数（见图 4.43a），在第三栏 Freset model 中列有 16 种不同功率和转速的梯形波永磁电动机可供选择，选中其中之一，并选择 show detailed parameters，则可以显示该型电机参数（见图 4.43b）。

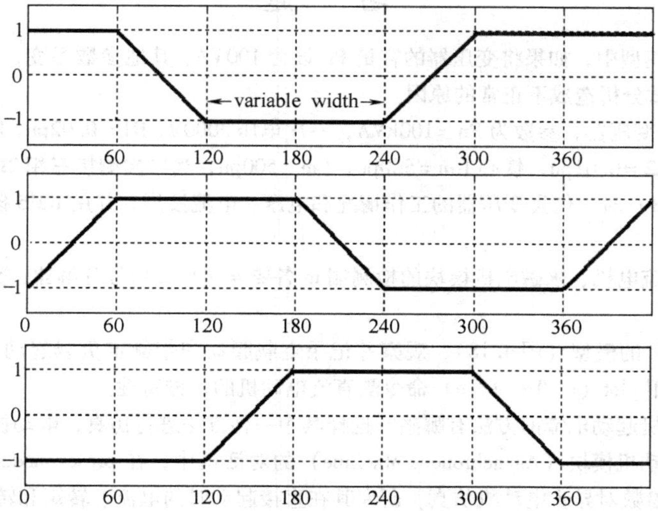

图 4.42　梯形波永磁同步机三相电动势

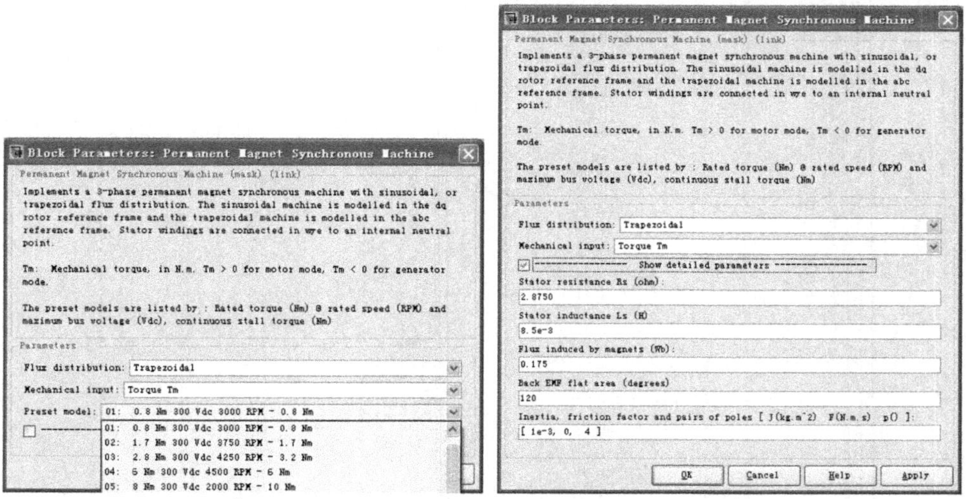

a)　　　　b)

图 4.43　梯形波永磁电机对话框

a）对话框 1　b）对话框 2

本 章 小 结

变压器和电动机是工业上常见的设备，Simulink 模型库中包含了各种变压器和电动机模型，使用这些模型可以使系统的仿真更接近实际工况。本章介绍了各种变压器和电动机模块的特性和参数，并举例介绍了模块的使用。变压器和电动机的参数，如绕组电阻和电感是较难确定的，在举例中介绍了根据直流电动机铭牌参数计算模型参数的方法，模型也提供了一些电机型号和参数供参考，方便读者使用。

习 题

1. 在【例4.1】模型中，如果将变压器的容量Pn设为100VA，其他参数不变，仿真电压、电流波形，这些波形是否正常？试分析造成不正常的原因。

2. 一台Y/Y接法变压器，参数为Pn=100kVA，一次电压3000V，R1=0.02pu，L1=0.01pu，二次电压380V，R2=0.02pu，L2=0.01pu，铁心Rm=500pu，Lm=500pu，当二次侧接三相2Ω电阻，三相阻感负载（$R=0.5\Omega$，$L=500\text{mH}$）时，仿真变压器的工作情况和电压、电流波形，并用RMS模块计算电压、电流的有效值。

3. 直流电机、交流电机、永磁电机模块的检测端m各要连接什么信号分解器？交流异步电动机在检测端可以检测那些参数？

4. 仿真【例4.2】的模型（图4.18），观察并记录空载起动和带额定负载起动两种情况的起动电流、转矩和转速波形，并用plot（t，Te，t，n）命令画直流电动机的机械特性。

5. 降低直流电动机起动电流的方法有哪些？选择其中一种方法进行仿真，电动机参数同【例4.2】。

6. 在三相异步电动机模块（Asynchronous Machine）的对话框中，在preset model项中选择一台预置参数的电动机，并用该参数对异步电动机仿真，研究其在直接起动时的电流、转矩和转速等波形。

第5章　直流调速系统仿真

直流调速是现代电力拖动自动控制系统中发展较早的技术。20 世纪 60 年代初，随着晶闸管的出现，现代电力电子和控制理论、计算机的结合促进了电力传动控制研究和应用技术的发展。晶闸管-直流电动机调速系统为现代工业提供了高效、高性能的动力，尽管现在交流调速发展迅速，交流调速技术趋于成熟，加上交流电机的经济性和易维护性，使交流调速广泛受到用户的欢迎，但是直流电机调速系统以其优良的调速性能仍有广阔的市场，并且建立在反馈控制理论基础上的直流调速原理也是交流调速控制的基础。现在的直流和交流调速装置都是数字化的，使用的芯片和软件各有特点，但基本控制原理具有共同性。本章主要介绍直流调速系统仿真方法，并通过仿真研究直流调速转速和电流的闭环控制，以及谐波分析等问题。

5.1　晶闸管-直流电动机系统模型

晶闸管-直流电动机系统是直流调速最基本的电路，它主要由整流变压器、晶闸管整流器、平波电抗器和直流电动机组成，其电气原理如图 5.1 所示。整流变压器为整流器提供合适的交流电压，同时还起电气隔离的作用，为了减小整流器 3 次谐波对电源的影响，变压器常采用△/丫联结。整流器将交流电变换为直流电，通过改变触发器移相控制信号 U_C，调节晶闸管的控制角以改变整流器的输出电压，实现直流电机的调压调速。平波电抗器 L 的作用是平滑电枢电流，减小电流的脉动。

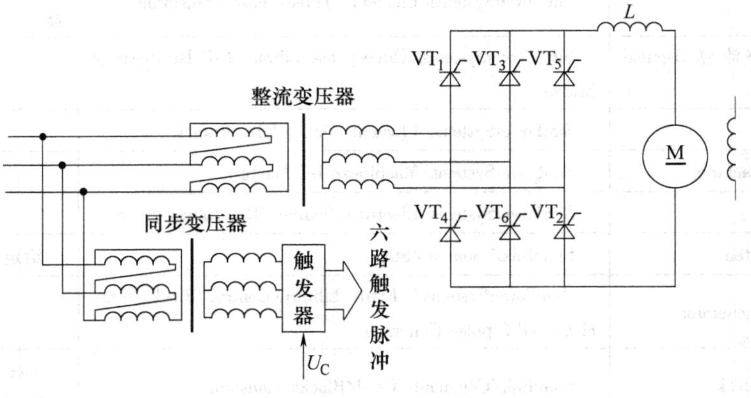

图 5.1　直流开环调速系统电气原理

5.1.1　晶闸管直流开环调速系统模型

依据图 5.1 建立的直流开环调速系统仿真模型如图 5.2 所示，主要模块提取路径见表 5.1。在模型中，交流电源 Three-Phase Source、整流变压器 Three-Phase Transformer、三相整流器 6-pulse thyristor bridge、电抗器 Ld 和直流电动机 DC Machine 模块组成调速主电路。在调速系统中直流电动机一般采用他励方式，为了简化模型，直流电动机的励磁直接由直流电源模块 E 供电。同步变压器 Three-Phase Transformer1、触发器 6-Pulse generator、移相控制 Fcn 和给定模块 uct 组成驱动控制电路，触发器 6-Pulse generator 的同步电压信号连接如图 5.2 所示。

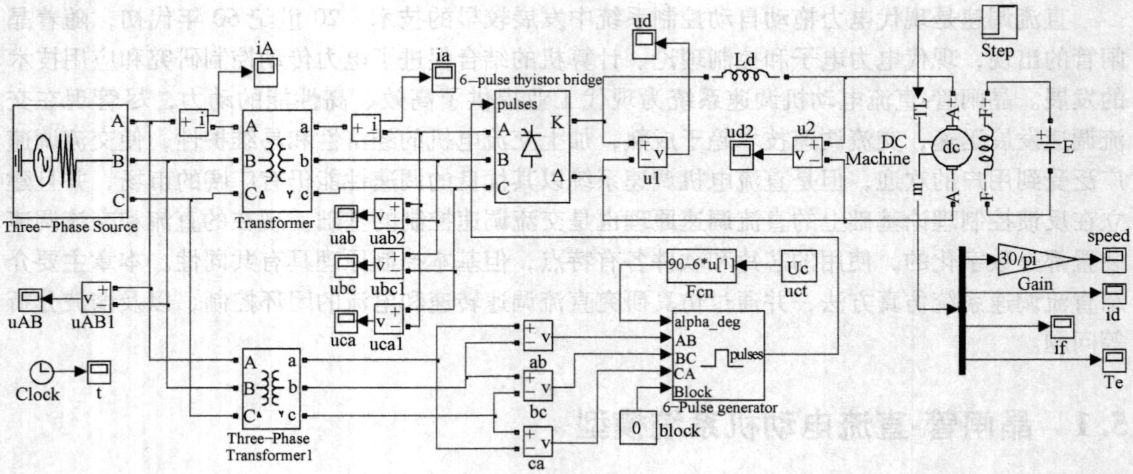

图 5.2　晶闸管直流电动机开环调速系统仿真模型

表 5.1　直流电动机开环调速系统主要模块路径

模　块　名	路　　径	备　　注
三相电源 Three-Phase Source	SimPowerSystems/Electrical Sources/Three-Phase Source	
变压器 Three-Phase Transformer	SimPowerSystems/Elements/Three-Phase Transformer	整流变压器和同步变压器
三相晶闸管整流器 6-pulse thyristor bridge	Sim PowerSystems/Three-phase Library/6-Pulse thyristor bridge	
平波电抗器 Ld	SimPowerSystems/Elements/Series RLC Branch	
直流电机 DC Machine	SimPowerSystems/Machines/ DC Machine	
励磁电源 E	SimPowerSystems/Electrical Sources/DC Voltage Source	
电机负载模块 Step	Simulink/ Source /Step	给定负载转矩 TL
触发器 6-Pulse generator	SimPowerSystems/ Extra Library/Control Blocks/Synchronized 6-pulse Generator	
常数模块 uct，block	Simulink/Commonly Used/Blocks/Constant	uct：控制角给定 block：0 信号
函数模块 Fcn	Simulink/User-Defind Functions/Fcn	触发器移相特性函数
放大器 Gain	Simulink/ Commonly Used/Blocks /Gain	转速变换
电压测量器	SimPowerSystems/ Measurements /Voltage Measurement	
电流测量器	SimPowerSystems/Measurements/Current Measurement	
平均值计算 Mean Value	SimPowerSystems/ Extra/Measurement/Mean Value	

产生晶闸管驱动信号的触发器（6-Pulse generator），其控制端信号 alpha-deg 是以角度表示的控制角，一般整流器移相控制信号是电压信号 U_C，因此模型中增加了一个函数模块 Fcn，将移相控制信号 U_C 变换为触发器控制信号 alpha-deg 端的控制角，Fcn 模块的输入是电压信号 U_C，输出是控制角，控制信号 U_C 由常数模块 uct 设定。移相控制模块的特性如图 5.3 所示。移相特性的函数表达式为：

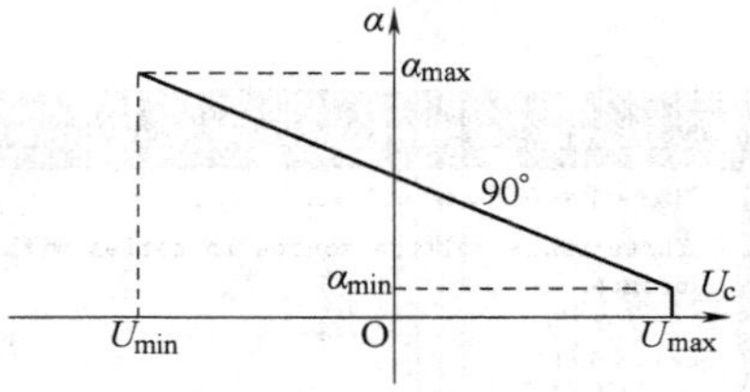

图 5.3　移相特性

$$\alpha = 90° - \frac{90° - \alpha_{min}}{U_{Cmax}} U_C \qquad (5.1)$$

在本模型中取 $\alpha_{min} = 30° U_{Cmax} = 10V$，所以 $\alpha = 90° - 6U_C$，当 U_C 在 ±15V 间变化时，控制角 α 的变化范围是 0～180°。电动机的负载转矩输入端 TL 用 Step 模块设定加载时间和加载转矩。

5.1.2　系统模型参数设置

【例 5.1】　仿真晶闸管-整流电动机开环调速系统，电动机额定参数：$U_N = 220V$，$I_N = 136A$，$n_N = 1460 r/min$，四极，$R_a = 0.21\Omega$，$GD^2 = 22.5 N \cdot m^2$。励磁电压 $U_f = 220V$，励磁电流 $I_f = 1.5A$。采用三相桥式整流电路，设整流器内阻 $R_{rec} = 0.05\Omega$。平波电抗器 $L_d = 20mH$。观察电动机在全压起动和起动后加额定负载时的转速、转矩和电流变化。

题中仅给出电动机额定参数，电源、变压器等参数必须根据电动机要求进行设计和计算。

1. 三相交流电源

在电网电压 $U_{sl} = 380V$，电源内阻 $R_s = 0.001\Omega$，不考虑电源电感时，电源模块参数设置如图 5.4 所示。

2. 三相变压器和整流器

三相变压器采取△/丫型联结，一次电压为 380V（线电压），二次相电压为

$$U_2 = \frac{U_N + (R_{rec} + R_a) I_N}{2.34\cos\alpha_{min}} = \frac{220 + 0.26 \times 136}{2.34\cos 30°} V = 126 V$$

三相电源和变压器参数如图 5.4 和图 5.5 所示，其中电压参数是线电压有效值，绕组电阻和电感在未知时可以先使用预置的标幺值。整流器参数如图 5.6 所示，在没有特别要求时保留预置值，同步变压器二次电压可取 15V。

3. 电动机参数

直流电动机参数如图 5.7 所示。

（1）励磁回路

励磁电阻 $R_f = U_f / I_f = 220/1.5\Omega = 146.7\Omega$，励磁电感在恒定磁场控制时可以取"0"。

（2）电枢回路

电枢电阻 $R_a = 0.21\Omega$，电枢电感由下式估算

$$L_a = 19.1 \frac{CU_N}{2pn_N I_N} = 19.1 \frac{0.4 \times 220}{2 \times 2 \times 1460 \times 136} H = 0.00021 H（c 为补偿系数）$$

图 5.4　三相电源参数

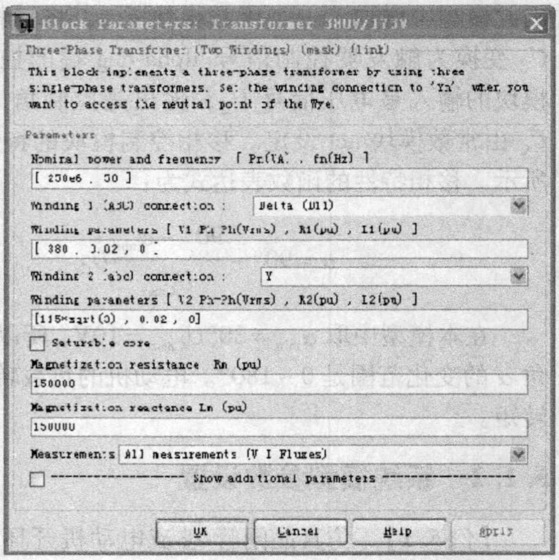

图 5.5　三相变压器参数

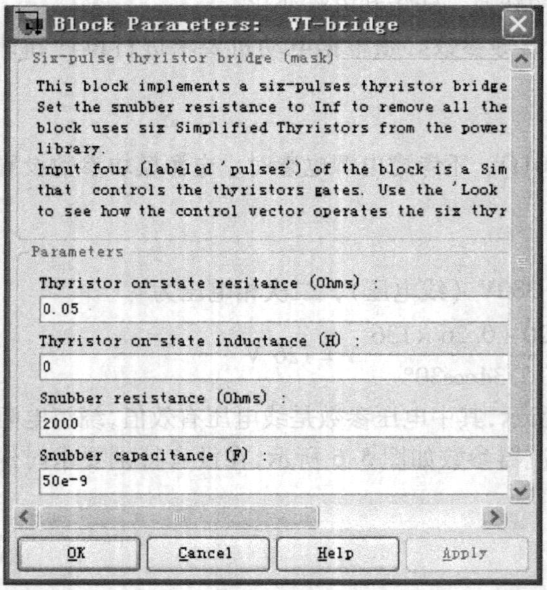

图 5.6　整流器参数

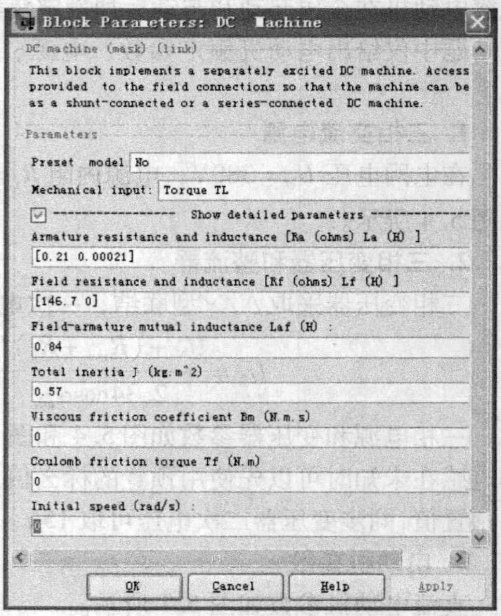

图 5.7　直流电动机参数

(3)电枢绕组和励磁绕组间互感 L_{af}

$$C_e = \frac{U_N - R_a I_N}{n_N} = \frac{220 - 0.21 \times 136}{1460} \text{ V·min/r} = 0.132 \text{ V·min/r}$$

$$K_E=\frac{60}{2\pi}C_e=\frac{60}{2\pi}\times 0.132=1.26$$

$$L_{af}=\frac{K_E}{I_f}=\frac{1.26}{1.5}\ \text{H}=0.84\text{H}$$

(4)电动机转动惯量

$$J=\frac{GD^2}{4g}=\frac{22.5}{4\times 9.8}\text{kg}\cdot\text{m}^2=0.57\text{kg}\cdot\text{m}^2$$

(5)额定负载转矩

$$T_L=9.55C_eI_N=9.55\times 0.132\times 136\ \text{N}\cdot\text{m}=171.4\text{N}\cdot\text{m}$$

按上述设计,模型主要模块参数见表 5.2。

表 5.2　晶闸管调速系统模型主要模块参数

模　块　名	主 要 参 数
三相电源 Three-Phase Source	Vs = 380V, f = 50Hz
三相变压器 Three-Phase Transformer	V1 = 380 V, R1 = 0.02(pu), L1 = 0, V2 = 126 * sqrt(3), R2 = 0.02 (pu), L2 = 0
同步变压器 Three-Phase Transformer1	V1 = 380 V, R1 = 0.002(pu), L1 = 0, V2 = 15 * sqrt(3), R2 = 0.002 (pu), L2 = 0
三相晶闸管整流器 6-pulse thyristor bridge	预置参数
平波电抗器 Ld	Ld = 20mH
直流电机 DC Machine	Ra = 0.21Ω, La = 0.00021H, Rf = 147.6Ω, Lf = 0, Laf = 0.84H, J = 0.57 kg · m^2
触发器 6-pulse	双脉冲触发,脉冲宽度 1°
函数模块 Fcn	90 - 6 * u[1]
放大器 Gain	转速单位变换　30/pi
负载模块 TL	加载时间 ts = 0.5s, 负载转矩 TL = 171.4 N · m

5.1.3　仿真和系统分析

模型仿真算法可取 ode23s，仿真时间 1.5s，电动机空载起动，起动 0.5s 后突加额定负载 171.4 N·m。

1. 电动机工作状态

uct = 10V（$\alpha=30°$），电动机空载起动，0.5s 时加额定负载情况下的电动机转速、电压、电流曲线如图 5.8 所示。起动时电机转速上升（见图 5.8a），0.35s 时电机转速达到空载最高值 1880r/min，空载电压为 248V，这是因为理想空载起动电动机没有任何阻力，在加载前电动机将维持最高转速不变。0.5s 时加上额定负载后电动机转速随之下降，在 1.0s 后进入稳态，转速为 1440r/min。电动机的转速降为 $\Delta n=n_0-n_N=$（1880 - 1440）r/min = 440r/min。电动机电枢端电压波形如图 5.8b 所示，起动中整流器输出电压在 0.35 ~ 0.5s 时峰值达到 260V，加载稳定后电压为 218V。电枢电流波形如图 5.8c 所示，起动中最大电流为 470A 左右，起动完成后电流下降到零，与理想空载的条件相符，稳定电流为电动机额定电流 136A。图 5. 8d 为电动机机械特性，其中 0-A 为电机空载起动阶段，A 为空载时的工作点，B 为额定负载时的工作点，连接 A、B 可得电动机的稳态机械特性。

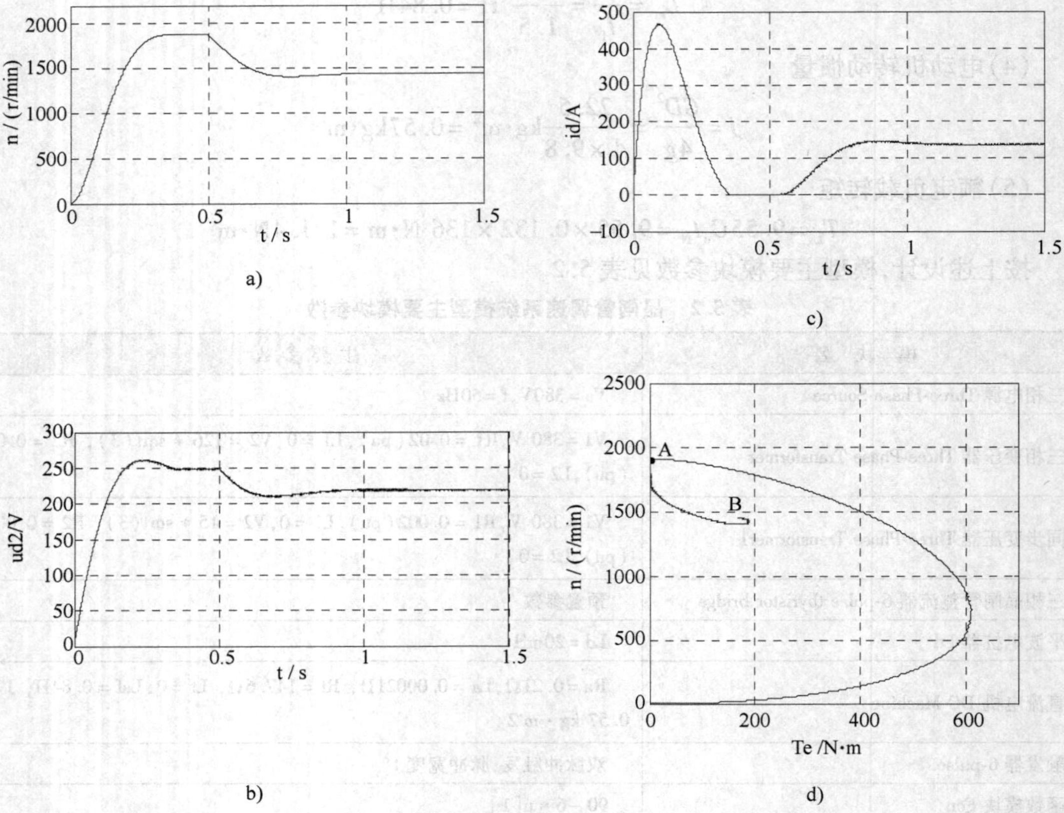

图 5. 8　uct = 10V，$\alpha = 30°$时电机波形

a）转速　b）电枢电压　c）电枢电流　d）电动机转矩-转速特性

2. 整流器工作状态

图 5. 9 给出了各种控制角时整流器输出电压 ud、电流 i_d 的瞬时波形和电压的平均值 ud，可看到整流器输出电压随三相电源电压的变化脉动，脉动周期是电源频率的六倍，因为电枢回路连接了平波电抗器，经过电抗器滤波，电流的波动很小。比较图 5. 9 中的各 ud 波形可以看出，随控制角增加，ud 的正半周面积减小，平均电压 ud 下降，$\alpha > 60°$后，ud 波形出现负半周；$\alpha = 90°$时，ud 包围的正负半周面积相等，这时 ud = 0。

3. 整流变压器工作情况

通过模型的示波器可以观察整流变压器一、二次电压、电流波形，如图 5. 10 所示。变压器一次电流是六阶梯波，最高值为 88A，二次电流呈方波，最高值为 135A，电流滞后于电压。变压器电流波形受 Magnetization reactance（Lm）参数影响很大，预置的标幺值是 Lm = 500，取较大 Lm 的变压器线性度较好，图 5. 10a 所示为变压器一次电流在 Lm = 15000 时的波形，波形是较好的六阶梯波。实际变压器 Lm 较低，波形也与图 5. 10a 不同。

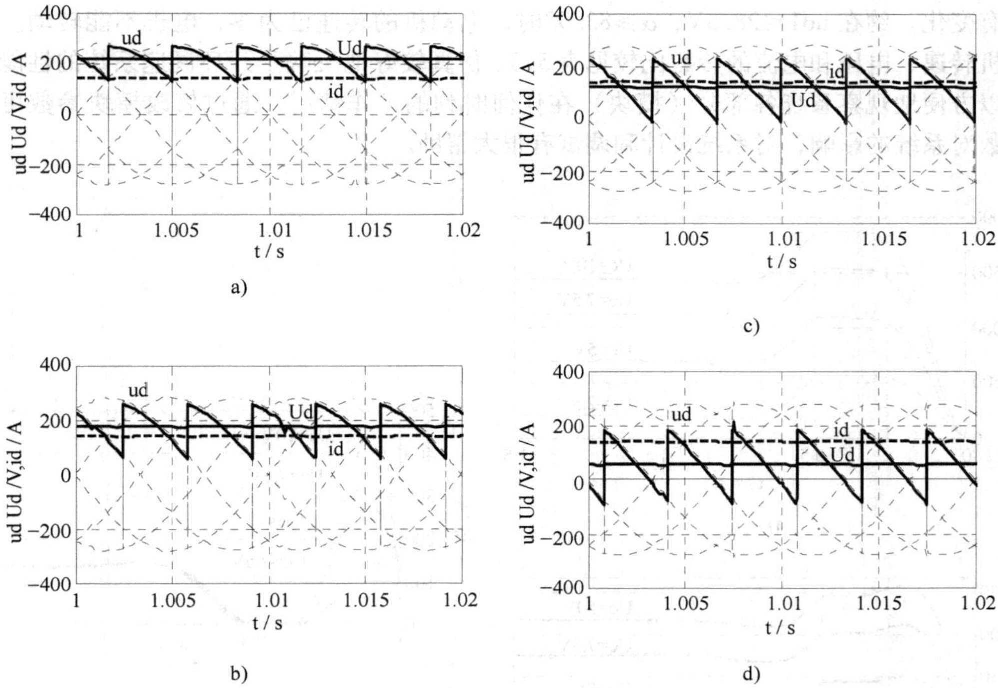

图 5.9　不同控制角时 ud、Ud、id 波形

a）$\alpha=30°$　b）$\alpha=45°$　c）$\alpha=60°$　d）$\alpha=75°$

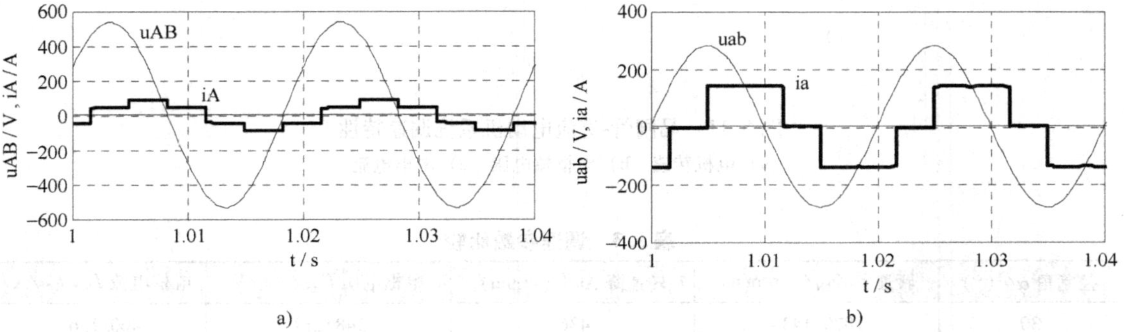

图 5.10　整流变压器一、二次电压、电流波形（$\alpha=30°$）

a）一次电压、电流　b）二次电压、电流

4. 电动机调速特性

在模型中改变给定值 uct 可以改变控制角，从而改变整流器输出电压，实现直流电动机的调电枢电压调速。图 5.11a 是不同给定值 uct 时的电动机转速波形，随着 uct 的减小，电

动机转速下降。图 5. 11b 和图 5. 11c 分别是不同 uct 时的电枢电压和电流波形，随着 uct 的减小，电动机电压下降，起动电流也减小，但是电动机的稳态电流不变，其原因是电动机负载没有变化。约在 ud1 ≤28. 5V，$\alpha \geqslant 83.9°$时，电动机的转速已为零，电机不能转动。调速时电机转速、电压和电流的参数比较见表 5. 3。仿真较好地反映了开环调速系统的性能，并且可以方便地观察系统各部分（模块）在任何时刻的工作情况，通过修改模块参数可以观察参数对系统的影响，对系统设计和调试有很大帮助。

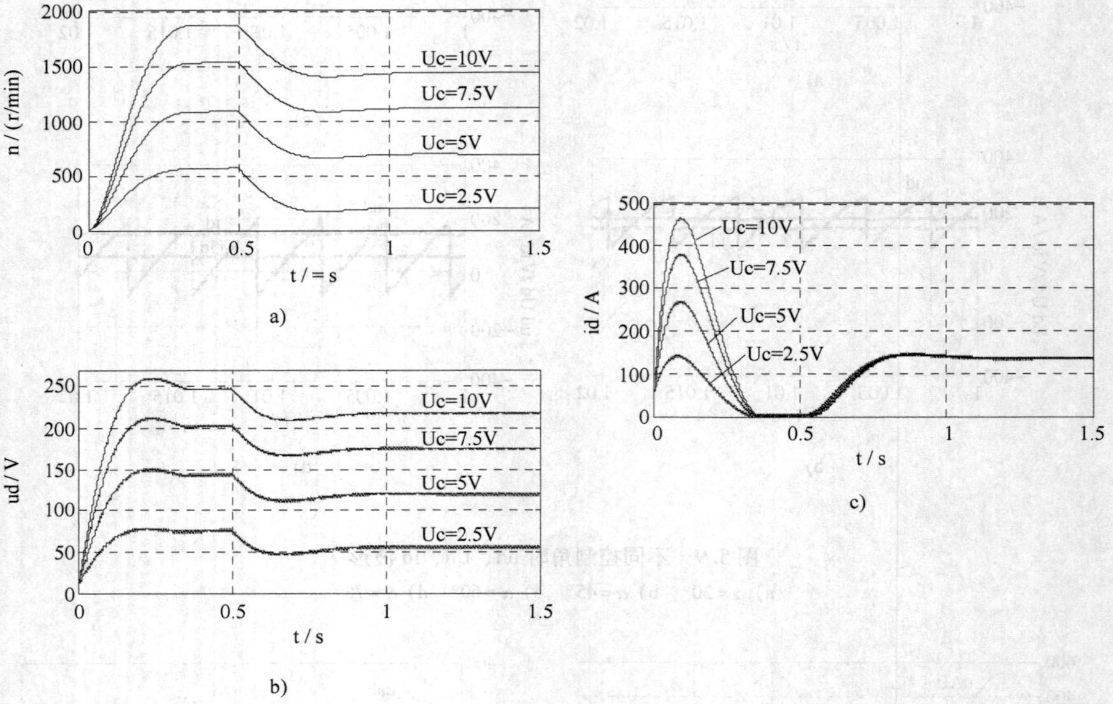

图 5. 11　晶闸管-直流电动机系统调速特性

a）电机转速　b）电枢端电压　c）电枢电流

表 5. 3　调速参数比较

控制角 α/（°）	转速 n_0/n_N/（r/min）	转速降 Δn/（r/min）	电枢电压 U_{dm}/U_{dN}/V	电枢电流 I_{dm}/I_{dN}/A
30	1870/1434	436	248/217	460/136
45	1530/1112	418	202/175	380/136
60	1085/693	382	143/120	270//136
75	570/204	366	75/55	140/135

5. 1. 4　谐波分析

从图 5. 10 可见，整流电路变压器一、二次电流都不是正弦波，含有谐波，可以用 MATLAB 的谐波分析工具 FFT 进行谐波分析。在启动仿真时模型上会自动弹出 powergui 模块，

如果没有出现，可以在 SimPowerSystems 模型库中调取 powergui 模块。进行谐波分析前首先要将分析对象示波器参数第二页的数据格式设为 structure with time。本例的对象是变压器一次电流 iA 和二次电流 ia，设置示波器数据格式并给变量命名后，单击 powergui 模块，出现如图 5.12a 所示的页面，在页面中双击 FFT Analysis 得到如图 5.12b 所示页面，在页面右边的选择框中可以选择分析对象。如在 Structure 栏中选择变压器一次电流 iA，Start time 栏设"1"，Number 栏设"2"，则画面左边上部出现 1～1.04s 内 iA 两个周期的波形，在画面左边下部显示谐波分析结果。如果在 Structure 栏中选择 ia，则进行变压器二次电流谐波分析，如图 5.13a 所示。FFT Analysis 的谐波可以用柱状图 Bar 或谐波列表 List 两种方式表示，可在右边的 Display Style 栏中选择。图 5.12b 和图 5.13a 以柱状图方式给出变压器一次电流 iA 和二次电流 ia 的频谱，图 5.13b 是以列表方式给出变压器二次电流谐波，在列表中同时给出了基波（50Hz）峰值为 155.01，主要谐波为 5、7、11、13、17、19、23、25 次谐波，偶次谐波和 3 的整倍数次谐波都很小，全部谐波含量 THD = 30.2%。

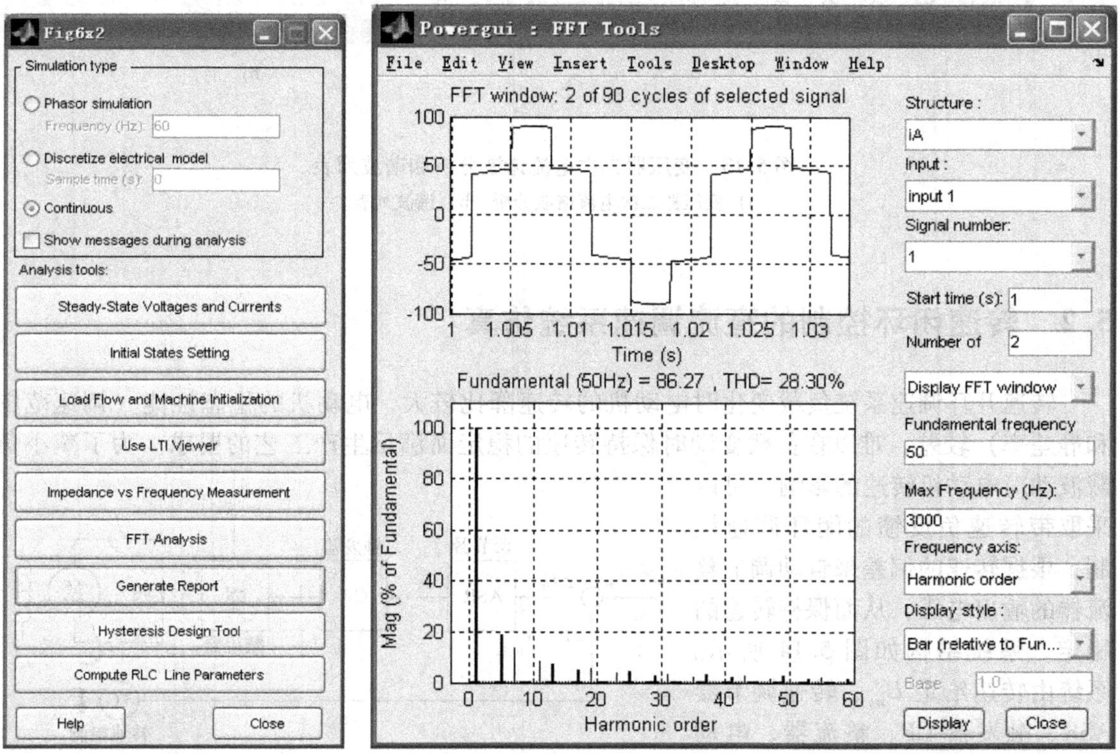

a)　　　　　　　　　　　　　　　b)

图 5.12　谐波分析

a）powergui 模块页面　b）变压器一次电流谐波分析

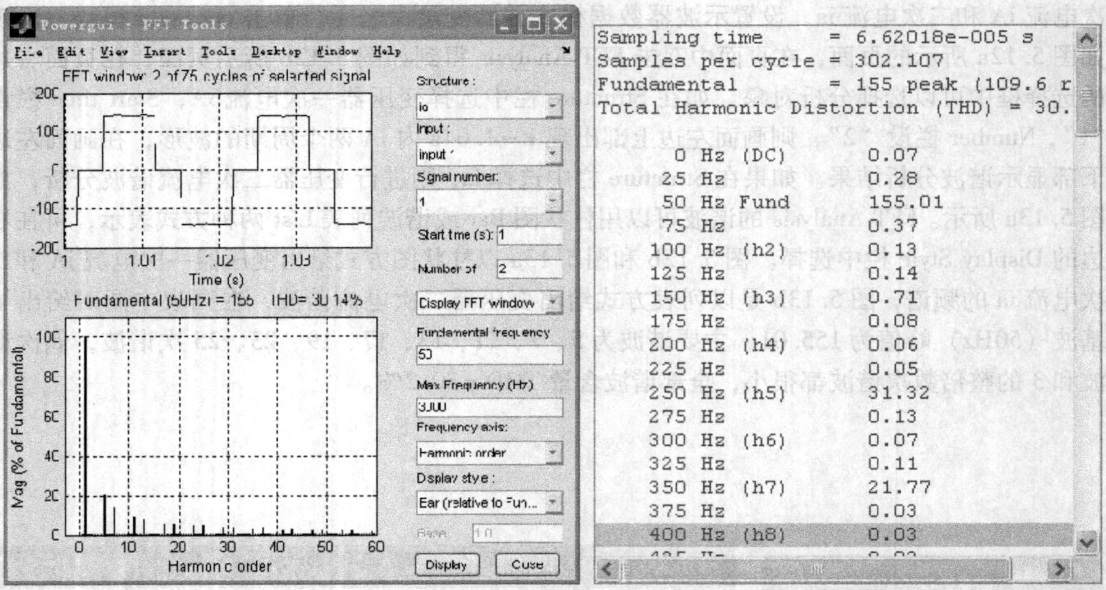

图 5.13　变压器二次电流谐波分析和谐波列表
a）变压器二次电流谐波分析　b）谐波列表

5.2　转速闭环控制的直流调速系统仿真

转速开环调速系统负载变化时电动机的转速降比较大，电动机的稳态性能（调速范围和静差率）较差，难以在负载变动时保持转速的稳定而满足生产工艺的要求。为了减小负载波动对电动机转速的影响，可以采取带转速负反馈的闭环调速控制，根据转速的偏差来自动调节整流器的输出电压，从而保持转速的稳定，系统结构如图 5.14 所示。系统由转速给定 U_n^*、转速调节器 ASR、触发器 CF、整流器、电动机 M 和转速检测 TG 等单元组成。

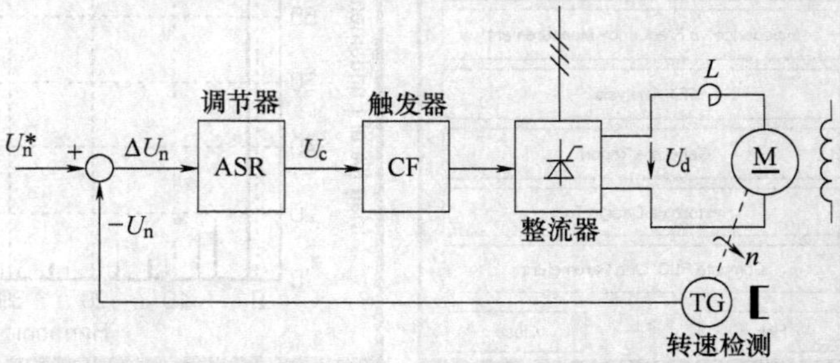

图 5.14　转速负反馈直流调速系统组成

转速闭环调速的工作原理是：通过检测电机实际转速信号 U_n，将该信号 U_n 与给定转速信号 U_n^* 进行比较得到转速偏差信号 ΔU_n（$\Delta U_n = U_n^* - U_n$），转速调节器根据转速偏差信号 ΔU_n 产生减小或消除偏差的控制信号 U_c，U_c 经过触发和整流环节调节电动机电枢电压 U_d，从而控制电动机转速。调节器在减小和消除转速偏差中起重要作用，比例（P）调节器和比例-积分（PI）调节器是调速系统最常用的两种调节器，采用比例调节器的系统是转速有静差调速系统，采用比例-积分调节器的系统是转速无静差调速系统。

与转速开环调速系统（见图5.1）相比较，闭环调速系统主要增加了转速调节器ASR、转速检测和转速反馈等控制环节，其仿真也可以在开环调速系统模型基础上进行。一般在仿真复杂系统前要首先建立局部系统的模型，对模型局部进行仿真，在局部模型工作正常后再组成复杂系统模型。这样在仿真发生一些问题时容易找到问题的原因，达到事半功倍的目的。要想一蹴而就，一次建模成功往往适得其反，会花费更多的时间。

5.2.1　ASR采用比例调节器

转速有静差调速系统的转速调节器ASR采用比例调节器建立的系统模型如图5.15所示。该模型在开环系统模型（见图5.2）基础上增加了转速给定un*，放大器Kp和饱和模块Saturation组成的带输出限幅的比例调节器，其输出uct连接移相控制模块Fcn。转速反馈信号un直接取自电动机测量模块的转速输出端，转速反馈系数alpha由放大模块n-feed设定，为0.00685（最大转速给定值（10）与额定转速（1460）的比值）。电源、变压器、整流器和电动机参数同例5.1，饱和模块Saturation的限幅值为±10，转速给定值un*的取值范围为0~10，放大器Kp的放大倍数可根据要求设定，模型的仿真参数设置同【例5.1】。

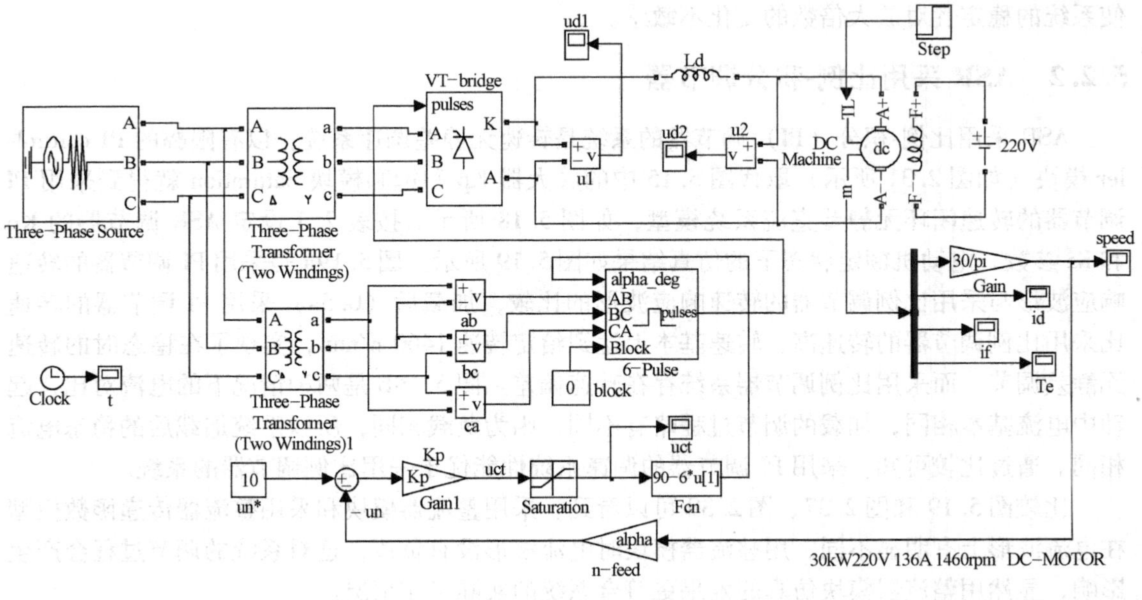

图5.15　采用比例调节器的有静差转速闭环调速系统模型

1. 采用比例调节器系统的调速性能

取转速调节器Kp为20，转速给定un*分别设为10（1460r/min）、5（730r/min）、0.5（73r/min）的情况下启动仿真，得到的结果如图5.16所示。图5.16a是不同un*时的转速响应，在转速给定 un * 变化后，相应的转速稳定值也随之变化，加载前电机的空载转速与转速给定值相符。加载后（0. 5s）转速有下降，但是在转速闭环控制后，系统的转速降 Δn 平均在 70r/min 左右，明显低于开环调速系统的平均转速降 400r/min。这说明转速闭环控制减小了负载引起的转速变化，系统的稳速性能得到提高。但是采用比例调节器，转速稳态时还有偏差，因此属于有静差调速系统。从图 5. 16a 的转速响应也可看到：采取转速反馈后系统有较宽的调速范围，$D = 1460/73 = 20$。

图 5. 16b、图 5. 16c 分别是不同转速时的电压、电流波形，随着转速给定值的减小，整流器输出电压减小，电动机转速减小，实现了调压调速的要求。电流波形表明，起动电流随电压减小而减小，稳态电流取决于负载，负载不变时，尽管转速改变，但稳态电流不变。电压、电流波形也表明，转速下降后，加载的调节过程有振荡加剧和调节时间延长的趋势。

2. 放大倍数对调速性能的影响

要观察放大倍数对调速性能的影响，只需在模型中修改放大器参数 Kp 就可以实现，图 5. 17a 和图 5. 17b 是在保持转速给定 un * 为 10 不变，Kp 分别为 100、20、5、0. 5 时系统的转速和电压波形，由于调节器的限幅，Kp > 20 时提高放大倍数对转速和电压的影响已经不大；在 Kp < 20 时较大放大倍数可以减小转速降 Δn，改善系统的稳态性能。但是放大倍数过小时，整流器输出电压低于额定值 220V（见图 5. 17b），电动机转速明显下降，因此有限幅后，放大器放大倍数取大一些对提高系统性能有利。过大的放大倍数可能引起系统的不稳定，但由于比例调节器的输出限幅，整流器模块的输出电压受控制角限制，在 $\pm U_{dm}$ 之间，使系统的稳定性对放大倍数的变化不敏感。

5. 2. 2 ASR 采用比例-积分调节器

ASR 采用比例-积分（PI）调节器的系统是转速无静差调速系统，以有限幅的 PI controller 模块（如图 2. 31 所示）取代图 5. 15 中的放大器 Kp 和饱和模块 Saturation 就得到采用 PI 调节器的转速闭环无静差直流系统模型，如图 5. 18 所示。按表 2. 3 设定 ASR 调节器的 Kp 和 Ki 参数，电动机额定状态下的仿真结果如图 5. 19 所示。图 5. 19a 是采用 PI 调节器的转速响应波形与采用比例调节器的转速响应波形的比较，加载后（0. 5s）采用 PI 调节器的转速比采用比例调节器的转速高，转速基本上达到给定转速 1460 r/min，实现了在稳态时的转速无静差调节，而采用比例调节器系统存在转速偏差。图 5. 19b 是两种情况下的电流对比，起动中电流基本相同，加载的调节过程略有不同，因为负载相同，所以系统加载后的稳态电流相同。通过比较可知，采用 PI 调节器的调速系统性能优于采用比例调节器的系统。

比较图 5. 19 和图 2. 37、图 2. 39 可以看到，采用整流器模块和采用整流器传递函数模型在电流波形上有明显不同，用整流器模块时电流波形没有负值，这对系统的调节过程会产生影响，显然用整流器模块仿真的效果更符合系统的实际工作情况。

5. 2. 3 带电流截止负反馈的转速闭环调速系统

转速闭环控制减小了电动机负载时的转速降，但是起动时电流比较大，如果要限制起动电流，可以在转速负反馈系统的基础上增加电流截止负反馈措施。带电流截止负反馈的转速单闭环调速系统仿真模型如图 5. 20 所示，模型在图 5. 2 的基础上增加了由电流反馈 i-feed 和死区 Dead Zone 模块组成的电流截止环节。电流反馈信号在 Dead Zone 模块死区设定的范围内时，Dead Zone 模块没有输出，电流截止负反馈不起作用。当电流反馈信号于 Dead Zone 模块的死区范围外时，Dead Zone 模块的输出抵消了一部分转速的给定信号 un *，使电流减小。模型的电流信号取自电枢电流检测端，设 i-feed 放大模块系数为：0.74（最大转速给定（10）与额定电流（136）的比值），Dead Zone 模块的死区范围为 0～10.4。在实际系统中，i-feed 放大模块系数取电流互感器的变换系数，死区范围相当于稳压管稳压值，死区范围可以根据电流限制要求选取。

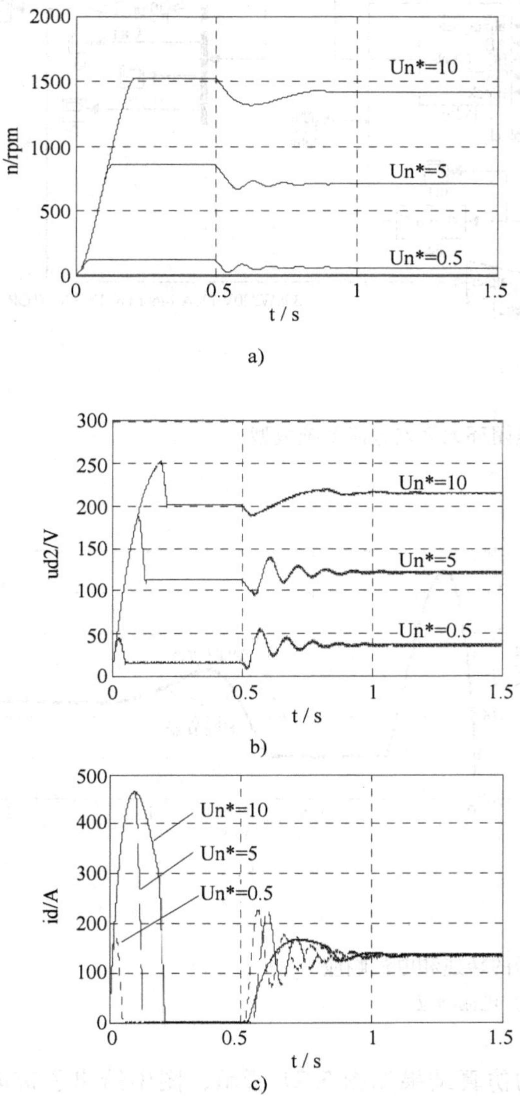

图 5.16　比例调节器调速系统波形（Kp＝20）

a）转速响应　b）电压响应　c）电流响应

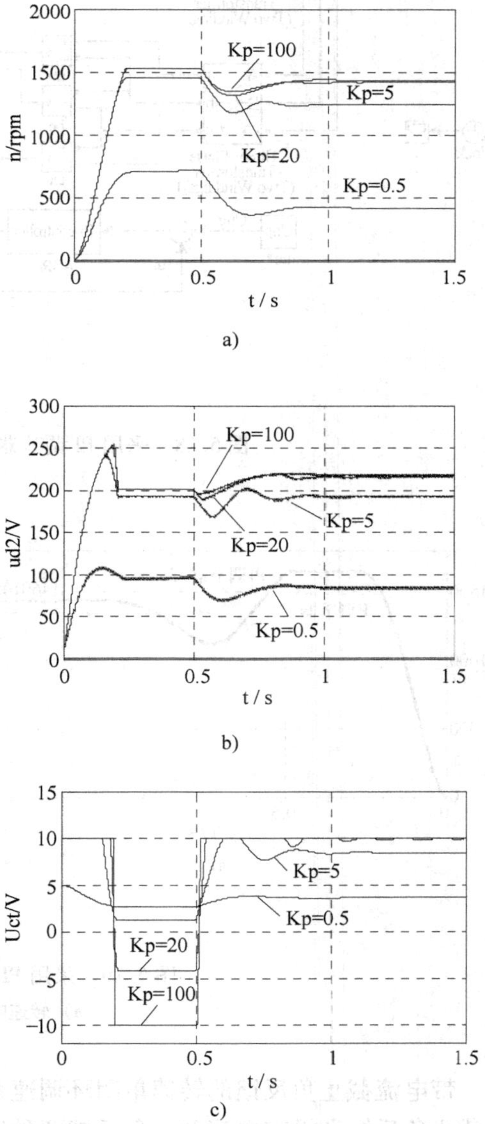

图 5.17　不同 Kp 时的影响

a）对转速影响　b）对电压影响　c）控制信号 Uc

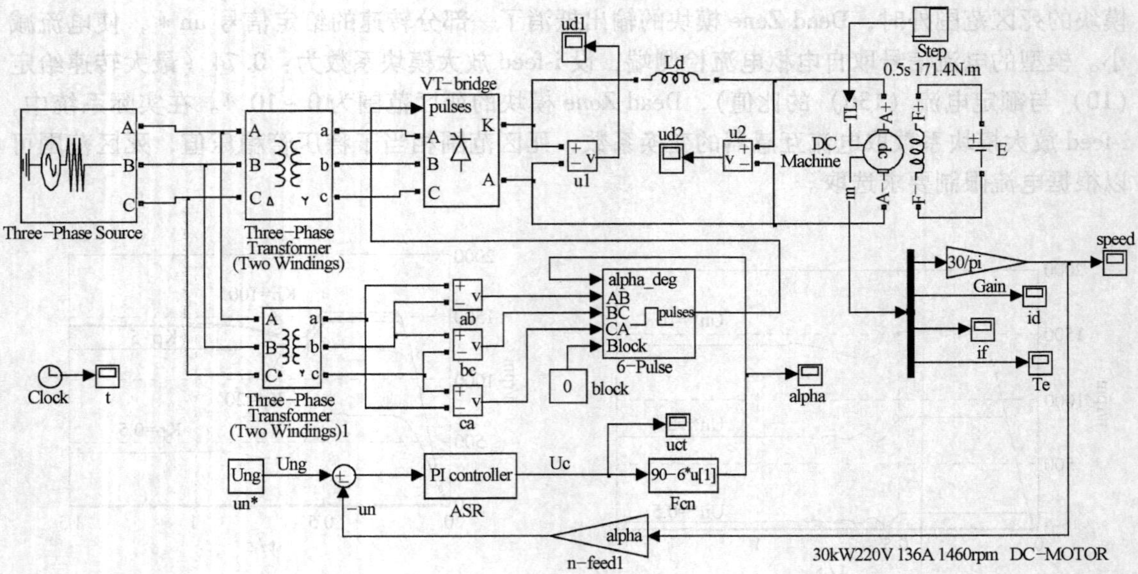

图 5.18　采用 PI 调节器的转速闭环无静差直流系统模型

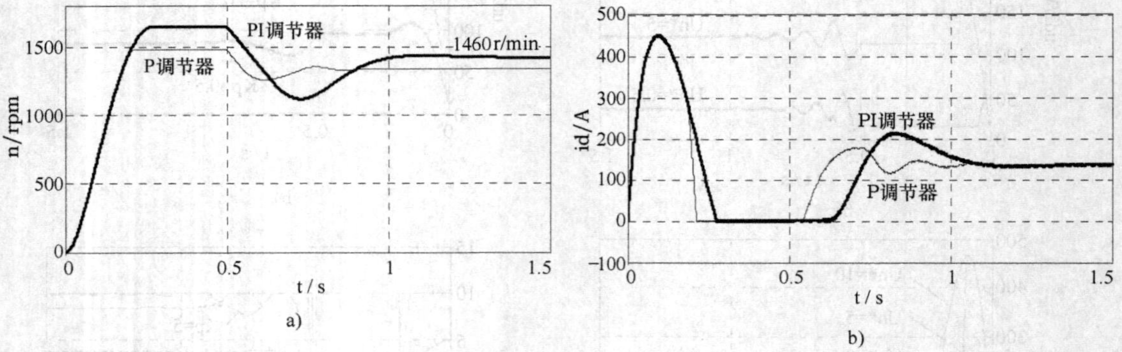

图 5.19　采用 PI 调节器的转速和电流响应

a）转速响应　b）电流响应

带电流截止负反馈的转速单闭环调速系统的仿真结果如图 5.21 所示，图中给出了带电流截止负反馈和没有电流截止负反馈两种情况下转速和电流的比较。电流截止负反馈使系统的起动电流最高值从原来的 470A 减小到 260A 左右，调节电流反馈系数和死区模块的死区范围可以调节电流的最大值，但是起动的时间相对延长。

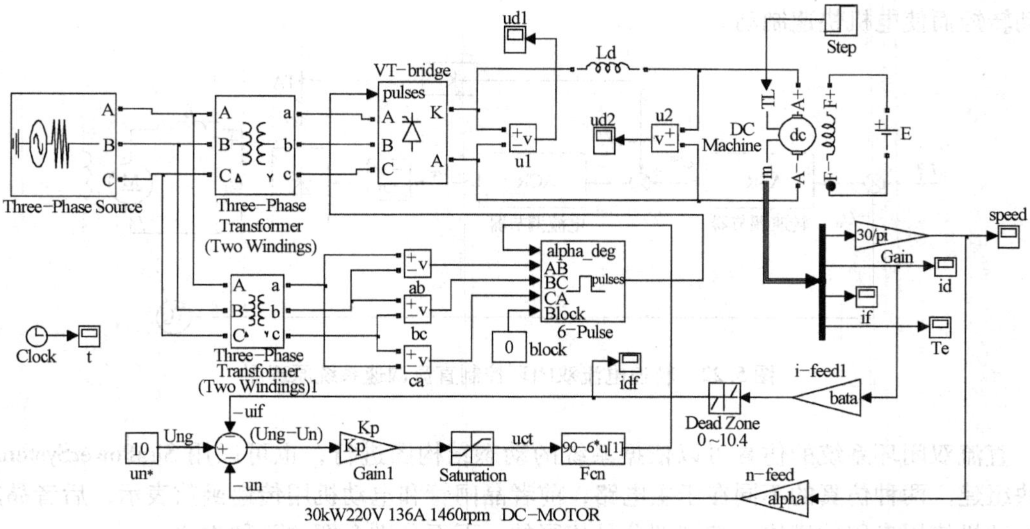

图 5.20　带电流截止负反馈的转速单闭环调速系统模型

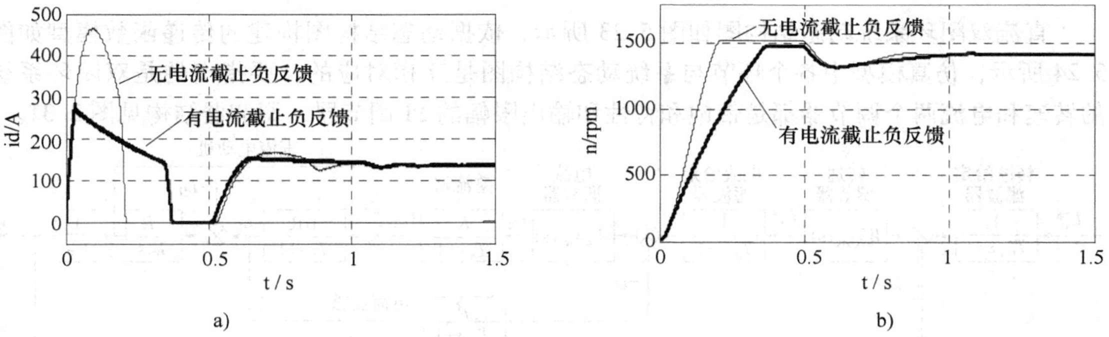

图 5.21　带电流截止负反馈转速单闭环控制调速系统仿真结果

a）电流响应　b）转速响应

5.3　转速电流双闭环控制直流调速系统仿真

转速电流双闭环控制的直流调速系统是广为应用的调速系统，其原理结构如图 5.22 所示。双闭环控制直流调速系统的特点是电动机的转速和电流分别由两个独立的调节器分别控制，电流调节器 ACR 串接在转速调节器 ASR 之后，转速调节器的输出就是电流调节器的给定 U_i^*，因此电流环能够随转速偏差调节电动机的电流和转矩。当实际转速低于给定转速时，转速调节器的积分作用使电流给定值 U_i^* 增加，并通过电流环调节使电流增加，电动机获得加速转矩使电机转速上升；当实际转速高于给定转速时，转速调节器的输出减小，即电流给定减小，并通过电流环调节使电流下降，电机因为电磁转矩减小而减速。当转速调节器输出达到限幅值时，电流环以最大电流 I_{dm} 实现电机的加速，使电机的起动时间最短。在图 5.22 所示的不可逆调速系统中，由于晶闸管整流器不能通过反向电流，因此不能产生反向制动转矩而使电机快速制动。

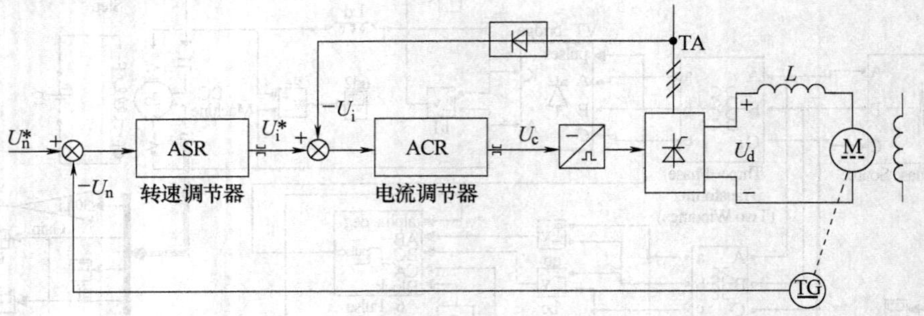

图 5.22　转速电流双闭环控制直流调速系统原理图

直流双闭环系统的仿真可以依据系统的动态结构图进行，也可以用 SimPowerSystems 的模块组建。两种仿真的不同在于主电路，前者晶闸管和电动机用传递函数表示，后者晶闸管和电动机使用专用的模块，控制部分是相同的。下面分别介绍这两种方法。

5.3.1　按直流双闭环系统动态结构图的仿真

直流双闭环系统动态结构图如图 5.23 所示，依据动态结构图构建的传递函数模型如图 5.24 所示，仿真模型中各个环节与系统动态结构图是互相对应的，要指出的是双闭环系统的转速和电流两个调节器都是带饱和特性和输出限幅的 PI 调节器，调节器结构见图 2.31。

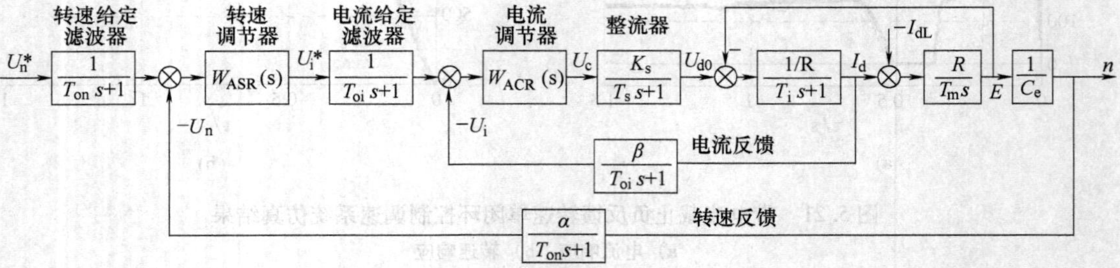

图 5.23　直流双闭环调速系统动态结构图

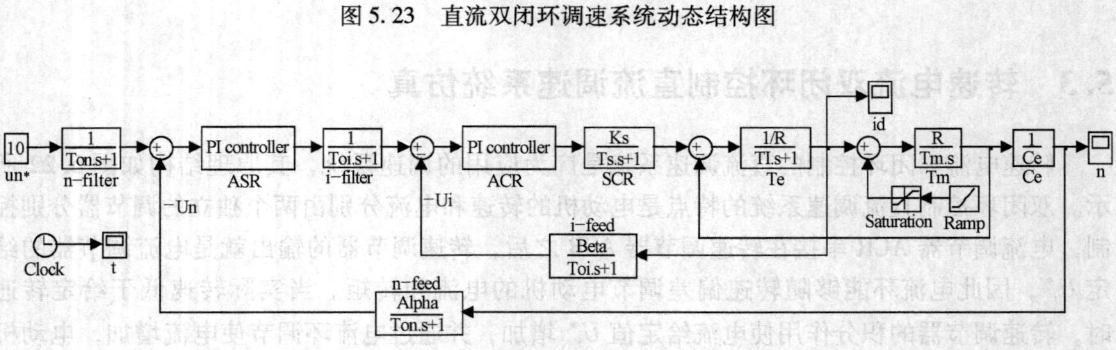

图 5.24　直流双闭环调速系统动态结构图仿真模型

【例 5.2】 以【例 5.1】的晶闸管-直流电动机系统为基础设计一转速电流双闭环控制的调速系统，设计指标为电流超调量不大于 5%，空载起动到额定转速时的转速超调量不大于 10%。过载倍数 λ 为 1.5，取电流反馈滤波时间常数 $T_{oi}=0.002s$，转速反馈滤波时间常数 $T_{on}=0.01s$。取转速调节器和电流调节器的积分限幅值为 12V，输出限幅值为 10V，额定转速时转速给定 un* 为 10V。仿真观察系统的转速、电流响应和设定参数变化对系统响应的影响。

按工程设计方法设计和选择转速、电流调节器参数，ASR 和 ACR 都采用 PI 调节器。

（1）电流调节器参数计算

电流反馈系数

$$\beta=\frac{U_{im}^*}{\lambda I_N}=\frac{10}{1.5\times136}=0.05$$

由【例 2.3】，电机转矩时间常数 $T_m=0.128s$，电磁时间常数 $T_l=0.065s$，三相晶闸管整流电路平均失控时间 $T_s=0.0017s$，电流环的小时间常数 $T_{\Sigma i}=T_s+T_{oi}=0.0017+0.002=0.0037s$。根据电流超调量不大于 5% 的要求，电流环按典型Ⅰ型系统设计，电流调节器选用 PI 调节器，其传递函数为

$$W_{ACR}(s)=K_{Pi}\frac{\tau_i s+1}{\tau_i s}=K_{Pi}\left(1+\frac{K_{Ii}}{s}\right)$$

式中，积分系数 $K_{Ii}=\frac{1}{\tau_i}$，$\tau_i=T_l=0.065s$；$K_{Pi}=\frac{\tau_i R_\Sigma}{2T_{\Sigma i}\beta K_s}=\frac{0.065\times0.31}{2\times0.0037\times0.05\times22}=2.47$。

（2）转速调节器参数计算

转速反馈系数

$$\alpha=\frac{U_N^*}{n_N}=\frac{10}{1460}=0.00685V\cdot min/r$$

为加快转速的调节速度，转速环按典型Ⅱ系统设计，并选中频段宽度 $h=5$，转速调节器的传递函数为

$$W_{ASR}(s)=K_{Pn}\frac{\tau_n s+1}{\tau_n s}=K_{Pn}\left(1+\frac{K_{In}}{s}\right)$$

式中，积分系数 $K_{In}=\frac{1}{\tau_n}$，$\tau_n=hT_{\Sigma n}=h(2T_{\Sigma i}+T_{on})=5\times(2\times0.0037+0.01)\ s=0.087s$；

$$K_{Pn}=\frac{(h+1)\beta C_e T_m}{2h\alpha RT_{\Sigma n}}=\frac{6\times0.05\times0.131\times0.128}{2\times5\times0.00685\times0.31\times0.0174}=17.42。$$

（3）设定模型参数

模型主要模块参数见表 5.4，仿真算法为 ode15，仿真时间为 1.5s，0.8s 时加额定负载。

表 5.4　双闭环系统模型主要参数

模　块　名	主 要 参 数	
转速调节器 ASR	Kp = 17.42，Ki = 1/0.087	积分环节的限幅值为 ±15 调节器输出限幅值为 ±10
电流调节器 ACR	Kp = 2.47，Ki = 1/0.065	
三相晶闸管整流器 SCR	Ks = 40，Ts = 0.0017	

（续）

模　块　名	主　要　参　数
直流电机 DC Machine	Ra = 0.21Ω，Tm = 0.128s，Tl = 0.065s，Ce = 0.131
斜坡函数 Ramp	Slope：100000，Start time：0.8s
限幅 Saturation	Upper：136，Lower：0
电流反馈 i-feed	Bata：0.05，Toi = 0.002
转速反馈 n-feed	Alpha：0.00685，Ton = 0.01

（4）仿真及结果

仿真结果如图5.25所示，可以看到，起动时电流迅速上升，略有超调后保持在200A左右，这段时间电动机以恒电流升速。在0.4s时转速达到给定值并有超调，转速超调后，转速调节器输出下降，电流减小并出现负值。在0.5～0.8s期间，空载电流为零，转速为1460r/min。起动过程中电动机经历了电流上升、恒流升速和转速超调后的电流调节三个阶段。电机加载后转速下降，引起电流上升，经过0.2s左右调节，转速恢复到1460r/min。与该电机的转速闭环系统相比（见图5.19），电机起动电流大幅度下降，电流环发挥了很好的调节作用，使最大电流限制在设定的范围以内。修改调节器参数，可以观察在不同参数条件下双闭环系统电流和转速的响应，修改转速给定也可以观察电机在不同转速时的工作情况。

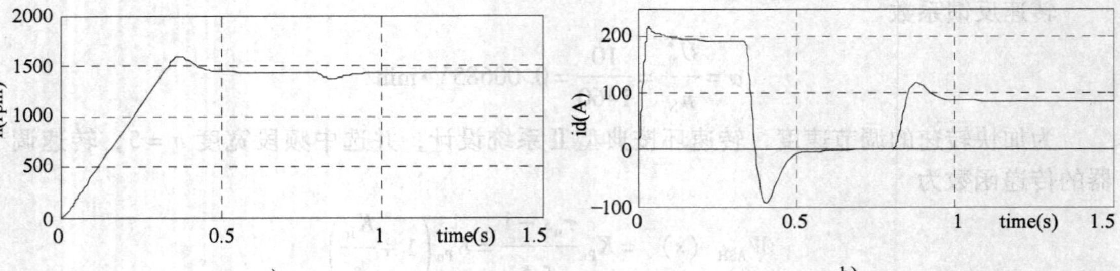

a)　　b)

图5.25　按动态结构图仿真的电流和转速响应曲线
a）转速响应　b）电流响应

5.3.2　使用SimPowerSystems模块的直流双闭环系统仿真

采用SimPowerSystem模块组成的转速电流双闭环控制直流调速系统仿真模型如图5.26所示。模型由晶闸管-直流电动机组成的主回路和转速电流调节器组成的控制回路两部分组成。其中的主电路部分，交流电源、晶闸管整流器、触发器、移相控制环节和电动机等使用SimPowerSystem模型库的模块（参见图5.2）。控制回路的主体是转速和电流两个调节器，以及反馈滤波环节，这部分与前述动态结构图的双闭环系统模型相同，将这两部分拼接起来即组成晶闸管-电动机转速电流双闭环控制直流调速系统的仿真模型如图5.26所示。

模型中转速反馈和电流反馈均取自电机测量单元的转速和电流输出端，减少了测速和电

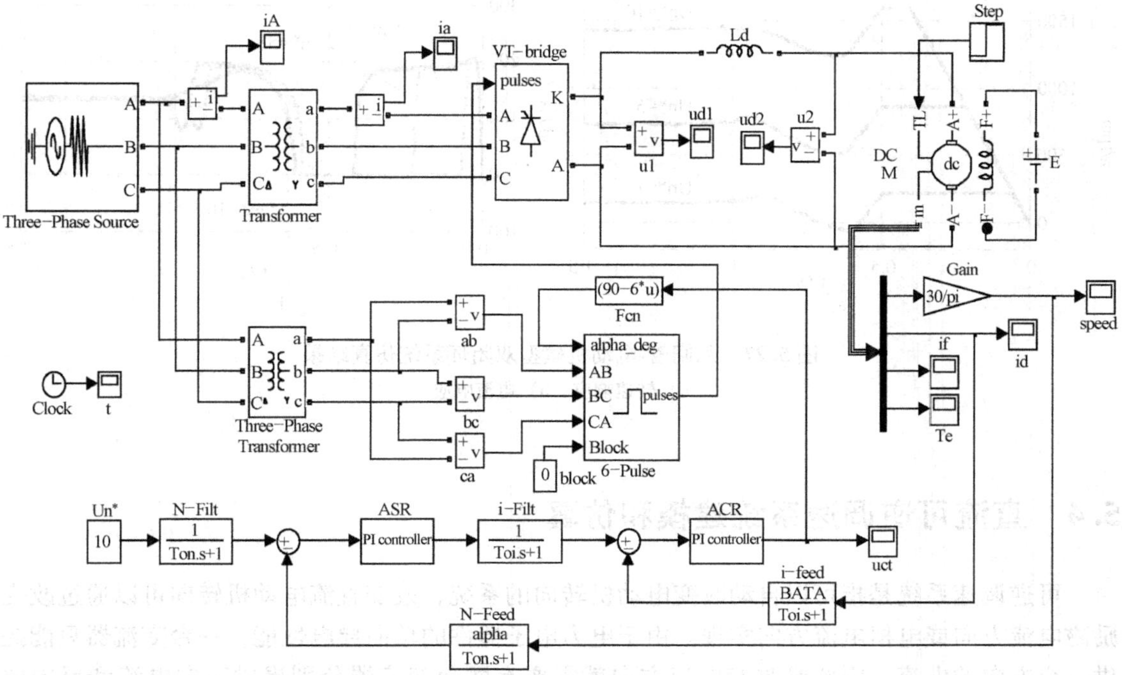

图 5.26　转速电流双闭环控制直流调速系统仿真模型

流检测环节，这不影响仿真的真实性。电流调节器 ACR 的输出端接移相特性模块 Fcn 的输入端，电流调节器的输出限幅决定了控制角的最小、最大值。图 5.26 与图 5.24 仿真模型的不同在于以晶闸管整流器和电动机模块取代了动态结构图中的晶闸管整流器和电动机传递函数。由于动态结构图中的晶闸管整流器和电动机传递函数是线性的，其电流可以反向，而实际的晶闸管整流器不能通过反向电流，因此仿真的结果略有不同，采用晶闸管整流器和电动机模型的仿真可以更好地反映系统的工作情况。

变压器、整流器和电动机参数同表 5.2，调节器参数同表 5.4，仿真结果如图 5.27 所示。图 5.27a 为 Un* 分别为 10、5、1 时的电动机转速波形，图 5.27b 为电流响应波形。从转速、电流波形可以看到，电机起动时间随 Un* 变化，Un* 越大，起动时间越长，在起动中电机保持恒流（200A 左右）状态，调整 ASR 调节器的输出限幅值可以改变恒流值，起动中维持恒流的时间也随 Un* 变化。本系统为不可逆调速系统，晶闸管整流装置不能产生反向电流，没有反向制动转矩，电流下降到零后，电机转速保持在起动时转速超调的峰值。0.5s 时施加负载，电动机转速下降，ASR 开始退饱和，电流环发挥调节作用，使电动机稳定在给定转速上。该结果与按双闭环调速系统动态结构图分析的结果基本相同，不同之处在于用晶闸管模块仿真电枢电流没有负值，而在动态结构图仿真中晶闸管整流器的传递函数是线性的，输出电压可以变负，使电动机电流出现负值（如图 5.25b 所示），因此从调节过程来看，按动态结构图的仿真转速调节速度较快。以上是电动机空载起动的情况，如果带负载起动，则两者基本相同。

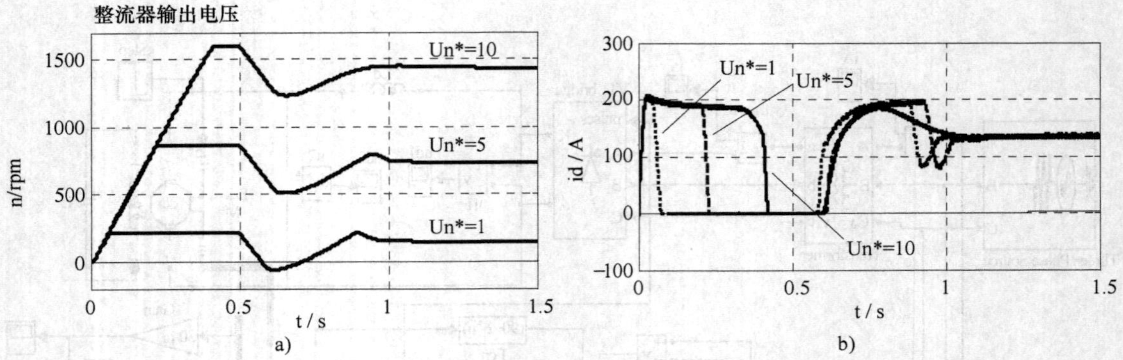

图 5.27　晶闸管-电动机模型双闭环系统仿真结果

a）转速响应　b）电流响应

5.4　直流可逆调速系统建模和仿真

可逆调速系统是指可以自动改变电动机转向的系统，改变直流电动机转向可以通过改变励磁电流方向或电枢电流方向实现。由于电力电子器件的单向导电性能，一台变流器只能提供一个方向的电流，因此要改变电流方向就需要有两台变流器分别提供正向电流和反向电流，对晶闸管整流器通常采用两套整流器反并联方案，对采用自关断器件的直流斩波器一般采用 H 型桥路方案。H 型电路 PWM 调制频率高，电流容易连续，通常不需要晶闸管电路中的平波电抗器和限制环流电抗器，在中小功率场合应用较多。本节主要介绍直流 PWM 斩波器-电动机可逆系统的建模和仿真。

5.4.1　直流 PWM 斩波调压可逆调速系统原理

1. 系统原理

直流 PWM 斩波调压可逆系统原理如图 5.28 所示。电路可分为直流电源、直流斩波器和电动机负载三部分，其中直流电源可以是蓄电池或二极管整流器，电容 C_0 起稳压和缓冲负载无功的作用。四个电力场效应管 VT_1、VT_2、VT_3、VT_4 和四个续流二极管 VD_1、VD_2、VD_3、VD_4 组成桥式斩波调压电路（也称 H 形电路）。VT_1 和 VT_4 导通时，有正向电流 i_1 通过电动机 M，电动机正转；当 VT_2 和 VT_3 导通时，有反向电流 i_2 通过电动机 M，电动机反转。桥式斩波电路的驱动有三种控制方式：双极式、单极式和受限单极式。

2. PWM-M 可逆系统控制方式

（1）双极式控制方式

双极式控制方式的特点：VT_1、VT_4 和 VT_2、VT_3 成对作 PWM 控制，并且 VT_1、VT_4 和 VT_2、VT_3 的驱动脉冲工作在互补状态，即在 VT_1、VT_4 导通时，VT_2、VT_3 关断；在 VT_2、VT_3 导通时，VT_1、VT_4 关断，VT_1、VT_4 和 VT_2、VT_4 交替导通和关断。

设 VT_1、VT_4 导通时间为 T_{on}，关断时间为 T_{off}。在 VT_1 导通时 A 点电压为 $+E$，VT_4 导通时 B 点电压为 $-E$，因此 AB 间电压为

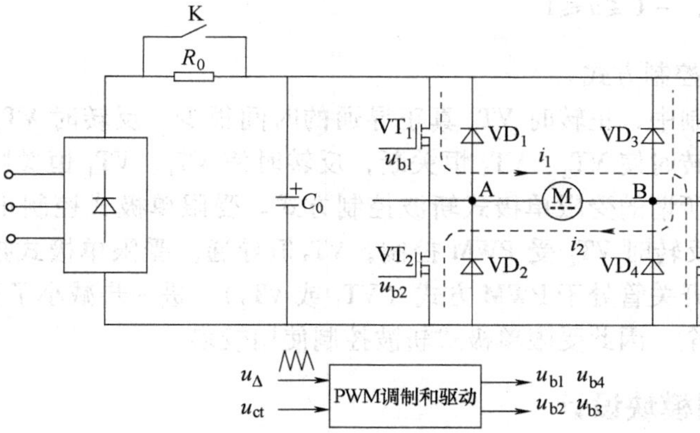

图5.28　H形主电路原理图

$$U_d = \frac{T_{on}}{T}E - \frac{T_{off}}{T}E = \frac{T_{on}}{T} - \frac{T - T_{on}}{T}E = \left(\frac{2T_{on}}{T} - 1\right)E = aE \tag{5.2}$$

式中，占空比 $a = \frac{2T_{on}}{T} - 1$。

在 $T_{on} = T$ 时，$a = 1$；在 $T_{on} = 0$ 时，$a = -1$，占空比的调节范围为 $-1 \leqslant a \leqslant 1$。$0 < a \leqslant 1$ 时，$U_d > 0$，电动机正转；$-1 \leqslant a < 0$ 时，$U_d < 0$，即AB间电压反向，电动机反转。

PWM驱动信号产生原理如图5.29所示，在三角波与控制信号 u_{ct} 相交时，分别产生驱动信号 u_{b1}、u_{b4} 和 u_{b2}、u_{b3}。驱动信号 u_{b1} 和 u_{b2}、u_{b3} 和 u_{b4} 是互补的，改变 u_{ct} 可以改变驱动脉冲的宽度。u_{ct} 为“+”时，u_{b1}、u_{b4} 脉冲宽于 u_{b2}、u_{b3}，AB端输出电压平均值为“+”；u_{ct} 为“-”时，u_{b2}、u_{b3} 脉冲宽于 u_{b1}、u_{b4}，AB端输出电压平均值为“-”。通过改变 u_{ct} 极性和大小可以改变电枢电压 U_{AB}，实现调压可逆调速。

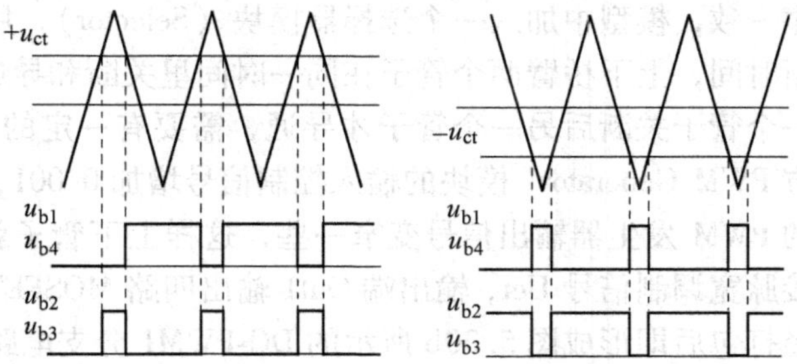

图5.29　直流PWM调制原理

（2）单极式控制方式

单极式可逆斩波控制是让 VT_1、VT_2 工作在互反的PWM状态起调压作用，以 VT_3 和 VT_4 控制电动机的转向。在正转时，VT_4 门极给正信号，VT_4 始终导通，VT_3 门极给负信号，始终关断；反转时情况相反，VT_3 恒导通，VT_4 恒关断，这就减小了 VT_3、VT_4 的开关损耗和发生直通的可能。

因为单极式控制正转时 VT_3 恒通，反转时 VT_2 恒通，所以单极式斩波控制的输出平均电压为

$$U_d = \frac{T_{on}}{T}E = aE \tag{5.3}$$

式中，占空比 $a=\dfrac{T_{on}}{T}$，$-1\leqslant a\leqslant 1$

（3）受限单极式控制方式

在单极式斩波控制中，正转时 VT_2 真正导通的时间很少；反转时 VT_1 真正导通的时间很少，因此可以在正转时使 VT_2、VT_3 恒关断，反转时使 VT_1、VT_4 恒关断，对电路工作情况影响不大，这就是所谓的受限单极式斩波控制方式。受限单极式控制正转时 VT_1 受 PWM 控制，VT_4 恒导通；反转时 VT_2 受 PWM 控制，VT_3 恒导通。受限单极式控制方式无论正转或反转，都只有一只开关管处于 PWM 方式（VT_1 或 VT_2），进一步减小了开关损耗和桥臂直通的可能，运行更安全，因此受限单极式斩波控制使用较多。

5.4.2　PWM 控制模块设计

直流桥式 PWM 电路有三种控制模式，因此需要有三种 PWM 调制模块，Simulink 模型库没有直接给出这些调制模块，但是可以利用现有的模块组建。下面介绍双极式调制模块和受限单极式调制模块的设计，建立这些模块的方法不是唯一的，读者可以根据调制要求另行设计新的模块。

1. 双极式调制模块

图 5.30a 是产生双极式脉冲调制信号的一种电路，该电路采用两个 PWM Generator 模块，上方的 PWM Generator 模块产生 VT_1 和 VT_2 的驱动信号，下方的 PWM Generator1 模块产生 VT_3 和 VT_4 的驱动信号。为了使 PWM 发生器输出的驱动信号顺序与多功能桥的驱动顺序一致，模型中加入一个选择器模块（Selector），用于调整脉冲顺序。MOSFET 有导通和关断时间，上下桥臂两个管子在同一时间里关断和导通则可能造成桥臂的直通现象，为了保证一个管子关断后另一个管子才导通，需要有一定的“死时”限制，这里采取的办法是将下方 PWM Generator1 模块的输入控制信号增加 0.001，即将 In1 输入的信号略为抬高，使下方的 PWM 发生器输出信号变窄一些，这样上下管子就不会同时导通和关断。模块输入端 In1 接脉宽调制信号 Uct，输出端 Out1 输出四路 MOSFET 驱动信号，该 PWM 驱动信号发生电路经打包后即形成图 5.30b 所示的 DC-PWM1 分支电路模块。

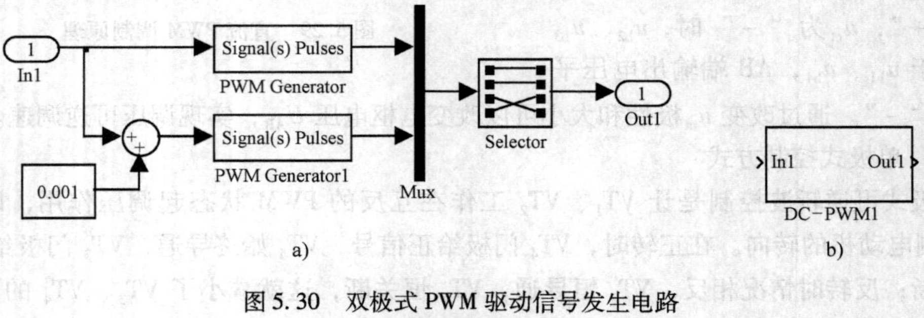

图 5.30　双极式 PWM 驱动信号发生电路

a）PWM 信号发生器结构　b）打包模块

2. 受限单极式调制模块

根据受限单极式调制原理设计的受限单极式调制模块结构如图 5.31 所示，模块有两个输入端，其中 In1 接脉宽控制信号，另一个输入端 In2 连接电机转速信号。PWM 调制器选择一对桥臂方式，输出的两个脉冲分别给 H 桥的 VT_1 和 VT_2 两只管子。两个比较器 Compare 用于判断电机转向，当转速给定信号大于零时，Compare 1 输出为“1”，该“1”信号在驱动 VT_4 的同时通过乘法器 Product1 使 VT_1 有 PWM 驱动信号；当转速给定信号不大于零时，Compare2 输出“1”信号用于驱动 VT_3，同时通过乘法器 Product2 使 VT_2 有 PWM 驱动信号。Compare 1 和 Compare2 的输出状态是相反的，在输出为“0”时，相应的通道都关断。受限单极式 PWM 调制线路打包后的模块命名为 DC-PWM2。

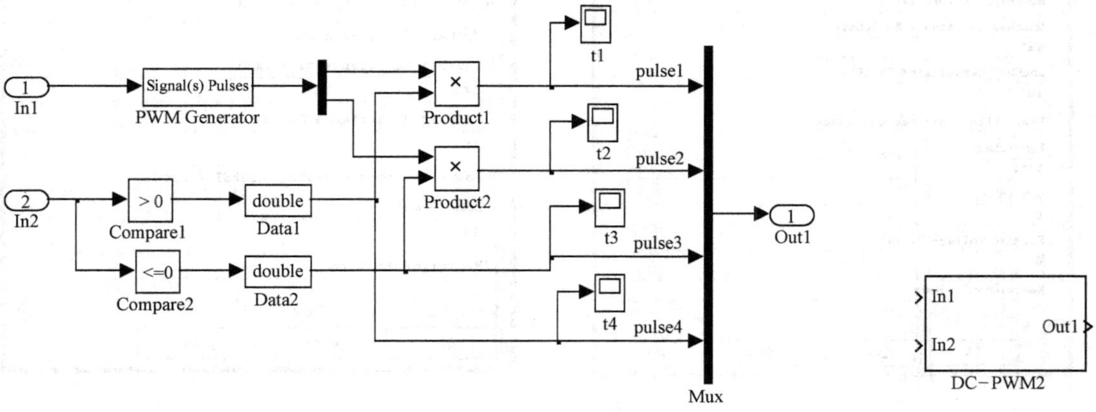

图 5.31　受限单极式 PWM 调制模块

5.4.3　PWM 斩波可逆系统模型和参数

根据图 5.28 建立的 PWM 斩波可逆系统模型如图 5.32 所示，模型中二极管整流器和斩波器都使用多功能桥 Universal Bridge 模块，两个模块的设置分别如图 5.33 和图 5.34 所示。常数模块、互动开关 Manual Switch 和 DC-PWM 模块组成斩波器的控制电路，互动开关 Manual Switch 用于选择脉宽控制信号 Uct，双击互动开关模块就可以在两个常数模块中切换，控制电机转速和正反转。PWM 调制模块选择 DC-PWM1 或 DC-PWM2 模块可以分别仿真双极式或受限单极式控制斩波系统的可逆运行。

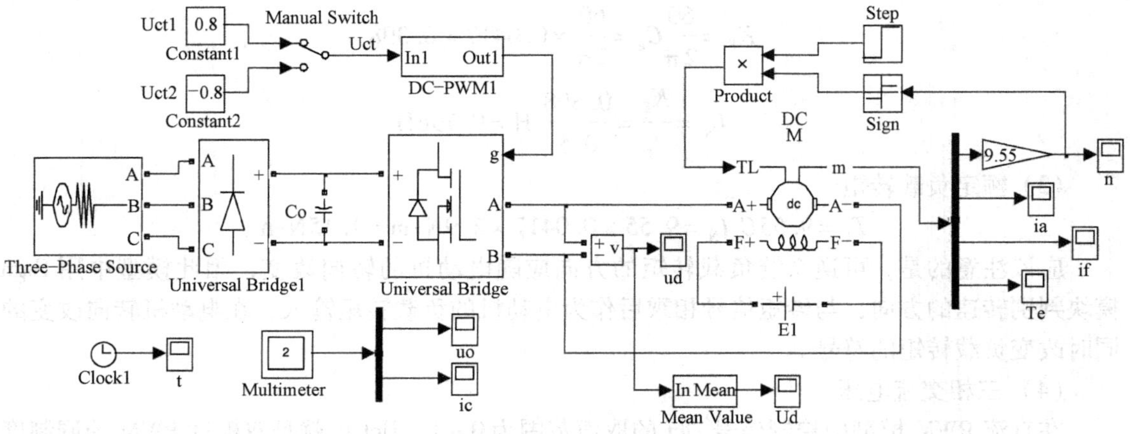

图 5.32　直流 PWM-M 系统模型

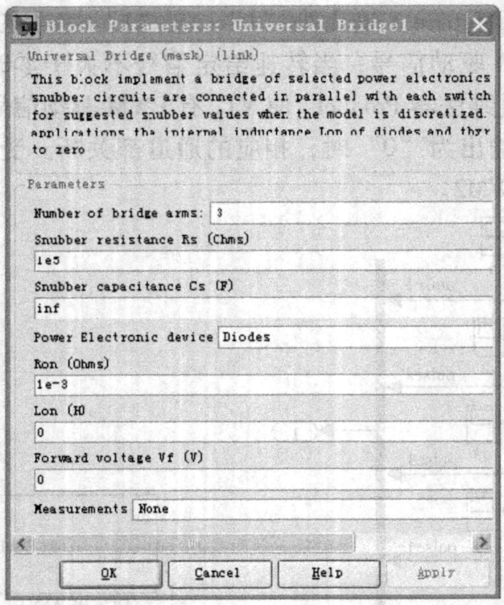

图 5.33　二极管整流器参数

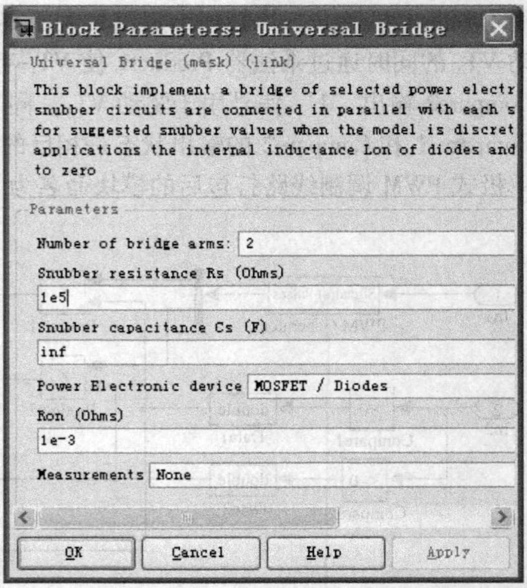

图 5.34　斩波器参数

【例 5.3】　直流脉宽调速可逆系统，伺服电动机参数为：110V，2.9A，2400 r/min，电枢电阻3.4Ω，电枢电感60.4mH，转动惯量0.014kg · m²，励磁电压110V，励磁电流0.5A。仿真该系统在额定负载时的工作情况。

（1）励磁回路

励磁电阻 $R_f = U_f/I_f = 110/0.5\Omega = 220\Omega$，励磁电感在恒定磁场控制时可以取“0”。

（2）电枢绕组和励磁绕组间互感 L_{af}

$$C_e = \frac{U_N - R_a I_N}{n_N} = \frac{110 - 3.4 \times 2.9}{2400}\ \text{V·min/r} = 0.0417\text{V·min/r}$$

$$K_E = \frac{60}{2\pi} C_e = \frac{60}{2\pi} \times 0.0417 = 0.398$$

$$L_{af} = \frac{K_E}{I_f} = \frac{0.398}{0.5}\ \text{H} = 0.796\text{H}$$

（3）额定负载转矩

$$T_L = 9.55 C_e I_N = 9.55 \times 0.0417 \times 2.9\text{N·m} = 1.15\text{N·m}$$

应该注意的是，可逆系统负载转矩的方向应随电动机的转向改变，因此模型中用 Sign 模块判别转速的方向，与转矩信号相乘后作为电动机的负载转矩输入，在电动机转向改变的同时改变负载转矩的符号。

（4）三相交流电压

在直流 PWM 模型中控制信号 Uct 的取值范围为 0 ~ 1，Uct 也就是双极性 PWM 的调制度 ρ，当取 Uct 为 0.8 时，PWM 变流器的直流电源电压为

$$U_s = \frac{U_n}{\rho} = \frac{110}{0.8}\text{ V} = 137.5\text{ V}$$

二极管整流器交流侧三相线电压为

$$U_{AC} = \frac{\sqrt{3}U_{DC}}{2.34} = \frac{\sqrt{3}\times 137.5}{2.34}\text{ V} = 101.5\text{V} \qquad (\text{取 } U_{AC} = 110\text{V})$$

5.4.4 双极式控制 PWM 可逆系统仿真

在直流 PWM-M 系统模型（见图 5.32）中，PWM 模块采用图 5.30 所示的双极式驱动模块 DC-PWM1 即可仿真双极式控制 PWM 可逆系统，算法可取 ode45 或其他，仿真的局部波形如图 5.35 所示。其中图 5.35a 为转速给定信号 Uct 的波形，在 0 ~ 2.5s 时 Uct 的值为“ + ”电机正转；2.5 ~ 5s 时 Uct 值为“ - ”，电机反转。图 5.35b 为 H 桥输出电压的平均值，在电动机正转（0 ~ 2.5s）时输出电压为 + 120V，在电动机反转（2.5 ~ 5s）时输出电压为 - 120V。图 5.35c 为 H 桥 2.49 ~ 2.51s 区间的输出电压波形，从此波形可以看到每个调制周期（0.00166s）中 H 桥输出电压都在 ±150V 间切换，因此是双极式调制，并且在 2.5s 前，正半周脉冲宽度大于负半周脉冲宽度，输出电压平均值为“ + ”，伺服电动机处于正转状态；在 2.5s 后负半周脉冲宽度大于正半周脉冲宽度，输出电压平均值为“ - ”，伺服电动机处于反转状态。图 5.35d 和图 5.35e 分别为伺服电动机的转速响应和电流波形，在 2.5s 时随转速给定改变方向，电动机转速从“ + ”向“ - ”变化，电流也随之改变方向，由于电动机从正转到反转中的反接制动作用，所以反向电流的峰值（ - 60A）大于电动机正向起动电流（ + 30A），改变转速给定值，电动机转速和电流都随之改变。图 5.35f 是二极管整流后滤波电容 C 两端的电压波形，从波形可以看到滤波后的电压仍然是有脉动的，脉动频率是交流电源频率的六倍，在 2.5s 电动机正转制动开始后滤波电容电压的脉动变大，该电压脉动也影响了图 5.35c 所示的 H 桥输出电压波形。

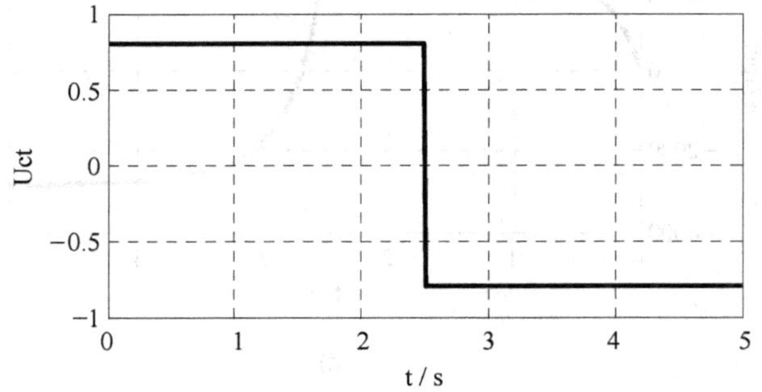

a)

图 5.35　双极式可逆调速系统波形

a）速度给定

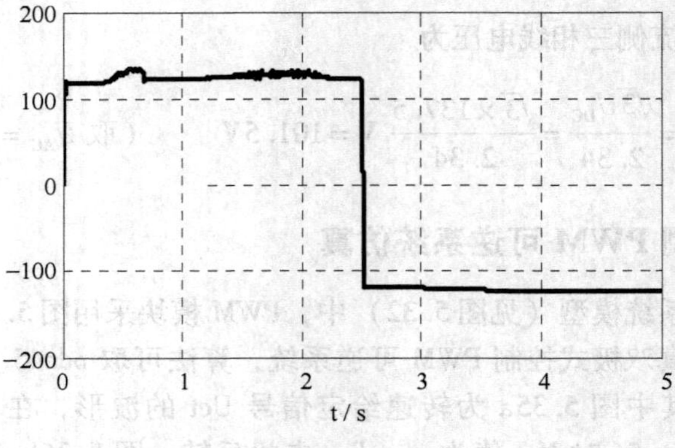

b)

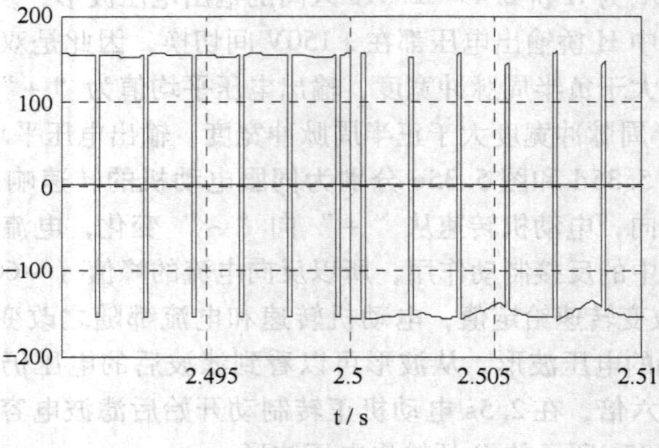

c)

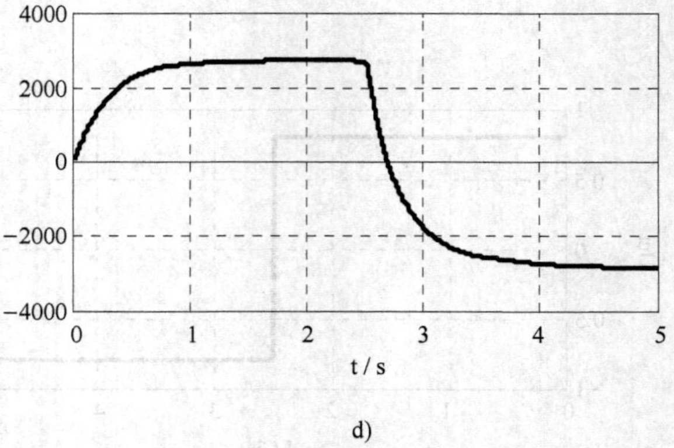

d)

图 5.35　双极式可逆调速系统波形（续一）

b）输出电压（平均值）　c）输出电压局部（2.4 ~ 2.51s）

d）转速响应

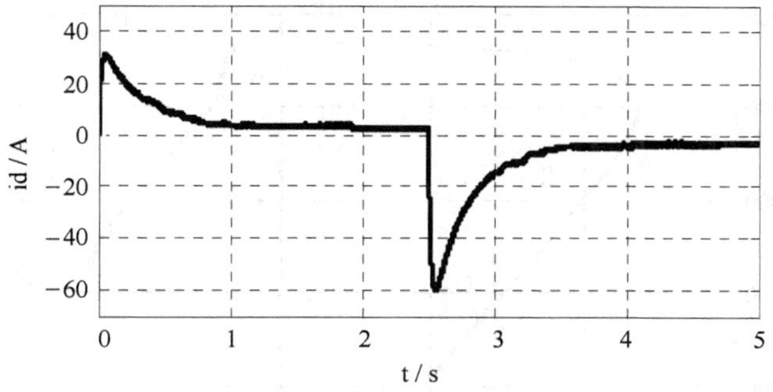

e)

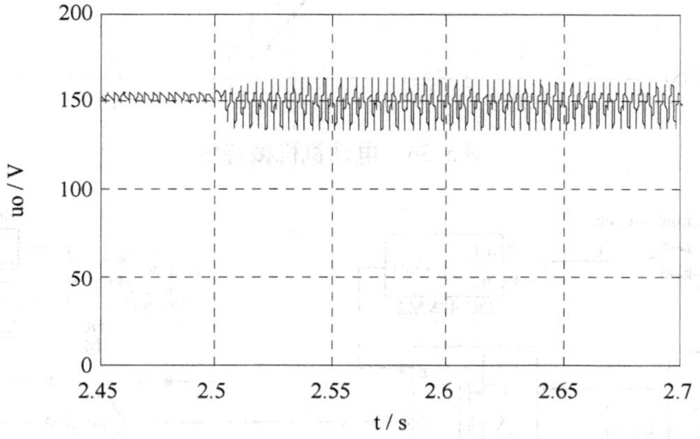

f)

图 5.35　双极式可逆调速系统波形（续二）
e）电枢电流　f）滤波电容电压局部

图 5.36 是电动机正反转时的机械特性，在Ⅰ象限电动机转矩和转速都为“ + ”，电动机工作于正转电动状态，A 点是电动机正转的稳定工作点；在Ⅱ象限电动机转速为“ + ”，电流为“ − ”，电动机工作于正转制动状态；在Ⅲ象限电动机转矩和转速都为“ − ”，电动机工作于反转电动状态，B 点是电动机反转时的稳定工作点。仿真反映了电动机在正反转过程中各部分单元的工作情况。

5.4.5　受限单极式可逆调速系统仿真

将双极式控制可逆调速系统模型（见图 5.32）中的 PWM 调制器用受限单极式调制模块 DC-PWM2（见图 5.31）置换，即可得到受限单极式可逆调速系统模型如图 5.37 所示，在其他各参数不变情况下，系统的仿真波形如图 5.38 和图 5.39 所示。

图 5.38 为受限单极式斩波器四个管子的驱动脉冲，在 2.5s 前（电动机正转），Pulse1（VT_1）有 PWM 调制脉冲信号，Pulse4（VT_4）是“1”信号，始终导通，Pulse2（VT_2）和 Pulse3（VT_3）驱动信号都为“0”，处于关断状态；2.5s 后（电动机反转），Pulse2（VT_2）有 PWM 调制脉冲信号，Pulse3（VT_3）是“1”信号，始终导通，Pulse1（VT_1）和 Pulse4（VT_4）驱动信号为“0”，都处于关断状态，因此任何时间都只有一个管子处于 PWM 调制

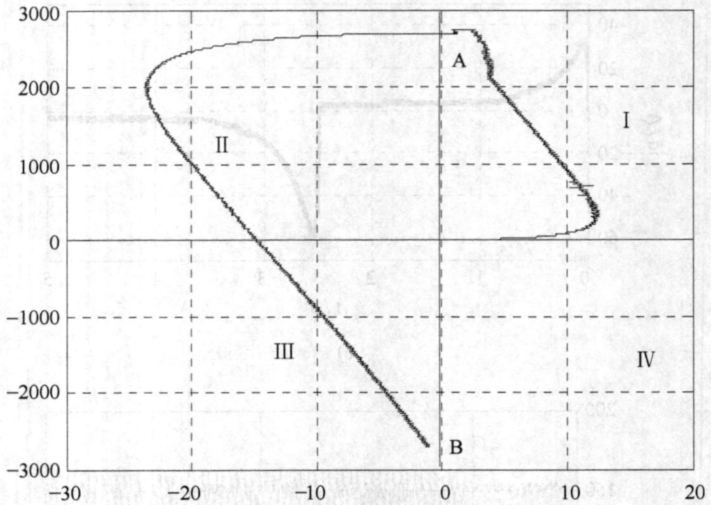

图 5.36　电动机机械特性

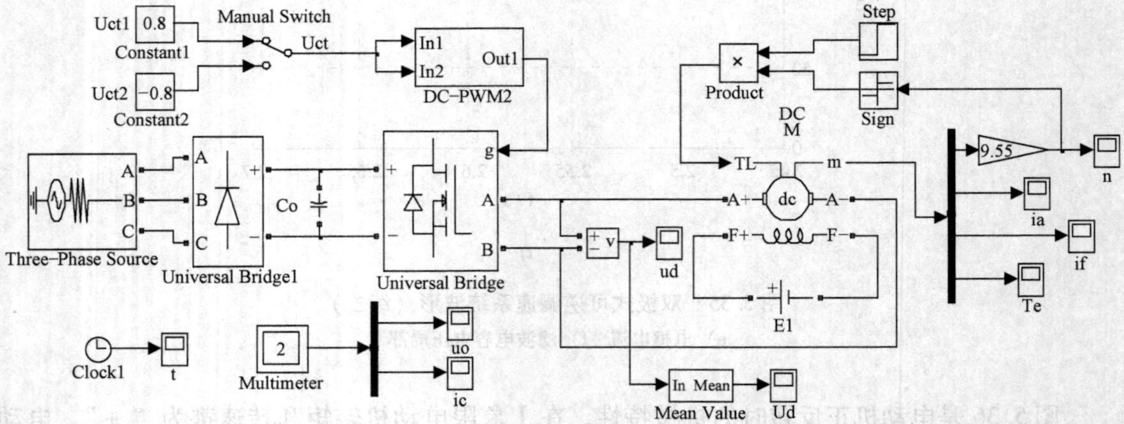

图 5.37　受限单极式可逆调速系统模型

状态，减少了斩波器的开关损耗，并且同一桥臂的 VT_1 和 VT_2，VT_3 和 VT_4 中总有一只管子处于关断状态，消除了产生桥臂直通的可能性。相比双极式控制方式四只管子都工作于 PWM 状态，不仅开关损耗大，还存在桥臂直通的可能，受限单极式控制斩波器工作更安全。图 5.39 是受限单极式可逆电路转速、电压和电流波形，其中电压波形在电动机正转时只有正脉冲，反转时只有负脉冲，这与双极式控制的电动机电压波形不同（见图 5.35c）。

5.4.6　转速电流闭环控制直流 PWM-M 可逆系统仿真

直接正反转控制的可逆系统，转速受负载的影响大，且起动和反转时电流都有较大超调，要解决这个问题需采用转速和电流闭环控制。采用转速和电流闭环控制的 PWM-M 可逆系统模型如图 5.40 所示，模型在图 5.32 基础上增加了转速调节器 ASR 和电流调节器 ACR，ASR 和 ACR 都采用有限幅的 PI 调节器。模型中 PWM 调制采用双极式控制模块，也可以采用受限单极式控制模块 DC-PWM2，模型参数见表 5.5，仿真算法采用 ode23tb。

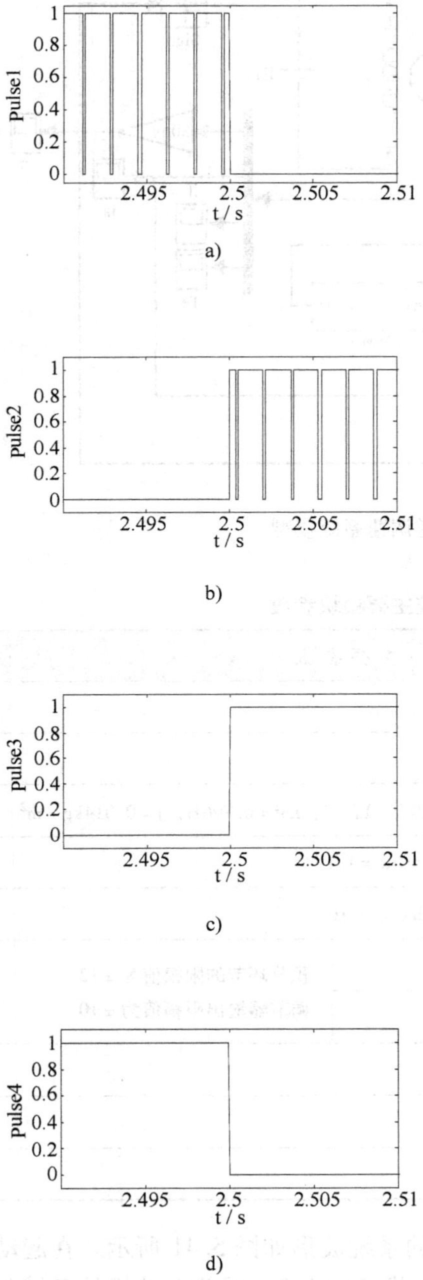

图 5.38　斩波器驱动脉冲
a）Pulse1　b）Pulse2　c）Pulse3　d）Pulse4

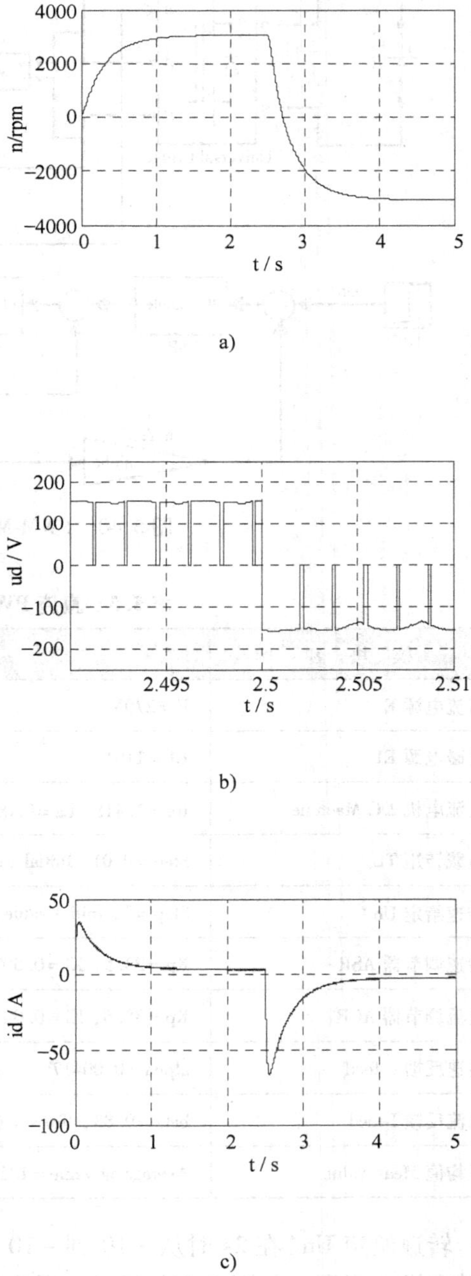

图 5.39　受限单极式可逆系统波形
a）电机转速　b）电枢电压（局部）　c）电枢电流

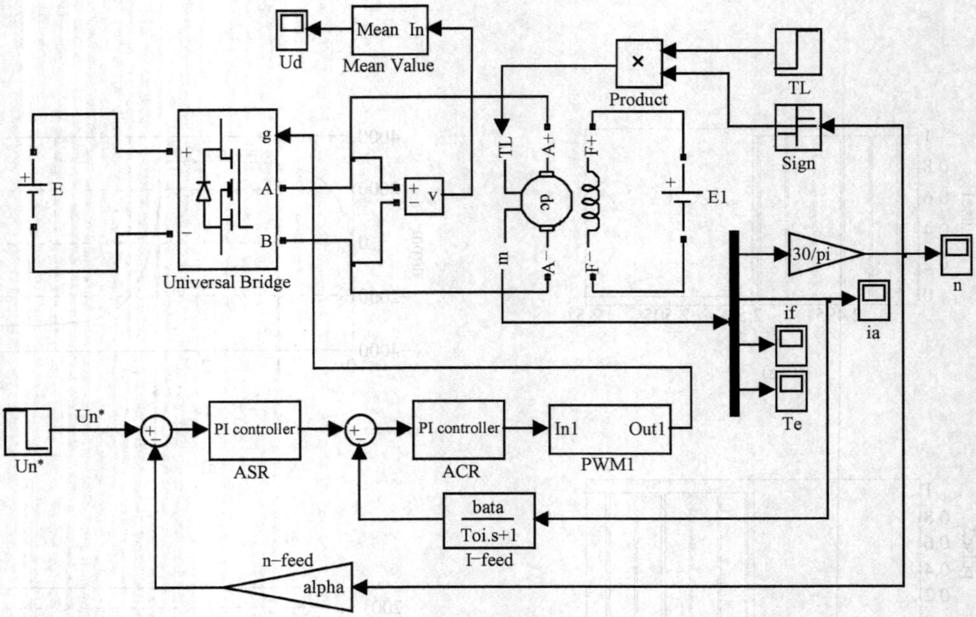

图 5.40　PWM-M 双闭环可逆调速系统模型

表 5.5　直流 PWM 可逆系统主要模块参数

模　块　名	主　要　参　数	
直流电源 E	E = 270V	
励磁电源 E1	E1 = 110V	
直流电机 DC Machine	Ra = 3.4Ω，La = 0.0604H，Rf = 220Ω，Lf = 0，Laf = 0.796H，J = 0.014kg · m^2	
负载转矩 TL	Step = 0.01，Initial value = 0，Final value = 1.15	
转速给定 Un*	Step = 2，Initial value = 10，Final value = −10	
转速调节器 ASR	Kp = 23.5，Ki = 0.00221	积分环节的限幅值为 ±12 调节器输出限幅值为 ±10
电流调节器 ACR	Kp = 35.6，Ki = 0.001	
转速反馈 n-feed	alpha = 0.00417	
电流反馈 I-feed	bata = 0.83，Toi = 0.002	
平均值 Mean value	Averagring value = 1/10	

转速给定 Un^* 在 2s 时从 +10 到 −10 发生阶跃的系统波形如图 5.41 所示。在起动中转速基本没有超调，如图 5.41b 所示，因为取电流的过载倍数为 3，因此电动机的正转起动和制动、反转起动过程中始终保持着最大电流 12A 左右，如图 5.41c 所示，与未采用电流调节器时相比，起动电流有较大减小。在正反转转速达到额定值 2400r/min 后，电流下降为 4A 左右。

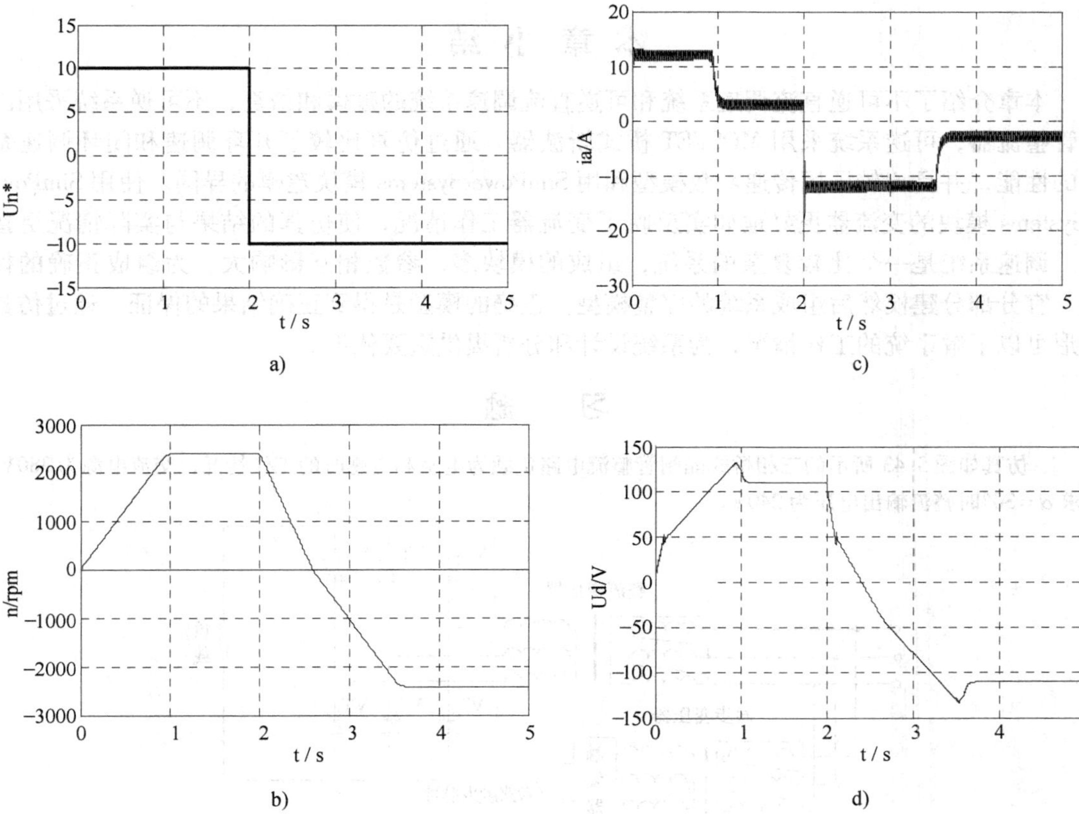

图 5.41　双闭环直流 PWM 可逆系统波形

a）转速给定　b）转速响应　c）电流　d）电压（平均值）

图 5.42 是伺服电动机的机械特性，从机械特性可以看到，采用转速和电流闭环控制后，在电动机正向和反向起动过程中（特性 A—B 和 D—E 段）都保持恒转矩起动，实现了电流限制下的起动时间最短控制。特性 C—D 表明，电机以最大电流制动，调节电流反馈系数可以调节起动时的最大电流和转矩。

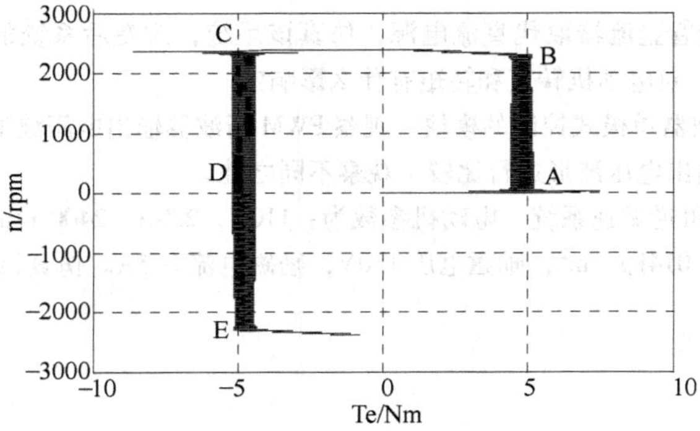

图 5.42　伺服电动机机械特性

本章小结

本章介绍了不可逆直流调速系统和可逆直流调速系统的建模和仿真，不可逆系统采用晶闸管整流器，可逆系统采用 MOSFET 桥式斩波器。通过仿真比较了开环调速和闭环调速系统的性能，并且比较了用传递函数模型和用 SimPowerSystems 模块建模的异同。使用 SimPowerSystems 模块的变流器更好地如实反映了变流器工作情况，使仿真的结果与实际情况更接近。调速系统是一个比较复杂的系统，组成的模块多，参数相互影响大，为组成正确的模型，宜分部分建模然后组成系统的完整模型。正确的模型是得到正确结果的保证，通过仿真波形可以了解系统的工作情况，为系统设计和分析提供重要依据。

习　题

1. 仿真如图 5.43 所示的三相桥式晶闸管整流电路负载为电阻和电感时的工作情况，交流电源为 380V，要求 $\alpha=30°$ 时整流输出电压为 240V。

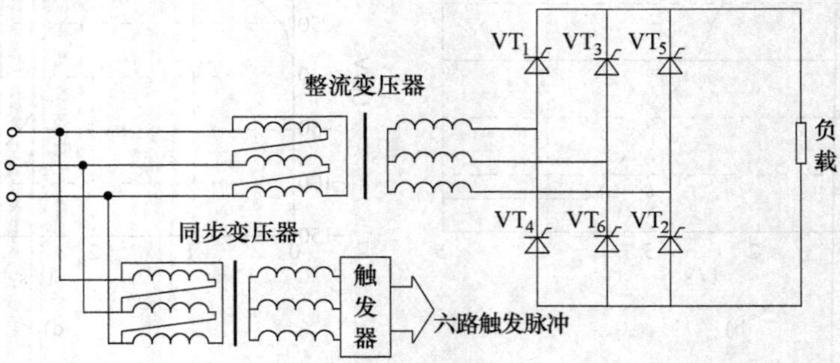

图 5.43　习题 1 图

（1）建立电路仿真模型；

（2）仿真 $\alpha=30°$ 和 $\alpha=60°$，电阻负载 $R=5\Omega$ 时的负载电流、电压波形；

（3）仿真 $\alpha=30°$ 和 $\alpha=60°$，电感负载 $R=5\Omega$、$L=10\text{mH}$ 时整流器输出和输入的负载电流、电压波形；

（4）分析 $\alpha=30°$ 时变压器器输出和输入电流的谐波。

2. 某整流器-直流电动机调速系统，直流电动机参数：额定功率 4kW，额定电压 220V，额定电流 18A，$R_a=11.2\Omega$，$L_a=121\text{mH}$，励磁电压 150V，$R_f=281.3\Omega$，$L_f=156\text{mH}$，采用单相桥或三相桥整流器，仿真该系统（单闭环或双闭环控制方式自选）。

3. 在图 5.40 中用二极管整流器取代直流电源，仿真该系统，改变后系统的 PWM 斩波器输入输出电压、电流波形有什么不同？对电动机转速和转矩有什么影响？

4. 设计一个 PWM 斩波器单极式控制的模块，观察 PWM 斩波器输出电压波形，并与双极式和受限单极式控制时的 PWM 斩波器输出电压波形进行比较，观察不同之处。

5. 某直流伺服电动机可逆调速系统，电动机参数为：110V，2.9A，2400 r/min，电枢电阻 3.4Ω，电枢电感 60.4mH，转动惯量 $0.014\text{kg}\cdot\text{m}^2$，励磁电压 110V，励磁电流 0.5A。仿真该系统在额定负载时的工作情况（控制方式自选）。

第 6 章　交流电动机调速系统仿真

交流电机有体积小、重量轻、维护简便等优点，使交流电机尤其是异步电动机应用很普遍，但是在调速中应用一度较少，主要采变频问题影响了交流调速的推广应用，调速不仅是生产工艺的需要也是节能的重要措施。交流电机调速的主要方法是变压、变频和改变极对数等，在电力电子变频器出现之前变频调速很难实现，主要采用变极多速电机和绕线式异步电动机串电阻调速等。随着电力电子变频和控制技术的日趋成熟，采用电力电子变频器的交流调速系统调速性能大幅提高，交流调速已被广泛采用，成为市场的主流。本章首先介绍基于正弦脉宽调制（SPWM）的变频调速和以稳态控制为主的 VVVF（Variable Voltage Variable Frequency）笼型异步电动机变频调速系统的仿真，然后介绍绕线式异步电动机和永磁同步电动机调速系统的仿真。

6.1　SPWM 变频器-异步电动机系统

变频器和电动机是交流调速系统的两个主要组成部分，对其进行仿真的目的是了解变频系统主电路的建模方法，研究电动机在变压和变频情况下的工作情况。SPWM 变频器-异步电动机系统结构如图 6.1 所示，三相交流电动机 M 由变频器供电，通过调制和驱动单元控制变频器输出电压和频率，从而观察、研究电动机的工作状态。

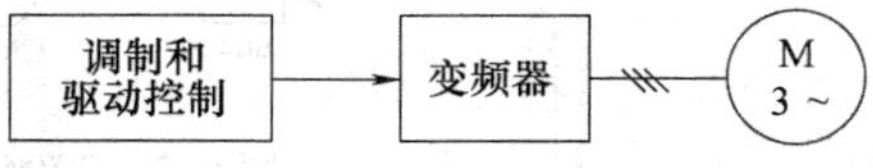

图 6.1　PWM 变频器-异步电动机系统

6.1.1　SPWM 变频器-异步电动机系统模型

提取模块建立图 6.1 所示系统的模型如图 6.2 所示，模块提取路径见表 6.1，模型由直流电源 DC、逆变器 Universal Bridge 和异步电动机 Asynchronous Machine 等模块组成。一般变频器有交-直-交和交-交变换两种，因为交-直-交变换较常见，模型采用了交-直-交变换模式，并且为了简化模型，将交-直-交变换中的交-直整流部分用直流电源 DC 代替，直流电源 DC 也可以由交流电源和二极管整流器组成（参见图 5.32）。Universal Bridge 模块的直流端接直流电源 DC，三相交流端连接电动机，进行直流到交流的变换。Universal Bridge 模块起逆变器作用，由 PWM Generator 模块提供驱动信号。Universal Bridge 是通用桥式电路模块，它既可以用于整流和斩波，也可以用于逆变，区别是调制的方式不同，用于逆变器时 PWM Generator 模块的调制波是交流。在 PWM Generator 的对话框中（见图 3.26），调制波产生模式有内调制和外调制两种，选择内调制方式（Internal generation of modulation），调制波是正弦波进行的 SPWM 调制，设置正弦波的调制度（Modulation indeg）可以调节输出正弦交流电的幅值，设置正弦波的频率（Frequency of output votlage）可以调节输出正弦交流电的频率；使用外调制方式时，调制波的频率，幅值和波形都由外部调制波决定。对于异步电动机模块（Asynchronous Machine），在对话框（见图 4.15）中选择笼型（Squirrel cage）异步电动机，电动机的负载由 TL 模块设定，模型通过电机测量模块（Machines Measurement Demux）观测电动机定子三相电流（isa、isb、isc）、转子三相电流（ira、irb、irc），转速（speed）和转矩 Te 等。模型通过示波器 phisd、phisq、phird、phirq 等分别记录定子和转子磁场的 d 轴、q 轴分量，以便画出定子和转子磁场的轨迹。模型用多路测量仪 Multimeter 观察和记录逆变器的输入直流电压和输出三相交流电压（线电压）。

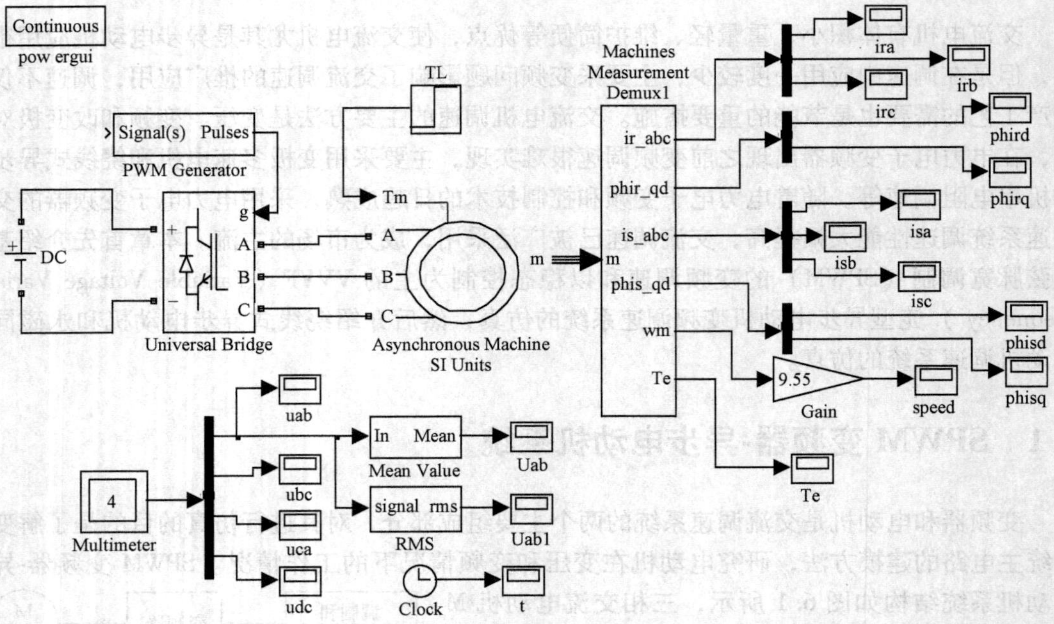

图 6.2　PWM 变频器-交流异步电动机系统模型

表 6.1　变频器-电动机系统模型的模块提取路径

模 块 名 称	提 取 路 径
直流电源 DC	SimPowerSystems/Electrical Sources/DC Voltage Source
逆变器	SimPowerSystems/Power Electronics/Universal Bridge
PWM 发生器	SimPowerSystems/Extra Library/PWM Generator
异步电动机	SimPowerSystems/Machines/Asynchronous Machine SI Units
电机检测模块	SimPowerSystems/Machines/Machines Measurement Demux
负载给定模块 TL	Simulink/Sources/Step
放大模块 Gain	Simulink/Commonly Used Blocks/Gain
XY 图示仪 XY Graph	Simulink/Sinks/XY Graph
多路测量仪	SimPowerSystems/Measurement/Multimeter
平均值计算	SimPowerSystems/Extra Library/Measurement/Mean Value
有效值计算	SimPowerSystems/Extra Library/Measurement/RMS

6.1.2　SPWM 变频器-异步电动机系统仿真

在建立的 PWM 变频器-异步电动机模型中输入各模块参数。

【例6.1】　设定直流电源DC为500V，在Universal Bridge模块对话框选择器件（Power Electronic Device）为IGBT/Diodes，其他参数保留预设值。异步电动机参数同【例4.4】（见表4.8），在负载TL模块中设定0.5s时加载40N·m，在PWM Generator模块中设调制度（Modulation indeg）为0.95，正弦波频率（Frequency of output votlage）为50Hz，载波频率（Carrier frequency）为1080Hz，取模型算法为ode23t，启动仿真得到模型的波形，如图6.3所示。图6.3a为逆变器输出电压波形的一部分（0.2～0.23s），可以看到电动机输入电压是一系列脉冲，正负脉冲的频率为设定的50Hz，在一周期内脉冲宽度是变化的。从图6.3a脉冲波形中很难看出脉冲宽度的正弦变化规律，因此模型用平均值计算（Mean Value）模块对输出电压按载波频率计算一个载波周期的平均值，这样就可以看出输出电压是正弦波，如图6.4a所示。有效值计算模块（RMS）用于测量输出电压的有效值，如图6.4b所示，按调制波频率计算逆变器输出线电压约为360V。模型中用POWER GUI/FFT模块分析输出电压谐波，谐波分析如图6.5所示，基波峰值（The magnitude of the fundamental）为413.5V，全部谐波含量THD为30.12%。

图6.3b和图6.3c分别为定子电流和转子电流波形，在起动时定子和转子都有较大电流，0.25s之后起动结束，电流减小并趋于稳定；0.3s加载后，定子和转子电流有所增加，逆变器输出电压和电流可以为逆变器元件选择和电源设计提供依据。图6.3d是电动机转速波形，起动时转速上升到空载转速1500r/min，0.3s加载后转速下降并维持一定转差。电动机转矩波形如图6.3e所示，与电流和转速的变化相当，在起动时磁场在建立中转矩有较大波动，起动完成后磁场稳定，转矩的波动减小。图6.6显示了起动时定子和转子磁场的形成过程，由于绕组的电感作用，所以定子和转子磁场都从零开始逐步形成圆形的运动轨迹。图6.3f为SPWM变频器供电下的电动机机械特性，图中0—A是电动机的起动过程，B是空载工作点，C是电动机加载后的工作点。

该模型可以通过修改PWM Generator模块的调制波频率和调制度观察电动机在变频（电压不变）、调压（频率不变），以及不同电压和频率配合时的工作特性，设置不同的负载可以观察不同电压和频率配合下电动机的负载能力。仿真时应注意PWM Generator模块的载波频率（Carrier frequency）不宜设得太高，载波频率太高可能使三角载波出现变形，造成SP-WM调制脉冲不规则，引起逆变器输出电压异常。

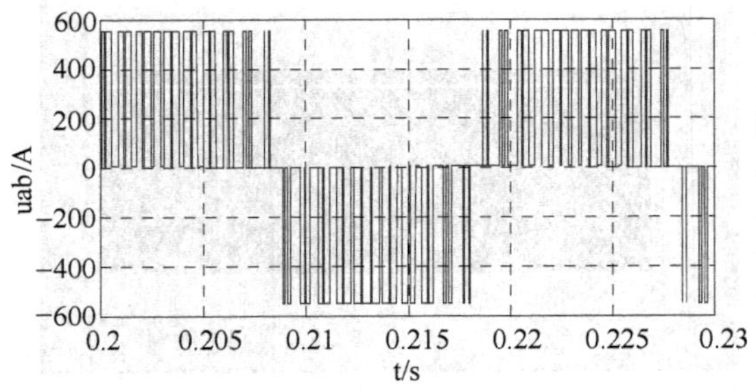

a)

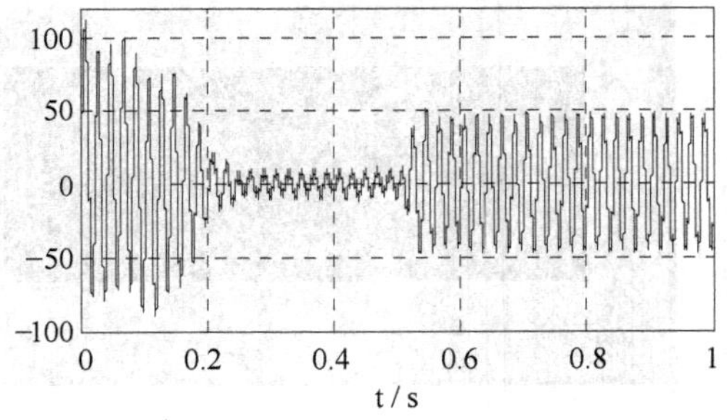

b)

图6.3　SPWM变频器供电电动机工作波形

a）逆变器输出电压（uab）　b）电动机定子电流（isa）

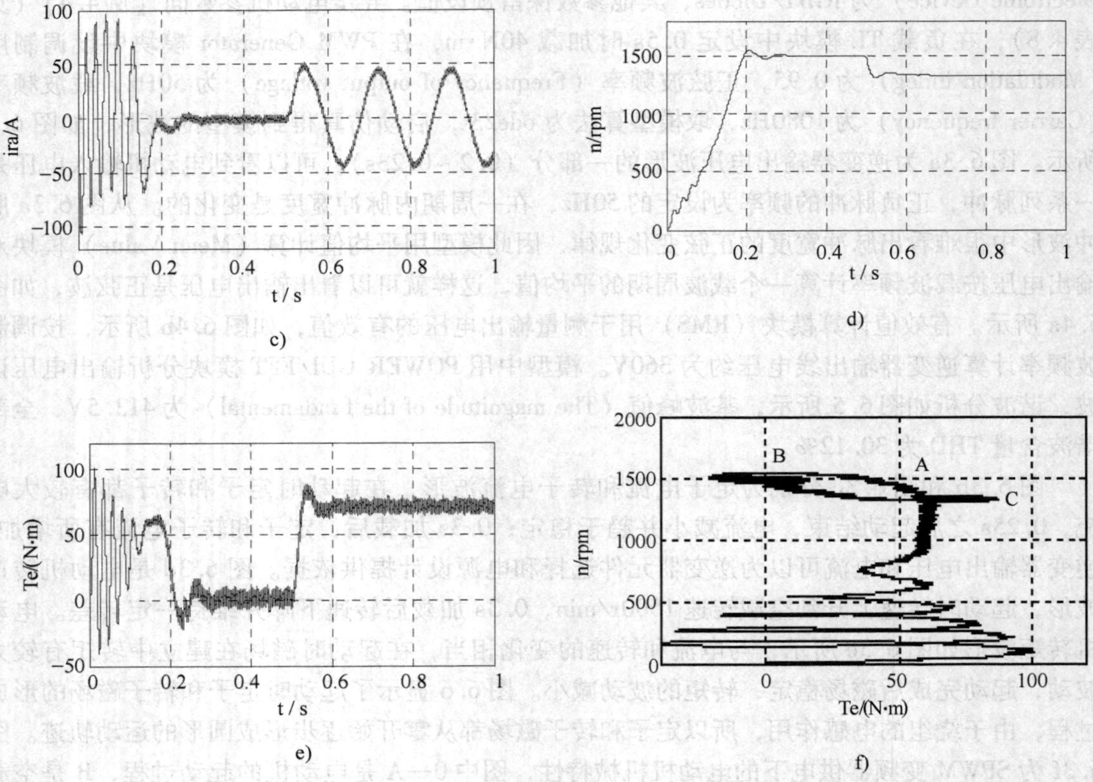

图 6.3　SPWM 变频器供电电动机工作波形（续）

c）电动机转子电流（ira）　d）转速　e）转矩　f）机械特性

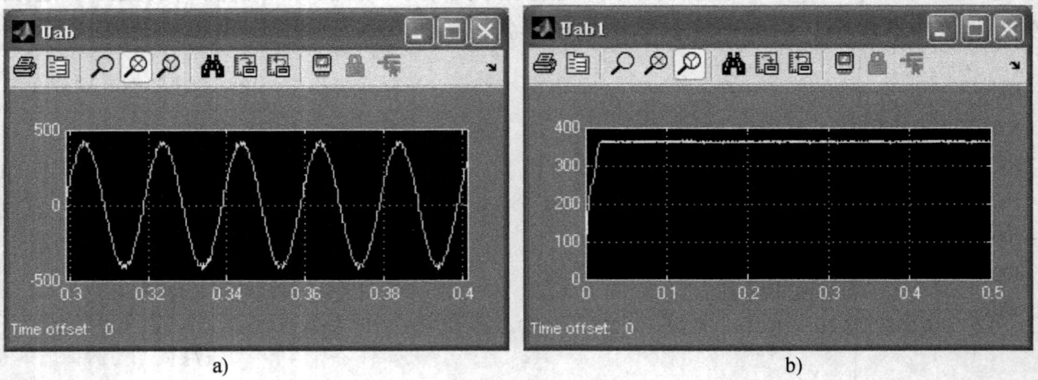

图 6.4　逆变器输出电压分析

a）以载波频率计算平均值的电压波形　b）输出电压有效值

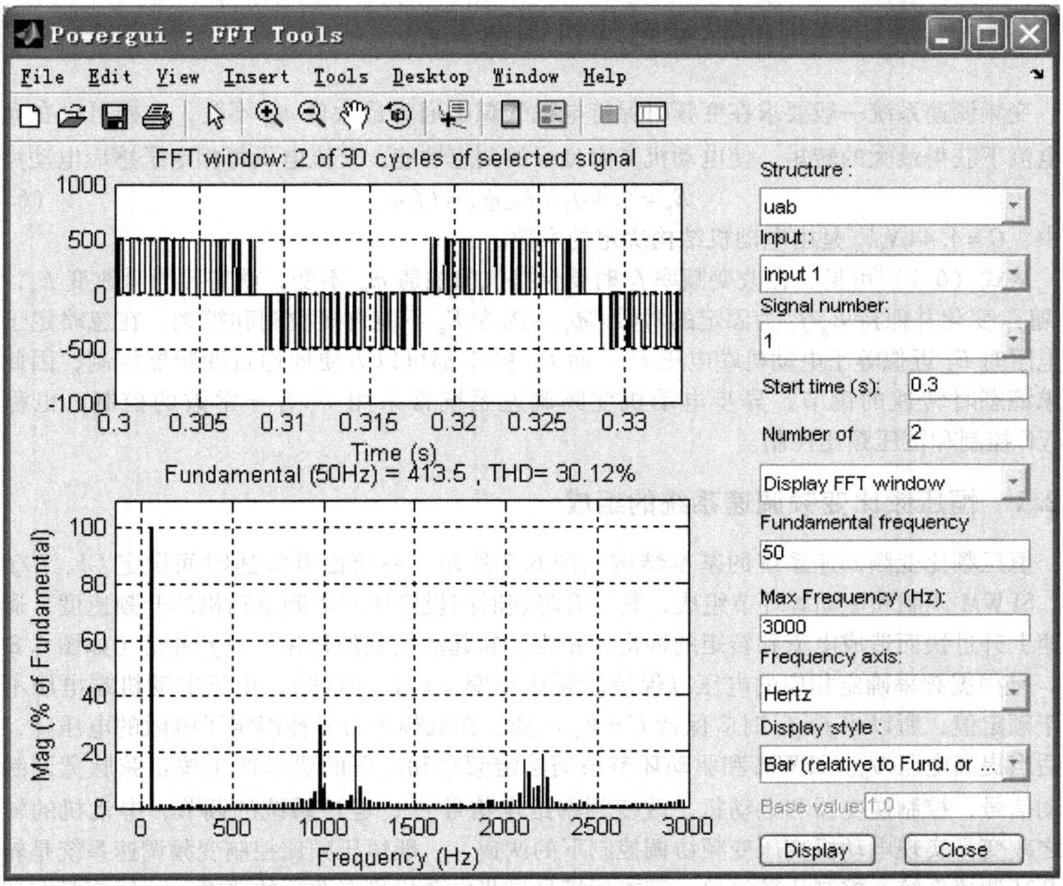

图 6.5　输出电压谐波分析

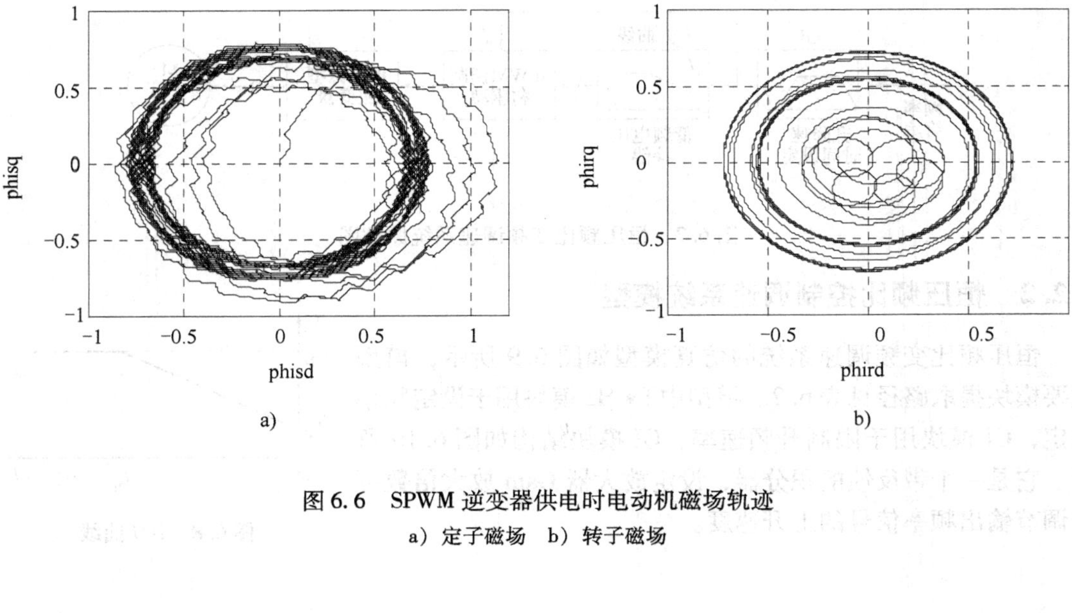

图 6.6　SPWM 逆变器供电时电动机磁场轨迹

a）定子磁场　b）转子磁场

6.2 恒压频比控制的异步电动机调速系统

变频调速系统一般要求在变频时保持电机气隙磁通为最大值 ϕ_m 不变，这样可以在允许的电流下获得最大的转矩，使电动机具有良好的调速性能。交流电机每相定子感应电动势为

$$E_g = 4.44 f_1 N_s k_{Ns} \phi_m = C f_1 \phi_m \quad (6.1)$$

式中，$C = 4.44 N_s k_{Ns}$是由电动机结构决定的常数。

从式（6.1）可见，在改变频率 f_1 时要保持气隙磁通 ϕ_m 不变，就需要同时改变 E_g，使 E_g 随f_1 变化并保持 E_g/f_1 为固定的常数 $C\phi_m$。因为 E_g 不能直接检测和控制，在忽略定子绕组电阻时 E_g 近似等于电动机端电压 U_s。而 U_s 和 f_1 都可以方便地通过变频器控制，因此仅要求稳态时转速的调节，异步电动机变频调速系统常采用 U_s/f_1 = 常数的控制，也称为VVVF 控制和恒压频比控制。

6.2.1 恒压频比变频调速系统的组成

恒压频比变频调速系统的基本结构如图 6.7 所示，系统由升降速时间设定 GI、U/f 曲线、SPWM 调制和驱动等环节组成，其中升降速时间设定用来限制电动机的升频速度，避免转速上升过快而造成电流和转矩的冲击，相当于软起动控制的作用。U/f 曲线（如图 6.8 所示）是根据频率确定相应的电压以保持压频比不变（U/f = 常数），由于电动机端电压不能高于额定值，所以当 $f > f_N$ 时应保持 $U = V_N$ 不变，在低频时为了补偿定子电阻的电压降，需要适当提高电压 U_0。SPWM 和驱动环节根据给定频率和电压的要求产生按正弦脉宽调制的驱动信号，控制逆变器和电动机。改变频率给定信号 f^*，经过系统的调节，电动机的转速随之改变，实现电动机变压变频协调控制下的调速。一般恒压频比控制变频调速系统是转速的开环调速系统，控制比较简单，基本能满足异步电动机稳态调速的要求。一般变频调速装置都具有这项功能。

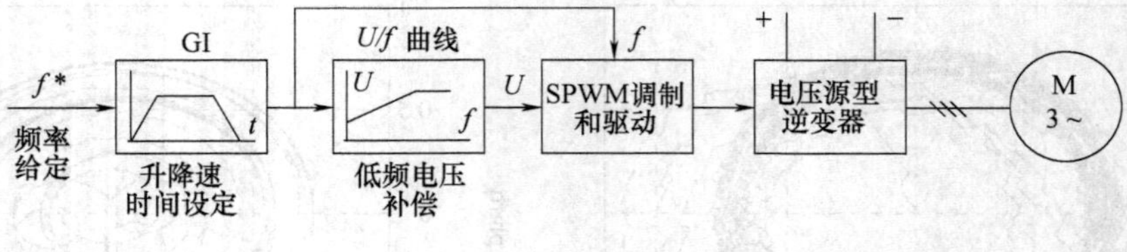

图 6.7 恒压频比变频调速系统原理图

6.2.2 恒压频比控制调速系统模型

恒压频比变频调速系统的仿真模型如图 6.9 所示，模型主要模块提取路径见表 6.2。模型中 f * Hz 模块用于设定频率给定，GI 模块用于限制升频速率，GI 模块结构如图 6.10 所示。它是一个带反馈的积分器，设定放大器 Gain 放大倍数可以调节输出频率信号的上升速度。

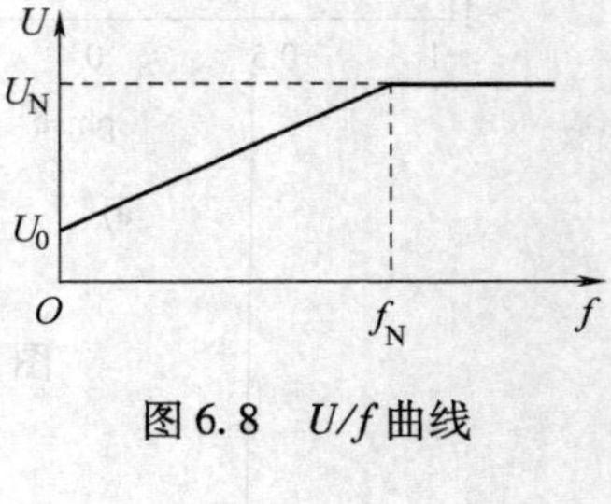

图 6.8 U/f 曲线

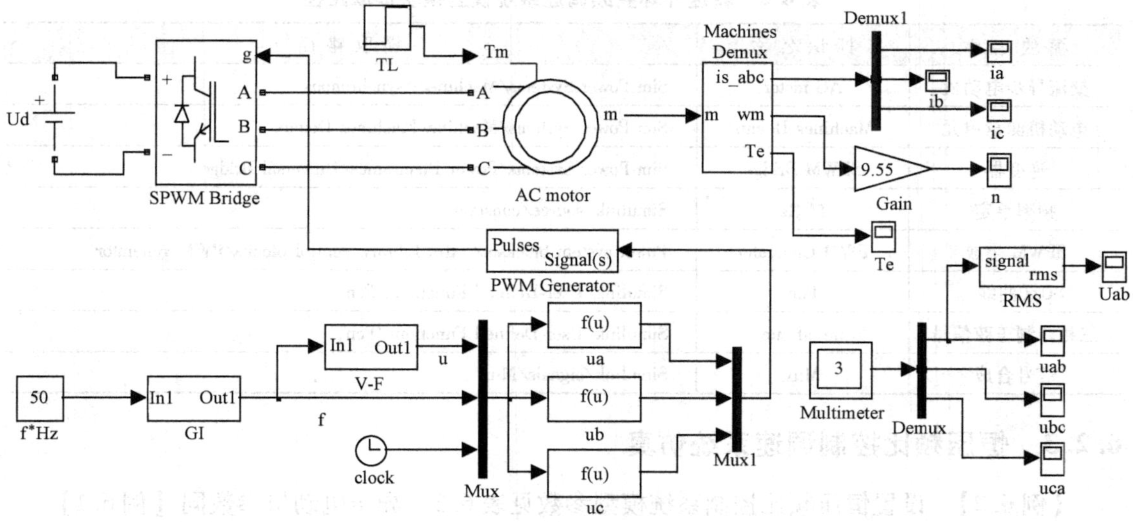

图 6.9　转速开环 VVVF 系统仿真模型

V-F 模块用于设定 U/f 曲线，V-F 模块结构如图 6.11 所示，模型中函数模块 Fcn1 用于产生与频率信号 f 相应的电压信号 u，函数的表达式为

$$u(f)=\frac{U_N-U_0}{f_N}f+U_0 \tag{6.2}$$

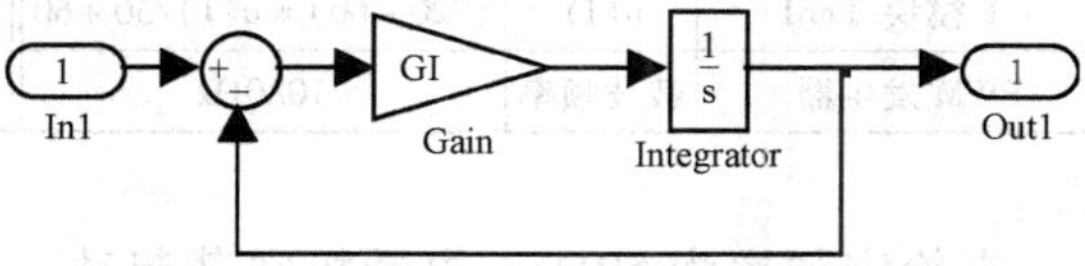

图 6.10　GI 模块结构

式中，U_N 为电机额定电压；U_0 为起动时补偿定子电阻压降的电压；f_N 为电机额定频率。

因为 PWM Generator 模块有调制信号的幅值限制，电压调制信号的幅值不能大于 1，模型中用放大模块 Gain1 调整 Fcn1 模块的输出信号幅值，并且经过 Saturation1 模块限幅以保证 V-F 模块输出不大于 1。电压 u、频率 f 和时间信号经 Mux 汇总为一维向量 [u(1), u(2), u(3)]，其中 u(1)、u(2)、u(3) 依次表示电压、频率和时间三个变量。经汇总的变量输入三个函数模块（Fcn）产生三相调制信号 ua、ub、uc，再经 Mux1 输入 PWM Generator 模块产生逆变器 Universal Bridge 的控制脉冲。

函数模块 ua、ub、uc 的表达式为

$$\begin{cases} ua=u(1)*\sin[2*pi*u(2)*u(3)] \\ ub=u(1)*\sin\left[2*pi*u(2)*u(3)-\dfrac{2*pi}{3}\right] \\ uc=u(1)*\sin\left[2*pi*u(2)*u(3)-\dfrac{4*pi}{3}\right] \end{cases} \tag{6.3}$$

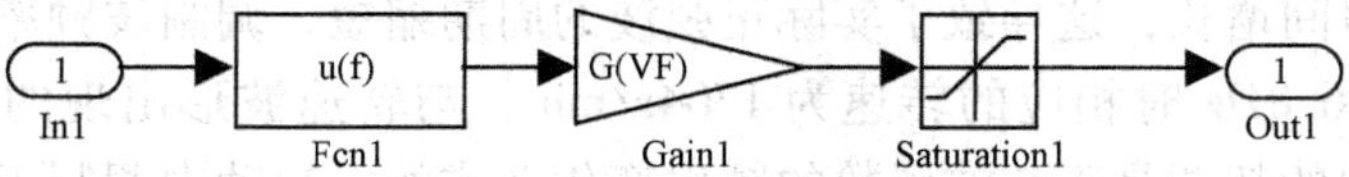

图 6.11　V-F 模块结构

表 6.2 转速开环变频调速系统模型模块提取路径

模块名称	标识名称	提取路径
交流异步电动机	AC motor	Sim Power Systems/Machine/Asynchronous
电动机测量单元	Machines Demux	Sim Power Systems/Machine/Machines Demux
逆变器	SPWM Bridge	Sim Power Systems/Power Electronics/Universal Bridge
频率给定	f* Hz	Simulink/source/constant
SPWM 生成	PWM Generator	Power system blockset/Extra Library/control blocks/PWM generator
U/f 曲线	Fcn	Simulink/User-Defined Functions/Fcn
三相调制正弦信号	ua、ub、uc	Simulink/User-Defined Functions/Fcn
信号合成	Mux	Simulink/signals/Mux

6.2.3 恒压频比控制调速系统仿真

【例 6.2】 设置恒压频比控制系统模型参数见表 6.3，异步电动机参数同【例 6.1】。

表 6.3 转速开环 VVVF 系统模型参数

模块	参数	设置值	模块	参数	设置值
逆变器直流侧电压 Ud	E	514V	V-F 模块/Gain1	G(VF)	1/220
给定积分器 GI	G1	2	V-F 模块/Saturation1		±0.95
V-F 模块/Fcn1	u(f)	(220-60)*u(1)/50+60	仿真算法		Ode23tb
PWM 发生器	载波频率	1080Hz	仿真精度		1e-3

在给定频率为 50Hz、电动机空载起动、4s 时加负载 70N·m 情况下，仿真结果如图 6.12 所示。其中图 6.12a 为 GI 模块输出频率信号的升频曲线，经过 3s 频率上升到给定频率 50Hz。图 6.12b 为电动机输入的一相线电压（有效值），电压也在 3s 时达到 380V 左右的电压额定值，电压和频率上升保持同步。图 6.12c 为转速变化过程，电机从转速零起动，在起动的 0~3s 中转速经历了上升、超调到稳定的过程，空载稳定转速为 1500r/min。在 3s 时给电动机施加负载，转速下降到 1300r/min，频率、电压和转速的变化与预想的情况相符。图 6.12d 为转矩波形，转矩的波动比较大，主要是因为逆变器输出电压（见图 6.12b）不够稳定造成的，这是模型需要进一步改进并且在实际系统调试时需要注意的地方。

仿真显示在起动 1s 时电动机转速出现超调达到 1700r/min 左右，如图 6.12c 所示，对比此时系统的频率给定仅为 43Hz，如图 6.12a 所示，频率和转速不一致。现观察起动 1s 时的调制正弦波信号（模型中 ua 模块的输出），其波形如图 6.13 所示，在 1s 左右的一个调制波周期为 0.0176ms，对应频率为 56.8Hz，大于 GI 模块输出的 43Hz，引起了转速超调。产生该情况的原因是在计算调制正弦波的函数式（6.3）中，频率参数在一周期中不是固定不变的，该频率在随时间增长，这导致了实际正弦波的周期缩短，调制波频率大于给定的 43Hz。在调制波频率为 56.8Hz 时相应的转速为 1704r/min，与转速波形出现的超调（1700r/min）相同，因此起动中的超调是正弦波函数的频率变化造成的，起动中调制正弦波周期可能增加也可能减小，使升速出现不均匀，发生工程上称之的“跳频”现象。仿真表明恒压频比控制的 VVVF 系统可以有较好的稳态调速性能，但是其动态性能如起动过程尚待改进。图 6.14 是电动机加载后稳态时的磁场轨迹，受电压波动影响定子磁场有较大的不规则，转子磁链还是较好的圆形磁场。

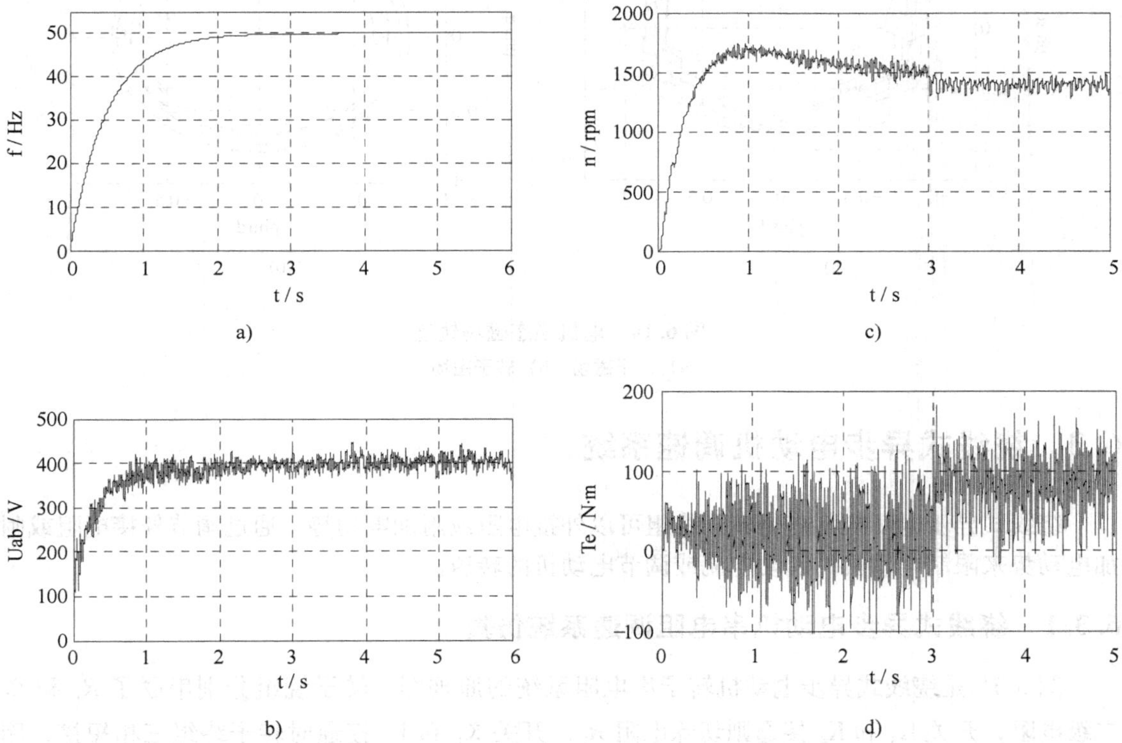

图 6.12　VVVF 起动过程

a）频率给定曲线　b）逆变器输出线电压（RMS）　c）转速上升曲线　d）转矩响应

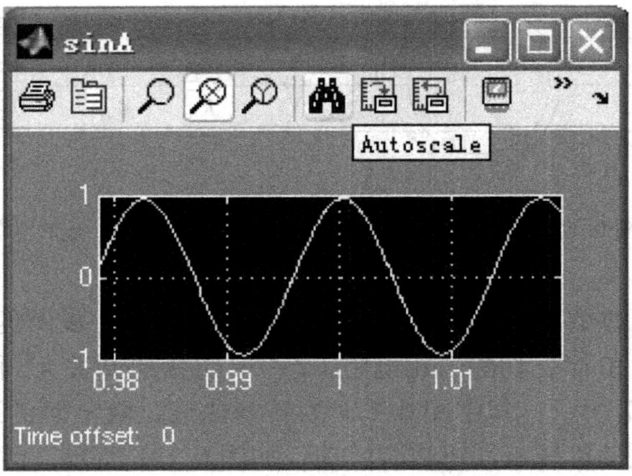

图 6.13　调制波波形

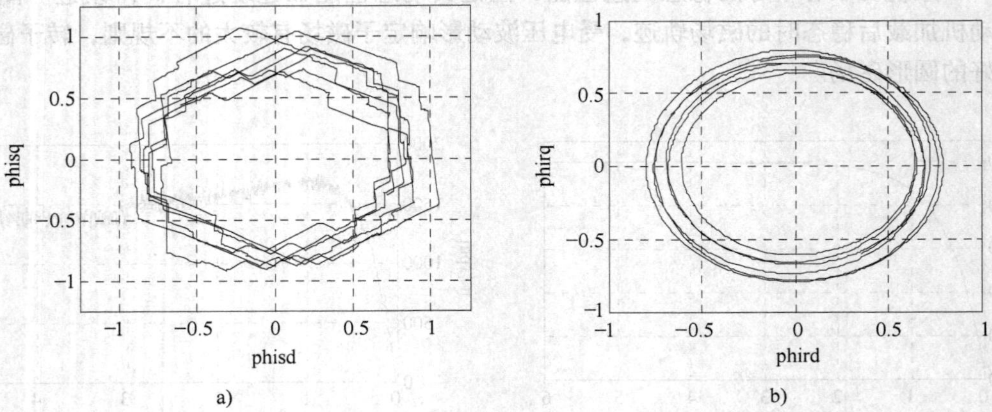

图 6. 14 电机稳态磁场轨迹

a）定子磁场 b）转子磁场

6. 3 绕线式异步电动机调速系统

绕线式异步电动机特点是转子绕组可以外接电阻或附加电动势，通过调节外接电阻或附加电动势来限制电动机的起动电流或调节电动机的转速。

6. 3. 1 绕线式异步电动机串电阻调速系统仿真

图 6. 15 是绕线式异步电动机转子串电阻系统的原理图。转子绕组分别串联了 R_1 和 R_2 二级电阻，开关 K_3 和 K_4 接通则切除电阻 R_2，开关 K_1 和 K_2 接通时转子绕组三相短接，因此电动机可以得到转子绕组短接、串联电阻 R_1 和串联电阻（$R_1 + R_2$）情况下的三种速度。绕线式异步电动机通过转子串电阻也可以限制电动机起动电流。绕线式异步电动机串电阻调速系统的仿真模型如图 6. 16 所示。

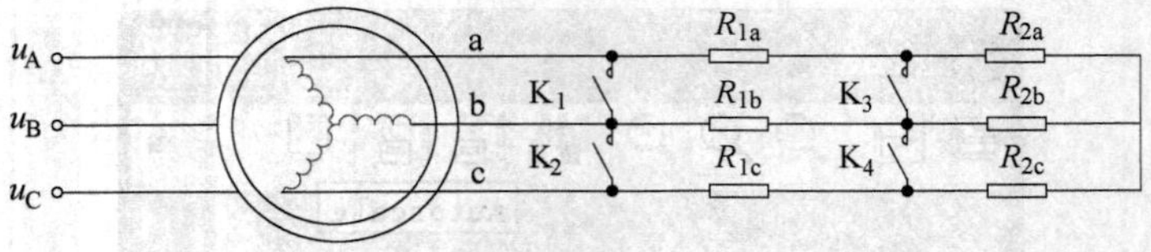

图 6. 15 绕线式异步电动机转子串电阻调速系统原理图

模型中异步电动机参数同【例 6. 2】，电机模式取 wound，设调速电阻 R1 = R2 = 5Ω，起动 1. 5s 时接通开关 k3 和 k4，切除三相电阻 R2；3s 时接通开关 k1 和 k2，切除全部转子电阻。仿真结果如图 6. 17 所示，其中图 6. 17a 为转速曲线，随电阻的逐步切除，转速逐步提高，在电阻切除瞬间电动机转矩和电流有波动，如图 6. 17b 所示，因为起动和调速时负载不变，因此定子和转子绕组电流的稳定值不变，如图 6. 17c 和图 6. 17d 所示。从图 6. 17c 还可以看到，转子电流的频率随着转速的增加而下降，电动机的转差率减小。

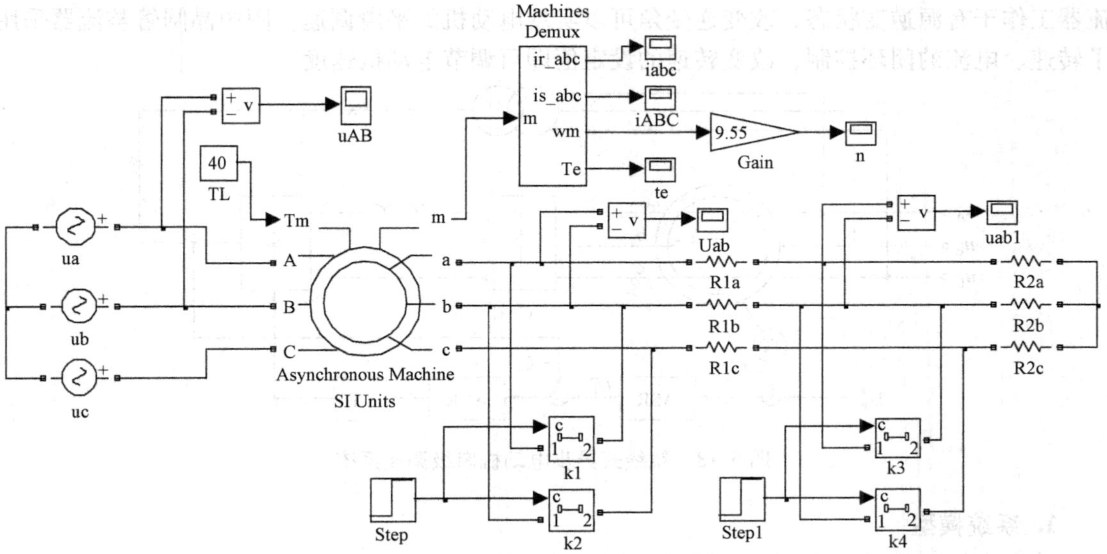

图 6.16　绕线式异步电动机转子串电阻调速仿真模型

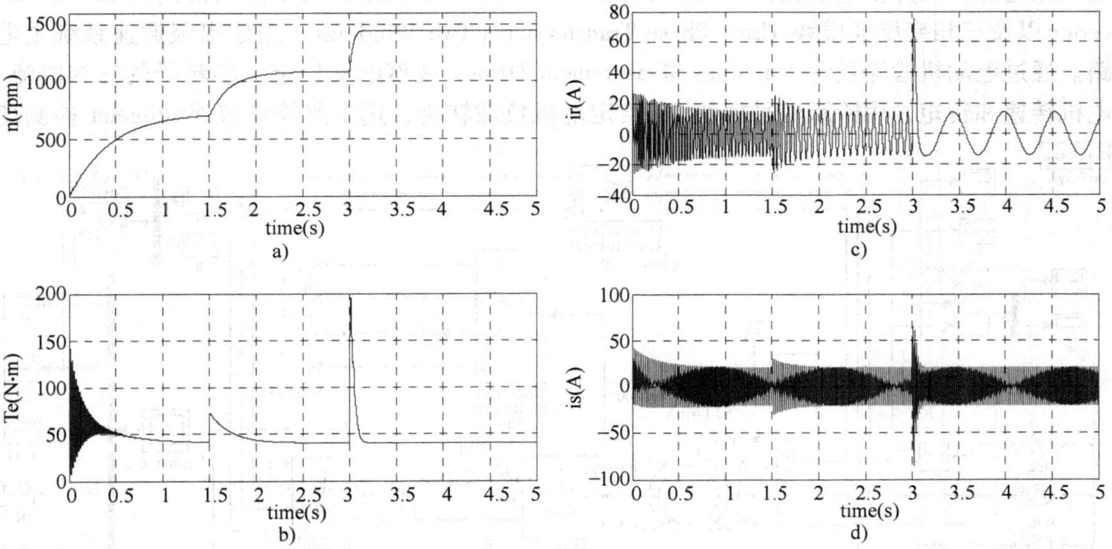

图 6.17　绕线式异步电动机转子串电阻调速仿真

a）转速　b）转矩　c）转子电流　d）定子电流

6.3.2　绕线式异步电动机串级调速系统仿真

绕线式异步电动机串电阻调速由于电阻消耗功率，所以效率低，并且一般是有级调速。串级调速利用整流技术将电动机转差功率经过变换回馈到交流电网中去，减小了转差功率的损耗，提高了系统的效率，并且可以实现无级调速，有更好的调速性能。

串级调速系统的结构如图 6.18 所示，绕线式异步电动机转子绕组连接三相不控整流器，不控整流器将转子的三相交流电转变为直流电，然后经工作于有源逆变状态的三相晶闸管整流器将直流电变换为 50Hz 的交流电，然后经变压器与电网连接。串级调速系统中晶闸管整流器工作于有源逆变状态，改变逆变角可以实现电动机的平滑调速。图中晶闸管整流器采用了转速、电流的闭环控制，改变转速的设定值即可调节电动机速度。

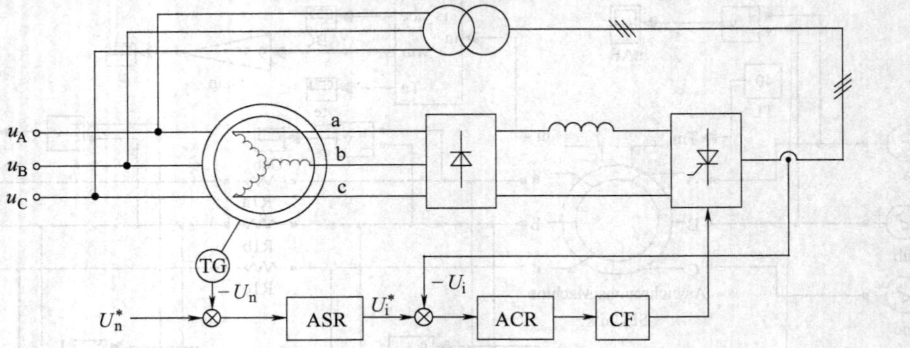

图 6.18　绕线式异步电动机串级调速系统

1. 系统模型

建立串级调速系统模型（见图 6.19），模型调用三个正弦电压源模块 usa，usb，usc 组成三相电源，和异步电动机模块 Asynchronous Machine SI Units，两个多用桥模块 Diode，inverter 以及三相变压器模块 Three-Phase Transformer（Two Windings）组成串级调速系统主电路。通过电动机检测模块 Machines Measurement Demux 观察电动机定子和转子的三相电流、电机转速和转矩，用阶跃信号模块 TL 给定电机负载转矩，用多路检测仪 Multimeter 检测变

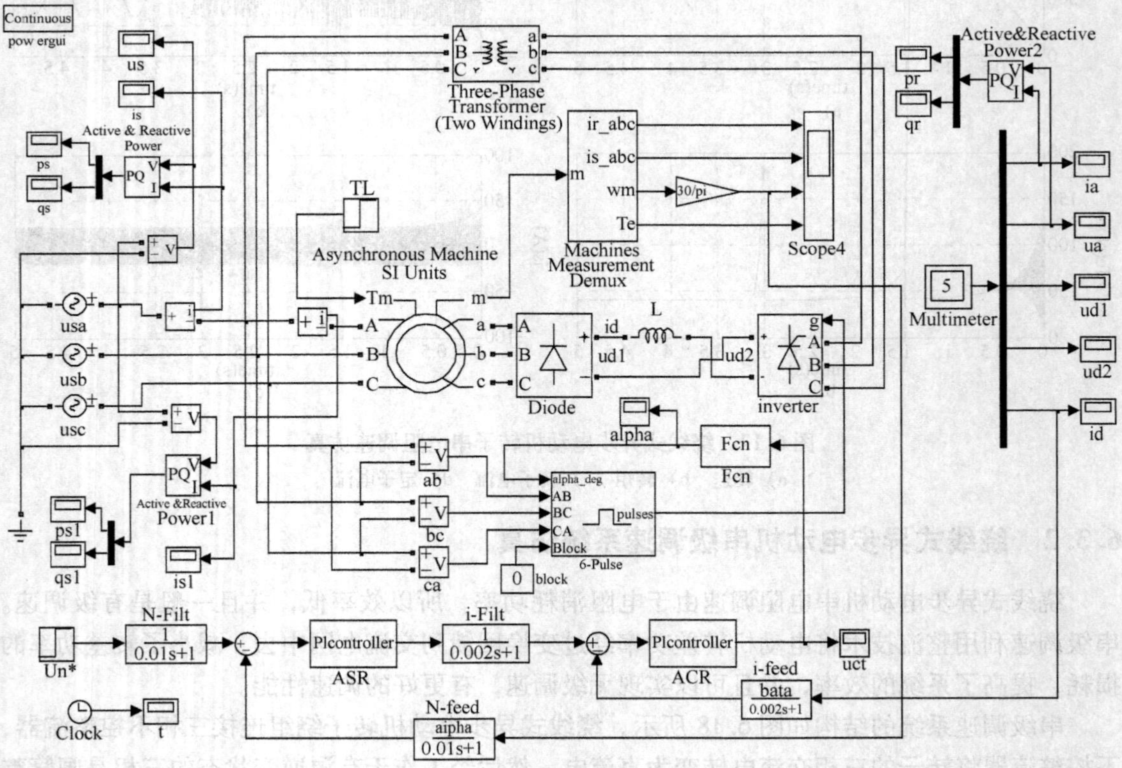

图 6.19　串级调速系统模型

压器二次电压和电流、二极管整流器输出电压 ud1 和电流 id、晶闸管逆变器直流侧电压 ud2 和电抗器 L 的电流 id。模型中还用三个功率测量模块 Active & Reactive Power 分别检测交流电源、电动机定子侧和变压器二次侧一相的有功和无功功率，以便比较串调系统的功率流向。系统由转速调节器 ASR 和电流调节器 ACR 组成双闭环 PI 控制，转速反馈取自电动机检测模块，电流反馈信号取自平波电抗器 L 的电流检测信号 id，转速信号由阶跃模块 Un* 给定。电流调节器 ACR 输出的移相控制信号 uct 经函数模块 Fcn 变换为控制角 alpha（以角度为单位），因为整流器 inverter 工作在逆变状态，变换函数 Fcn =（180° $-\beta_{min}$）$-$ 6u（β_{min} 为最小逆变角，u 为模块输入），且 ACR 输出限幅的下限宜设为零；又因为变压器二次电压含有较多谐波，触发器 6-Pulse 的同步信号应取自三相电源。

2. 系统仿真

在图 6.19 所示的模型中输入参数（见表 6.4），仿真算法取 ode15s，仿真时间 2.5s，电动机空载起动，起动后 1s 加负载 300N·m，转速给定 Un* =10（相当于 1500r/min），1.5s 后改变为 Un* =7（相当于 1050r/min），仿真结果如图 6.20 和图 6.21 所示。

表 6.4　串调系统参数

模　块	参 数 名	参 数 值	参 数 名	参 数 值
电机 Asynchronous Machine SI Units	Mechanical input	Torque Tm		
	Rotor type	wound		
	Reference frame	stationary		
	Pn = 40e3 VA	Vn = 380 V	Fn = 50Hz	
	Rs = 0.096 Ω	Lls = 0.00086 H	Rr = 0.058 Ω	Llr = 0.00086 H
	Lm = 0.031 H	J = 0.4 kg · m^2	F = 0	P = 2
三相电源 usa, usb, usc	Peak amplitude	220 * sqrt(2) V	Frequency	50 Hz
电感 L	L = 10 e − 3 H			
三相变压器 Three-Phase Transformer(Two Windings)	Pn = 40e3	Fn = 50 Hz		
	V1 = 380 V	R1 = 0.002(pu)	Ll1 = 0.08(pu)	
	V1 = 350 V	R1 = 0.002(pu)	Ll1 = 0.08(pu)	
	Rm = 5e5(pu)	Lm = 5e5(pu)		
负载 TL	Step time	1	Intial Value	0
	Final Value	300	Sample time	0
转速给定 Un*	Step time	1.5	Intial Value	10
	Final Value	7	Sample time	0
转速调节器 ASR	Kp	17.42	Ki	1/0.087
	Iup	15	ILow	−15
	PIup	10	PILow	−10
电流调节器 ACR	Kp	4.17	Ki	1/0.024
	Iup	15	ILow	−15
	PIup	10	PILow	0
移相控制 Fcn	Fcn	(150 − 6 * u)		
电流反馈系数	beta	0.05		
转速反馈系数	alpha	0.00667		
仿真算法	ode15s			

图6.20显示了串级调速系统起动、加载和调速过程中转速、电流和转矩的响应。用串级调速装置直接起动时，因为转差很大，转子电压高，尽管晶闸管整流器控制角已经是150°（$\beta_{min}=30°$），直流回路电流仍很大，如图6.20b所示，起动达到额定转速后，电流下降为零（理想空载），因此最好用转子串电阻起动限制起动电流，在起动结束后再切入串级调速装置。在1s时加上负载，电动机转速下降，电流相应增加，转矩达到300N·m，电动机进入稳定工作阶段。在1.5s时，转速给定减小，转速随之下降，电动机进入调速阶段，稳定转速为1050r/min，转速与给定相符，因为负载不变，所以电动机电流也不变，这时整流器inverter的控制角为100°左右，如图6.20f所示。

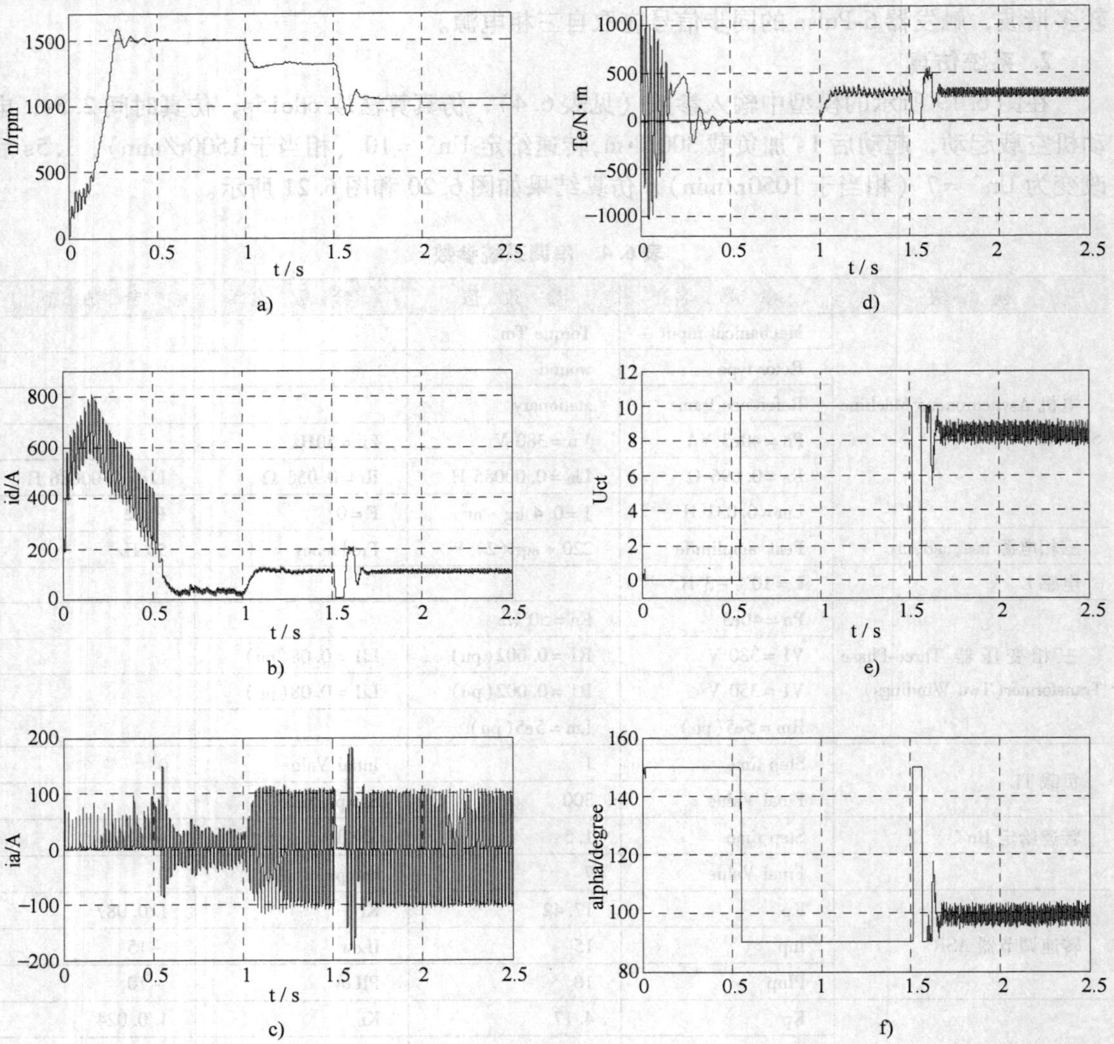

图6.20　串级调速系统仿真波形一

a）转速　b）直流回路电流　c）变压器二次侧a相电流　d）转矩　e）电流调节器输出信号　f）控制角

图6.21是串调系统的功率曲线，曲线显示了电源、电动机和变压器二次侧各一相的有功功率和无功功率，在加载后，变压器二次侧的有功功率为“-”，这说明电动机转子的转

差功率经串级调速装置输出，并经变压器回馈电源，这是串级调速节能的主要原因。但是转子在输出有功功率的同时也产生了较大无功功率，如图 6.21c 所示，这使电源输出的无功功率（见图 6.21a）大于电动机输入的无功功率（见图 6.21b），因此使整个系统的功率因数下降，这是串级调速系统的不足。图 6.21d ~ f 分别是电源、电动机和变压器二次侧一相的电压和电流波形，从波形可以看到电压和电流的相位关系，电流滞后于电压，因此产生感性无功功率，在图 6.21f 中变压器二次电流落后电压超过 90°，因此产生了负的有功功率。

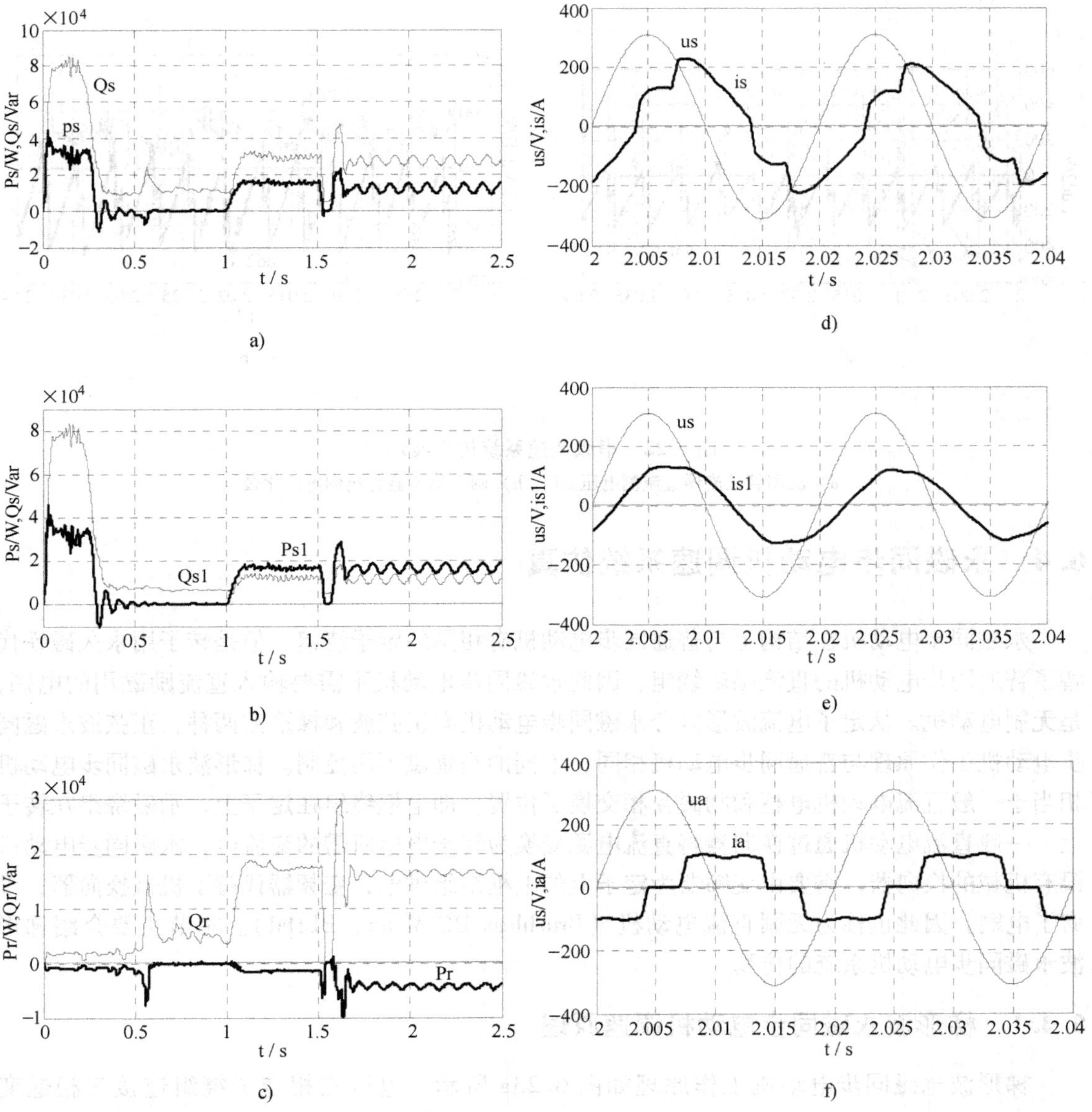

图 6.21　串级调速系统仿真波形二

a）电源输出有功和无功功率　b）电机输入有功和无功功率　c）变压器二次侧有功和无功功率

d）交流电源电压和电流　e）电机输入电压和电流　f）变压器二次侧电压和电流

图 6.22 是二极管整流器 Diode 和晶闸管整流器 inverter 直流侧电压的比较。图 6.22a 是晶闸管整流器直流侧电压 ud2 与变压器二次侧三相电压波形，因为晶闸管整流器工作在逆变状态，ud2 由三相电压的负半周组成；由于变压器绕组漏抗产生的晶闸管重叠换相现象，使 ud2 产生换相电压降，并且在二次侧三相电压波形上形成相应的缺口，使三相变压器二次电压也含有谐波，这进一步降低了串级调速系统的功率因数。图 6.22b 是二极管整流器直流侧电压 ud1 和晶闸管整流器直流侧电压 ud2 的比较，两个电压的极性相反，因此两个整流模块在连接时要注意。

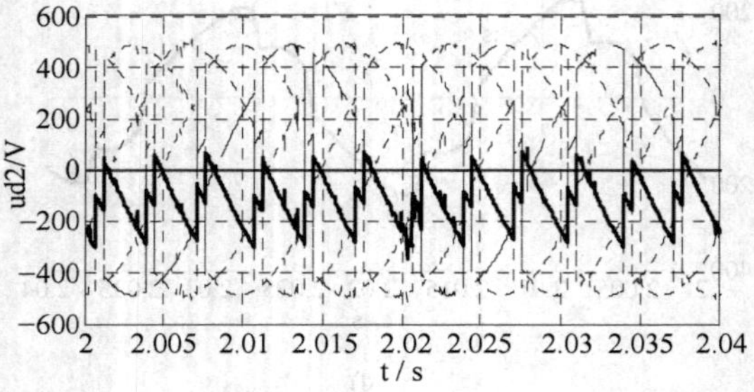

a)

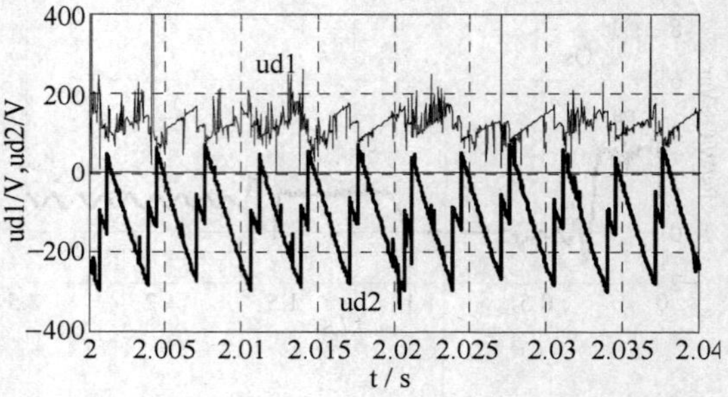

b)

图 6.22　串级调速系统仿真波形三

a）晶闸管整流器直流侧电压 ud2　b）两个整流器直流侧电压比较

6.4　永磁同步电动机调速系统仿真

永磁同步电动机在结构上与普通同步电动机有相同的定子绕组，但是转子用永久磁铁代替了普通同步电动机的直流励磁绕组，因此永磁同步电动机不需要输入直流励磁用的电刷，是无刷电动机。从定子电流波形区分永磁同步电动机有正弦波和梯形波两种，正弦波永磁同步电动机工作原理与普通同步电动机相同，不同的是励磁不用控制。梯形波永磁同步电动机相当于一般直流电动机电枢和励磁互相交换了位置，即电枢绕组在定子上，励磁绕组在转子上。一般直流电动机通过换向器将直流电源变换为转子电枢所需的交流电，永磁同步电动机没有机械的换向器，需要由变频器为定子上的电枢绕组供电，变频器代替了机械换向器，没有了电刷，因此也称为无刷直流电动机（Brushless DC Motor，BLDM）。本节主要介绍梯形波永磁同步电动机系统的仿真。

6.4.1　梯形波永磁同步电动机调速原理

梯形波永磁同步电动机工作原理如图 6.23a 所示，电机三相定子绕组连接三相逆变器，逆变器六个开关（$K_1 \sim K_6$）依次导通 120°，如图 6.23b 所示，在每个瞬间有两个开关同时导通，电动机有二相绕组得电，承受的电压是直流电源电压 E，在一周期中每个绕组通过的是矩形交流电，三相互差 120°的交流电在气隙中产生六边形旋转磁场牵引永磁转子同步旋转。改变逆变器六个开关的导通周期，永磁同步电动机可以进行变频调速，与一般变频调速不同的是变频器频率要与电动机转速保持同步，使变频器开关受转子磁极位置控制。梯形波永磁同步电动机转速调节是在开关 120°导通区间同时作斩波控制，通过调节电动机端电压控制电动机转矩，相当于直流电动机的调压调速控制，调速同时定子电流、电压频率改变，因此也是变频调速的一种。无刷直流电动机逆变器开关频率必须与转速保持同步，一般通过检测转子磁极位置来决定定子绕组的通电时刻，这也是仿真建模要解决的主要问题。

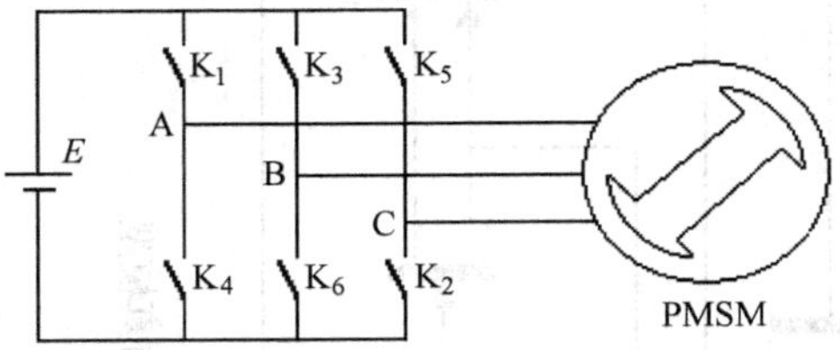

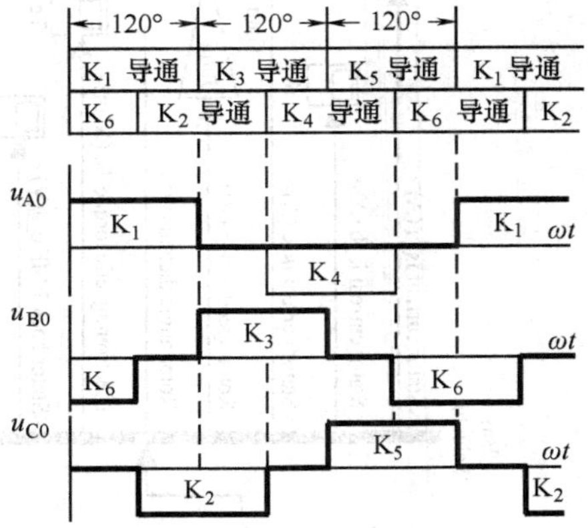

图 6.23　梯形波永磁同步电动机原理图
a）系统结构　b）开关顺序和电流波形

6.4.2　梯形波永磁同步电动机调速系统建模

梯形波永磁同步电动机仿真使用永磁同步电机模块（Permanent Magnet Synchronous Machine），在模块对话框（见图 4.43a）中 Flux distribution 栏下选择 Trapezoidal（梯形波）。依据该模块建立的梯形波，永磁同步电动机调速系统模型如图 6.24 所示。模型中系统主电路由直流电源 DC、逆变器 Universal Bridge 和永磁同步电动机 Permanent Magnet Synchronous Machine 模块组成。模型控制部分由转速给定模块 n^*、转速调节器模块 ASR、PWM 脉宽调制器 PWM Generator 和控制器单元 controller 等组成。转速调节器输出脉宽控制信号，并通过脉宽调制器调节输出脉冲宽度，脉宽调制器相当于直流斩波控制器，用于控制电动机三相电压。梯形波永磁同步电动机一般需要在电机轴上安装磁极位置检测，根据转子磁极位置分配电动机三相绕组的通电。模型中是通过电动机模块输出的转子位置角 thetam 信号，由控制器单元 controller 产生逆变器模块六个开关元件的 120°驱动信号。controller 模块的结构如图 6.25 所示，电动机观测得到的转子位置角 thetam，通过 Rounding Function、Relational Operator 等模块运算得到以 2π 为周期、每隔 $\pi/3$ 产生一个脉冲宽度为 $2\pi/3$ 的方波脉冲，该方波脉冲与脉宽调制器产生的脉宽信号 pulse 经过与门 AND 运算，共产生六路驱动信号从 gate 端输出，在转子位置角 thetam 信号中连接的放大器 np 用于设置电动机的极对数，以便将机械转角变换为电角度。

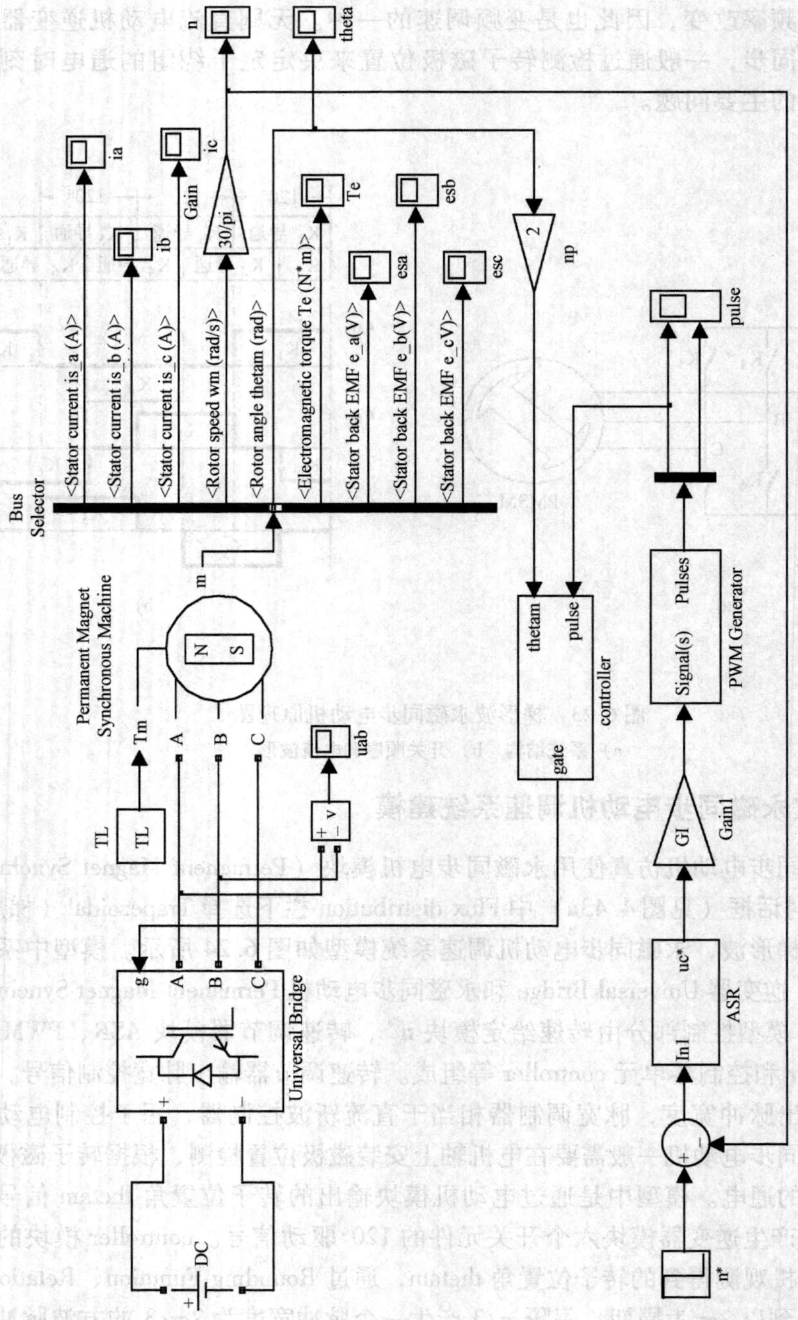

图6.24　梯形波永磁同步电动机调速系统仿真模型

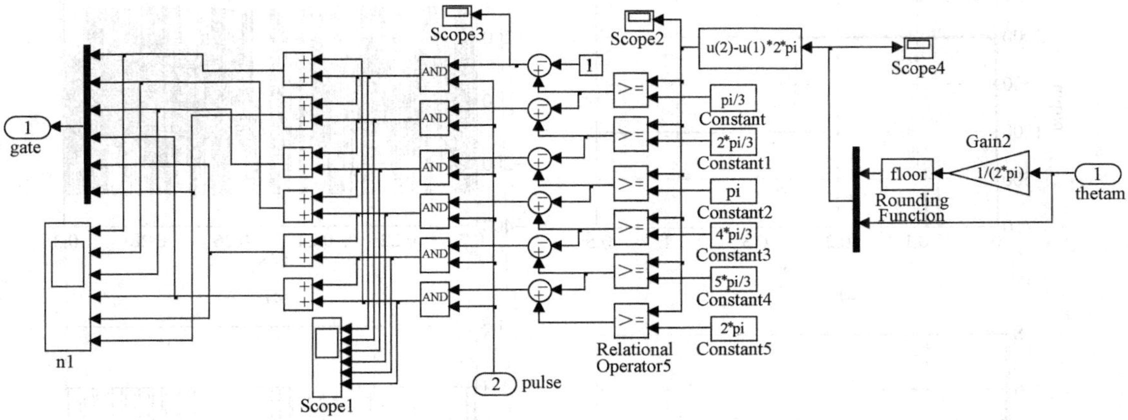

图 6.25 controller 模块结构

6.4.3 梯形波永磁同步电动机调速系统仿真

设置模块参数见表 6.5，电动机带载起动，初始转速给定 n^* 为 2000r/min，在 0.25s 时改变为 1000r/min，启动仿真得到结果如图 6.26 所示。其中图 6.26a 为转速响应波形，起动后电动机转速很快达到了 2000r/min，起动时电动机转速略有超调，稳定转速波动很小，0.25s 时转速给定变化，电动机转速迅速下降到 1000r/min，波形表明系统具有良好的调速性能。图 6.26b 为电动机的转矩波形，转矩波动较大，且速度变化时转矩有响应，但影响很小。图 6.26c 和图 6.26d 为 0.25s 转速改变前后电动机的电压波形（线电压）和脉宽调制器输出脉冲波形，转速改变时斩波脉冲和电压都有变化。图 6.27 是三相定子感应电动势和电流波形，定子感应电动势呈 180°梯形波，相应每相磁通也是梯形波，以此特征该系统称之为梯形波永磁同步电动机调速系统。电动机电流是 120°矩形波，由于电压为 PWM 斩波控制，所以矩形波中含有较大谐波成分。电流波形也反映了 0.25s 转速调整前后电动势和电流频率的改变和调节变化，频率改变使电动机转速改变。梯形波永磁同步电动机（无刷直流电动机）有专用的控制芯片，虽然转矩波动较大，但实际应用很广。

表 6.5 梯形波永磁同步电动机调速系统模型参数

永磁同步电动机电压 300V	定子电阻 Rs = 4.765Ω	励磁磁通 0.1848Wb
	定子电感 Ls = 0.0085H	励磁宽 120°
	转动惯量 J = 0.008kg · m^2	极对数 p = 2
直流电压 DC	Ud = 300V	
转矩给定	TL = 3N · m	
转速调节器	比例系数 KP = 10.7	积分系数 Ki = 0.15
放大器 Gain1	G = 1/10	
仿真算法	Ode23tb	

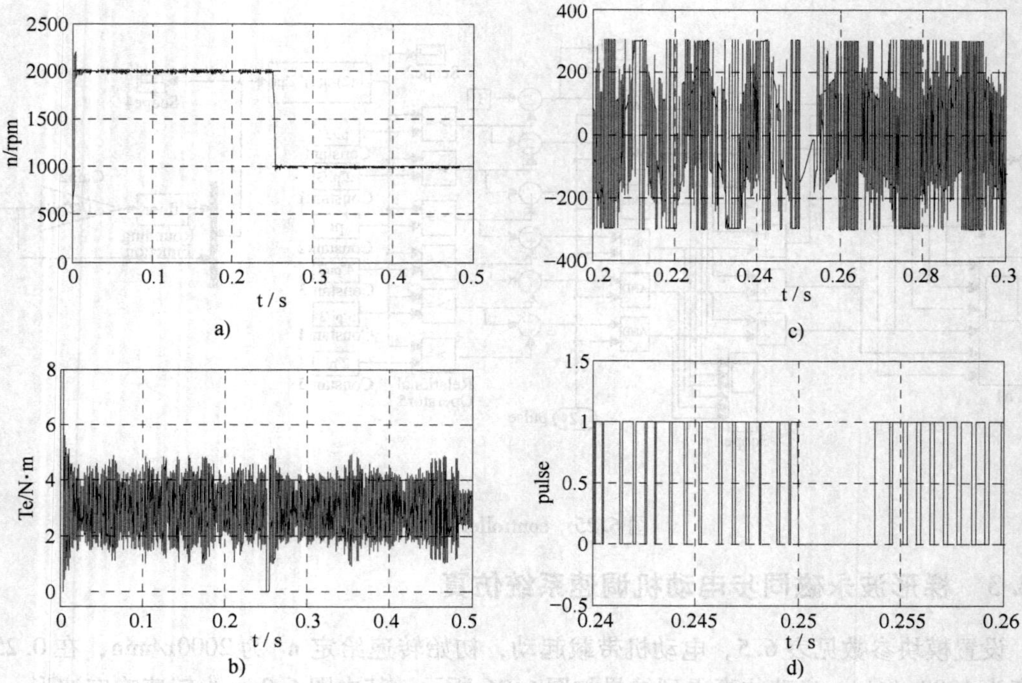

图 6.26　无刷直流电动机系统仿真波形

a）转速响应　b）转矩响应　c）电机线电压　d）逆变器控制脉冲

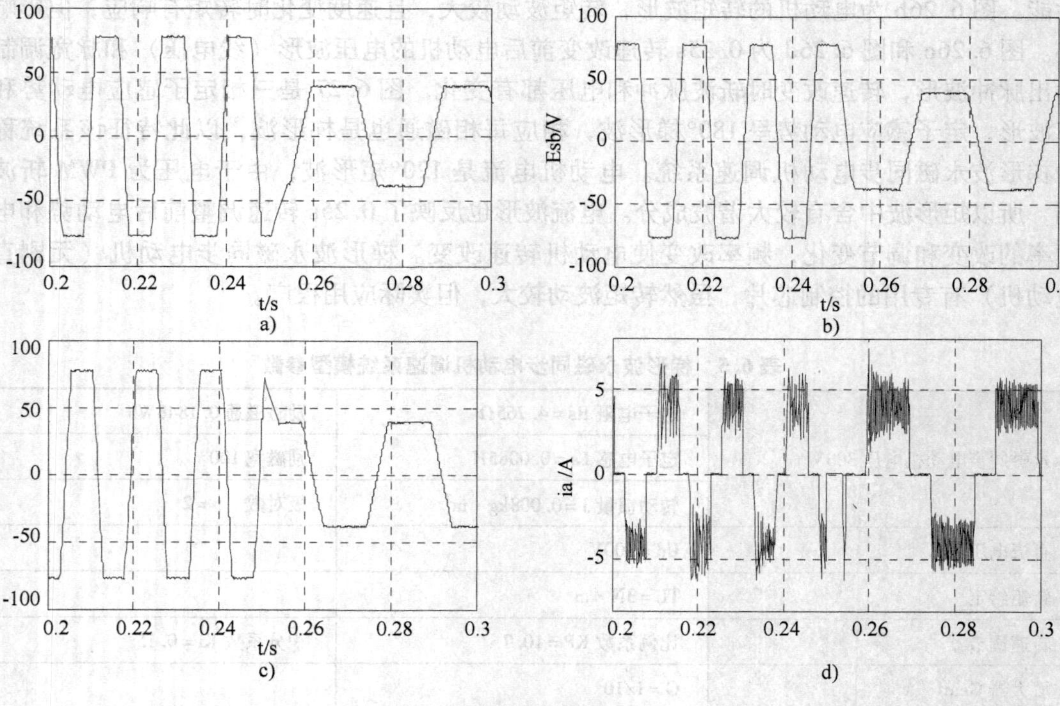

图 6.27　电动机电动势和电流波形

a）定子 A 相感应电动势　b）定子 B 相感应电动势　c）定子 C 相感应电动势　d）定子 A 相电流

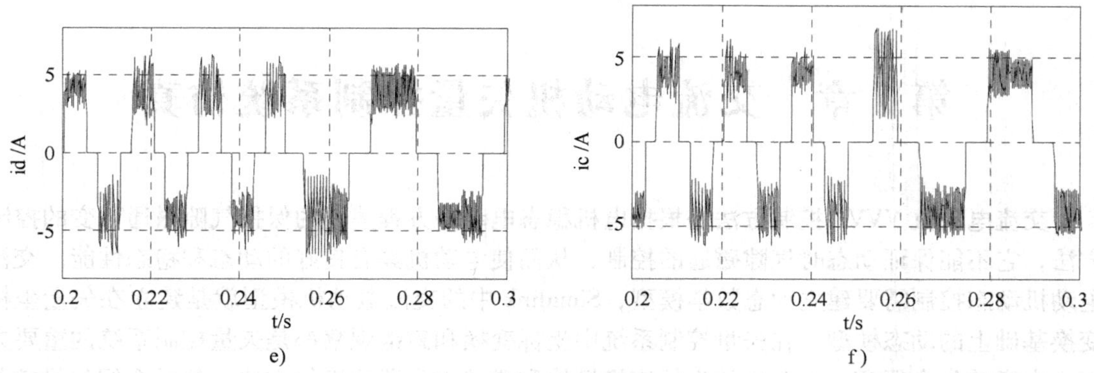

图 6.27　电动机电动势和电流波形（续）

e）定子 B 相电流　f）定子 C 相电流

本 章 小 结

本章介绍了交流电动机调速系统的建模和仿真，其中 PWM-VVVF 控制是重点，用 PWM Generator 模块可以方便地控制逆变器进行 VVVF 控制；也介绍了用 Fcn 模块产生调制正弦波的方法，使用 VVVF 控制模型可以研究异步电动机调压、调频和电压频率协调控制下的调速性能。绕线式异步电动机串电阻和串级调速现在已经很少采用，但是作为调速的一种方法，在建模等方面有一些特点，并且是电机拖动和电力拖动控制系统的教学内容之一，仿真这些系统对课程的学习可有很好的帮助。同步电动机调速仅介绍了永磁同步电机中的梯形波控制，根据转子位置产生驱动控制信号的模块设计是其要点，其他同步电动机变频控制可以使用 PWM Generator 模块进行。

习　　题

1. 在图 6.2 基础上研究异步电动机在恒频变压和恒压变频情况下的性能，电动机参数同【例 6.1】。

1）恒频变压。频率固定为 50Hz，三相线电压分别为 350V、250V、150V。

2）恒压变频。电压固定为 380V，频率分别为 30Hz、20Hz、10Hz。

构建 SPWM 变频器-同步电动机模型并仿真，观察电压对同步电机转速、电流和气隙磁通的影响，同步电动机参数同图 4.36。

2. 以图 6.19 模型仿真串级调速系统在电动机空载时起动，起动后 1s 加负载 500N · m 的情况，要求观察转速从 500r/min 上升到 1500r/min 的动态过程。

3. 以图 6.24 模型仿真梯形波永磁电机带载起动，转速从 1000r/min 上升到 2000r/min 的动态过程。

4. 构建正弦波永磁同步电动机转速控制模型，仿真正弦波永磁同步电动机模块采用自带的 05 号电机参数时的工作情况。

第 7 章　交流电动机矢量控制系统仿真

交流电动机 VVVF 控制方法是根据电机稳态电动势方程建立的保持气隙磁通不变的控制方法，它不能保证动态时气隙磁通的控制，从而使电动机具有良好的动态和稳态性能。交流电动机动态控制需要建立动态数学模型，Simulink 中的交流电动机模型就是建立在矢量坐标变换基础上的动态模型，在矢量控制系统中坐标变换和磁链观察都是矢量控制系统的重要方面。本章首先介绍 Simulink 中的坐标变换模块和磁链观察器建模的方法，然后介绍矢量控制系统的建模和仿真。

7.1　三相坐标系/二相坐标系的变换

7.1.1　坐标系变换原理

坐标变换是简化交流电动机复杂模型的重要数学方法，是交流电动机矢量控制的基础。坐标变换包括三相静止坐标系和两相静止坐标系的变换（简称 3s/2s 变换）、两相静止坐标系和两相旋转坐标系的变换（简称 2s/2r 变换）。三相坐标系与二相坐标系的变换原理如图 7.1 所示，图中 A、B、C 为三相静止坐标系，αβ 为二相静止坐标系，dq 为二相旋转坐标系，dq 坐标系的旋转速度为 ω。三相与二相变换建立在产生相同的磁动势基础上，三相坐标系上的三相对称绕组 A、B、C 通以三相对称电流 i_A、i_B、i_C 产生旋转磁动势 F，F 的旋转速度为 $\omega_1=2\pi f_s$，f_s 为三相电流 i_A、i_B、i_C 的频率。二相旋转坐标系上的二相绕组 d、q 通以二相对称电流 i_d、i_q，也产生旋转磁动势 F_r，F_r 对 dq 坐标系的旋转速度为 $\omega_r=2\pi f_r$，f_r 为电流 i_d、i_q 的频率。因为 dq 坐标系本身是旋转的，其旋转速度为 ω，因此 F_r 相对静止坐标系的旋转速度为 $(\omega_r+\omega)$。如果二相坐标系上电流产生的磁动势 F_r 与三相坐标系上电流产生的磁动势 F 大小相等、旋转速度也相同，即 $F_r=F$，$\omega_r+\omega=\omega_1$，这时二相旋转坐标系绕组可以等效于三相静止坐标系上的绕组，即三相绕组可以用二相绕组来代替。坐标变换揭示了三相绕组电压（电流）与二相绕组电压（电流）之间的关系。

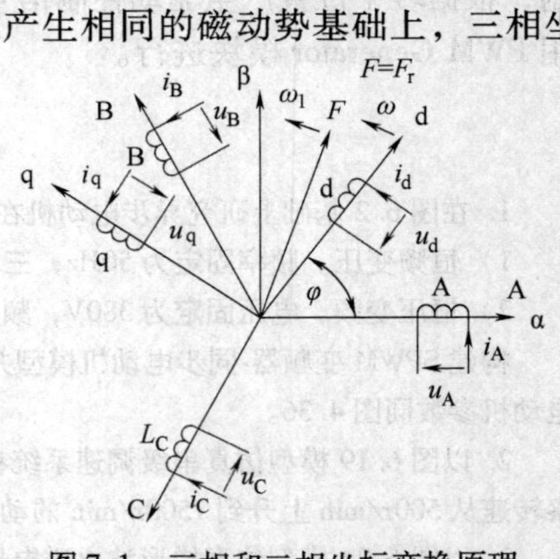

图 7.1　三相和二相坐标变换原理

1）三相→二相的坐标变换，即 abc-to-dq0 Transformation 模块的表达式为

$$\begin{cases}u_d=\dfrac{2}{3}\left[u_a\sin\omega t+u_b\sin\left(\omega t-\dfrac{2\pi}{3}\right)+u_c\sin\left(\omega t+\dfrac{2\pi}{3}\right)\right]\\ u_q=\dfrac{2}{3}\left[u_a\cos\omega t+u_b\cos\left(\omega t-\dfrac{2\pi}{3}\right)+u_c\cos\left(\omega t+\dfrac{2\pi}{3}\right)\right]\\ u_0=\dfrac{1}{3}(u_a+u_b+u_c)\end{cases}\tag{7.1}$$

式中，u_a、u_b、u_c 分别为三相坐标系上的电压；u_d、u_q 分别为二相坐标系上的电压；u_0 为 0 轴分量；ω 为二相 dq 坐标系的旋转速度，$\omega=2\pi f$，f 为转差频率。

设：$u_a=U_s\sin\omega_1 t$，$u_b=U_s\sin\left(\omega_1 t-\frac{2\pi}{3}\right)$，$u_c=U_s\sin\left(\omega_1 t+\frac{2\pi}{3}\right)$（$U_s$ 为二相旋转坐标系上电压幅值）。

将 u_a、u_b、u_c 代入式(7.1)得

$$\begin{cases} u_d=U_s\cos(\omega_1-\omega)t=U_s\cos\omega_r t \\ u_q=U_s\sin(\omega_1-\omega)t=U_s\sin\omega_r t \\ u_0=0 \end{cases} \tag{7.2}$$

2）二相→三相的坐标变换关系，即 dq0-abc transformation 模块的表达式为

$$\begin{cases} u_a=u_d\sin\omega t+u_q\cos\omega t+u_0 \\ u_b=u_d\sin\left(\omega t-\frac{2\pi}{3}\right)+u_q\cos\left(\omega t-\frac{2\pi}{3}\right)+u_0 \\ u_c=u_d\sin\left(\omega t+\frac{2\pi}{3}\right)+u_q\cos\left(\omega t+\frac{2\pi}{3}\right)+u_0 \end{cases} \tag{7.3}$$

式（7.1）和式（7.3）既可以用于三相静止和二相旋转坐标系的变换（3s/2r），也同样适用于三相静止和二相静止坐标系的变换（3s/2s）。在图 7.1 中，三相静止坐标系与二相静止坐标系的夹角 $\varphi=\int\omega \mathrm{d}t+\varphi_0$，如果令 dq 坐标系的旋转速度 $\omega=0$，初始角 $\varphi_0=0$，则 dq 坐标系与 αβ 坐标系重合，因此在式（7.1）和式（7.3）中令 $\omega=0$，式（7.1）就是 3s/2s 的变换，式（7.3）就是 2s/3s 的变换。

7.1.2　坐标系变换模块和使用

1. 坐标系变换模块

在 MATLAB/Simulink 中三相/二相变换的模块如图 7.2 所示，其中 abc-to-dq0 Transformation 模块（见图 7.2a）用于三相→二相的坐标变换，dq0-abc Transformationn 模块（见图 7.2b）用于二相→三相的逆变换。模块的 abc 端输入或输出三相信号，dq0 端输入或输出二相信号和 0 轴信号，这些信号可以是电压、电流或磁链。sin-cos 端输入坐标轴旋转角 φ 的正弦和余弦信号。在 MATLAB/Simulink 中 3s/2s、3s/2r 使用同一模块，其反变换也是同一模块，模块提取路径为 SimPowerSystems/Extra Library/Measurements/abc-to-dq0 Transformation 和 SimPowerSytems/Extra Library/Measurements dq0-abc transformation。

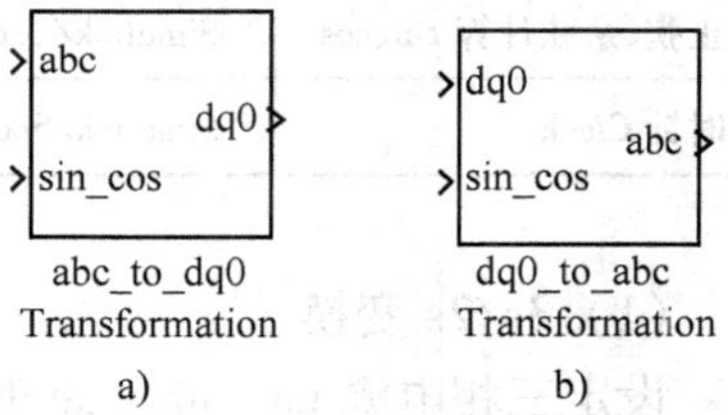

图 7.2　坐标变换模块
a）3s/2r　b）2r/3s

2. 坐标系变换模块的使用

【例 7.1】　观察三相电压经 3s/2s 和 3s/2r 变换及其反变换的波形，三相电压为 220V、50Hz。

建立观察三相电压和二相电压变换的模型如图 7.3 所示。模型中用 abc-to-dq0 Trans formation 模块观察 3s/2s、3s/2r 变换，用 dq0-to-abc Transformation 模块观察 2s/3s、2r/3s 变换。w*、Clock、Product、sin 和 cos 模块用于计算 $\sin\omega t$ 和 $\cos\omega t$。提取模块的路径见表 7.1。

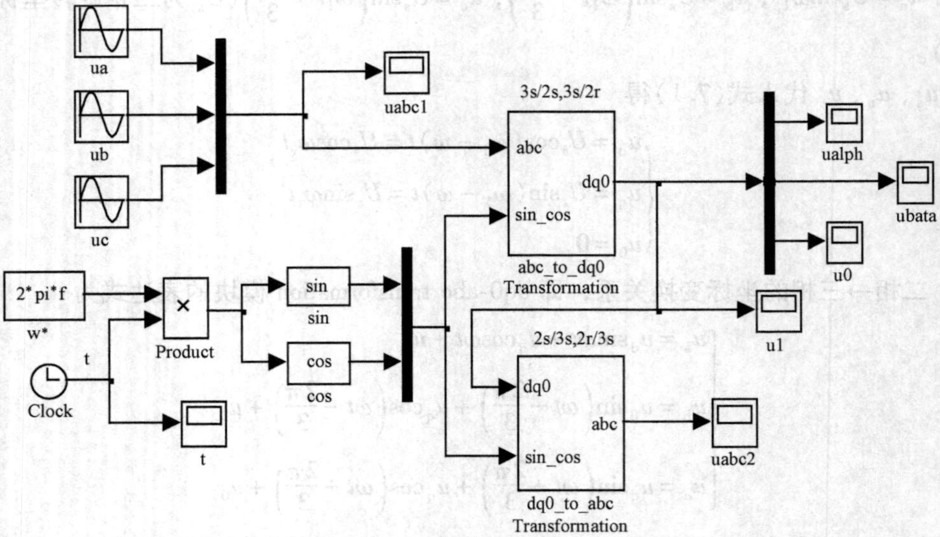

图 7.3　三相电压的 3s/2s 和 2s/3s 变换模型

表 7.1　三相/二相变换模型提取模块路径

模 块 名	提 取 路 径
3s/2r 变换	SimPowerSystems/Extra Library/Measurements/abc _ to _ dq0 Trans formation
2r/3s 变换	SimPowerSystems/Extra Library/Measurements/dq0 to _ abc Transformation
三相电源 ua、ub、uc	Simulink/Sources/Sin Wave
角频率给定 w*	Simulink/User-Defined Functions/Fcn
正弦、余弦计算 sin、cos	Simulink/User-Defined Functions/Fcn
时钟 Clock	Simulink/Sources/Clock

（1）3s/2s 变换

设定三相电源 ua、ub、uc 的参数：幅值为 220 * sqrt(2)，频率为 50Hz，初始相位为零。角频率给定 w* 模块的 f 为零，这意味着 dq 坐标系的 d 轴与静止坐标系 A 轴重合，dq 坐标系不旋转，这时 dq 坐标系蜕化为静止的 αβ 坐标系，abc-to-dq0 模块现在进行的是 3s/2s 变换。启动仿真得到如图 7.4 所示的波形，其中图 7.4a 为变换前三相电压波形，图 7.4b 为变换后静止二相坐标系上电压波形，这二相电压是频率为 50Hz 互差 90° 的正弦波，与式（7.2）的推导相同。若将二相电压信号输入反变换模块 dq0 _ to _ abc，输出的三相波形与图 7.4a 相同。

如果设定三相电源初始相位为 π/3，变换后电压波形如图 7.4c 所示，与图 7.4b 相比，相位移动了 π/3。

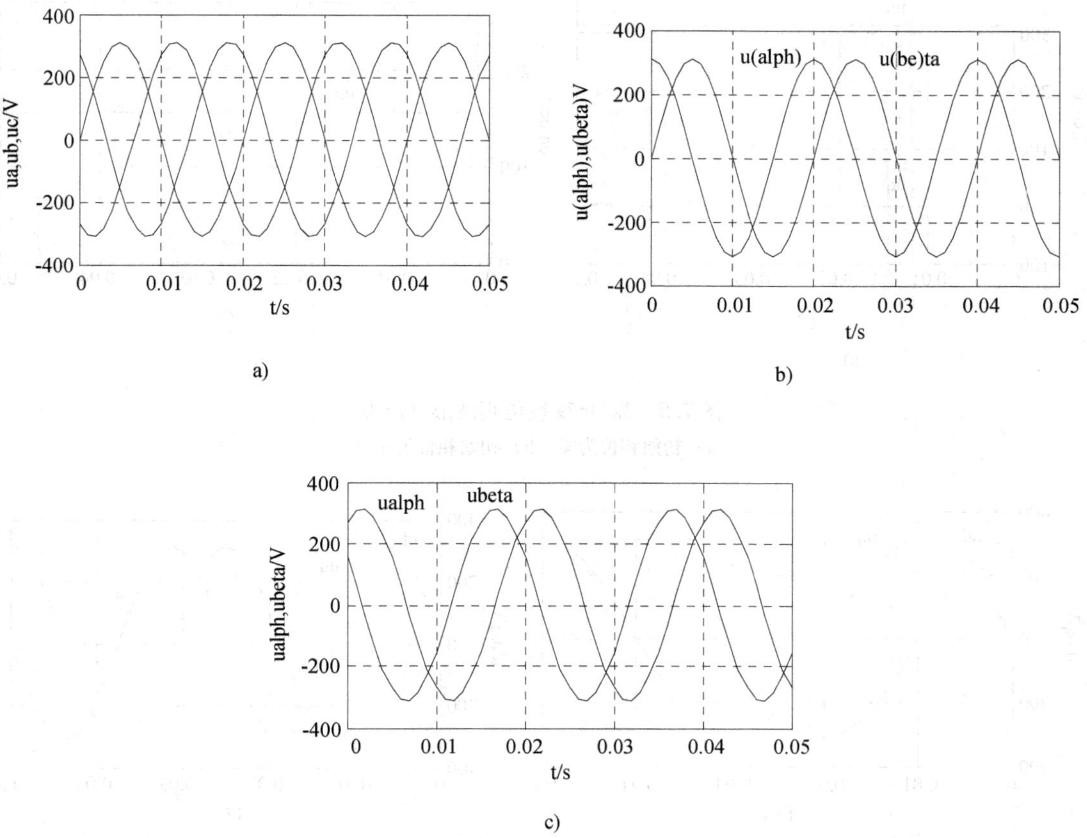

图 7.4　3s/2s 变换仿真波形

a）变换前三相电压波形　b）αβ 坐标系二相电压波形（初始相位为零）

c）αβ 坐标系二相电压波形（初始相位为 π/3）

（2）3s/2r 变换

设定三相电源 ua、ub、uc 的参数：幅值为 220 * sqrt(2)，频率为 50Hz，初始相位为零。角频率给定 w^* 模块的 f 为 50Hz，仿真的三相电源电压波形同图 7.4a，3s/2r 变换后在 dq 坐标系上的电压波形如图 7.5a 所示，因为 dq 坐标系旋转频率与三相电源频率相同，即 dq 坐标系以同步速度旋转，所以由式（7.2），输出二相电压频率为零，即在 dq 坐标系上二相电压 ud，uq 已经是直流。如果设三相电源初始相位为 π/3，则得到图 7.5b 所示波形，与图 7.5a 比较可知，输出电压仍是直流，但是电压值发生了变化。

（3）dq 坐标系任意旋转下的输出电压

设定三相电源 ua、ub、uc 的参数：幅值为 220 * sqrt(2)，频率为 50Hz，初始相位为零，二相坐标系的旋转频率给定 f 分别为 25Hz、10Hz 时的电压波形如图 7.6 所示，与图 7.4b 和图 7.5a 相比，随频率 f 的增加，二相电压 ud 和 uq 的频率下降。在 f = 50Hz 时，ud 和 uq 变为直流。

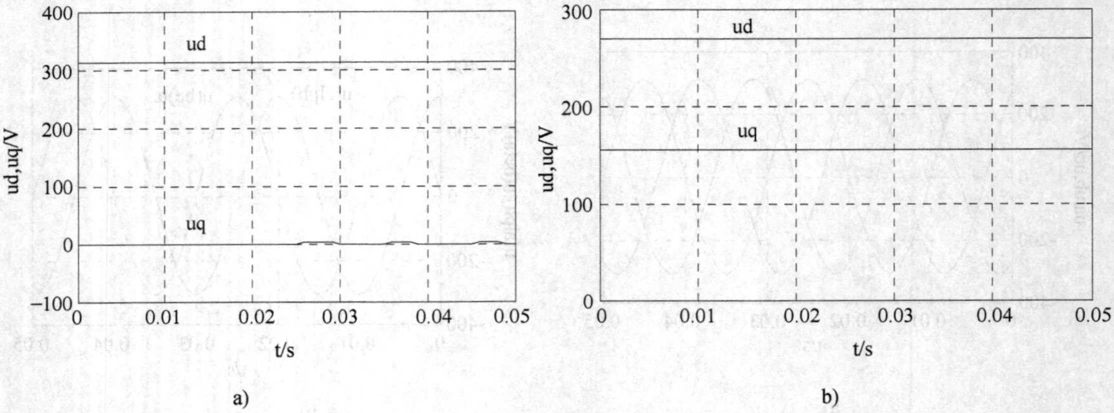

图 7.5　3s/3r 变换仿真波形（$f=0$）

a）初始相位为零　b）初始相位为 π/3

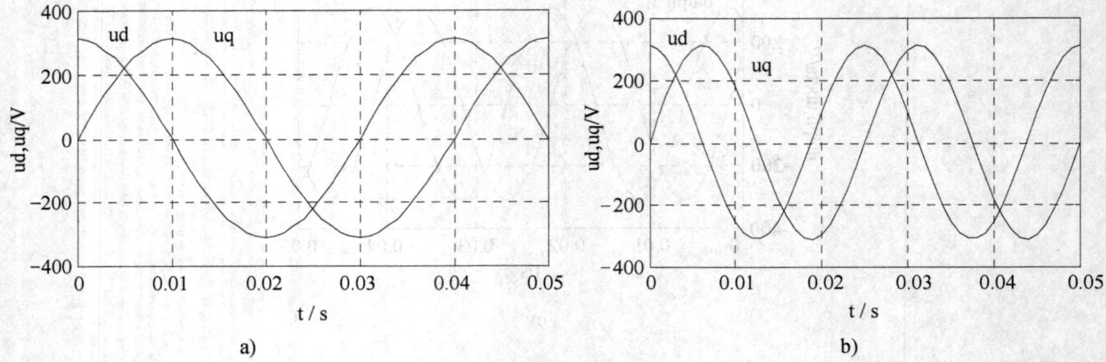

图 7.6　dq 坐标系任意旋转下二相电压仿真波形

a）$f=25\text{Hz}$　b）$f=10\text{Hz}$

7.2　异步电动机磁链观察

交流异步电动机的磁场控制是调速控制中的关键问题，在基频以下调速时，无论按稳态模型还是动态模型控制都需要保持电动机气隙磁通恒定，在基频以上调速时需要弱磁控制。异步电动机的励磁回路是非独立的，定子绕组输入的电流包含转矩分量和励磁分量两部分，这给异步电动机的控制带来很大困难。如果按转子磁场的定向控制，则需要知道转子磁场的大小和位置，因此对电动机磁场进行实时控制，首先需要检测磁场。直接检测电动机磁场，由于受到技术条件的限制难以实现，因此一般采用计算的方法，即采用磁链模型进行观测。本节通过建立磁链模型，观察磁链计算的效果。

7.2.1　转子磁链的电流模型

1. 在二相静止坐标系上的转子磁链电流模型

异步电动机在两相静止坐标系下的电压方程为

$$\begin{bmatrix} u_{s\alpha} \\ u_{s\beta} \\ u_{r\alpha} \\ u_{r\beta} \end{bmatrix} = \begin{bmatrix} R_s + L_s p & 0 & L_m p & 0 \\ 0 & R_s + L_s p & 0 & L_m p \\ L_m p & \omega L_m & R_r + L_r p & \omega L_r \\ -\omega L_m & L_m p & -\omega L_r & R_r + L_r p \end{bmatrix} \begin{bmatrix} i_{s\alpha} \\ i_{s\beta} \\ i_{r\alpha} \\ i_{r\beta} \end{bmatrix} \tag{7.4}$$

式中，$u_{s\alpha}$、$u_{s\beta}$为两相静止坐标系定子绕组电压；$u_{r\alpha}$、$u_{r\beta}$为两相静止坐标系转子绕组电压；$i_{s\alpha}$、$i_{s\beta}$为两相静止坐标系定子绕组电流；$i_{r\alpha}$、$i_{r\beta}$为两相静止坐标系转子绕组电流；ω 为转子角速度；R_s、R_r 为定、转子一相绕组电阻；L_s、L_r 为两相坐标系定、转子绕组的自感；L_m 为两相坐标系同轴定、转子绕组间的互感；p 为 d/dt。

由式（7.4）的第一、二行，可得定子回路的电压方程为

$$u_{s\alpha} = R_s i_{s\alpha} + L_s \frac{di_{s\alpha}}{dt} + L_m \frac{di_{r\alpha}}{dt} \tag{7.5}$$

$$u_{s\beta} = R_s i_{s\beta} + L_s \frac{di_{s\beta}}{dt} + L_m \frac{di_{r\beta}}{dt} \tag{7.6}$$

在两相静止坐标系上，转子磁链在 α、β 轴上的分量为

$$\psi_{r\alpha} = L_m i_{s\alpha} + L_r i_{r\alpha} \tag{7.7}$$

$$\psi_{r\beta} = L_m i_{s\beta} + L_r i_{r\beta} \tag{7.8}$$

所以

$$i_{r\alpha} = \frac{1}{L_r}(\psi_{r\alpha} - L_m i_{s\alpha}) \tag{7.9}$$

$$i_{r\beta} = \frac{1}{L_r}(\psi_{r\beta} - L_m i_{s\beta}) \tag{7.10}$$

在两相静止坐标系电压方程式（7.4）的三、四行中，令 $u_{r\alpha} = u_{r\beta} = 0$，且将式（7.9）和式（7.10）代入，经整理后可得异步电动机转子磁链电流模型方程为

$$\psi_{r\alpha} = \frac{1}{T_r p + 1}(L_m i_{s\alpha} - \omega T_r \psi_{r\beta}) \tag{7.11}$$

$$\psi_{r\beta} = \frac{1}{T_r p + 1}(L_m i_{s\beta} + \omega T_r \psi_{r\alpha}) \tag{7.12}$$

式中，$T_r = L_r / R_r$，为转子电磁时间常数。

2. 按转子磁链定向二相旋转坐标系上的转子磁链电流模型

按转子磁链定向二相旋转坐标系上的转子磁链电流模型是通过检测定子三相电流和转速 ω_r 计算转子磁链，三相定子电流经 3s/2r 变换得到定子电流的励磁分量 i_{sm} 和转矩分量 i_{st}。异步电动机的矢量控制方程式为

$$T_e = n_P \frac{L_m}{L_r} i_{st} \psi_r \tag{7.13}$$

$$\omega_s = \frac{L_m i_{st}}{T_r \psi_r} \tag{7.14}$$

$$\psi_r = \frac{L_m}{T_r p + 1} i_{sm} \tag{7.15}$$

上述式中，n_p 为极对数；ω_s 为转差。

通过矢量控制方程式（7.14），可以计算电动机转差 ω_s 和定子频率 ω_1（$\omega_1 = \omega_r + \omega_s$）。通过矢量控制方程式（7.15）可以计算转子磁链 ψ_r，计算框图如图 7.7 所示。

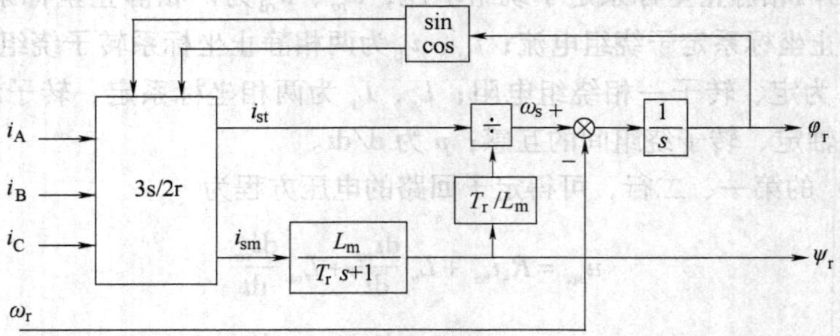

图 7.7　按转子磁链定向二相旋转坐标系上的转子磁链电流模型

7.2.2　转子磁链的电压模型

根据异步电动机在二相静止坐标系上的数学模型的定子电压方程式（7.5）、式（7.6）和转子电流方程式（7.9）和式（7.10），可得转子磁链的电压方程式（7.16）、式（7.17），并构建转子磁链的电压模型如图 7.8 所示。

$$\psi_{r\alpha} = \frac{L_r}{L_m}\left[\int (u_{s\alpha} - R_s i_{s\alpha})\,dt - \sigma L_s i_{s\alpha}\right] \tag{7.16}$$

$$\psi_{r\beta} = \frac{L_r}{L_m}\left[\int (u_{s\beta} - R_s i_{s\beta})\,dt - \sigma L_s i_{s\beta}\right] \tag{7.17}$$

式中，漏磁系数 $\sigma = 1 - L_m^2 / L_s L_r$。

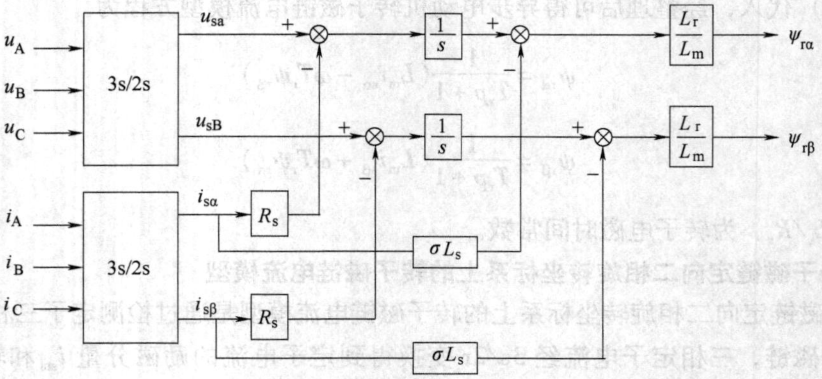

图 7.8　转子磁链的电压模型

7.2.3　转子磁链模型仿真

1. 转子磁链观察建模

建立转子磁链观察的仿真模型如图 7.9 所示，模型中异步电动机（AC motor）由逆变器

(inverter) 驱动，转子磁链的电流模型从电动机测量模块 M 得到定子三相电流（iabc）和转速（wr）信号，然后计算输出转子磁链（psir），模块 Fcn 根据测量模块 M 的转子磁链信号 phir-qd 计算转子磁链，二者通过示波器 psir 进行比较。

转子磁链的电压模型从电动机测量模块 M 得到定子三相电流（iabc），从电机定子侧经电压测量单元取得三相电压信号（uabc），电压模型的输出是转子磁链在 αβ 轴上的分量（psir-d、psir-q）。

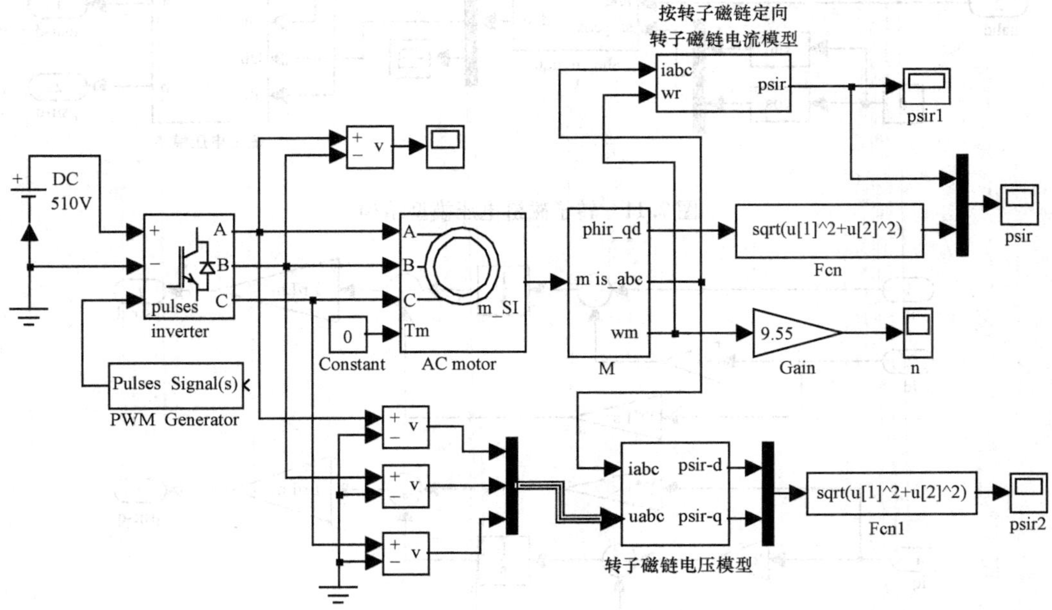

图 7.9 转子磁链的仿真模型

电流模型使用二相同步旋转坐标系上按转子磁链定向的磁链模型（见图 7.7），电流模型的结构如图 7.10 所示。电压模型的结构如图 7.11 所示，其磁链在 αβ 坐标系上，电压模型中的分支模块如图 7.12 所示。

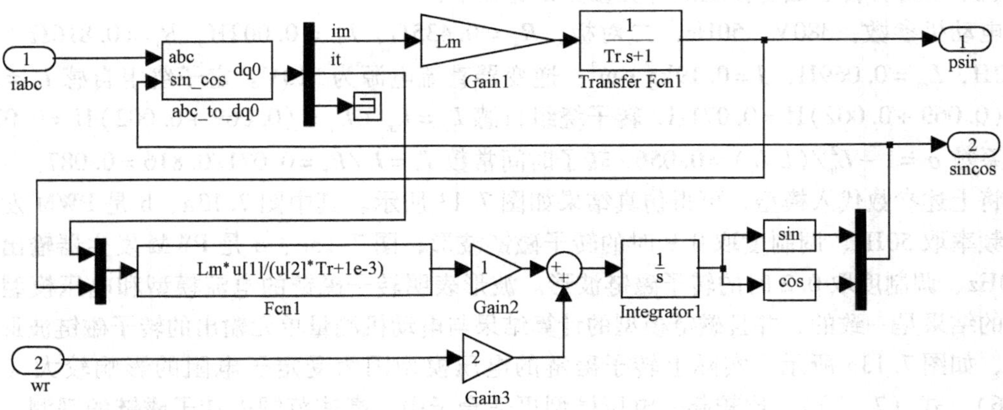

图 7.10 转子磁链电流模型结构（二相同步旋转坐标系）

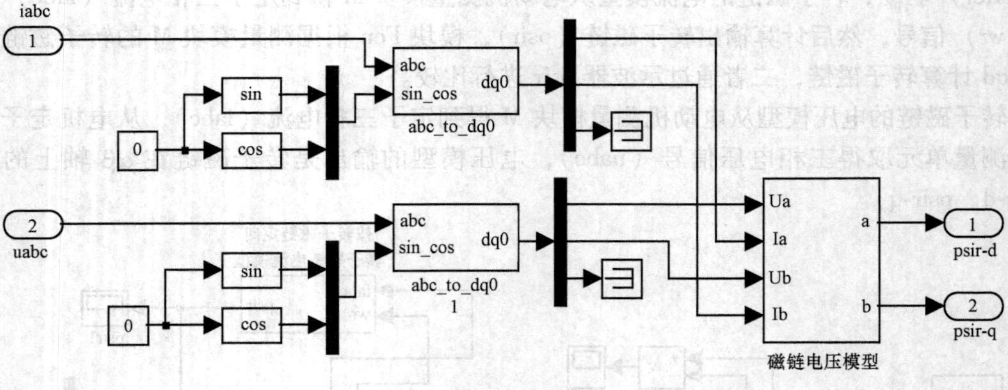

图 7.11　转子磁链电压模型结构

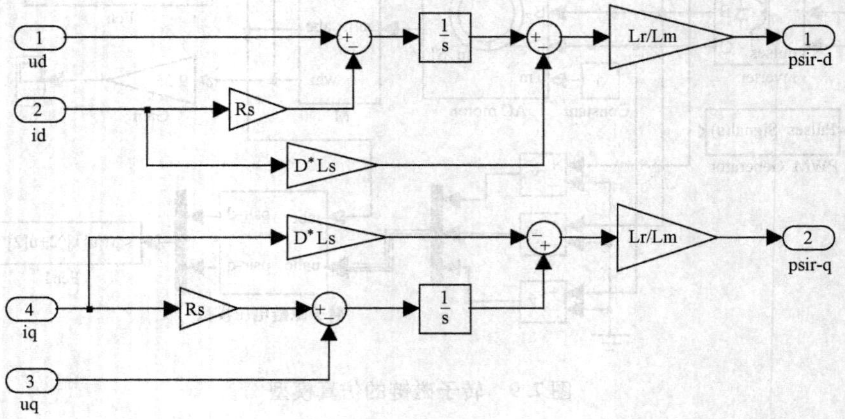

图 7.12　转子磁链电压模型的分支模块

2. 转子磁链模型的仿真

【例 7.2】　转子磁链模型的计算参数设置如下：

电动机参数：380V、50Hz，二对极，$R_s=0.435\Omega$，$L_{ls}=0.002\text{H}$，$R_r=0.816\Omega$，$L_{lr}=0.002\text{H}$，$L_m=0.069\text{H}$，$J=0.19\text{kg}\cdot\text{m}^2$；逆变器直流电源为 510V。定子绕组自感 $L_s=L_m+L_{ls}=(0.069+0.002)\text{H}=0.071\text{H}$，转子绕组自感 $L_r=L_m+L_{lr}=(0.069+0.002)\text{H}=0.071\text{H}$，漏磁系数 $\sigma=1-L_m^2/(L_sL_r)=0.056$，转子时间常数 $T_r=L_r/R_r=0.071/0.816=0.087$。

将上述参数代入模型，可得仿真结果如图 7.13 所示。其中图 7.13a、b 是 PWM 发生器输出频率取 50Hz、调制度取 0.9 时的转子磁链波形；图 7.13c、d 是 PWM 发生器输出频率取 10Hz、调制度取 0.2 时的转子磁链波形。波形表明转子磁链的电流模型和电压模型计算得到的结果是一致的，并且磁链模型的计算结果与电动机测量单元输出的转子磁链波形相差甚微，如图 7.13a 所示。实际上转子磁链的电压模型因为受定子电阻的影响较大（见式(7.16)、式（7.17)），比较起来电压模型更适合于中、高速范围内转子磁链的观测，电流模型更适合低速时转子磁链的观测。

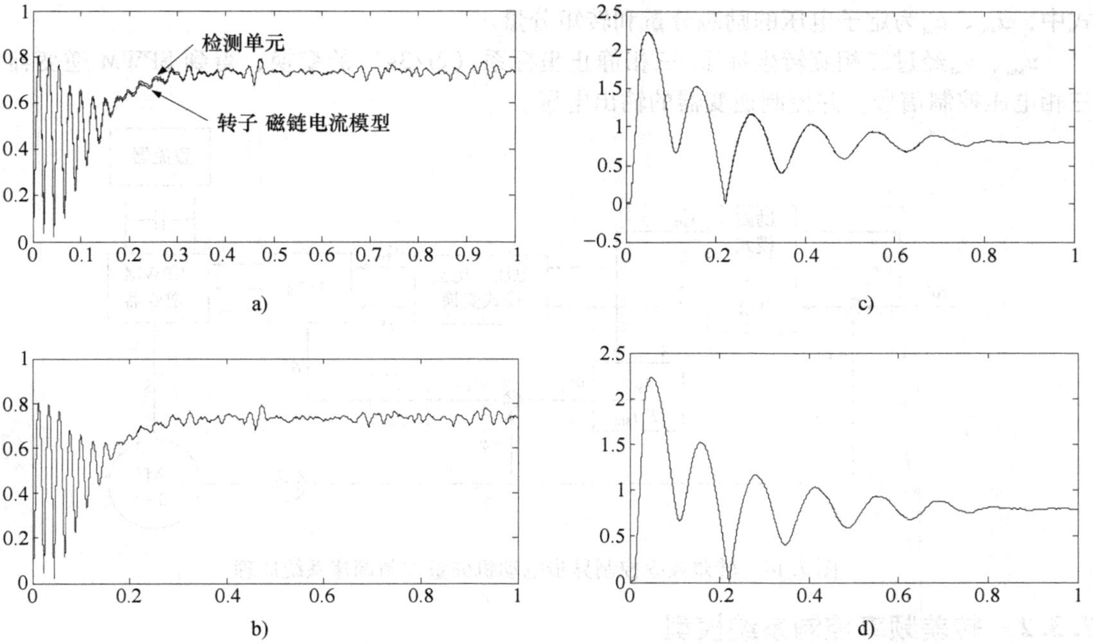

图 7.13 转子磁链观测仿真结果

a) 电流模型（频率 50Hz，调制度 0.9） b) 电压模型（频率 50Hz，调制度 0.9）
c) 电流模型（频率 10Hz，调制度 0.2） d) 电压模型（频率 10Hz，调制度 0.2）

7.3 转差频率控制异步电动机矢量控制系统建模和仿真

7.3.1 转差频率控制原理

转差频率控制异步电动机矢量控制调速系统的原理如图 7.14 所示。系统主电路采用 SPWM 电压型逆变器，这是通用变频器常用的电路。转速采取转差频率控制，即定子角频率 ω_1 由转子角频率 ω 和转差角频率 ω_s 组成（$\omega_1 = \omega + \omega_s$），这样在转速变化过程中，定子电流频率始终能随转子的实际转速 ω 同步升降，使转速的调节更为平滑。

从矢量控制方程式（7.13）可以看到，在保持转子磁链 ψ_r 不变的情况下，电动机转矩直接受定子电流的转矩分量 i_{st} 控制，并且电动机转差 ω_s 可以通过定子电流的转矩分量 i_{st} 计算（式（7.14））。从式（7.15）可见，转子磁链 ψ_r 可以通过定子电流的励磁分量 i_{sm} 来计算。转差频率控制系统以转速调节器 ASR 的输出为定子电流的转矩分量 i_{st}，并计算得到转差 ω_s。如果采取磁通不变的控制，则 $p\psi_r = 0$，由式（7.15）可得 $\psi_r = L_m i_{sm}$，并由式（7.14）可得 $\omega_s = i_{st}/(T_r i_{sm})$。模型中 i_{sm} 由励磁给定模块 i_{sm}^* 设定，在额定转速以下 i_{sm} 为额定值。

本系统采用了电压型逆变器，由矢量控制方程导出的控制量是电流 i_{sm} 和 i_{st}，需要将电流信号转换为相应的电压控制信号，其变换关系为

$$u_{sm} = R_s i_{sm} - \omega_1 \sigma L_s i_{st} \tag{7.18}$$

$$u_{st} = \omega_1 L_s i_{sm} + (R_s + \sigma L_s p) i_{st} \tag{7.19}$$

式中，u_{sm}、u_{st}为定子电压的励磁分量和转矩分量。

u_{sm}、u_{st}经过二相旋转坐标系/三相静止坐标系（2r/3s）的变换，得到 SPWM 逆变器的三相电压控制信号，并控制逆变器的输出电压。

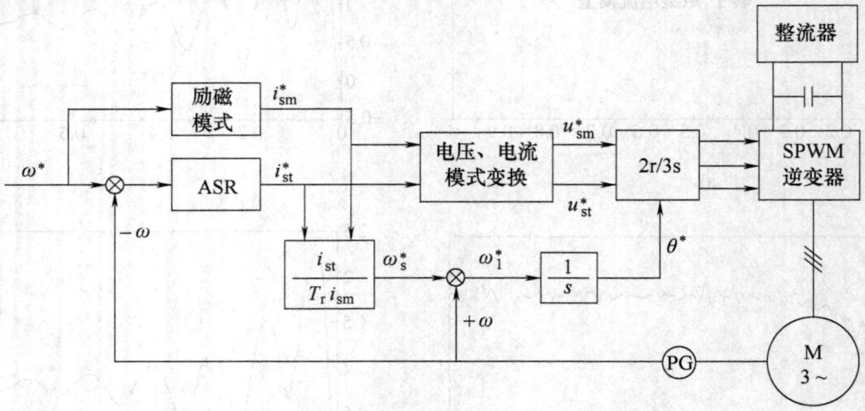

图 7.14　转差频率控制异步电动机矢量控制调速系统原理

7.3.2　转差频率控制系统模型

根据转差频率控制原理建立的异步电动机矢量控制系统模型如图 7.15 所示，系统的控制部分由给定、PI 调节器、函数运算、二相/三相坐标变换、PWM 脉冲发生器等环节组成。其中给定环节有定子电流励磁分量 im* 和转子速度 n*。放大器 G1、G2，积分器 Integrator 和

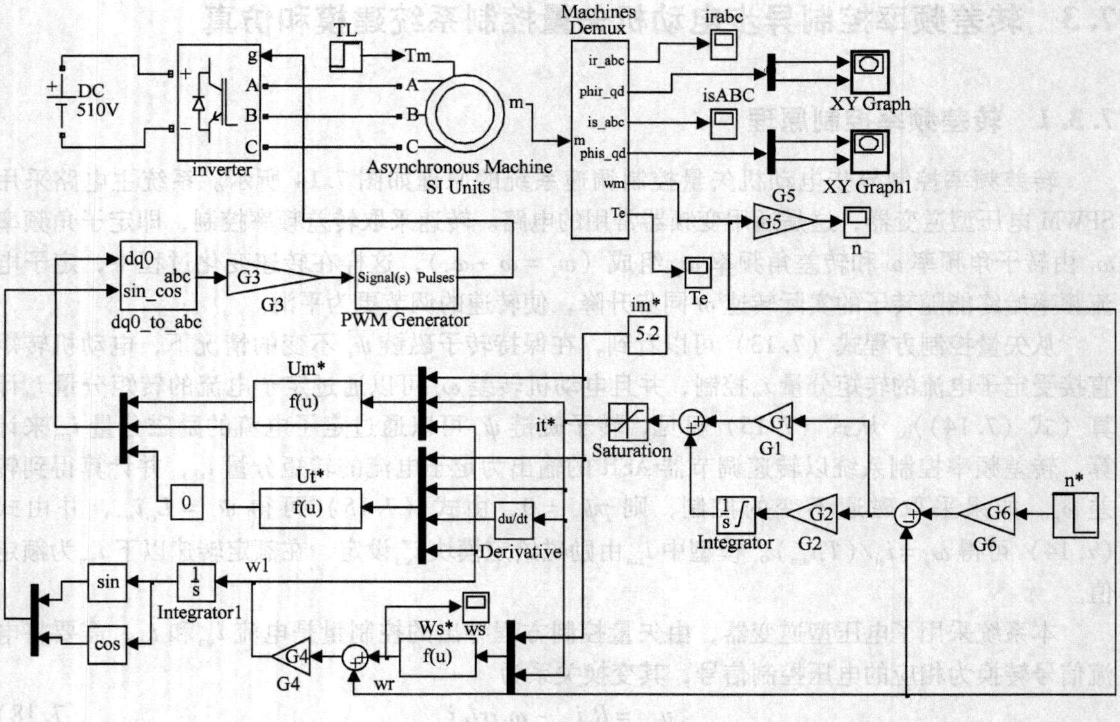

图 7.15　转差频率控制的矢量控制系统仿真模型

Saturation 模块组成带输出限幅的转速调节器 ASR。电流/电压转换由函数模块 u_m^*、u_t^* 根据式（7.18），式（7.19）实现。函数运算模块 Ws* 根据定子电流的励磁分量和转矩分量计算转差（$\omega_s = i_{st}/(T_r i_{sm})$），$\omega_s$ 与转子频率 ω 相加得到定子频率 ω_1，再经积分器得到定子电压矢量的转角 θ(theta) 并计算其 sin、cos 值。dq0-to-abc 模块将二相电压信号变换为三相 PWM 调制信号，因为调制信号幅度不能大于 1，所以在 dq0-to-模块 abc 输出后插入比例放大器 G3。在模型调试时，可以先在 G3 输出处断开，使系统工作在开环状态，将 PWM 发生器设置为内部模式，然后运行模型，根据 dq0-to-abc 输出和 PWM 发生器的三相调制输入信号幅值小于 1 的要求，计算 G3 的衰减系数。模型用阶跃信号模块（n*）设定转速给定值，以便观测系统在两种速度下的运行情况。

7.3.3 模型参数和仿真

【例 7.3】 对图 7.15 模型进行仿真，电动机参数与【例 7.2】相同。电流/电压变换模块（Um*、Ut*）的函数关系如式（7.18）、式（7.19）所示，转差计算模块（W_s^*）的函数如式（7.14）和式（7.15）所示。各放大器的参数取值见表 7.2。

表 7.2　转差频率矢量控制仿真模型放大器参数

模　块	放大倍数	备　注	模　块	放大倍数	备　注
G1	35		G4	2	极对数
G2	0.15		G5	30/pi	单位换算
G3	0.0076		G6	pi/30	单位换算

仿真时空载起动，起动后 0.4s 加载，TL = 60N·m，起动时给定转速 n* 为 1400r/min 时，0.6s 后 n* 降为 1000r/min。经比较各种计算方法模型算法，选择了固定步长算法 ode5，步长取 10^{-5}时效果较好，模型仿真结果如图 7.16 所示。

电动机转速波形（见图 7.16a）反映了电动机起动转速从零上升到 1400r/min，并下降到 1000r/min 的调节过程。图 7.16b 和图 7.16f ~ h 分别是电动机的转矩响应和三相电流波形，在起动阶段转矩和电流都比较大，0.3s 时起动结束，转矩和电流都基本为零，0.4s 加载后转矩和电流都增加，在减速瞬时，转矩和电流都有相应的波动。7.16c 是模块计算所得转差频率给定信号 ws*，因为 ASR 的输出限幅，在起动阶段 ws* 不变，起动结束转速达到 1400r/min 后 ws* 基本为零，加载后维持着一定的 ws*，该转差提高了调制波频率 w_1（见图 7.16d），补偿了加载引起的转速降，使转速稳定在 1400r/min。图 7.16i 是电动机的机械特性，特性的 AB 段表明电动机在起动阶段保持了较好的恒转矩起动特性，可以使起动时间较短；特性的 BC 段是水平的，表明电动机工作在这区段转速不受负载影响，保持无差调节。图 7.16e 和图 7.16j 分别为电动机定子磁场和转子磁场的轨迹，电动机在零状态起动时磁场有一个建立过程，在该过程中磁场变化引起转矩的较大幅度变化，在 0.2s 后磁场呈规则的圆形。改变励磁的给定值 im*，圆形旋转磁场的半径也会有变化。仿真的结果表明，采用转差频率控制的矢量控制系统具有良好的控制性能。

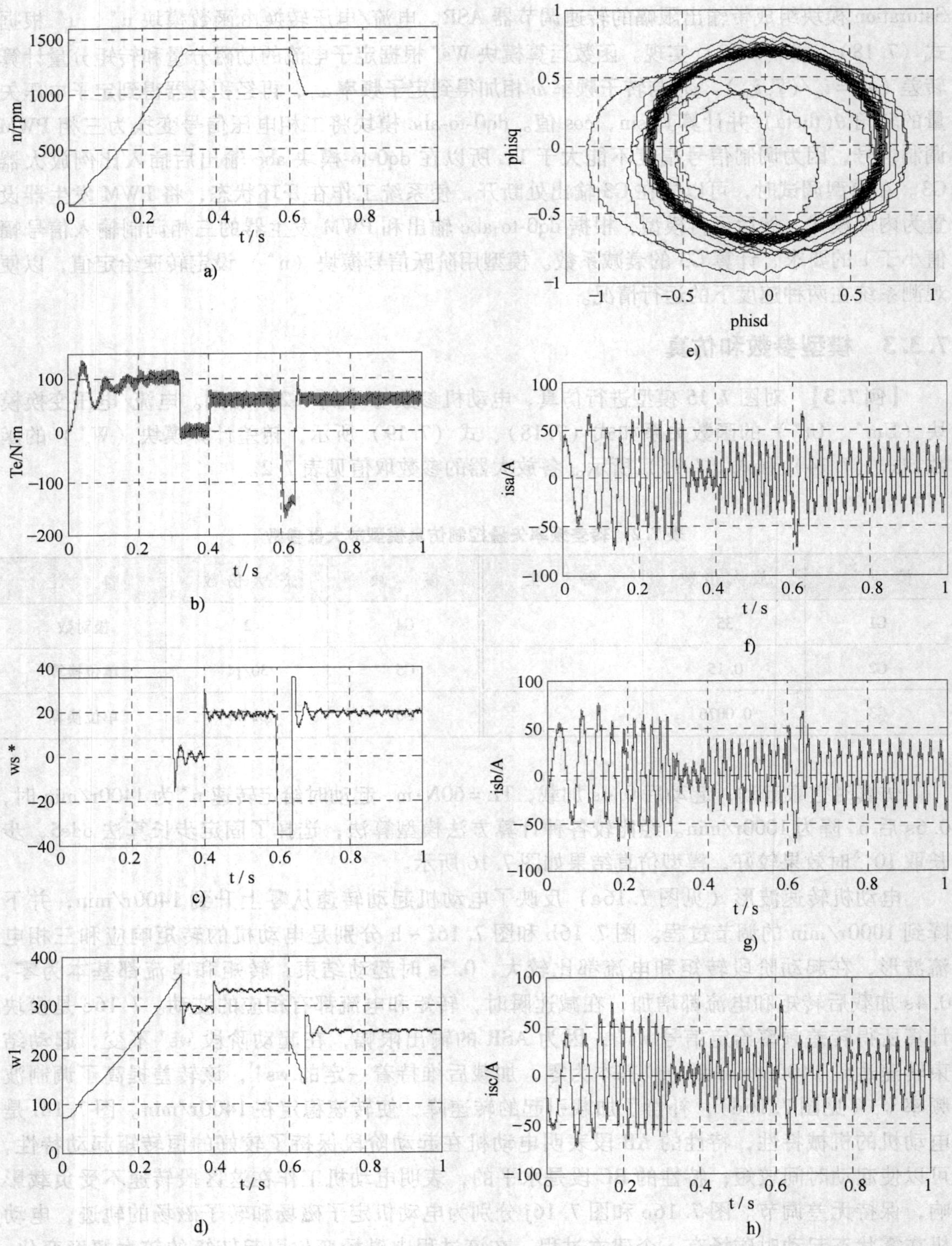

图 7.16　转差频率矢量控制系统仿真结果

a）转速响应　b）电磁转矩　c）转差频率 ws*（rad/s）　d）逆变器调制频率 w1（rad/s）

e）定子磁链轨迹　f）定子 A 相电流　g）定子 B 相电流　h）定子 C 相电流

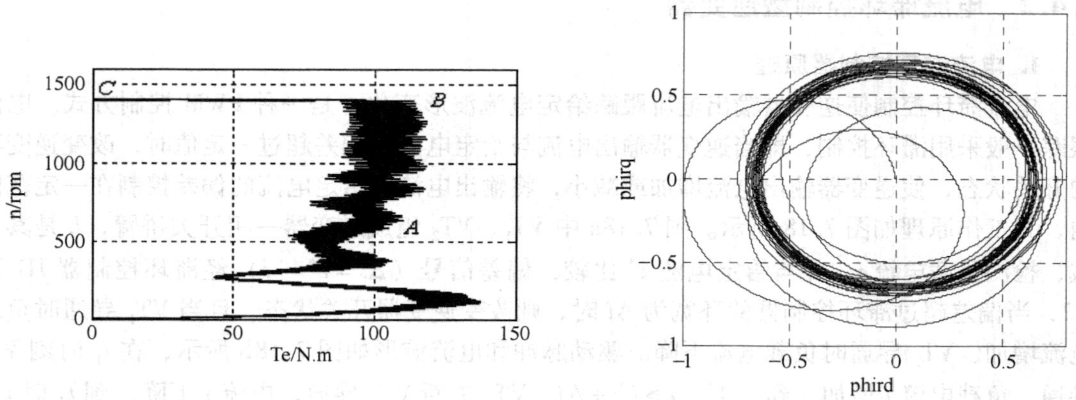

i)　j)

图 7.16　转差频率矢量控制系统仿真结果（续）
i）转矩-转速特性　j）转子磁链轨迹

7.4　带转矩内环的转速、磁链闭环矢量控制系统仿真

7.4.1　带转矩内环的转速、磁链闭环矢量控制系统原理

带转矩内环的转速、磁链闭环矢量控制系统的原理如图 7.17 所示。主电路采用了电流滞环控制型逆变器。控制电路包括转子磁链控制、转速控制、转矩控制和电流变换、磁链观察等环节。并且在转速环后增加了转矩控制内环，转速调节器 ASR 的输出是转矩调节器 ATR 的给定 T_e^*，而转矩的反馈信号 T_e 则通过矢量控制方程式（7.13）计算得到。电路中的磁链调节器 ApsiR 用于对电动机转子磁链的控制，ATR 和 ApsiR 的输出分别是定子电流的转矩分量 i_{st}^* 和励磁分量 i_{sm}^*。i_{st}^* 和 i_{sm}^* 经过 2r/3s 变换后得到三相定子电流的给定值 i_{sA}^*、i_{sB}^*、i_{sC}^*，并通过电流滞环控制 PWM 逆变器控制电动机的定子三相电流。

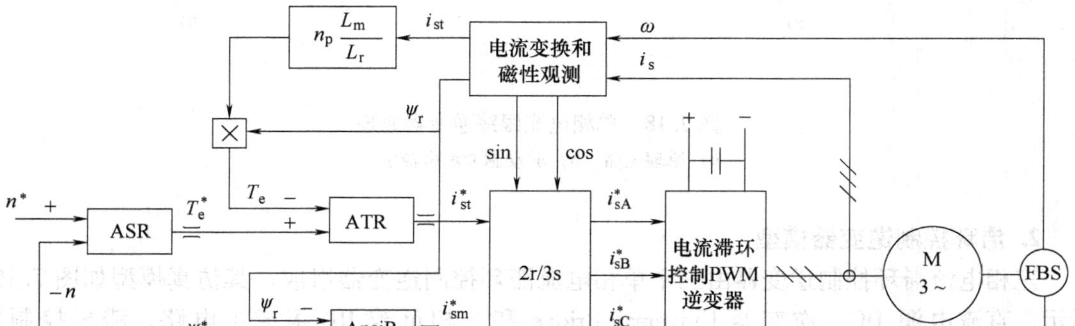

图 7.17　带转矩内环的转速、磁链闭环矢量控制系统原理图

7.4.2　电流滞环控制型逆变器

1. 电流滞环控制器原理

电流滞环控制使逆变器输出电流跟踪给定电流波形变化，是一种 PWM 控制方式。电流跟踪一般采用滞环控制，即当逆变器输出电流与给定电流的偏差超过一定值时，改变逆变器的开关状态，使逆变器输出电流增加或减小，将输出电流与给定电流的偏差控制在一定范围内，其工作原理如图 7.18 所示。图 7.18a 中 VT_1、VT_2 组成逆变器一相开关桥臂，L 是其负载，检测负载电流 i，并与给定电流 i^* 比较，偏差信号（$\Delta i = i^* - i$）经滞环控制器 H1 和 H2，当偏差超过滞环控制器的环宽为 ΔI 时，则改变逆变器开关状态，且当 VT_1 导通时负载电流增加，VT_2 导通时负载电流下降。驱动脉冲和电流波形如图 7.18b 所示，在 t_1 时刻 VT_1 导通，负载电流 i 增加，到 t_2 时，$i > i^* + \Delta I$，VT_1 关断 VT_2 导通，电流 i 下降，到 t_3 时 $i < i^* - \Delta I$，VT_2 关断 VT_1 导通。如此周而复始，逆变器输出电流 i 将跟随给定电流 i^* 的波形作锯齿形变化，滞环控制器的环宽 ΔI 则决定了锯齿型变化的范围，ΔI 较小，逆变器输出电流跟踪给定的效果更好，但是逆变器的开关频率将提高，开关的损耗也更大。在跟踪型逆变器中选择适当的环宽是很重要的。

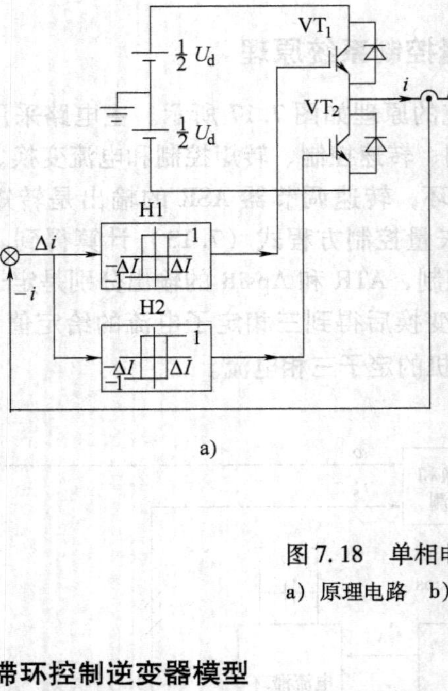

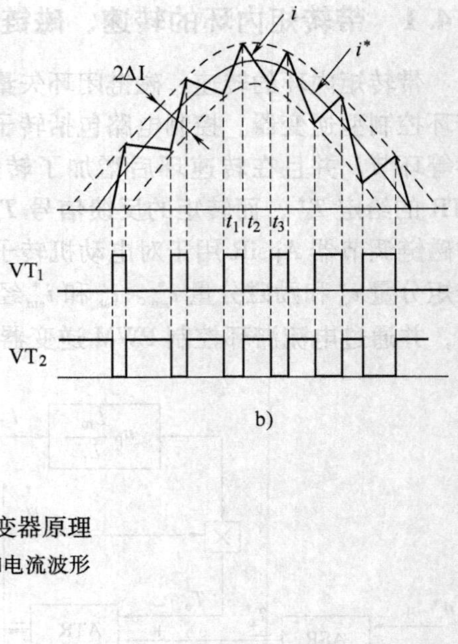

图 7.18　单相电流跟踪逆变器原理
a）原理电路　b）驱动脉冲和电流波形

2. 滞环控制逆变器模型

三相电流滞环控制逆变器由三个单相电流滞环控制逆变器组成，其仿真模型如图 7.19a 所示，直流电源 DC，逆变器 Universal Bridge 和三相负载 RL 组成主电路，滞环控制器（Subsystem）由三个单相电流滞环控制器打包组成，其结构如图 7.19b 所示。控制器的三相电流给定（ia*、ib*、ic*）由正弦源模块产生，负载电流反馈信号 ia、ib、ic 用多路测量仪（Multimeter1）检测，电流给定和反馈信号经比较后由滞环模块 Relay 产生六路逆变器驱动信号，模块提取路径见表 7.3。

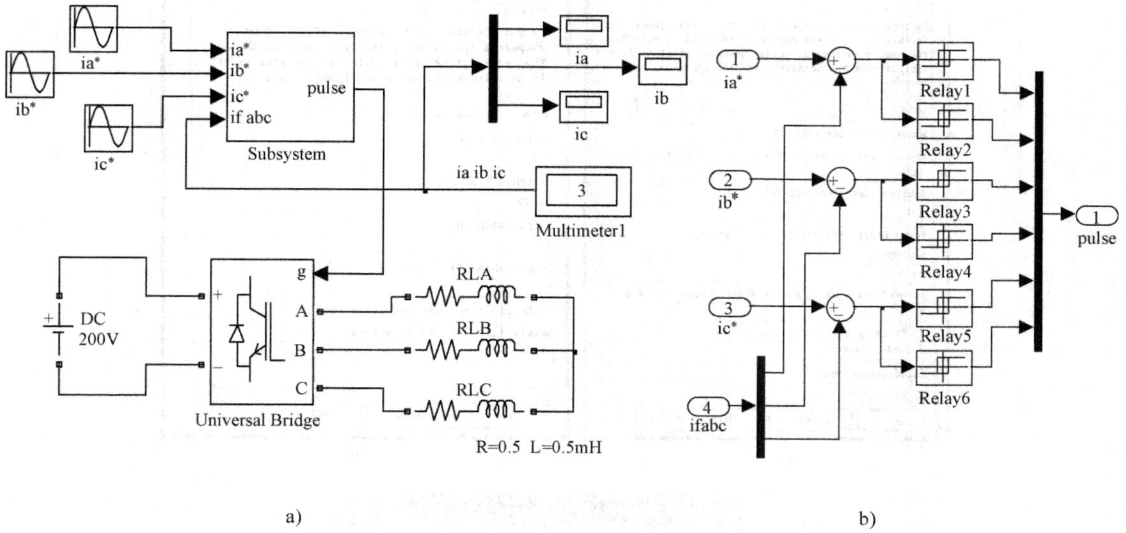

图 7.19 三相电流滞环控制变流器
a）仿真模型 b）分支电路结构模型

表 7.3 滞环控制逆变器主要模块提取路径

模 块 名	提 取 路 径
三相给定电流 ia、ib、ic	Simulink/Sources/Sin Wave
滞环控制	Simulink/Nonlinear/Relay
逆变器 Universal Bridge	SimPowerSystems/Extra Library/Measurements/abc-to-dq0 Transformation
负载 RL	SimPowerSystems/Elements/Series RLC Branch
多路测量仪（Multimeter）	SimPowerSystem/Measurements/Multimeter

3. 三相滞环控制逆变器仿真

【例 7.4】 设逆变器直流电源为 100V，负载 $R=0.5\Omega$，$L=0.5\text{mH}$，仿真三相滞环控制逆变器在三相电流给定为 20A、50Hz 时的输出电流波形。

在图 7.19 中输入模块参数，其中逆变器参数如图 7.20a 所示，滞环控制 Subsystem 中模块 Relay1、3、5 参数如图 7.20b 所示，滞环模块 Relay2、4、6 参数如图 7.20c 所示。仿真算法采用 ode23，仿真时间 0.06s，仿真得到的逆变器输出电流波形如图 7.21 所示，输出电流为幅值 20A、频率 50Hz 的正弦波，跟随了给定电流，但是输出电流含有谐波，改变滞环宽度取较小 ΔI，输出电流可更好接近给定，但是计算的时间和难度增加。

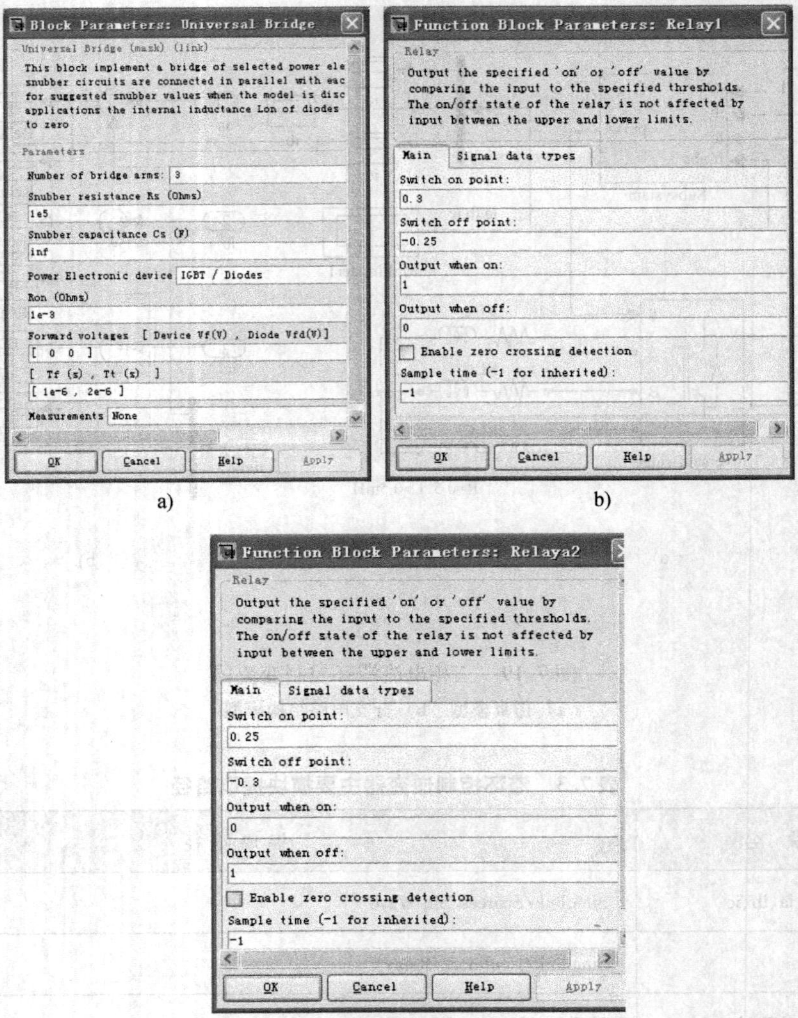

a)　　b)　　c)

图 7.20　逆变器和滞环控制器参数

a）逆变器　b）滞环控制器 H1　c）滞环控制器 H2

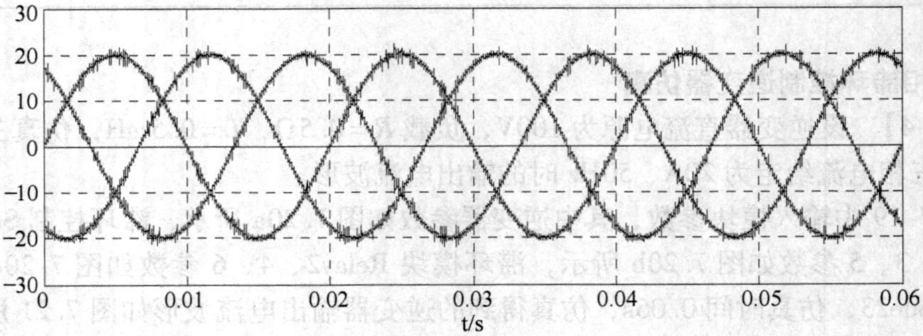

图 7.21　逆变器三相输出电流波形

7.4.3 带转矩内环的转速、磁链闭环矢量控制系统建模和仿真

根据图 7.17 建立的系统模型如图 7.22 所示，其中直流电源 DC、逆变器 inverter、电动机 Asynchronous Machine SI Units 和电机测量模块 Machines Demux 组成系统主电路，逆变器的驱动信号由滞环脉冲发生器模块 Generation 产生，滞环脉冲发生器结构如图 7.19b 所示。转速调节器 ASR、转矩调节器 ATR 和磁链调节器 ApsiR 都是带输出限幅的 PI 调节器（见图 7.23）。转子磁链观测 Current model 使用二相同步旋转坐标系上的磁链模型（见图 7.10），函数模块 Fcn 根据式（7.13）计算转矩，dq0 _ to _ abc 模块进行 2r/3s 的坐标变换，产生三相电流给定信号，并经 Generation 模块驱动逆变器 inverter。

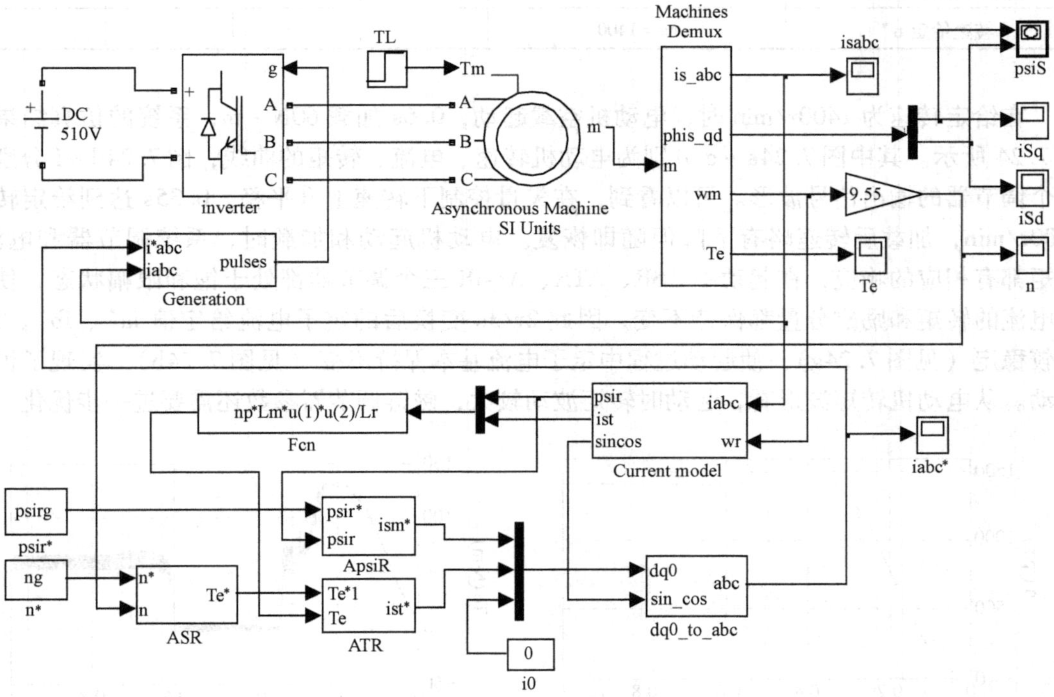

图 7.22 带转矩内环的转速、磁链闭环矢量控制系统仿真模型

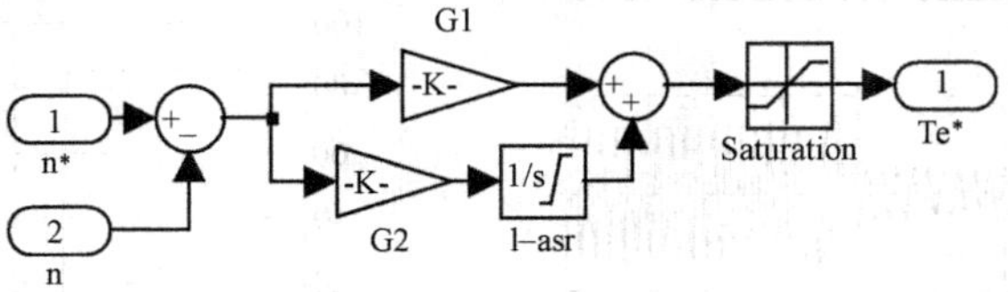

图 7.23 PI 调节器结构

【例 7.5】 仿真图 7.22 所示带转矩内环的转速、磁链闭环矢量控制系统，电动机参数同【例 7.2】，滞环控制器参数同【例 7.4】，其他调节器、转子磁链观测和转矩计算模块参数见表 7.4。模型的仿真算法为 ode23tb。

表 7.4　模型参数参考值

模　块　名	参　　数	积分器限幅		调节器输出限幅	
		上　限	下　限	上　限	下　限
转速调节器 ASR	G1 = 3.8，G2 = 0.8	80	−80	75	−75
转矩调节器 ATR	G3 = 4.5，G4 = 12	60	−60	60	−60
磁链调节器 ApsiR	G5 = 1.8，G6 = 100	15	−15	13	−13
转子磁链观测 Current model	Lm = 0.069，Lr = 0.071 Tr = 0.087				
转矩计算 Fcn	Np = 2，Lm = 0.069，Lr = 0.071				
转子磁链给定 psir*	Psirg = 1.5				
转速给定 n*	ng = 1400				

在给定转速为 1400r/min 时，电动机空载起动，0.6s 加载 60N · m，系统的仿真结果如图 7.24 所示。其中图 7.24a ~ c 分别为电动机转速、电流、转矩的曲线，图 7.24d ~ f 分别为三个调节器的输出信号波形。可以看到，在矢量控制下转速上升平稳，0.35s 达到给定转速 1400r/min，加载后转速略有下降但随即恢复。电动机起动和加载时，系统调节器和电流、转矩都有相应的响应，在起动中 ASR、ATR、ApsiR 三个调节器都处于饱和限幅状态，使定子电流的转矩和励磁分量都保持不变，因此 2r/3s 变换后的定子电流给定值 ia*、ib*、ic* 比较稳定（见图 7.24g），使起动过程中定子电流基本保持不变（见图 7.24b），实现了恒流起动。从电动机转矩波形看，起动时转矩波动较大，磁链调节器参数还需要进一步优化。

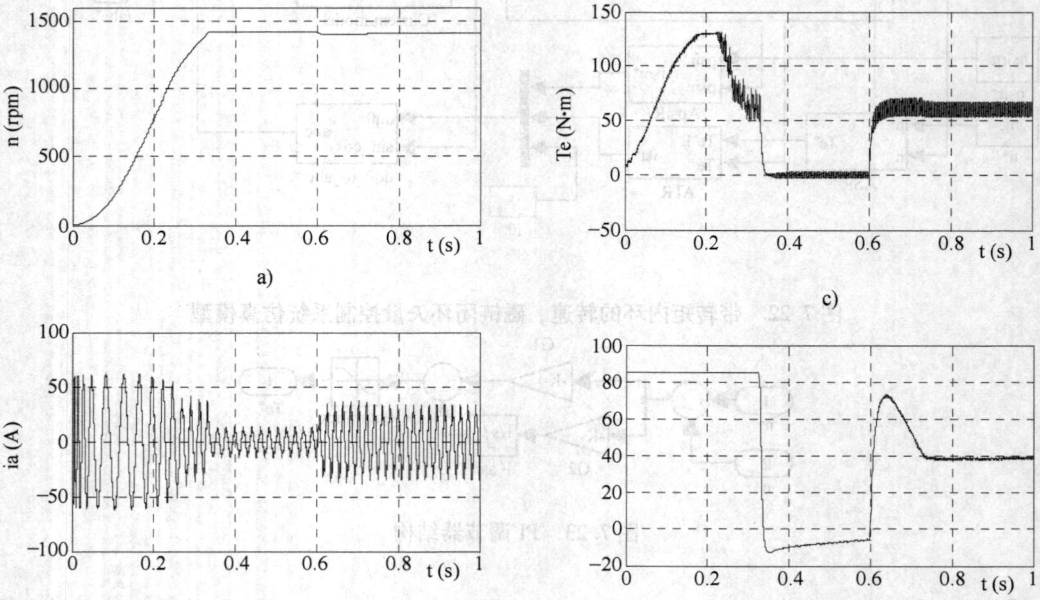

图 7.24　带转矩内环的转速、磁链闭环矢量控制系统仿真结果

a）转速响应　b）A 相电流　c）电动机输出转矩　d）转速调节器输出

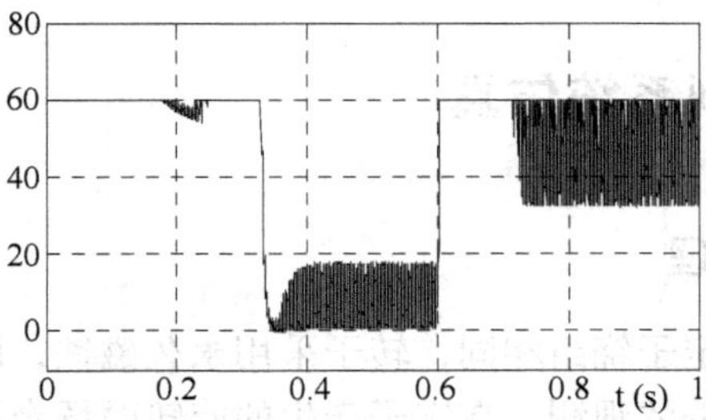

e)

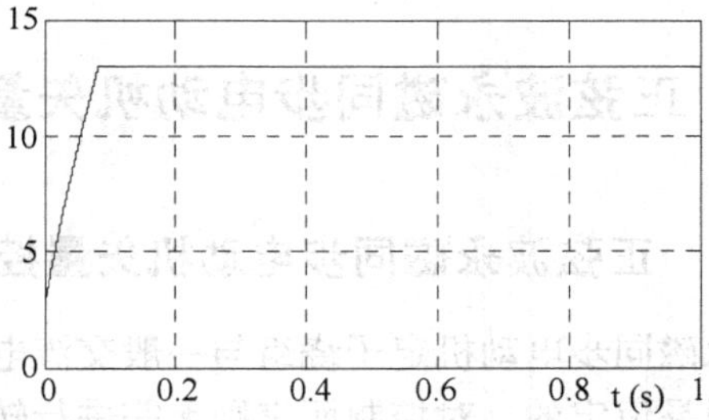

f)

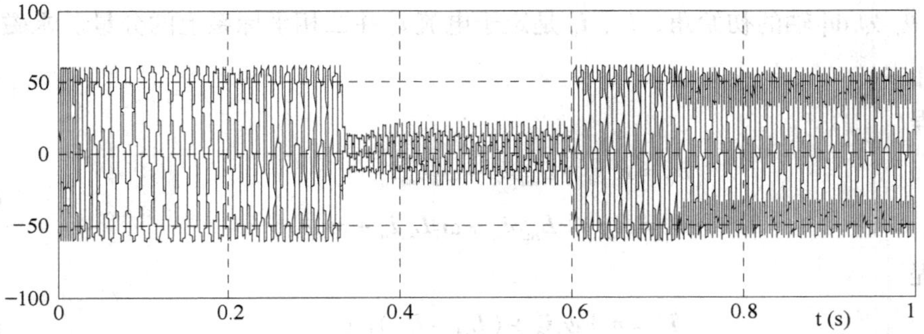

g)

图 7.24　带转矩内环的转速、磁链闭环矢量控制系统仿真结果（续）

e）转矩调节器输出　f）磁链调节器 ApsiR 输出　g）经 2r/3s 变换的三相电流给定

图 7.25a 是定子磁链轨迹，起动时磁链螺旋增加过程比较均匀，但是受磁链调节器参数影响，增加过程比较长，使机械特性（见图 7.25b）的恒转矩升速阶段（AB 段）偏小。与转差频率控制系统相比，后者起动时磁链轨迹波动较大，引起起动转矩有较大幅度振荡（见图 7.16i），而磁链闭环控制的磁链上升较平稳，最大转矩也有所增加。

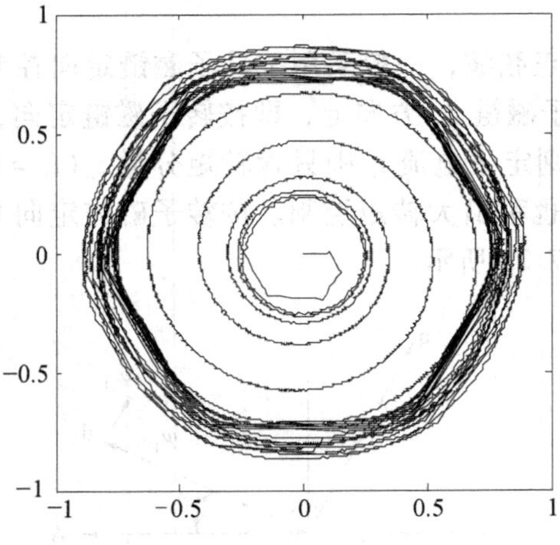

a)

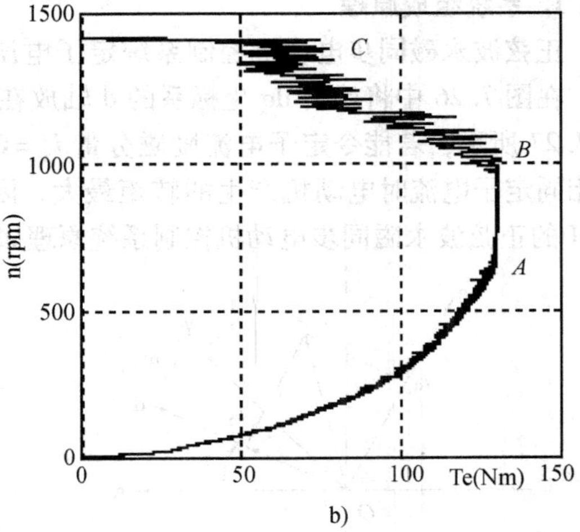

b)

图 7.25　磁链和机械特性

a）定子磁链轨迹　b）转矩-转速曲线

7.5　正弦波永磁同步电动机矢量控制系统仿真

7.5.1　正弦波永磁同步电动机矢量控制原理

永磁同步电动机定子绕组与一般交流电机的定子绕组相同，转子采用永久磁铁，因此转子磁通是恒定的，对控制而言则无需进行转子磁链的观测，在定子产生的旋转磁场牵引下永磁转子跟随定子磁场以同步速旋转。建立在二相旋转坐标系上永磁同步电动机的矢量关系如图 7.26 所示，其中 dq 二相坐标系旋转速度为 ω_1，d 轴与三相静止坐标系 A 轴夹角为 θ，$\theta=\int\omega_1 \mathrm{d}t+\theta_0$，$\theta_0$ 为 dq 轴的初始角，i_d、i_q 是定子电流 i_s 在二相坐标系上的分量。永磁同步电动机的方程如下：

电压方程

$$\begin{cases} u_d = R_s i_d + L_{sd} p i_d - \omega_1 L_{sq} i_q \\ u_q = R_s i_q + L_{sq} p i_d + \omega_1 L_{sd} i_q + \omega_1 \psi_r \end{cases} \tag{7.20}$$

转矩方程

$$T_e = n_p [\psi_r i_q + (L_{sd} - L_{sq}) i_d i_q] \tag{7.21}$$

式中，u_d、u_q、i_d、i_q 为定子二相电压和电流；L_{sd}、L_{sq} 为等效定子二相绕组自感；ω_1 为同步角速度；ψ_r 为转子磁链。

常用的永磁同步电动机调速系统有两种，正弦波控制系统（Sinusoidal）和梯形波控制系统（Trapezoidal）。永磁同步电动机由于谐波较少、控制相对简便，常用于伺服系统和高性能的调速系统。

7.5.2　正弦波永磁同步电动机矢量控制系统组成和仿真

1. 系统组成原理

正弦波永磁同步电动机控制系统定子电压为正弦波，一般采用按转子磁链定向控制方式，在图 7.26 中将旋转 dq 坐标系的 d 轴放在转子磁链 ψ_r 方向上，即按转子磁链定向，如图 7.27 所示，若能令定子电流励磁分量 $i_d=0$，则定子电流 i_s 中只含转矩分量 i_q（$i_s=i_q$），在相同定子电流时电动机产生的转矩最大，因此也称最大转矩控制。按转子磁链定向并使 $i_d=0$的正弦波永磁同步电动机控制系统原理如图 7.28 所示。

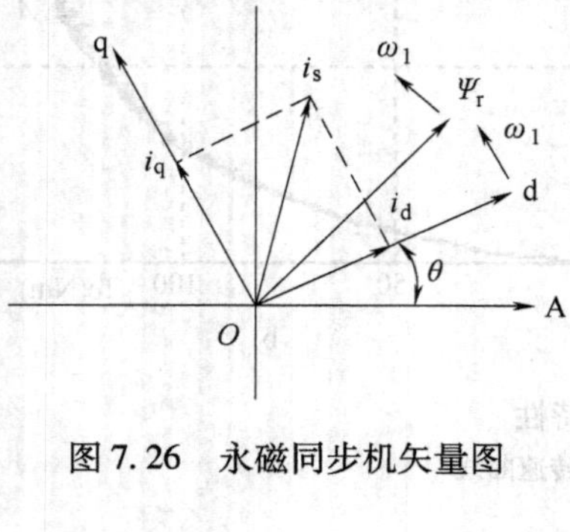

图 7.26　永磁同步机矢量图

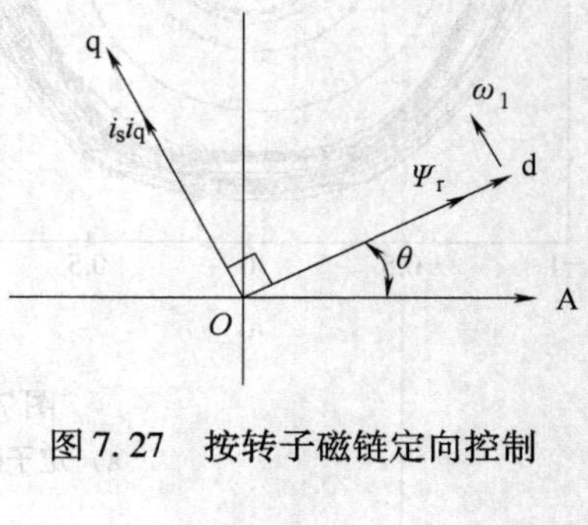

图 7.27　按转子磁链定向控制

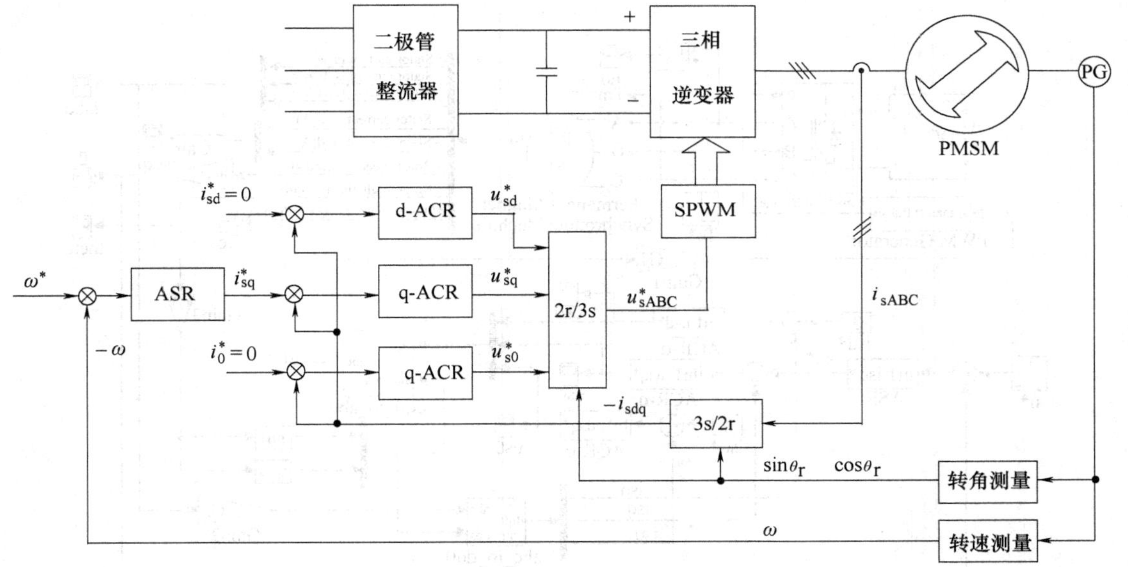

图 7.28　正弦波永磁同步电动机变频调速系统原理图

系统中永磁同步电动机 PMSM 由三相逆变器供电，转子位置传感器 PG 检测电动机转速 ω 和转角 θ，并计算 $\sin\theta_r$ 和 $\cos\theta_r$。由转速调节器 ASR 和电流调节器 q-ACR 得到定子电压的转矩分量 u_{sq}^*。按最大转矩控制原则，设定定子电流励磁分量 $i_{sd}^*=0$，经 d-ACR 电流调节器输出 u_{sd}^*，u_{sd}^*、u_{sq}^* 和 u_{s0}^* 经 2r/3s 变换得到 SPWM 调制器的三相电压调制信号。通过定子电流经检测和 3s/2r 变换，得到定子电流的转矩分量 i_{sq} 作为电流的反馈信号。系统转速随给定变化，并且定子电压和电流频率也随之变化。

2. 系统模型和仿真

建立系统仿真模型如图 7.29 所示，各模块与原理图对应，选择永磁同步电动机（Permanent Magnet Synchronous Machine），模块的励磁类型为正弦波 Sinusoidal（参考图 4.27），调节器模块结构同图 7.23。电动机转速、电流和转角信号都取自永磁同步电动机的检测模块。模型中放大器 Gain1 用于调整 dq0-to-abc 模块输出三相调制信号的幅值；Gain2 用于调整定子三相电流反馈信号的幅值；Gain3 设定电动机极对数，电动机模块参数、转速调节器 ASR 和电流调节器等参数见表 7.5。

表 7.5　正弦永磁同步电动机调速系统模型参数

永磁同步电动机	定子电阻 Rs = 2.875Ω	励磁磁通 0.175Wb
	定子 d 轴电感 Ld = 0.0085H	定子 q 轴电感 Lq = 0.0085H
	转动惯量 J = 0.008kg · m²	极对数 p = 1
放大器 Gain1、2、3	G1 = 0.9, G2 = 0.01, G3 = 1	
转速调节器	比例系数 G7 = 11.7	积分系数 Gasr = 140
电流调节器	比例系数 G4、G5、G7 = 10.7	积分系数 Ga、Gb、Gc = 80
仿真算法	Ode23tb	

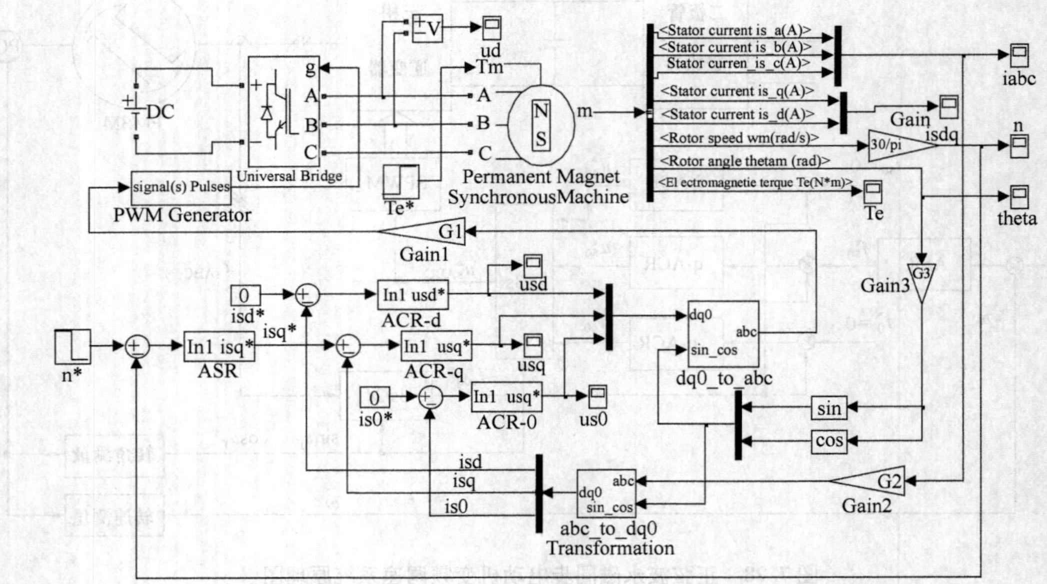

图 7.29　正弦永磁同步电动机调速系统模型

模型仿真结果如图 7.30 所示，其中图 7.30a 为 $n^*=2500\text{r/min}$ 时的转速响应，电动机以空载起动，0.025s 时达到给定转速，0.05s 时加载 4N · m，转速略有波动后仍保持给定转速 2500r/min。在 0.15s 时将转速给定调整为 1000r/min，电动机转速很快随之下降并稳定在 1000r/min，转速曲线表明了同步电动机的调速性能和很好的转速稳定性。图 7.30b 为定子电流的转矩分量 isq 和励磁分量 isd，励磁分量 isd 接近零，系统实现了电动机转矩最大化控制。图 7.30c 为电动机转矩波形，其中 TL 为给定的负载转矩，Te 为电磁转矩响应。图 7.30d、e、f 分别为三相定子电流波形，在 0.05s 前后电流频率随转速有相应的变化，但负载转矩未变，电流大小是相同的。

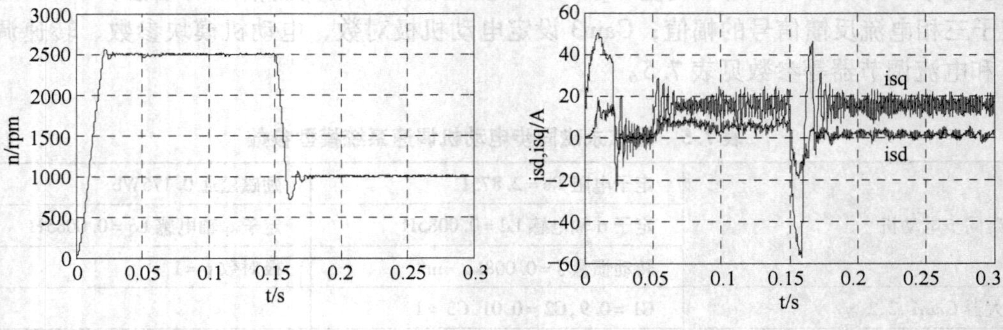

a)　　b)

图 7.30　正弦永磁同步电动机调速系统仿真结果

a）转速　b）dq 轴电流分量

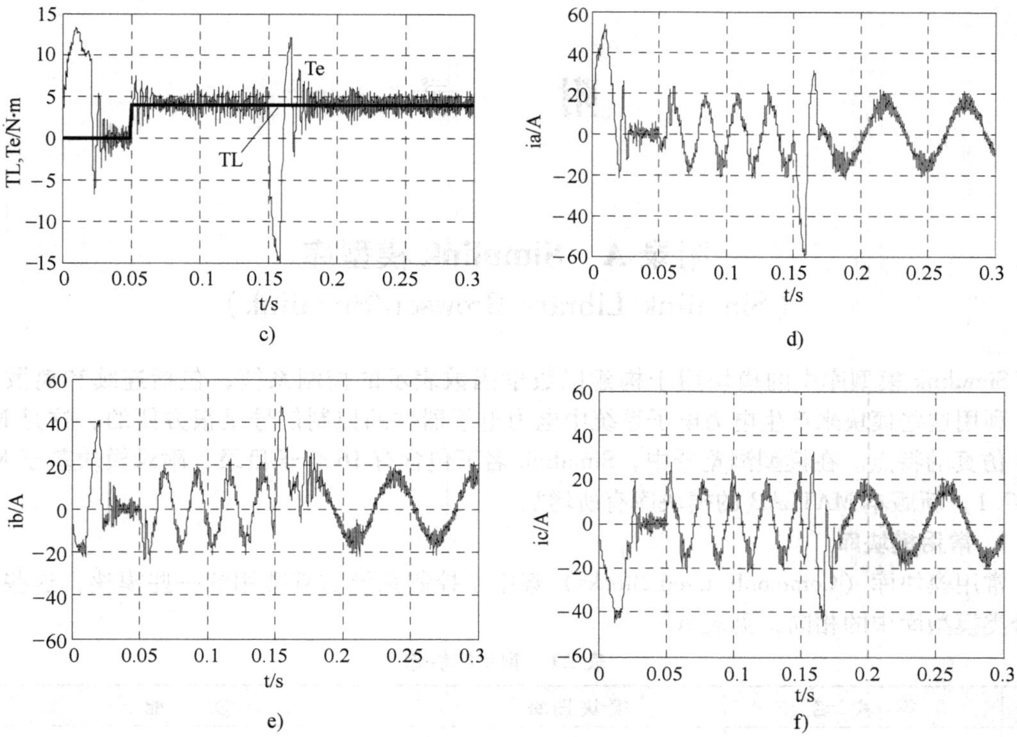

图 7.30　正弦永磁同步电动机调速系统仿真结果（续）

c）电磁转矩和负载转矩　d）A 相电流　e）B 相电流　f）C 相电流

本 章 小 结

本章介绍了坐标变换、磁链观察和交流电动机矢量控制系统的建模和仿真，坐标变换是简化交流电动机模型的方法，坐标变换包括 3s/2s，3s/2r 变换及其反变换，两种变换使用同一模块，不同之处在于二相坐标系的旋转速度。磁链观察是高性能交流调速系统的基础，磁链观察建立在电动机模型基础上，分别有电流模型和电压模型，前者依据异步电动机二相静止坐标系模型，后者依据二相旋转坐标系模型，本章在带转矩内环的转速磁链闭环矢量控制系统中介绍了电流模型的使用。电动机仿真模块带有定子和转子的磁链输出，仿真时也可以直接使用。永磁同步电动机和永磁无刷电动机在小功率调速中使用较多，本章介绍了永磁同步电动机的控制和建模方法。调节器参数设计是交流调速系统中的一项难题，仿真提供了参数选择的一种方法，对系统的设计和分析有很大帮助。

习　　题

1. 观察三相 380V、50Hz 电压经 3s/2r 变换后的波形，取二相旋转坐标系旋转角频率 $\omega=2\pi f$，f 分别为 50、25、10、0，并比较变换后二相电压的频率和幅值有什么变化?

2. 以【例 7.3】模型和参数，仿真电动机转速从 500r/min 升至 1000r/min 时的转速、电流等波形。

3. 在【例 7.3】模型中如果设定子电流的励磁分量 $im^*=2$，以仿真说明对系统性能有什么影响?

4. 以【例 7.5】模型和参数，仿真带转矩调节矢量控制系统电动机转速从 1500r/min 降至 1000r/min 的过程和转速、电流等波形。

附　　录

附录 A　Simulink 模型库
（Simulink Library Browser/Simulink）

Simulink 模型库中的模块用于构建以数学函数表示的控制系统，包括连续和离散的系统，利用这些模块来产生电力电子系统中电力电子器件的控制信号是很方便的，这是 MATLAB 仿真的特点。在模型浏览器中，Simulink 名下包含有 16 个子目录，附录模块基于 MATLAB7.1，新版本 MATLAB 的模块库有所增加。

1. 常用模块库

常用模块库（Commonly Used Blocks）集中了控制系统仿真常用的一些模块，这些模块与分类模型库中的相同，见表 A1。

表 A1　常用模块库

序号	模 块 名	模 块 图 标	功　　能
1	Bus Creator 创建信号总线	 Bus Creator	汇合多个信号在一条总线中传输
2	Bus Selector 总线信号选择器	 Bus Selector	选择总线中信号分路输出
3	Constant 常数模块	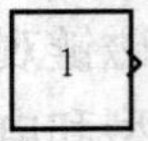 Constant	用模块设置常数
4	Data Type Conversion 数据类型变换器	 Data Type Conversion	根据模块对数据的要求自动转换数据类型
5	Mux 汇总信号	 Mux	多路信号汇总输出
6	Demux 信号分解	 Demux	分解多路信号分路输出
7	Integrator 积分器	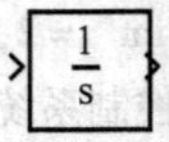 Integrator	执行积分运算

（续）

序号	模块名	模块图标	功能
8	Discrete-Time Integrator 离散积分器	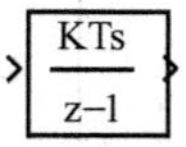 Discrete-Time Integrator	执行离散积分运算
9	Unit Delay 单位延迟	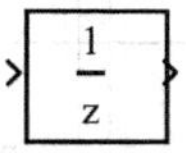 Unit Delay	将输入信号延迟一步输出
10	Gain 放大器	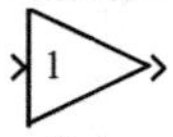 Gain	设置放大倍数
11	Ground 接地端	 Ground	信号接地端
12	Terminator 信号封口	 Terminator	信号封口，终止信号输出
13	Scope 示波器	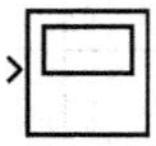 Scope	将数据转换为曲线显示
14	Subsystem 分支系统	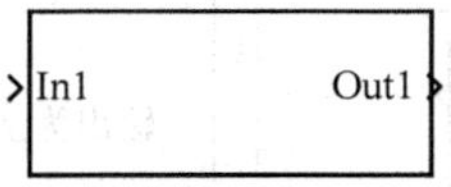 Subsystem	将一个系统的全部或部分封装为一个子系统，即一个模块
15	In1 输入接口	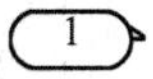 In1	分支系统输入信号的接口端子
16	Ount1 输出接口	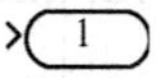 Ount1	分支系统输出信号的接口端子
17	Logical Operator 逻辑运算	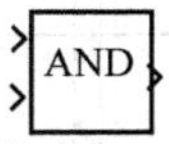 Logical Operator	执行各种逻辑运算，可选择与、或、非和异或运算
18	Product 矩阵乘	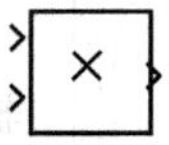 Product	执行矩阵乘法运算
19	Relational Operator 关系运算	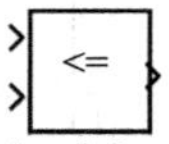 Relational Operator	执行等于、不等于、大于、小于和不小于、不大于等关系运算

（续）

序号	模 块 名	模 块 图 标	功　　能
20	Saturation 饱和模块		设置信号的上限和下限
21	Sum		执行信号加减运算
22	Switch 可控开关	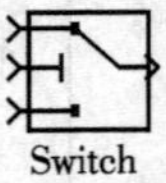	由信号控制开关状态，接通上路或下路

2. 连续信号模块库

连续信号模块库（Continuous）包含的模块用于微积分运算，以及用传递函数和状态方程表示的系统，见表 A2。

表 A2　连续信号模块库

序号	模 块 名	模 块 图 标	功　　能
1	Derivative （微分运算）	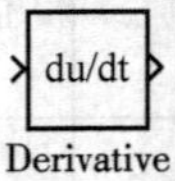	对输入信号的微分运算
2	Integrator （积分运算）	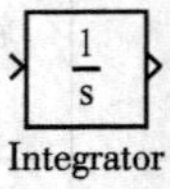	对输入信号的积分运算
3	Memory （记忆）	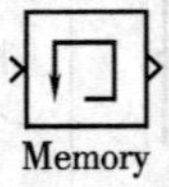	输出为上一步的输入值
4	State-Space 状态方程	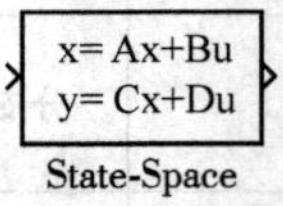	建立状态方程
5	Transfer Fcn （多项式传递函数）	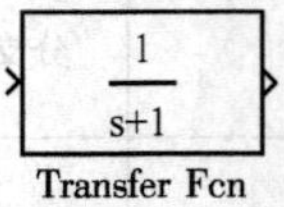	分子分母以多项式表示的传递函数
6	Transport Delay （延迟）		输入信号延迟一个给定时间后输出
7	Variable Transport Delay （可变延迟）		输入信号延迟输出的时间是可变的
8	Zero-Pole （零极点传递函数）	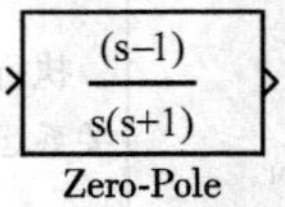	以零极点表示的传递函数

3. 不连续信号模块库

不连续信号模块库（Discontinuities）的模块用于模拟各种非线性环节，见表 A3。

表 A3　不连续信号模块库

序号	模　块　名	模 块 图 标	功　　能
1	Dead Zone 死区设定	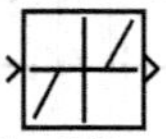 Dead Zone	设定死区范围
2	Dead Zone Dynamic 动态死区设定	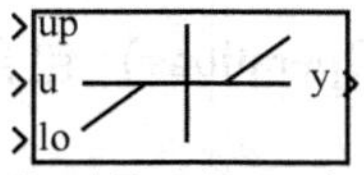 Dead Zone Dynamic	死区的上限和下限可以由 up 和 lo 信号控制
3	Quantizer 阶梯信号	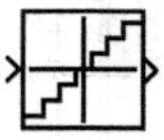 Quantizer	根据输入产生阶梯输出信号
4	Rate Limiter 信号上升和下降率	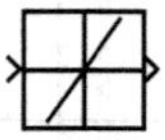 Rate Limiter	限定输入信号的上升和下降的变化率
5	Rate Limiter Dynamic 斜率动态限制	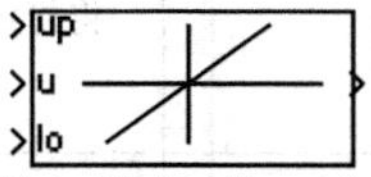 Rate Limiter Dynamic	在 Rate Limiter 模块基础上可以按 up 和 lo 信号限定输入信号的上升和下降的变化率
6	Relay 滞环控制	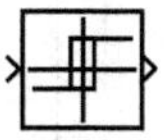 Relay	模拟带滞环特性的继电器环节
7	Saturation 饱和限制	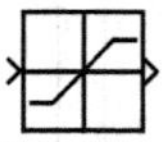 Saturation	设置输出的正负限幅值，模拟环节的饱和特性
8	Saturation Dynamic 动态饱和限制	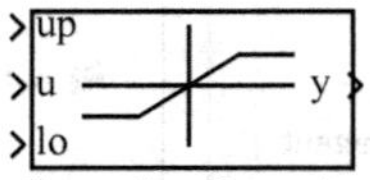 Saturation Dynamic	饱和限制的上限和下限可以由 up 和 lo 信号控制
9	Hit Crossing 设定穿越点	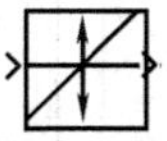 Hit Crossing	在输入信号达到设定的点时输出“1”信号
10	Backlash 间隙	 Backlash	模拟间隙非线性环节（如齿轮）
11	Coulomb & Viscous Friction 库伦和粘滞摩擦环节	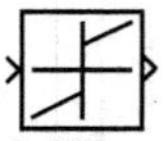 Coulomb & Viscous Friction	模拟含有粘滞和静摩擦特性的非线性环节

（续）

序号	模 块 名	模 块 图 标	功 能
12	Wrap To Zero 输出封顶限制	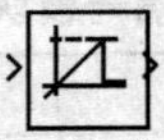 Wrap To Zero	输入超过限制值,输出即为0,否则输出与输入相同

4. 逻辑和移位控制模块库

逻辑和移位控制模块库（Logic and Bit Operations）包含19个模块，执行逻辑和移位运算，见表A4。

表A4　逻辑和移位控制模块库

序号	模 块 名	模 块 图 标	功 能
1	Bit Clear 位置0	Clear bit 0 Bit Clear	将指定位置“0”
2	Bit Set 位置1	Set bit 0 Bit Set	将指定位置“1”
3	Bitwise Operator 移位运算	Bitwise AND 0xD9 Bitwise Operator	对输入执行特殊的位操作
4	Combinatorial Logic 组合逻辑	 Combinatorial Logic	建立一个真值表，根据输入查表后进行输出
5	Compare To Constant 与常数比较	<= 3 Compare To Constant	输入与设定数值比较
6	Compare To Zero 与0比较	<= 0 Compare To Zero	输入与0比较
7	Detect Change 检测变化	U ~= U/z Detect Change	输入与设定值比较，输入等于设定值输出0，不等于设定值输出非0
8	Detect Decrease 低于设定值检测	U < U/z Detect Decrease	输入小于设定值，输出为“真”，否则为“假”

（续）

序号	模　块　名	模 块 图 标	功　能
9	Detect Fall Negative 负值检测	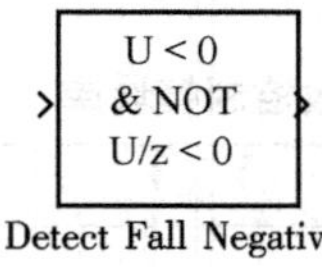 Detect Fall Negative	设定值为“非负”，输入信号为负时输出为“真”，否则为“假”
10	Detect Fall Nonpositive 非正检测	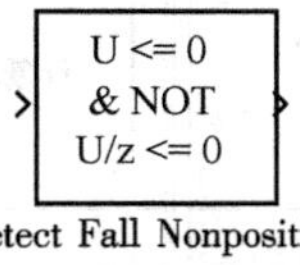 Detect Fall Nonpositive	设定值为“正”，输入非正时输出“真”，否则为“假”
11	Detect Increase 大于检测	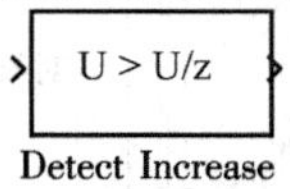 Detect Increase	输入大于设定值，输出为“真”，否则为“假”
12	Detect Rise Nonnegative 非负检测	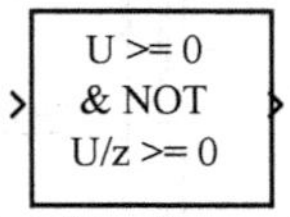 Detect Rise Nonnegative	设定值为“负”，输入非负时，输出为“真”，否则为“假”
13	Detect Rise Positive 正值检测	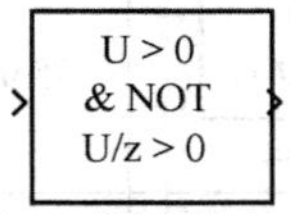 Detect Rise Positive	设定值为“非正”，输入为“正”时输出为“真”，否则为“假”
14	Extract Bits 位选取	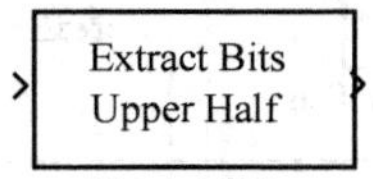 Extract Bits	在输入信号中，选取设定范围的信号输出
15	Interval Test 区间测试	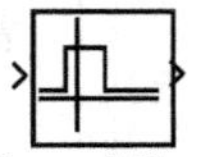 Interval Test	输入在设定的范围内，输出为“真”，否则为“假”
16	Interval Test Dynamic 动态区间测试	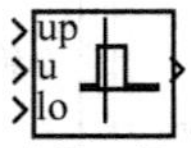 Interval Test Dynamic	测试区间可以由 up 和 lo 信号调节
17	Logical Operator 逻辑运算	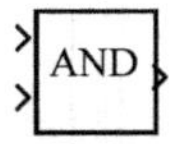 Logical Operator	执行 6 种逻辑运算
18	Relational Operator 关系运算	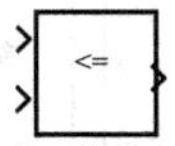 Relational Operator	执行等于、不等于、大于、小于和不小于、不大于等关系运算
19	Shift Arithmetic 算术移位	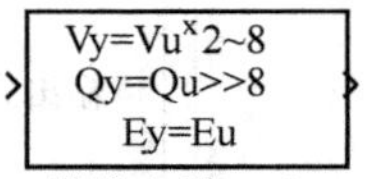 Shift Arithmetic	可以左移或右移指定位的数字或小数点

5. 离散控制模块库

离散控制模块库（Discrete）包含 16 个离散函数模块，用于对采样系统信号的处理，建立离散的传递函数和状态方程等，见表 A5。

表 A5　离散控制模块库

序号	模 块 名	模 块 图 标	功　　能
1	Difference 差分模块	$\frac{z-1}{z}$ Difference	计算输入与上一步输入的差
2	Discrete Derivative 离散导数	$\frac{K(z-1)}{Tsz}$ Discrete Derivative	对离散输入信号求导
3	Discrete Filter 离散滤波器	$\frac{1}{1+0.5z^{-1}}$ Discrete Filter	建立一个离散的滤波器
4	Discrete State-Space 离散状态方程	$y(n)=Cx(n)+Du(n)$ $x(n+1)=Ax(n)+Bu(n)$ Discrete State-Space	建立离散的状态方程
5	Discrete Transfer Fcn 离散传递函数	$\frac{1}{z+0.5}$ Discrete Transfer Fcn	表达一个离散的多项式的传递函数
6	Discrete Zero-Pole 零极点离散传递函数	$\frac{(z-1)}{z(z-0.5)}$ Discrete Zero-Pole	表达一个离散的零极点形式传递函数
7	Discrete-Time Integrator 离散时间积分器	$\frac{K\ Ts}{z-1}$ Discrete-Time Integrator	输出为输入信号的离散时间积分
8	First-Order Hold 一阶保持器	First-Order Hold	一阶保持器
9	Integer Delay 输出延迟	Z^{-4} Integer Delay	输入信号延迟 N 个采样周期输出
10	Memory 记忆	Memory	输出为上一采样周期的输入

（续）

序号	模 块 名	模块图标	功　能
11	Tapped Delay 分流延时	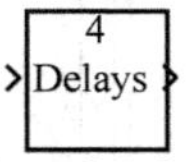 Tapped Delay	将多个采样周期的信号同时输出
12	Transfer Fcn First Order 离散的一阶传递函数	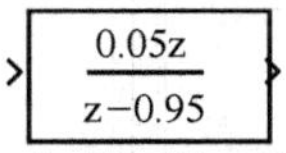 Transfer Fcn First Order	设置一阶的离散传递函数
13	Transfer Fcn Lead or Lag 超前或滞后传递函数	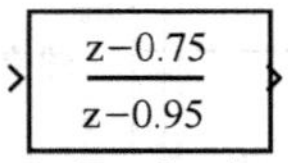 Transfer Fcn Lead or Lag	设置一个超前或滞后补偿的传递函数
14	Transfer Fcn Real Zero 有实数零点的传递函数	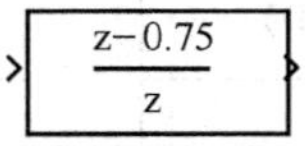 Transfer Fcn Real Zero	设置一个没有极点只有实数零点的离散传递函数
15	Weighted Moving Average 加权平均	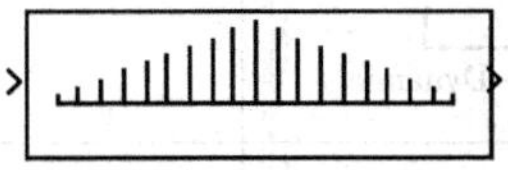 Weighted Moving Average	输出为输入的加权平均值
16	Zero-Order Hold 零阶保持器	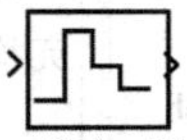 Zero-Order Hold	零阶保持器

6. 表格模块库

表格模块库 Lookup Tables 包含建立各种表格的模块，见表 A6。

表 A6　表格模块库

序号	模 块 名	模块图标	功　能
1	Cosine 正弦、余弦、指数查表	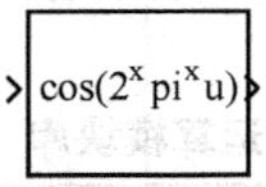 Cosine	按四分之一对称，查表确定 sin、cos 和指数函数，输出小数的长度为输出字长减 2
2	Direct Lookup Table（n-D） *n* 维直接查表	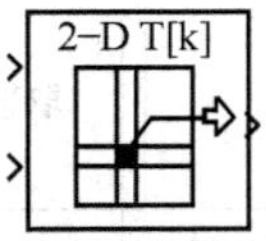 Direct Lookup Table（n-D）	提供一个按 *n* 变量查表的方法
3	Interpolation（n-D）using PreLook-Up 内插法查表	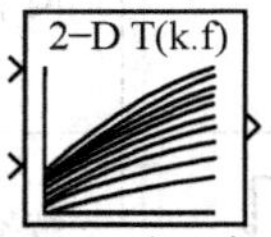 Interpolation（n-D）using PreLook-Up	根据输入，用内插的方式得到输出，插值的方法可选常数内插和线性内插

（续）

序号	模　块　名	模块图标	功　　能
4	Look-Up Table 一维表格	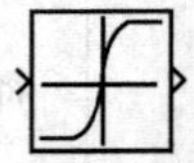 Look-Up Table	建立多种形式的表格，根据输入查表决定输出
5	Look-Up Table(2-D) 两维表格	 Look-Up Table(2-D)	
6	Look-Up Table(n-D) *n* 维内插法表格	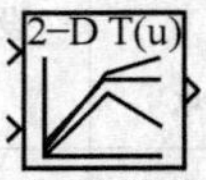 Look-Up Table(n-D)	
7	Lookup Table Dynamic 动态查表	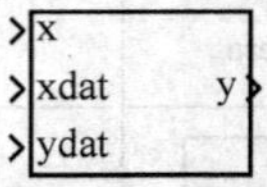 Lookup Table Dynamic	
8	PreLook-Up Index Search 预置范围检索	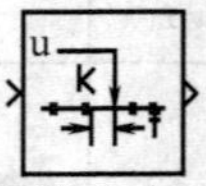 PreLook-Up Index Search	对于一组间断的数据，采用均匀间隔、线性或者二元检索的方法确定输出
9	S-Function Builder （创建 S-函数）	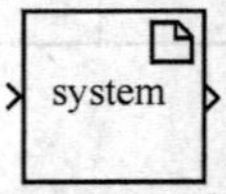 S-Function Builder	调用一个打包的 S-函数或 C 语言编制的文件，并支持连续和离散的状态

7. 数学运算模块库

数学运算模块库（Math）中的模块用来完成各种数学运算，包括加、减、乘、除以及复数计算等等，见表 A7。

表 A7　数学运算模块库

序号	模　块　名	模块图标	功　　能
1	Abs 取绝对值	 Abs	取输入信号的绝对值或模
2	Add, Sum 信号加减	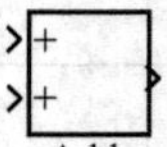 Add  Sum	两个模块功能相同，用于输入信号的加减运算
3	Algebraic Constraint 强制输入	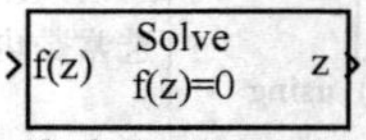 Algebraic Constraint	解特殊的微分和代数方程时，强制输入为 0，可以改善有代数环的计算

（续）

<table>
<tr><th>序号</th><th>模 块 名</th><th>模 块 图 标</th><th>功　　能</th></tr>
<tr><td>4</td><td>Assignment
分配模块</td><td>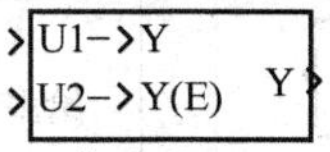
Assignment</td><td>给信号分配特殊的值</td></tr>
<tr><td>5</td><td>Bias
偏置</td><td>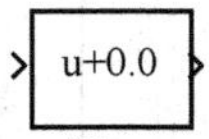
Bias</td><td>给输入加上偏置值</td></tr>
<tr><td>6</td><td>Complex to Magnitude-Angle
取复数模和幅角</td><td>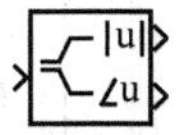
Complex to Magnitude-Angle</td><td>输出分别是复数的模和幅角</td></tr>
<tr><td>7</td><td>Complex to Real-Imag
取复数的实部、虚部</td><td>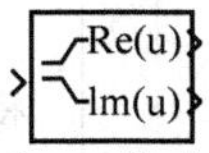
Complex to Real-Imag</td><td>输出分别是复数的实部和虚部</td></tr>
<tr><td>8</td><td>Divide
数组或矩阵乘除运算</td><td>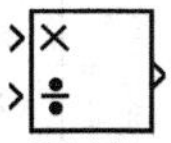
Divide</td><td>用于数组或矩阵的乘除运算</td></tr>
<tr><td>9</td><td>Dot Product
计算点积</td><td>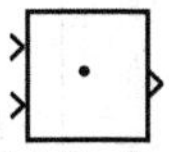
Dot Product</td><td>输出 y = sum(conj[u1] * u2)</td></tr>
<tr><td>10</td><td>Gain
放大器</td><td>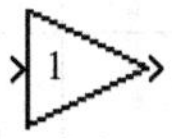
Gain</td><td>输出为输入信号乘增益</td></tr>
<tr><td>11</td><td>Magnitude-Angle to Complex
模和幅角以复数表示</td><td>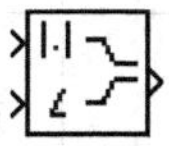
Magnitude-Angle to Complex</td><td>将输入模和幅角写成复数形式输出</td></tr>
<tr><td>12</td><td>Math Function
数学函数</td><td>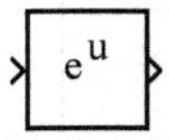
Math Function</td><td>指数、对数、平方等数学运算</td></tr>
<tr><td>13</td><td>Matrix Concatenation
将输入变为矩阵输出</td><td>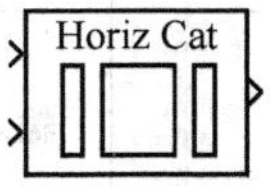
Matrix Concatenation</td><td>将输入信号转换为矩阵形式输出</td></tr>
<tr><td>14</td><td>MinMax
取极值</td><td>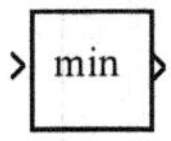
MinMax</td><td>取输入信号的极大或极小值</td></tr>
<tr><td>15</td><td>MinMax Running Resettable
可复位的取极值</td><td>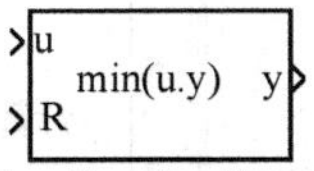
MinMax Running Resettable</td><td>取输入信号的极大或极小值，在 R 端信号为“TRUE”时输出复位</td></tr>
</table>

（续）

序号	模　块　名	模 块 图 标	功　　能
16	Polynomial 多项式系数赋值	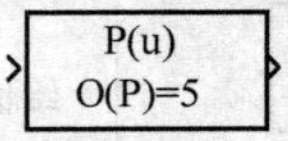 Polynomial	给多项式系数赋值
17	Product 乘除运算	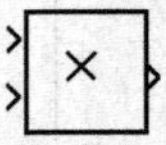 Product	多路输入信号的乘除运算
18	Product of Elements 信号连乘	 Product of Elements	输入数组或矩阵的连乘
19	Real-Imag to Complex 用复数形式表示实部、虚部	 Real-Imag to Complex	将输入的实部和虚部写成复数形式输出
20	Reshape 整形	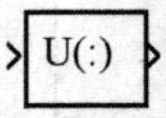 Reshape	将输入矢量或矩阵改写为其他形式
21	Rounding Function 取整函数	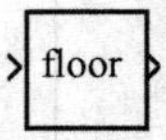 Rounding Function	输出为输入的整数部分
22	Sign 取输入信号的极性	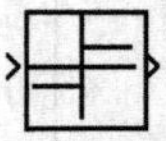 Sign	取输入信号的极性，输出为正或负
23	Sine Wave Function 正弦波函数	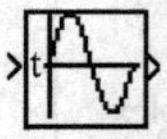 Sine Wave Function	产生正弦波，时间可以采用仿真时间或输入的时间信号
24	Slider Gain 滑动增益	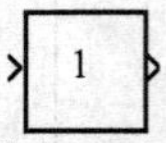 Slider Gain	在一定范围内可以调节增益大小
25	Subtract 信号相减	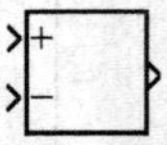 Subtract	输入信号的减运算
26	Sum of Elements 信号连加	 Sum of Elements	对输入信号求和
27	Trigonometric Function 三角函数	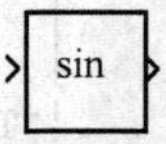 Trigonometric Function	计算三角函数

（续）

序号	模　块　名	模块图标	功　　能
28	Unary Minus	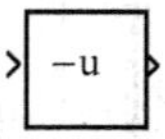 Unary Minus	模块仅接受指定的数据类型
29	Weighted Sample Time Math 加权采样时间	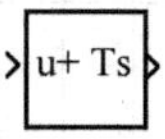 Weighted Sample Time Math	采样时间加权后与输入信号加、减、乘、除

8. 信号属性模块库

信号属性模块库（Signal Attributes）有 13 个模块，用于对信号的各种处理和变换，见表 A8。

表 A8　信号属性模块库

序号	模　块　名	图　　标	功　　能
1	Data Type Conversion 转换数据类型	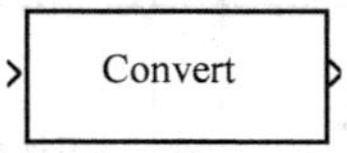 Data Type Conversion	将输入数据的类型转换为指定的另一种类型
2	Data Type Conversion Inherited 转换数据类型	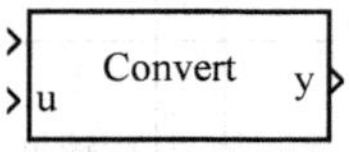 Data Type Conversion Inherited	将第 2 个输入数据的类型转换为第 1 个输入的数据类型
3	Data Type Duplicate 复制数据类型	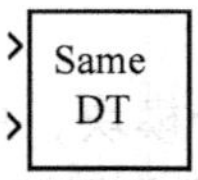 Data Type Duplicate	强制所有输入的数据有相同的类型
4	Data Type Propagation 定标数据类型	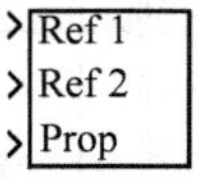 Data Type Propagation	按参考信号的信息定标传送信号
5	Data Type Propagation Examples 数据传送模块包	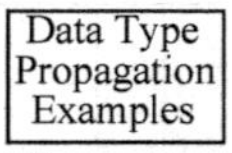 Data Type Propagation Examples	提供 25 个数据传送模块
6	Data Type Scaling Strip 还原数据类型	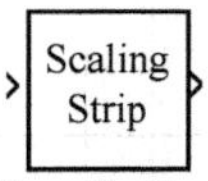 Data Type Scaling Strip	将定标信号还原为一个整体组合
7	IC 初始条件	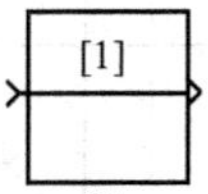 IC	设置信号的初始条件

（续）

序号	模　块　名	图　　标	功　　能
8	Probe 信号检测	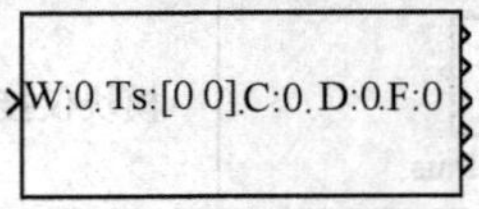 Probe	输出信号的属性，包括宽度、尺寸、采样时间等
9	Rate Transition 改变传输速率	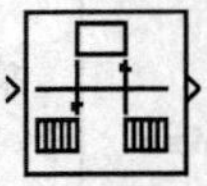 Rate Transition	调节信号的传输速率
10	Signal Conversion 信号变换	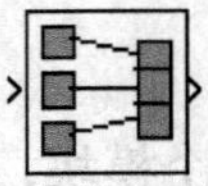 Signal Conversion	将输入信号转换为一个新类型而不改变信号值
11	Signal Specification 信号规定	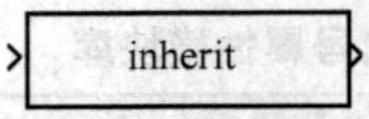 Signal Specification	指定信号属性
12	Weighted Sample Time 采样时间加权	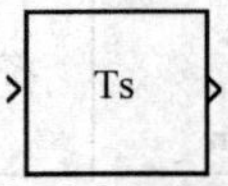 Weighted Sample Time	用加权的采样时间加、减、乘、除输入信号
13	Width 取宽度	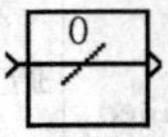 Width	输出为输入信号的宽度

9. 信号通道模块库

信号通道模块库（Signals Roution）有 18 个模块，用于处理通道上的信号，见表 A9。

表 A9　信号通道模块库

序号	模　块　名	模 块 图 标	功　　能
1	Bus Assignment 总线信号选择和排序	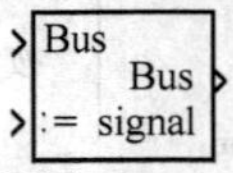 Bus Assignment	选择输入总线 Bus 的信号，重新排序后输出
2	Bus Creator 总线输入 Bus Selector 总线输出	  Bus Creator　Bus Selector	将多路信号输入总线输出 总线信号分解为多路输出
3	Data Store Memory 数据存储器	 Data Store Memory	定义数据读写模块记录范围
4	Data Store Read 读数据	 Data Store Read	从数据存储器读出数据

（续）

序号	模　块　名	模块图标	功　　能
5	Date Store Write 写数据	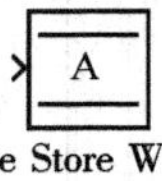	将数据写入存储器
6	Mux 信号合成 Demux 信号分解	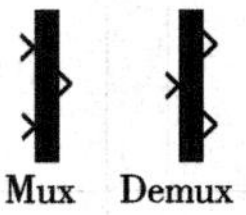	将输入的多路信号（标量、矢量、矩阵）汇入总线输出 将总线信号分解后输出
7	Environment Controller 环境控制器	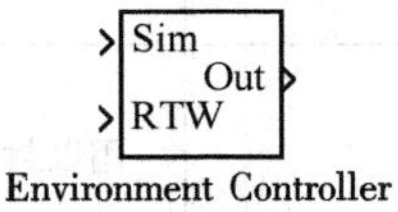	输出是当前仿真 Sim 或工作间 RTW 的内容
8	From 接收指定信号	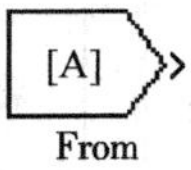	从 Goto 模块接收信号并输出
9	Goto 接收信号并发送	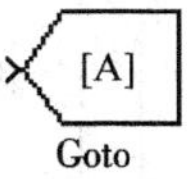	接收信号并发送到标签相同的 From 模块
10	Goto Tag Visibility 信号发送到示波器	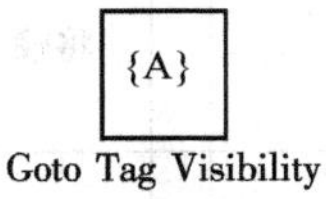	与 Goto 模块结合使用，将接收信号送到指定的示波器
11	Index Vector Multiport Switch 选择开关	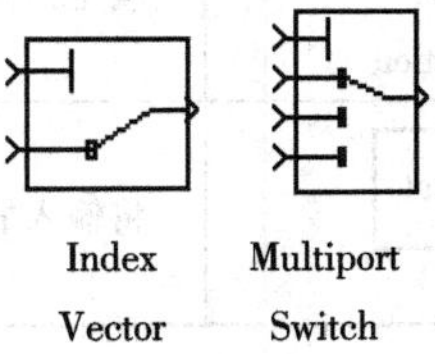	根据第 1 个输入信号控制其他输入信号的输出
12	Manual Switch 手动开关	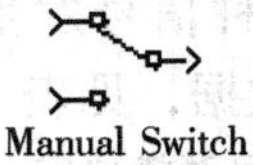	双击该模块，输出在两个输入中选择
13	Selector 选择器	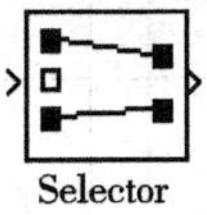	建立输入和输出信号之间的匹配连接关系
14	Switch 可控开关	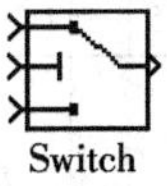	根据第 2 个输入信号，输出接通第 1 或第 3 输入

10. 仪器仪表模块库

仪器仪表模块库（Sinks）有 9 种显示和记录仪器仪表，用于记录信号或观察信号波形，见表 A10。

表 A10 仪器仪表库模块

序号	模 块 名	模 块 图 标	功 能
1	Scope 示波器	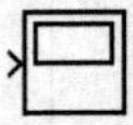 Scope	观察输入信号波形
2	Floating Scope 浮动示波器	 Floating Scope	可以选择显示的信号（基本同 Scope）
3	Out1 分支系统输出	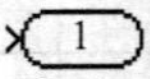 Out1	分支系统输出端子
4	Terminator 信号终端	 Terminator	用以封闭信号
5	Display 数字显示	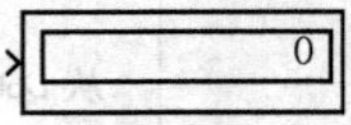 Display	将信号以数字方式显示
6	To Workspace 信号写入工作间	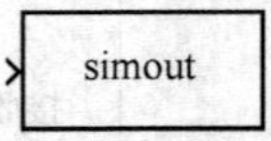 To Workspace	将信号写入工作间，以便用 MATLAB 命令处理
7	XY Graph 函数记录仪	 XY Graph	将输入作为 X/Y 轴变量绘图
8	Stop Simulation 终止仿真	 Stop Simulation	满足条件即终止仿真
9	To File 将时间和信号记入 . mat 文件	 To File	将输入的信号和时间记入后缀为 . mat 的文件

11. 信号源模块库

信号源模块库（Sources）提供了多达 22 种信号发生器模块，用于产生系统的激励信号，并且可以从工作间或 . mat 文件读入信号数据，见表 A11。

表 A11 信号源模块库

序号	模 块 名	模 块 图 标	功 能
1	Band-Limited White Noise 白噪声	 Band-Limited White Noise	产生带宽限制的白噪声
2	Chirp Signal 调频信号	 Chirp Signal	产生频率变化的正弦波信号
3	Clock 时钟	 Clock	产生时间信号

（续）

序号	模 块 名	模 块 图 标	功　　能
4	Constant 设定值	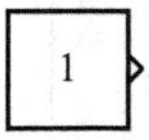 Constant	给定一个数值作为输入信号
5	Counter Free-Running 自由计数器	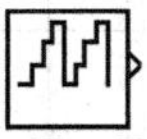 Counter Free-Running	计数到指定值时归零重新计数
6	Counter Limited 有限计数	 Counter Limited	计数到指定值时归零重新计数
7	Digital Clock 数字时钟	 Digital Clock	按指定的采样间隔输出仿真时间
8	From File 从 . mat 文件读出数据	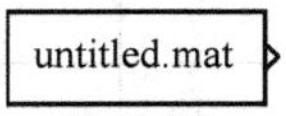 From File	从 . mat 文件读出数据
9	From Workspace 从工作间读出数据	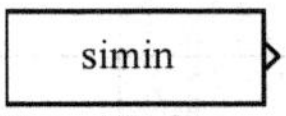 From Workspace	从工作间读出数据
10	Ground 接地端	 Ground	接地端连接
11	In1 分支系统输入端	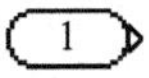 In1	分支系统的输入端子
12	Pulse Generator 脉冲发生器	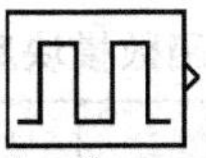 Pulse Generator	产生规则的脉冲信号
13	Ramp 斜坡输出	 Ramp	产生按一定斜率上升或下降的斜坡信号
14	Random Number 随机数字	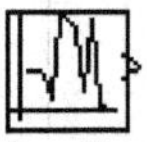 Random Number	产生正态分布的随机数字
15	Repeating Sequence 锯齿波发生器	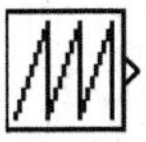 Repeating Sequence	产生一个时基和高度可调的锯齿波序列
16	Repeating Sequence Interpolated 内插的循环序列	 Repeating Sequence Interpolated	以指定的内插方法，输出重复的离散时间序列信号

（续）

序号	模 块 名	模 块 图 标	功　能
17	Repeating Sequence Stair 阶梯循环序列	 Repeating Sequence Stair	循环输出阶梯的时间序列信号
18	Signal Builder 设计信号	 Signal Builder	点击模块可设计一个输出信号
19	Signal Generator 信号发生器	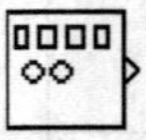 Signal Generator	产生正弦波、方波、锯齿波和随机信号
20	Sine Wave 正弦波	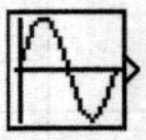 Sine Wave	产生幅值、频率、相位可设置的正弦信号
21	Step 阶跃信号	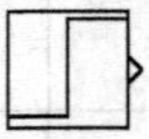 Step	产生幅值、起始时间可调的阶跃信号
22	Uniform Random Number 标准的随机信号	 Uniform Random Number	产生一个标准的、高斯分布的随机信号

12. 常用函数模块库

常用函数模块库（User-Defined Function）见表 A12。

表 A12　常用函数模块库

序号	模 块 名	模 块 图 标	主 要 功 能
1	Embedded MATLAB Function 嵌入 MATLAB 函数	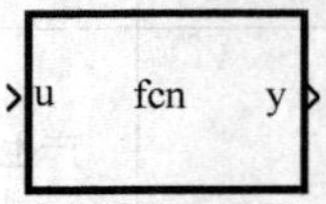 Embedded MATLAB Function	模块用于嵌入一个 MATLAB 语言编写的子程序
2	Fcn 写入函数表达式	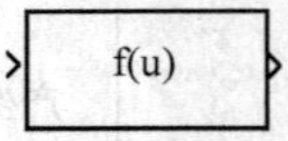 Fcn	编写一个以输入信号为变量的函数表达式
3	Level-2 M-file S-Function 调用编辑一个 M 文件	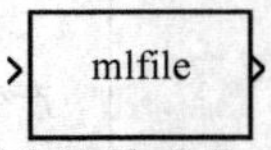 Level-2 M-file S-Function	在仿真中打开一个 M 文件
4	MATLAB Fcn MATLAB 函数	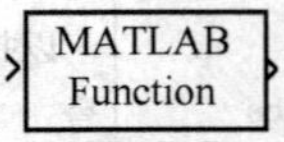 MATLAB Fcn	调用 MATLAB 函数或表达式

（续）

序号	模　块　名	模块图标	主要功能
5	S-Function S 函数程序	system S-Function	调用由 S-函数编写的程序
6	S-Function Builder 创建 S-函数	system S-Function Builder	调用一个打包的 S-函数或 C 语言编写的文件，支持连续和离散的系统
7	S-Function Examples S 函数举例	S-Function Examples S-Function Examples	模块中包含了用 M 函数、C 语言、C ++ 等编写的模型举例

附录 B　电力系统模型库
（Simulink Library Browser/SimPowerSystems）

1. 电源模块库

电源模块库（Electrical Sources）包括常用的直流和交流电源，见表 B1。其中交流电源有交流电流源和交流电压源两种，输出的交流电压或电流为正弦波。可控电压源和可控电流源的输出波形、输出电压或电流由模块的输入信号控制，适用于有特殊控制要求的情况。

表 B1　电源模块库

序号	模　块　名	模块图标	功　　能
1	AC Current Source 交流电流源		交流电流源
2	AC Voltage Source 交流电压源		交流电压源
3	DC Voltage Source 直流电源	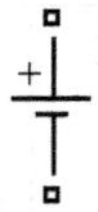	直流电源
4	Controlled Current Source 可控电流源	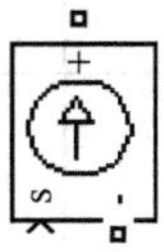	电源输出电流受输入信号控制
5	Controlled AC Voltage Source 可控电压源	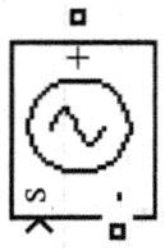	电源输出电压受输入信号控制

（续）

序号	模　块　名	模块图标	功　　能
6	Three-Phase Source 三相电源	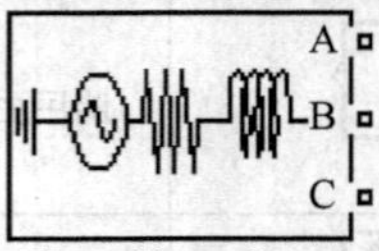 Three-Phase Source	提供一个三相电源
7	Three-Phase Programmable Voltage Source 可编程三相电压源	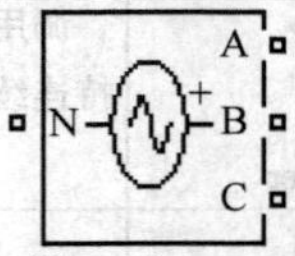 Three-Phase Programmable Voltage Source	可在指定时间内调节电压源的电压、相位或频率

2. 电器元件模块库

电器元件模块库（Elements）提供了常用的电器元件模型，见表 B2。其中电阻、电感、电容有串联和并联两种形式。使用串联形式时，若不需要电阻或电感，则其值应设为“0”，若不需要电容，则其值应设为“inf”。使用并联形式时，若不需要电阻或电感，则其值应设为“inf”，若不需要电容，则其值应设为“0”。

表 B2　电器元件模块库

序号	模　块　名	模块图标	功　　能
1	Breaker 断路器	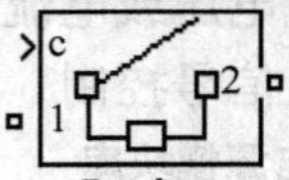 Breaker	电源开关、模拟空气开关等
2	Connection Port 接口	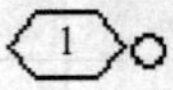 Connection Port	分支电路的接口
3	Distributed Parameters Line 分布参数传输线	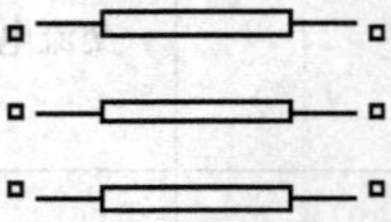 Distributed Parameters Line	有分布电容、电感的传输导线
4	Ground 接地		接地端
5	Linear Transformer 单相线性变压器	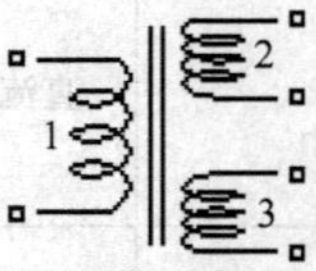 Linear Transformer	不考虑铁心饱和的单相变压器，二次侧有一个或两个绕组
6	Multi-Winding Transformer 多绕组变压器	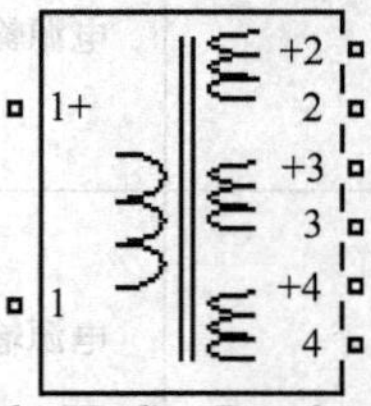 Multi-Winding Transformer	一次侧和二次侧绕组个数可设的变压器

（续）

序号	模 块 名	模 块 图 标	功　能
7	Mutual Inductance 互感线圈	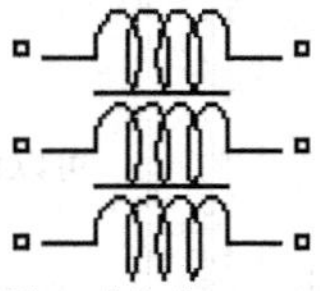 Mutual Inductance	有互感的线圈，可以是二个线圈或三个线圈
8	node 中性节点	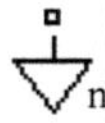 node 10	电路的公共节点（等电位点）
9	Parallel RLC Branch RLC 并联电路	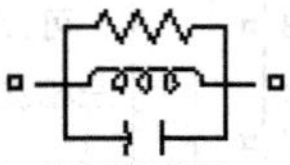 Parallel RLC Branch	电阻、电感、电容并联，单位为欧姆（Ω）、亨利（H）、法拉（F）
10	Parallel RLC Load RLC 并联负载	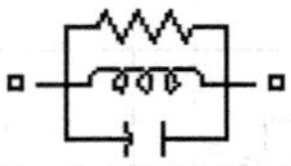 Parallel RLC Load	电阻、电感、电容并联，参数单位为瓦（W）、乏（var）
11	Pi Section Line π 形参数传输线	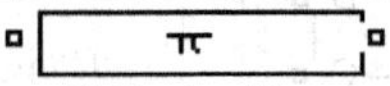 Pi Section Line	分布电容、电感为 π 形结构的传输导线
12	Saturable Transformer 饱和变压器	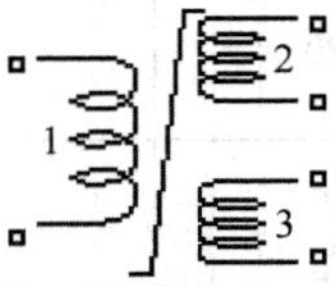 Saturable Transformer	考虑铁心饱和的变压器
13	Series RLC Branch RLC 串联电路	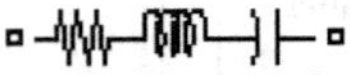 Series RLC Branch	电阻、电感、电容串联，单位为欧姆（Ω）、亨利（H）、法拉（F）
14	Series RLC Load RLC 串联负载	 Series RLC Load	电阻、电感、电容串联，参数单位为瓦（W）、乏（var）
15	Surge Arrester 压敏电阻	 Surge Arrester	金属氧化物压敏电阻，用于过电压保护
16	Three-Phase Breaker 三相断路器	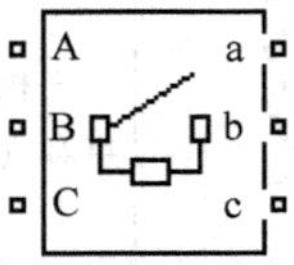 Three-Phase Breaker	三相断路器
17	Three-Phase Dynamic Load 三相可变负载	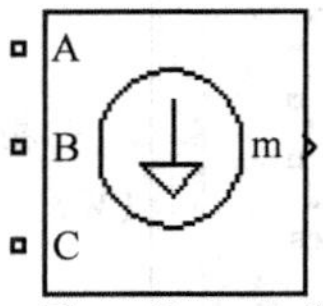 Three-Phase Dynamic Load	三相负载，其有功功率和无功功率可以由模块内设参数调节或外设信号控制

（续）

序号	模 块 名	模 块 图 标	功　　能
18	Three-Phase Fault 三相故障	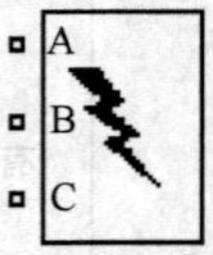 Three-Phase Fault	可以设置三相相间或对地短路的模块
19	Three-Phase Harmonic Filter 三相滤波器	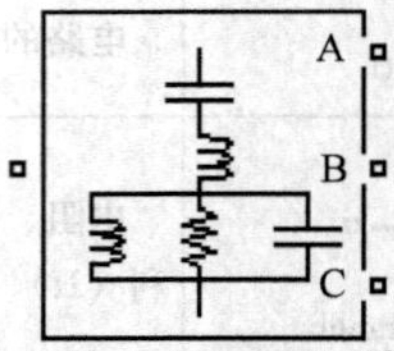 Three-Phase Harmonic Filter	可以设置为单调谐、双调谐、高通或 C 型高通三相滤波器
20	Three-Phase Mutual Inductance Z1-Z0 带自感和互感的三相绕组	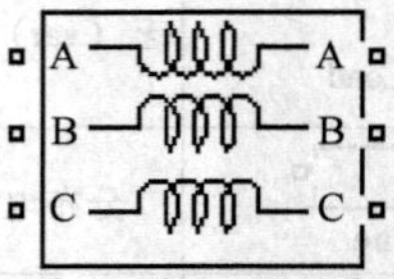 Three-Phase Mutual Inductance Z1-Z0	可以设置自感和互感的三相绕组
21	Three-Phase Parallel RLC Load 三相 RLC 并联负载	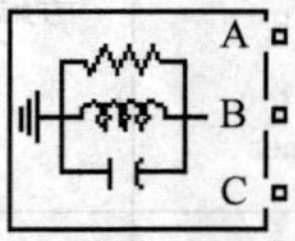 Three-Phase Parallel RLC Load	三相对称的 RLC 并联负载，参数单位为瓦（W）、乏（var）
22	Three-Phase Pi Section Line 三相 π 形参数传输线	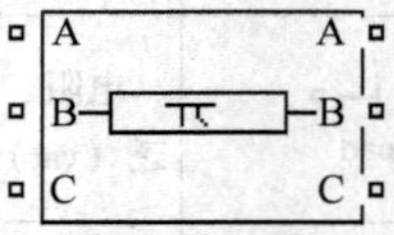 Three-Phase Pi Section Line	三相 π 形参数传输线
23	Three-Phase Series RLC Branch 三相 RLC 串联电路	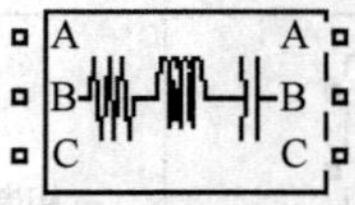 Three-Phase Series RLC Branch	三相对称的 RLC 串联电路，单位为欧姆（Ω）、亨利（H）、法拉（F）
24	Three-Phase Series RLC Load 三相 RLC 串联负载	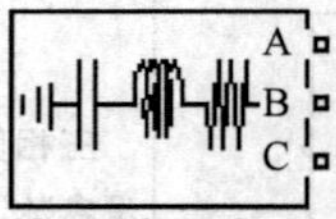 Three-Phase Series RLC Load	三相对称的 RLC 串联负载，参数单位为瓦（W）、乏（var）

（续）

序号	模 块 名	模 块 图 标	功 能
25	Three-phase Transformer （Two Windings） 三相二绕组变压器	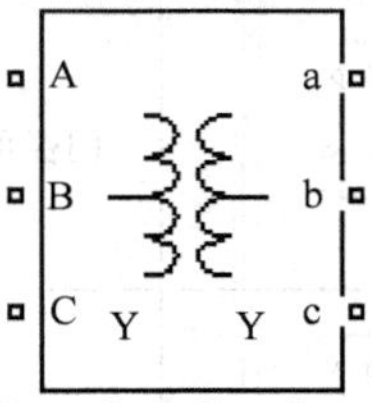 Three-phase Transformer （Two Windings）	三相变压器（二次侧为一组三相绕组）
26	Three-phase Transformer （Three Windings） 三相三绕组变压器	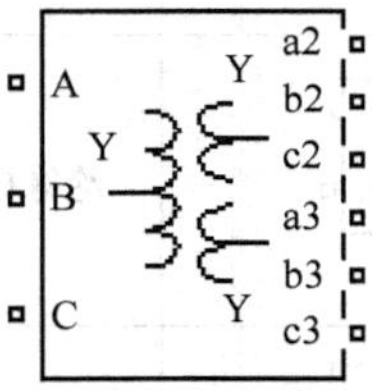 Three-phase Transformer （Three Windings）	二次侧有二组三相绕组的三相变压器
27	Three-Phase Transformer 12 Terminals 三相 12 端子变压器	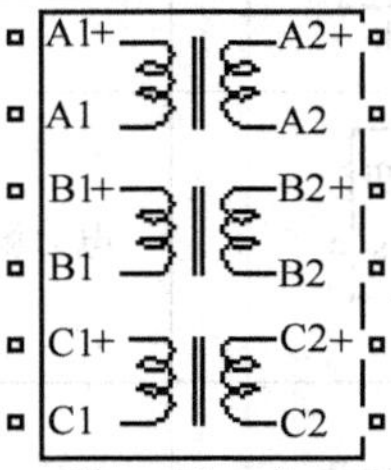 Three-Phase Transformer 12 Terminals	可以任意连接的三个单相变压器
28	Zigzag Phase-Shifting Transformer 曲折连接变压器	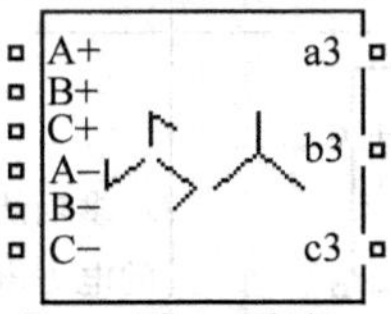 Zigzag Phase-Shifting Transformer	变压器一次侧三相绕组曲折连接，二次侧三相绕组可以 Y 或△联结

3. 电力电子元件模块库

电力电子元件模块库（Power Electronics）提供了 10 种电力电子器件的模型，见表 B3。

表 B3 电力电子元件模块库

序号	模 块 名	模 块 图 标	功 能
1	Detailed Thyristor 晶闸管复杂模型	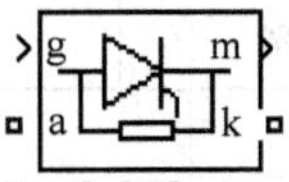 Detailed Thyristor	参数要求不同的两种晶闸管模型
2	Thyristor 晶闸管普通模型	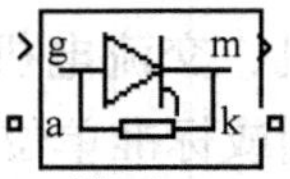 Thyristor	

（续）

序号	模 块 名	模块图标	功 能
3	Gto 可关断晶闸管	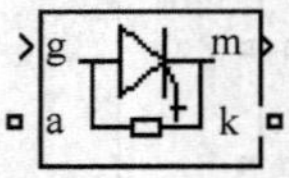 Gto	门极可关断的晶闸管
4	Ideal Switch 理想开关	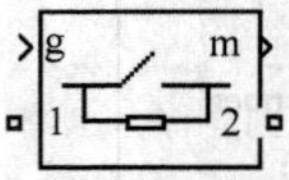 Ideal Switch	一种通断可控制的开关
5	IGBT 绝缘栅双极型晶体管	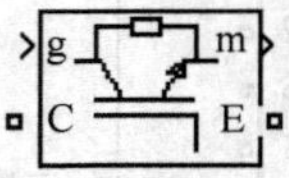 IGBT	绝缘栅双极型晶体管，简称 IGBT
6	IGBT/Diode 带续流二极管的 IGBT	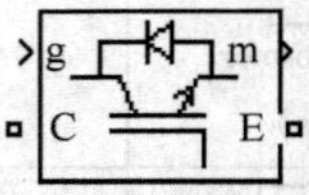 IGBT/Diode	带续流二极管的绝缘栅双极型晶体管
7	Mosfet 电力场效应管	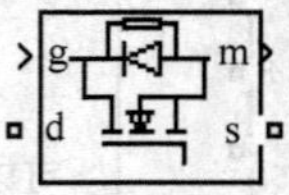 Mosfet	电力场效应管的通用模型，不分 P 沟道和 N 沟道
8	Diode 二极管	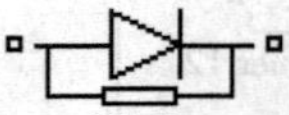 Diode	普通二极管模型
9	Universal Bridge 多功能桥式电路	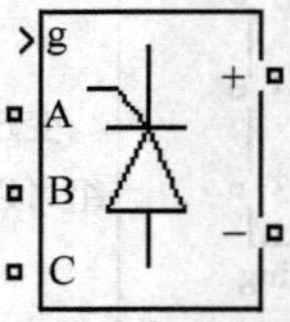 Universal Bridge	多功能桥可以设置为单相和三相，可以选择不同的电力电子器件，并且可以用作整流器或逆变器
10	Three-Level Bridge 三电平桥	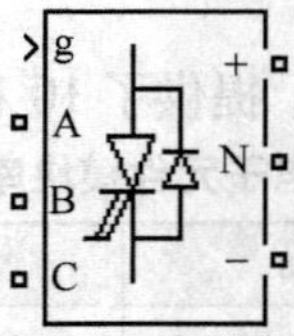 Three-Level Bridge	三电平桥式电路模块，电力电子器件可以选择 Gto、IGBT、Mosfet、理想开关等

4. 电机模块库

电机模块库（Machines）提供了直流电机、交流电机的模型，见表 B4。交流电机有异步电机和同步电机，并且参数有标幺值单位制或标准单位制两种，可以根据要求选用。还提供了交流电机专用的测量模块，用于电机各项参数的测量和观察。

表 B4　电机模块库

序号	模 块 名	模 块 图 标	主 要 功 能
1	Asynchronous Machine pu Units 异步电机（标幺值单位）	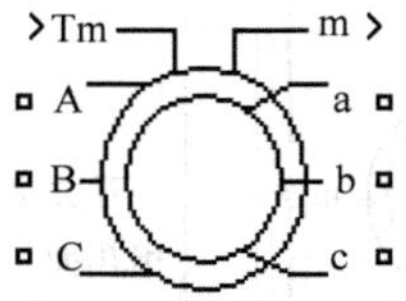 Asynchronous Machine pu Units	交流异步电机模型，可以有绕线型和笼型两种转子形式，参数有标幺值和标准化两种单位
2	Asynchronous Machine SI Units 异步电机（标准单位）	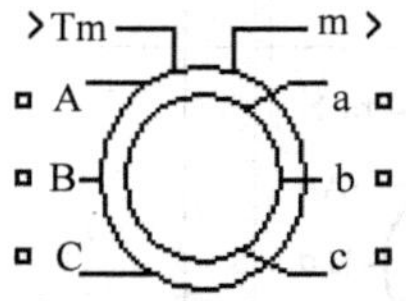 Asynchronous Machine SI Units	
3	DC Machine 直流电机	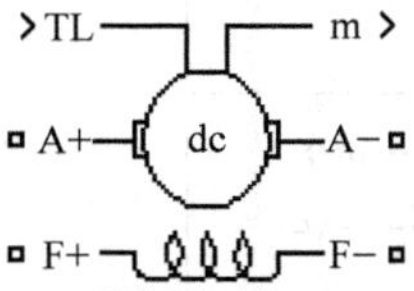 DC Machine	直流电机模型，可以用作电动机或发电机
4	Discrete DC Machine 离散直流电动机模型	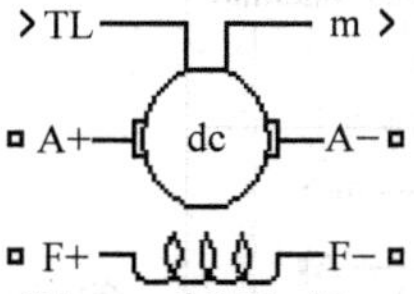 Discrete DC Machine	离散化的直流电动机模型
5	Machines Measurement Demux 交流电机测量模块	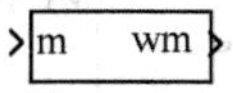 Machines Measurement Demux	检测电机电压、电流、转速、转矩等参数
6	Single Phase Asynchronous Machine 单相异步电动机	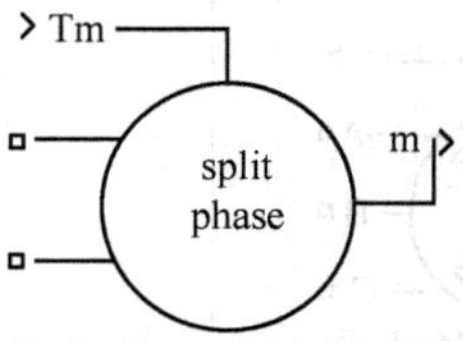 Single Phase Asynchronous Machine	单相异步电动机模型，有裂相、电容起动、电容起动运行三种模式
7	Permanent Magnet Synchronous Machine 永磁式同步电机	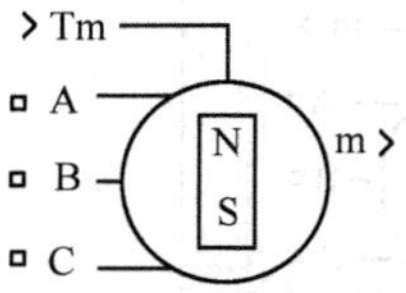 Permanent Magnet Synchronous Machine	转子为永磁体的交流同步电机

（续）

序号	模 块 名	模 块 图 标	主 要 功 能
8	Switched Reluctance Motor 开关磁阻电动机	 Switched Reluctance Motor	开关磁阻电动机模型，可设置为三相、四相、五相几种
9	Simplified Synchronous Machine pu Units 同步电机简化模型 （标幺值单位）	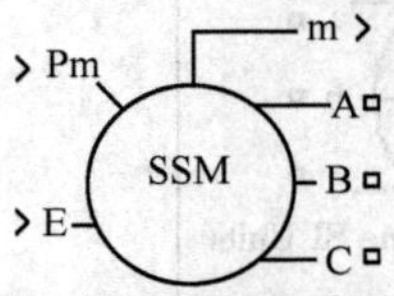 Simplified Synchronous Machine pu Units	
10	Simplified Synchronous Machine SI Units 同步电机简化模型 （标准单位）	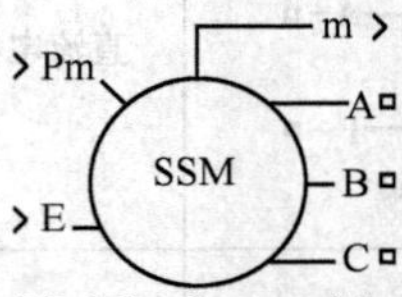 Simplified Synchronous Machine SI Units	
11	Synchronous Machine pu Fundamental 同步电机基本模型 （标幺值单位）	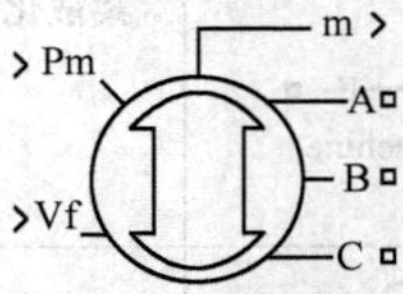 Synchronous Machine pu Fundamental	交流同步电机的五种模型，模型的复杂程度不同，对模型参数要求不同，并且有标幺值和标准制两种单位
12	Synchronous Machine pu Standard 同步电机标准型 （标幺值单位）	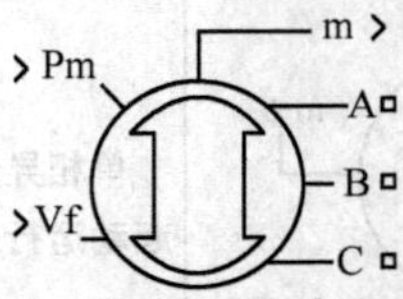 Synchronous Machine pu Standard	
13	Synchronous Machine SI Fundamental 同步电机基本模型 （标准单位）	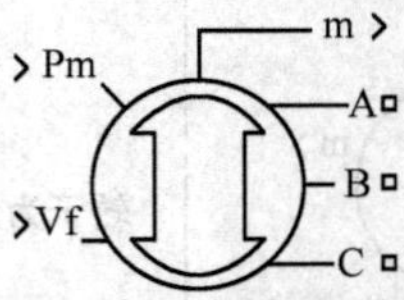 Synchronous Machine SI Fundamental	

（续）

序号	模 块 名	模 块 图 标	主 要 功 能
14	Excitation System 同步电机励磁系统	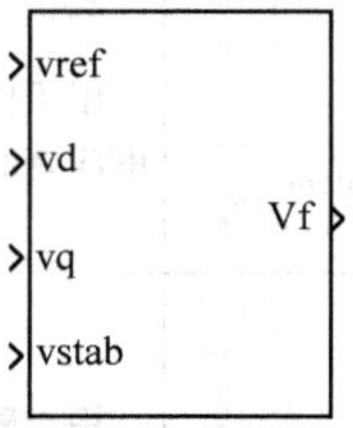 Excitation System	为交流同步机提供励磁控制的模块
15	HTG 水轮机和调节器	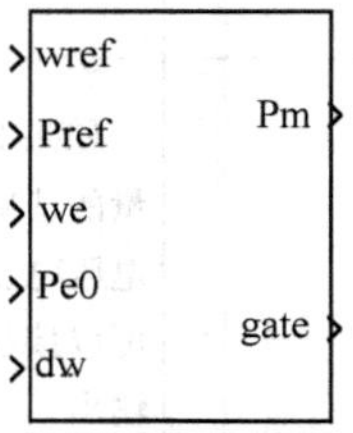 Hydraulic Turbine and Governor	与同步发电机配套的水轮机模型
16	STG 汽轮机和调节器	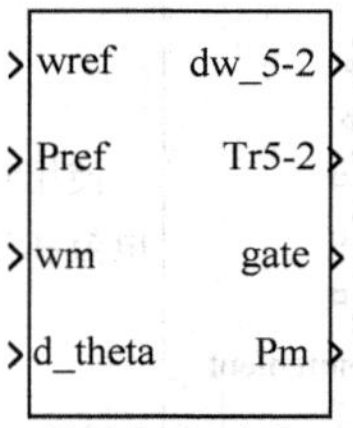 Steam Turbine and Governor	与同步发电机配套的汽轮机和调节器模型
17	Generic Power System Stabilizer 功率稳定器	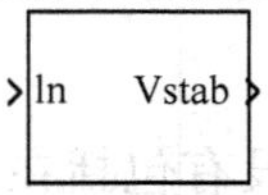 Generic Power System Stabilizer	根据同步电机速度偏差和功率偏差，调节励磁电压，稳定同步电机
18	Multi-Band Power System Stabilizer 多重带宽功率稳定器	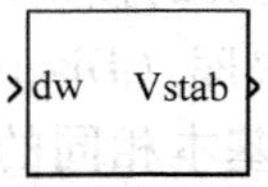 Multi-Band Power System Stabilizer	有两种模式可选择的同步电机功率稳定器

5. 检测仪器模块库

测量仪器模块库（Measurements）有 5 个检测仪模块，用于电压、电流、阻抗检测，见表 B5。其中多路检测仪可以无线接收检测信号，使用方便。

表 B5　测量仪器模块库

序号	模 块 名	模 块 图 标	功　能
1	Current Measurement 电流测量	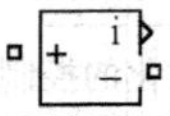 Current Measurement	用于检测电流，使用时串联在电路中，相当于电流表的检测棒，其输出端“i”输出电流信号

（续）

序号	模 块 名	模 块 图 标	功　能
2	Voltage Measurement 电压测量	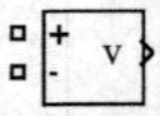 Voltage Measurement	用于检测电压，使用时并联在被测电路中，相当于电压表的检测棒，其输出端"v"输出电压信号
3	Impedance Measurement 阻抗测量	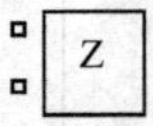 Impedance Measurement	用于测量一个电路某两点之间的阻抗
4	Multimeter 多路信号测量仪	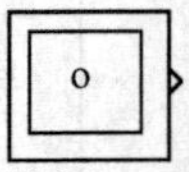 Multimeter	如果 SimPowerSystems 模块的参数对话框中有测量的选项，例如电源模块的测量选项有电压、电流或电压电流的三种选择，若选择了选项，则多路测量仪可以接收到该模块的电压、电流或电压电流信号并输出
5	Three-Phase V-I Measurement 三相电压电流检测	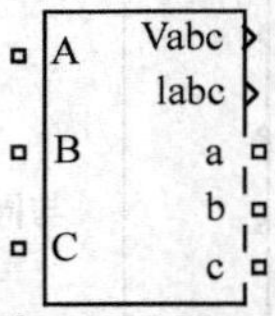 Three-Phase V-I Measurement	使用时将模块串联在三相电路中，可以测量三相电流和三相的相电压或线电压

6. 其他电气模块库

其他电气模块库（Extra Library）收入了没有包括在上述 5 个模型库（表 B1 ~ 表 B5）中的其他电气元器件模块。它包含 7 个子库见表 B6，其中 Additional Machines 和 Three-Phase Library 两个子集中是以前使用的模块，这些模块的接口用的是信号接口，使用时要转换为现在的电路接口。两个离散的控制和测量模块库（Discrete Measurements 和 Discrete Control Blocks）中的模块与相应连续系统模块功能是基本相同的，因此下面主要介绍 Extra Library 模块库中用于连续系统仿真的子模块，见表 B7 ~ 表 B9。

表 B6　其他电气模型库子库名称和内容

子 库 名 称	子 库 内 容	表　格
Control Blocks（控制模块）	提供 12 种控制模块	表 B7
Measurements（测量模块）	提供 11 种测量模块	表 B8
Phasor Library（相量检测模块）	提供 5 种相量检测模块	表 B9
Additional Machines	包含两个使用信号接口的直流电机模块	
Discrete Measurements	提供 13 种离散化的测量模块	
Discrete Control Blocks	提供 15 种离散化的控制模块	
Three-Phase Library	包含 18 种以前使用的三相元器件模块	

表 B7 控制模块子库

序号	模 块 名	模 块 图 标	功 能
1	Synchronized 12-Pulse Generator 同步 12 脉冲触发器	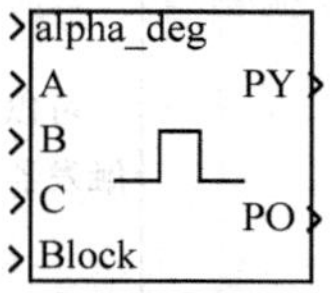 Synchronized 12-Pulse Generator	用于产生 12 相晶闸管整流电路(双三相桥)的触发脉冲
2	1-phase PLL 单相锁相环	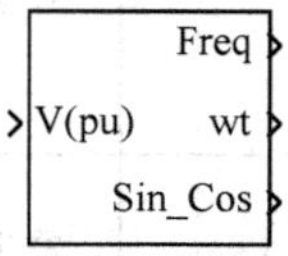 1-phase PLL	锁相环用于检测同步频率、角频率、sin(ωt)和 cos(ωt)等
3	1st-Order Filter 一阶滤波器	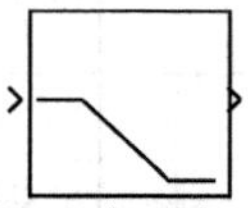 1st-Order Filter	一阶低通和高通滤波器
4	2nd-Order Filter 二阶滤波器	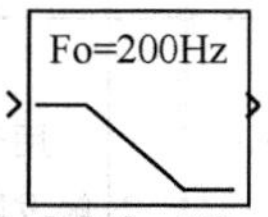 2nd-Order Filter	二阶低通和高通滤波器
5	3-phase PLL 三相锁相环	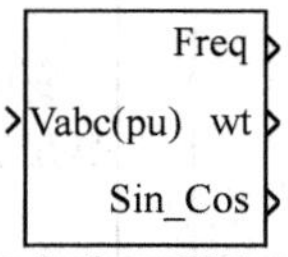 3-phase PLL	三相锁相环输入三相电压信号,输出为三相电压的频率、ωt、和 sin(ωt)和 cos(ωt)
6	3-phase Programmable Source 三相可编程电源	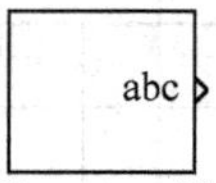 3-phase Programmable Source	三相可编程电源可以使输出的电压和电流的幅值、相位、频率在设定的时间发生变化,并且可以在基波的基础上迭加谐波
7	Bistable 双稳态触发器	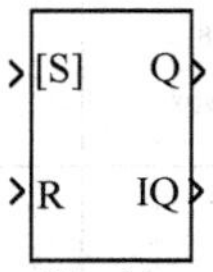 Bistable	双稳态触发器
8	Edge Detector 前后沿检测	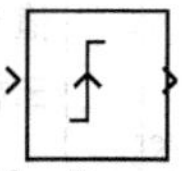 Edge Detector	检测脉冲的前沿、后沿或前后沿

（续）

序号	模 块 名	模 块 图 标	功 能
9	Monostable 单稳态触发器	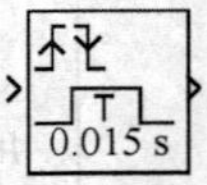 Monostable	可以由脉冲的前沿、后沿或前后沿触发的单稳态触发器
10	On/Off Delay 延时器	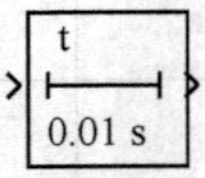 On/Off Delay	在输入信号为“1”或“0”时，延时一定时间输出
11	PWM Generator PWM 驱动信号发生器	 PWM Generator	产生三相 PWM 驱动信号，其调制信号有内部产生和外部输入两种，使用内部产生时采用 SPWM 调制方式
12	Sample & Hold 采样保持器	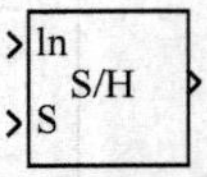 Sample & Hold	采样保持器，在输入 2 为“1”时采样输入 1 信号，在输入 2 为“0”时保持输入 1 信号
13	Synchronized 6-Pulse Generator 同步 6 脉冲发生器	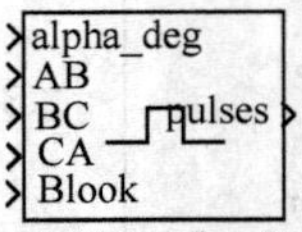 Synchronized 6-Pulse Generator	用于产生三相晶闸管桥式整流电路（全控型）的触发脉冲
14	Timer 可编程时基信号	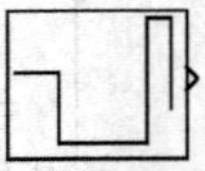 Timer	在设定的时间上，使输出发生阶跃变化（0 或 1），常用于理想开关和断路器的控制

表 B8　测量模块子库

序号	模 块 名	模 块 图 标	功 能
1	3-phase Instantaneous Active & Reactive Power 三相瞬态有功功率和无功功率检测	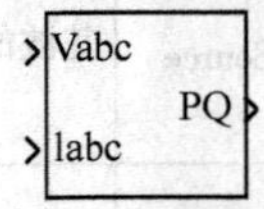 3-phase Instantaneous Active & Reactive Power	检测三相瞬态有功功率和无功功率
2	3-Phase Sequence Analyzer 三相相序分析	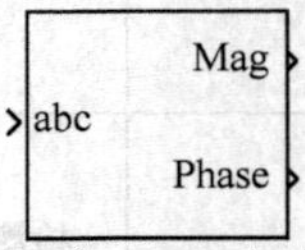 3-Phase Sequence Analyzer	分析三相输入电压的正序、负序或零序分量的幅值和相位，输入可以是平衡的三相电压或不平衡的三相电压，甚至可以带有谐波

（续）

序号	模 块 名	模 块 图 标	功　能
3	abc _ to _ dq0 Transformation abc 坐标系/dq0 坐标系变换	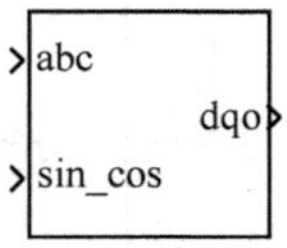 abc _ to _ dq0 Transformation	三相静止坐标系/两相旋转坐标系变换
4	Active & Reactive Power 有功功率和无功功率测量	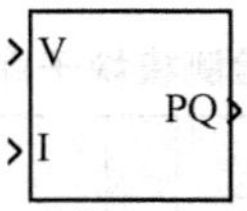 Active & Reactive Power	根据输入的电压和电流（瞬时值）计算其中有功和无功分量
5	dq0-based Active & Reactive Power dq0 坐标系有功功率和无功功率检测	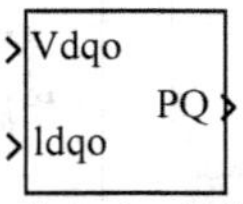 dq0-based Active & Reactive Power	检测 dq0 坐标系的有功功率和无功功率，输入是 dq0 坐标系的电压和电流
6	dq0 _ to _ abc Transformation dq0 坐标系/abc 坐标系变换	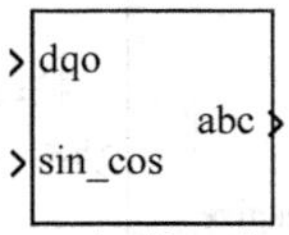 dq0 _ to _ abc Transformation	两相旋转坐标系/三相静止坐标系变换
7	Fourier 傅里叶分析	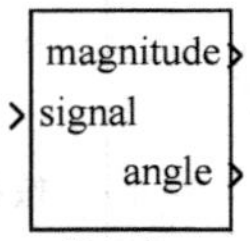 Fourier	对输入信号作傅里叶分析，可分析指定次谐波的幅值和相位
8	Mean Value 计算平均值	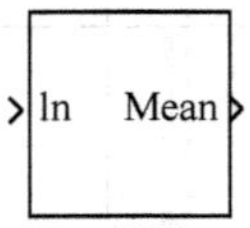 Mean Value	按指定周期计算输入信号的平均值
9	Mean Value（linear） 线性平均值计算	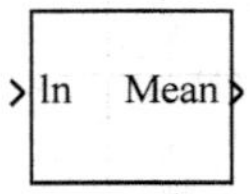 Mean Value（linear）	按基波频率计算输入信号的平均值，采用帕德逼近方法线性化一个周期
10	RMS 有效值测量	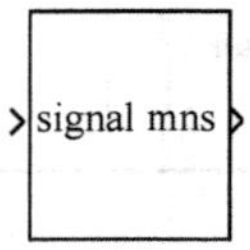 RMS	测量电压或电流的有效值

（续）

序号	模 块 名	模 块 图 标	功 能
11	Total Harmonic Distorsion 畸变因素分析	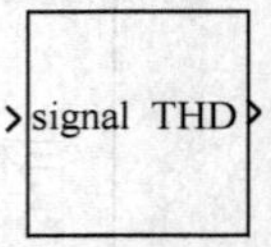 Total Harmonic Distorsion	分析输入电压或电流信号的畸变因素

表 B9 相量检测模块子库

序号	模 块 名	模 块 图 标	功 能
1	Active & Reactive Power （Phasor Type） 有功功率和无功功率检测 （相量型）	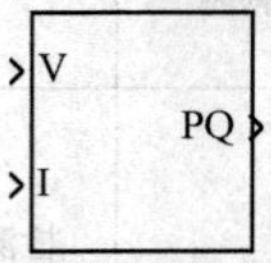 Active & Reactive Power （Phasor Type）	按输入电压和电流相量计算有功功率和无功功率（相量型）
2	3-Phase Active & Reactive Power（Phasor Type） 三相有功功率和 无功功率检测（相量型）	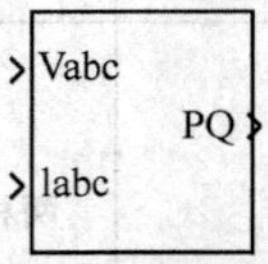 3-Phase Active & Reactive Power（Phasor Type）	按输入三相电压、电流相量计算有功功率和无功功率（相量型）
3	Mean Value （Phasor Type）平均值计算 （相量型）	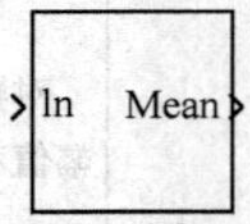 Mean Value （Phasor Type）	按指定周期，用窗口平均值计算方法计算平均值
4	Sequence Analyzer （Phasor Type） 相量分析	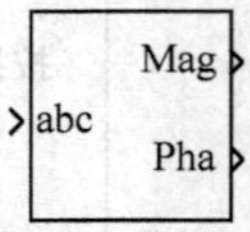 Sequence Analyzer （Phasor Type）	计算输入三相相量的幅值和相位
5	Static Var Compensator （Phasor Type） 静态无功补偿器 （相量型）	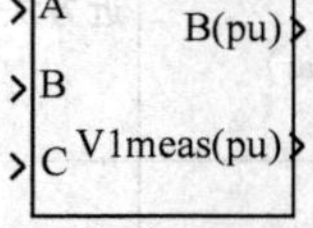 Static Var Compensator （Phasor Type）	静态无功补偿器（SVC）

参 考 文 献

[1] 王兆安，黄俊. 电力电子技术［M］. 北京：机械工业出版社，2002.
[2] 陈坚. 电力电子学［M］. 北京：高等教育出版社，2002.
[3] 陈伯时. 电力拖动自动控制系统［M］. 北京：机械工业出版社，2003.
[4] 陈坚. 交流电机数学模型及调速系统［M］. 北京：国防工业出版社，1989.
[5] 张崇巍，李汉强. 运动控制系统［M］. 武汉：武汉理工大学出版社，2002.
[6] 李华德，交流调速控制系统［M］. 北京：电子工业出版社，2003.
[7] 胡崇岳. 现代交流调速技术［M］. 北京：机械工业出版社，2001.
[8] 李华德，等. 电力拖动自动控制系统［M］. 北京：机械工业出版社，2009.
[9] 薛定宇. 控制系统计算机辅助设计［M］. 北京：清华大学出版社，2006.
[10] 张晓华. 系统建模和仿真［M］. 北京：清华大学出版社，2006.
[11] 洪乃刚. 电力电子技术基础［M］. 北京：清华大学出版社，2008.
[12] 洪乃刚. 电力电子和电力拖动控制系统的 MATLAB 仿真［M］. 北京：机械工业出版社，2006.
[13] 洪乃刚. 电力电子、电机控制系统的建模和仿真［M］. 北京：机械工业出版社，2010.
[14] 贺益康. 交流电机调速系统计算机仿真［M］. 杭州：浙江大学出版社，1993.
[15] 熊光愣，沈被娜，宋安澜. 控制系统仿真与模型处理［M］，北京：科学出版社，1993.
[16] 陈怀琛，黄道君. 控制系统 CAD 及 MATLAB 语言［M］. 北京：电子工业出版社，1996.
[17] 黄忠霖. 控制系统 MATLAB 计算及仿真［M］. 北京：国防工业出版社，2001.
[18] 刘金琨. 先进 PID 控制及其 MATLAB 仿真［M］. 北京：电子工业出版社，2003.
[19] 郑锦聪，庄镇嘉. MATLAB 进阶［M］. 哈尔滨：哈尔滨工程大学出版社，1999.
[20] 薛定宇，陈阳泉. 基于 MATLAB/SIMULINK 的系统仿真技术与应用［M］. 北京：清华大学出版社，2002.
[21] 陈怀琛，吴大正，高西全. MATLAB 及在电子信息课程中的应用［M］. 北京：电子工业出版社，2002.